U0036791

Deepen Your Mind

推薦序

分析與運行 Linux 核心是培養讀者系統軟體設計能力的有效方法。然而，Linux 核心的機制複雜、演算法精妙、程式量龐大，因此初學者難以快速入門，並深入理解和靈活應用。本書結合作者多年的專案實踐經驗，剖析了原始程式碼，是 Linux 核心方面的一本經典入門圖書。

—— 吳國偉，大連理工大學

本書在許多方面，尤其是作業系統方面的熱門內容——檔案系統和虛擬化多有說明。我印象最深刻的是利用樹莓派實現一個小的作業系統。透過這樣的綜合實驗，讀者會對 Linux 核心有更深的理解。理論加動手實踐是學習 Linux 核心的最佳途徑之一。

—— 陳莉君，西安郵電大學

本書圖文並茂，結合實驗，把作者一手的知識與經驗毫無保留地呈現給了讀者。本書有助於讀者逐步成為 Linux 核心領域的高級開發人員。

—— 夏耐，南京大學

本書說明了 ARM64 架構和樹莓派硬體平臺方面的內容，並且介紹了如何設計一個有價值的小作業系統（BenOS）。透過本書，讀者可以學會如何在真實的硬體平臺上運行自己架設的作業系統，真正體驗動手設計作業系統的樂趣。

—— 常瑞，浙江大學

本書是剖析 Linux 核心的經典圖書。本書包含大量的實驗，非常適合作為電腦相關專業的教材。對於 Linux 開發人員來說，本書是不可多得的工具書。

──陳全，上海交通大學

本書兼顧理論與實踐，透過實驗讓讀者輕鬆開啟 Linux 核心之門，為他們日後成為優秀的開來源程式員奠定了基礎。

──淮晉陽，紅帽中國培訓部

本書不僅介紹了 Linux 核心方面的技術，還針對行動使用者、巨量資料等不同場景，剖析了微核心、宏核心的特點。另外，本書還講解了資訊化技術領域中基於 ARM 架構的內核技術。書中的實驗一定會為讀者帶來別樣的閱讀體驗。

──賀唯佳，中國電子科技集團普華基礎
軟體股份有限公司基礎軟體促進中心

序 1

Linux 作業系統自誕生以來，獲得了國內外開放原始碼同好與產業界的持續關注和投入。近年來，Linux 作業系統在雲端運算、伺服器、桌面、終端、嵌入式系統等領域獲得了廣泛的應用，越來越多的產業開始利用 Linux 作業系統作為資訊技術的基礎平台或利用 Linux 作業系統進行產品開發。

作為 Linux 作業系統的核心，Linux 核心以開放、自由、協作、高品質等特點吸引了許多頂尖科技公司的參與，並有數以千計的開發者為 Linux 核心貢獻了高品質的程式。在學習和研究作業系統的過程中，Linux 核心為「作業系統」課程提供了一個不可或缺的案例，國內外許多大學的「作業系統」課程以 Linux 核心作為研究平台。隨著基礎軟硬體技術的快速發展，Linux 核心程式將更加龐大和複雜，試圖深入瞭解並掌握它是一件非常不容易的事情。

本書深入淺出地介紹了 Linux 核心的許多常用模組。本書結構合理、內容豐富，可作為 Linux 相關同好、開發者的參考用書，也可作為大學「作業系統」課程的輔助教材。

廖湘科

中國工程院院士

序 2

· · · · ·

張天飛和陳悅老師的力作終於出版了。這是與「作業系統」課程相關的一本非常優秀的實驗教材。

本書介紹了作業系統的基本概念、設計原理和實現技術，重點說明了 Linux 核心入門知識，旨在培養讀者動手做實驗的技能。本書具有結構合理、重點突出、內容豐富、邏輯清晰的特點。本書主要包含 Linux 核心模組、裝置驅動、系統呼叫、處理程序管理、記憶體管理、中斷機制、同步機制、檔案系統，以及 Linux 虛擬化和雲端運算等內容。

學習和瞭解作業系統最好的方法是原理與實驗並重。本書有助讀者提升作業系統實驗技能。本書具有以下特色。

- 本書以樹莓派作為硬體開發平台，並配備圖形化偵錯環境、豐富的教學資源，便於讀者自學和上機實驗。
- 本書透過經典實驗指導讀者從編譯 Linux 核心開始，循序漸進、步步深入。透過動手實驗，讀者可以加深對作業系統原理的瞭解。最後一章展示了如何逐步實現一個有實用價值的小作業系統，以達到提升綜合能力的目的。
- 本書基於 Linux 5.0 核心和 ARM64 架構進行了全面修訂，讓讀者能接觸到 Linux 核心設計與實現的新變化，以便學習新的開發工具。

本書將 Linux 系統方面的基礎原理與實驗相互融合，有助讀者深入瞭解 Linux 系統的原理和精髓，掌握核心技術和方法，提高分析問題與解決問題的能力。本書特色突出、內容新穎，能充分滿足大學電腦專業的大學教學需要。

綜上所述，這是作業系統方面一本非常優秀的實驗教材。本書既適合大專院校電腦專業的學生閱讀，也可供 Linux 同好、相關從業人員參考。

費翔林

南京大學電腦科學與技術系

前言

自從 2019 年 Linux 社區宣佈了 Linux 5.0 的全新版本之後，Linux 社區邁向了全新的發展。2019 年 5 月，紅帽公司宣佈了 RHEL8 正式發佈，採用 Linux 4.18 核心。2020 年 4 月，Canonical 公司發佈了全新的 Ubuntu Linux 20.04 版本，並且提供長達 5 年的支援，這個版本採用了最新的 Linux 5.4 核心。從 Linux 4.0 核心到目前的 Linux 5.4 核心，其間經歷了 20 多個版本，加入了很多新特性並且很多核心的設計與實現已經發生了巨大變化。本書由笨叔和陳悅編寫。陳悅第一時間在「作業系統」課程中採用本書作為實驗教材。獲得了非常好的效果。

✤ 本書特色

■ 基於 Linux 5.0 核心全面修訂。
 基於 Linux 5.0 核心對第 1 版的內容做了全面的修訂和更新。

■ 以 ARM64 架構作為藍本。
 很多公司在探索使用 ARM64 架構來建構自己的硬體生態，包括手機晶片、伺服器晶片等，本書基於 ARM64 處理器架構介紹 Linux 核心的入門與實踐。

■ 突出動手實驗和能力訓練。
 本書擁有不少實驗，透過 20 多個實驗逐步實現一個有一定使用價值的小作業系統，從而達到能力訓練的目的。

■ 以樹莓派作為實驗開發板。
 不少讀者已經購買了樹莓派，本書以樹莓派作為硬體開發平台，讀者可以在樹莓派上做實驗。

- 循序漸進地說明 Linux 核心入門知識。

  Linux 核心龐大而複雜，任何一本厚厚的 Linux 核心書都可能會讓人看得昏昏欲睡。因此，對初學者來說，Linux 核心的入門需要循序漸進，一步一個腳印。初學者可以從如何編譯 Linux 核心開始入門，學習如何偵錯 Linux 核心，動手編寫簡單的核心模組，逐步深入 Linux 核心的核心模組。

- 突出動手實驗。

  對於初學者，瞭解作業系統最好的辦法之一就是動手實驗。因此，本書在每章中都設定了幾個經典的實驗，讀者可以在學習基礎知識後透過實驗來加深瞭解。

- 反映 Linux 核心社區新發展。

  除了介紹 Linux 核心的基本理論之外，本書還介紹了當前 Linux 社區中新的開發工具和社區運作方式，比如如何使用 Vim 8 閱讀 Linux 核心程式，如何使用 git 工具進行社區開發，如何參與社區開發等。

- 結合 QEMU 偵錯環境說明，並列出大量核心偵錯技巧。

  在學習 Linux 核心時，大多數人希望使用功能全面且好用的圖形化介面來單步偵錯核心。本書會介紹一種單步偵錯核心的方法——基於 Eclipse + QEMU + GDB。另外，本書提供首個採用 "-O0" 編譯和偵錯 Linux 核心的實驗，可以解決偵錯時出現的游標亂跳和 <optimized out> 等問題。本書也會介紹實際工程中很實用的核心偵錯技巧，例如 ftrace、systemtap、記憶體檢測、鎖死檢測、動態輸出技術等，這些都可以在 QEMU + ARM64 實驗平台上驗證。

✤ 本書主要內容

Linux 核心涉及的內容包羅萬象，但本書重點說明 Linux 核心的入門和實踐。

本書共有 16 章。

第 1 章首先介紹什麼是 Linux 系統以及常用的 Linux 發行版本，然後介紹巨核心和微核心之間的區別，以及如何學習 Linux 核心等內容。該章還包括如何安裝 Linux 系統、如何編譯 Linux 核心等實驗。

第 2 章介紹 GCC 工具、Linux 核心常用的 C 語言技巧、Linux 核心常用的資料結構、Vim 工具以及 git 工具等內容。

第 3 章主要介紹 ARM64 架構以及實驗平台樹莓派的相關知識。

第 4 章主要說明核心的設定和編譯技巧，實驗包括使用 QEMU 虛擬機器來編譯和偵錯 ARM 的 Linux 核心。

第 5 章從一個簡單的核心模組入手，說明 Linux 核心模組的編寫方法，實驗圍繞 Linux 核心模組展開。

第 6 章從如何編寫簡單的字元裝置入手，介紹字元裝置驅動的編寫。

第 7 章主要說明系統呼叫的基本概念。

第 8 章討論處理程序概述、處理程序的創建和終止、處理程序排程以及多核心排程等內容。

第 9 章介紹從硬體角度看記憶體管理、從軟體角度看記憶體管理、實體記憶體管理、虛擬記憶體管理、缺頁異常、記憶體短缺等內容，以及多個與記憶體管理相關的實驗。

第 10 章說明原子操作、記憶體屏障、迴旋栓鎖機制、號誌、讀寫入鎖、RCU、等待佇列等內容。

第 11 章介紹 Linux 核心中斷管理機制、軟體中斷、tasklet 機制、工作隊列機制等內容。

第 12 章討論 printk() 輸出函數、動態輸出、proc、debugfs、ftrace、分析 Oops 錯誤、perf 性能分析工具、記憶體檢測，以及使用 kdump 工具解決當機問題等內容，並介紹偵錯和性能最佳化方面的 18 個實驗。

第 13 章說明開放原始碼社區、如何參與開放原始碼社區、如何提交更新、如何在 Gitee 中創建和管理開放原始碼專案等內容。

第 14 章介紹檔案系統方面的知識，包括檔案系統的基礎知識、虛擬檔案系統層、檔案系統的一致性、一次寫入磁碟的全過程、檔案系統實驗等內容。

第 15 章介紹虛擬化與雲端運算方面的入門知識，包括 CPU 虛擬化、記憶體虛擬化、I/O 虛擬化、Docker、Kubernetes 等方面的知識。

第 16 章透過 20 多個實驗來啟動讀者實現一個小作業系統，並介紹開放性實驗。讀者可以根據實際情況來選做部分或全部實驗。

由於作者知識水準有限，書中難免存在紕漏，敬請各位讀者批評指正。關於本書的任何問題請發送郵件到 runninglinuxkernel@126.com。

♣ 繁體中文出版說明

本書原作者為中國大陸人士，使用簡體中文撰寫，文中少部分圖例無繁體中文版對應產品，為維持全書完整性，維持簡體中文圖例，請讀者對照上下文閱讀。

另全書的執行環境使用優麒麟 Linux 20.04 作業系統，優麒麟 Linux 20.04 為 Ubuntu 開發公司 Canonical 所開發之中文化之 Ubuntu Linux 20.04，和 Ubuntu Linux 20.04 完全相容，讀者也可以使用 Ubuntu 20.04 來進行書中的實驗。

✤ 致謝

感謝國防科技大學優麒麟社區為本書實驗提供了優麒麟 Linux 發行版本，感謝優麒麟社區的余傑老師認真閱讀了全書稿件，並提出了很多修改意見和建議。北京麥克泰軟體公司的何小慶老師為本書的實驗提供了大量支援。

另外，有不少同學幫忙審稿了第 2 版的部分或全部稿件，在此特別感謝他們，他們分別是胡夢龍、馮少合、李亞東、汪洋、蔡琛、胡茂留。

感謝國防科技大學的廖湘科院士在百忙之中對本書編寫和出版工作的關注，並為本書作序。廖院士是高性能電腦和作業系統領域的科學巨匠，感激他在繁重的工作之餘仍常常關心開放原始碼軟體的發展以及年輕一代程式設計師的成長。

最後感謝家人對我們的支持和鼓勵，雖然週末時間我們都在忙於寫作本書，但他們總是給予我們無限的溫暖。

笨叔 陳悅

實驗說明

・・・・・・・・・・

為了幫助讀者更進一步地完成本書的實驗，我們對實驗環境和實驗平臺做了一些約定。

1. 實驗環境

本書推薦的實驗環境如下。

- 主機硬體平臺：Intel x86_84 處理器相容主機。
- 主機作業系統：優麒麟（Ubuntu Kylin）Linux 20.04。本書推薦使用優麒麟 Linux。當然，讀者也可以使用其他 Linux 發行版本。另外，讀者也可以在 Windows 平臺上使用 VMware Player 或 VirtualBox 等虛擬機器安裝 Linux 發行版本。
- Linux 核心版本：5.0。
- GCC 版本：9.3（aarch64-linux-gnu-gcc）。
- QEMU 版本：4.2[1]。
- GDB 版本：9.1。
- Vim 版本：8.1。

讀者在安裝完優麒麟 Linux 20.04 系統後可以透過以下命令來安裝本書需要的軟體套件。

```
$ sudo apt update -y
$ sudo apt install net-tools libncurses5-dev libssl-dev build-essential
openssl qemu-system-arm libncurses5-dev gcc-aarch64-linux-gnu git bison flex
bc vim universal-ctags cscope cmake python3-dev gdb-multiarch openjdk-13-jre
trace-cmd kernelshark bpfcc-tools cppcheck docker docker.io
```

---

1 優麒麟 Linux 20.04 內建的 QEMU 4.2 還不支持樹莓派 4B。若要在 QEMU 中模擬樹莓派 4B，那麼還需要打上一系列補丁，然後重新編譯 QEMU。本書的實驗平台 VMware 鏡像會提供支援樹莓派 4B 的 QEMU 程式。

我們基於 VMware 映射檔架設了全套開發環境，讀者可以透過作者的微信公眾號來獲取下載網址。使用本書搭配的 VMware 映射檔可以減少設定開發環境帶來的麻煩。

2. 實驗平臺

本書的所有實驗都可以在以下兩個實驗平臺上完成。

1）QEMU + ARM64 實驗平臺

本書主要基於 ARM64 架構以及 Linux 5.0 核心來講解。本書基於 QEMU + ARM64 實驗平臺，它有以下新特性。

- 支援使用 GCC 的 "O0" 最佳化選項來編譯核心。
- 支持 Linux 5.0 核心。
- 支持 Ubuntu 20.04root 檔案系統。
- 支援 ARM64 系統結構。
- 支援 kdump + crash 實驗。

要下載本書搭配的 QEMU+ARM64 實驗平臺的倉庫，可以造訪 https://benshushu.coding.net/public/runninglinuxkernel_5.0/runninglinuxkernel_5.0/git/files 或 https://github.com/figozhang/ runninglinuxkernel_5.0。

其中，rlk_5.0/kmodues/rlk_basic 目錄裡包含了本書大部分的實驗程式，僅供讀者參考，希望讀者自行完成所有的實驗。

2）樹莓派實驗平臺

有不少讀者可能購買了樹莓派，因此可以利用樹莓派來做本書的實驗。樹莓派 3B 以及樹莓派 4B 都支援 ARM64 處理器。實驗中使用的裝置如下。

- 樹莓派 3B 或樹莓派 4B。
- MicroSD 卡。
- MicroSD 讀卡機。
- USB 轉序列埠線。

3. 關於實驗和搭配資料

本書為了節省篇幅，大部分實驗只列出了實驗目的和實驗要求，希望讀者能獨立完成實驗。另外，本書搭配的實驗指導手冊會盡可能列出詳細的實驗步驟和講解。

本書會提供以下免費的搭配資料。

- 電子教材。
- 實驗指導手冊。
- 部分實驗參考程式。
- 實驗平臺 VMware 映像檔。
- 實驗平臺 Docker 映像檔。
- 免費視訊課程。

目錄

03 ARM64 架構基礎知識

10 同步管理

11 中斷管理

12 偵錯和性能最佳化

13 開放原始碼社區

14 檔案系統

15 虛擬化與雲端運算

16 綜合能力訓練：動手寫 一個小 OS

01

Linux 系統基礎知識

Linux 系統已經被廣泛應用在人們的日常用品中，如手機、智慧家居、汽車電子、可穿戴裝置等，只不過很多人並不知道自己使用的電子產品裡面執行的是 Linux 系統。我們來看一下 Linux 基金會在 2017 年發佈的一組資料。

- 90% 的公有雲應用在使用 Linux 系統。
- 62% 的嵌入式市場在使用 Linux 系統。
- 99% 的超級電腦在使用 Linux 系統。
- 82% 的手機作業系統在使用 Linux 系統。

全球 100 萬個頂層網域名中超過 90% 在使用 Linux 系統；全球大部分的股票交易市場是基於 Linux 系統來部署的，包括紐交所、納斯達克等；全球知名的淘寶、亞馬遜、易趣、沃爾瑪等電子商務平台都在使用 Linux 系統。

這足以證明 Linux 系統是個人電腦（PC）作業系統之外的絕對霸主。參與 Linux 核心開發的開發人員和公司也是最多、最活躍的，截至 2017 年，有超過 1600 名開發人員和 200 家公司參與 Linux 核心的開發。

因此，了解和學習 Linux 核心顯得非常迫切。

1.1 Linux 系統的發展歷史

Linux 系統誕生於 1991 年 10 月 5 日，它的產生和開放原始碼運動具有密切的關係。

1983 年，Richard Stallman 發起 GNU（GUN's Not UNIX）計畫，他是美國自由軟體的精神領袖，也是 GNU 計畫和自由軟體基金會的創立者。到了 1991 年，根據該計畫已經完成了 Emacs 和 GCC 編譯器等工具，但是唯獨沒有完成作業系統和核心。GNU 在 1990 年發佈了一個名為 Hurb 的核心開發計畫，不過開發過程不順利，後來逐步被 Linux 核心替代。

1991 年，Linus Torvalds 在一台 386 電腦上學習 Minix 作業系統，並動手實現了一個新的作業系統，然後在 comp.os.minix 新聞群組上發佈了第一個版本的 Linux 核心。

1993 年，有大約 100 名程式設計師參與了 Linux 核心程式的編寫，Linux 0.99 的程式已經有大約 10 萬行。

1994 年，採用 GPL（General Public License）協定的 Linux 1.0 正式發佈。GPL 協定最初由 Richard Stallman 撰寫，是一個廣泛使用的開放原始碼軟體授權合約。

1995 年，Bob Young 創辦了 Red Hat 公司，以 GNU/Linux 為核心，把當時大部分的開放原始碼軟體打包成發行版本，這就是 Red Hat Linux 發行版本。

1996 年，Linux 2.0 發佈，該版本可以支援多種處理器，如 alpha、mips、powerpc 等，核心程式量大約是 40 萬行。

1999 年，Linux 2.2 發佈，它支援 ARM 處理器。

2001 年，Linux 2.4 發佈，支援對稱多處理器和很多外接裝置驅動。

2003 年，Linux 2.6 發佈。與 Linux 2.4 相比，該版本增加了性能最佳化方面的很多新特性，使 Linux 成為真正意義上的現代作業系統。

2008 年，Google 正式發佈 Android 1.0，Android 系統基於 Linux 核心來建構。在之後的十幾年裡，Android 系統佔據了手機系統的霸主地位。

2011 年，Linux 3.0 發佈。在長達 8 年的 Linux 2.6 開發期間，許多 IT 巨頭持續為 Linux 核心貢獻了很多新特性和新的外接裝置驅動。同年，全球最大的 Linux 發行版本廠商 Red Hat 宣佈營收達到 10 億美金。

2015 年，Linux 4.0 發佈。

2019 年 3 月，Linux 5.0 發佈。

2019 年 11 月，Linux 5.4 發佈。

到現在為止，國內外的科技巨頭都已投入 Linux 核心的開發中，其中包括微軟、華為、阿里巴巴等。

1.2 Linux 發行版本

Linux 最早的應用就是個人電腦作業系統，也是就我們常說的 Linux 發行版本。從 1995 年的 Red Hat Linux 發行版本到現在，Linux 經歷的發行版本多如牛毛，可是現在最流行的發行版本僅有幾個，比如 RHEL、Debian、SuSE、Ubuntu 和 CentOS 等。

1.2.1 Red Hat Linux

Red Hat Linux 不是第一個製作 Linux 發行版本的廠商，但它是在商業和技術上做得最好的 Linux 廠商。從 Red Hat 9.0 版本發佈之後，Red Hat 公司不再發行個人電腦的桌面 Linux 發行版本，而是轉向利潤更高、發展前景更好的伺服器版本的開發上，也就是後來的 Red Hat Enterprise Linux（Red Hat 企業版 Linux，RHEL）。原來的 Red Hat Linux 個人發行版本和 Fedora 社區合併，成為 Fedora Linux 發行版本。

到目前為止，Red Hat 系列 Linux 系統有 3 個版本可供選擇。

1. Fedora Core

Fedora Core 發行版本是 Red Hat 公司的新技術測試平台,很多新的技術首先會應用到 Fedora Core 中,經過性能測試才會加入 Red Hat 的 RHEL 版本中。Fedora Core 針對桌面應用,所以 Fedora Core 會提供最新的軟體套件。Fedora 大約每 6 個月會發佈一個新版本。Fedora Core 由 Fedora Project 社區開發,並得到 Red Hat 公司的贊助,所以它是以社區的方式來運作的。

2. RHEL

RHEL 是針對伺服器應用的 Linux 發行版本,注重性能、穩定性和伺服器端軟體的支援。

2018 年 4 月,Red Hat 公司發佈的 RHEL 7.5 作業系統提升了性能,增強了安全性。

3. CentOS Linux

CentOS 的全稱為 Community Enterprise Operating System,它根據 RHEL 的原始程式碼重新編譯而成。因為 RHEL 是商業產品,所以 CentOS 把 Red Hat 的所有商標資訊都改成了 CentOS 的。除此之外,CentOS 和 RHEL 的另一個不同之處是 CentOS 不包含封閉原始程式碼的軟體。因此,CentOS 可以免費使用,並由社區主導。RHEL 在發行時會發佈原始程式碼,所以第三方公司或社區可以使用 RHEL 發佈的原始程式碼進行重新編譯,以形成一個可使用的二進位版本。因為 Linux 的原始程式碼基於 GPL v2,所以從獲取 RHEL 的原始程式碼到編譯成新的二進位都是合法的。國內外的確有不少公司是這麼做的,比如甲骨文的 Unbreakable Linux。

2014 年,Red Hat 公司收購了 CentOS 社區,但 CentOS 依然是免費的。CentOS 並不向使用者提供商業支持,所以如果使用者在使用 CentOS 時遇到問題,只能自行解決。

1.2.2 Debian Linux

Debian 由 Ian Murdock 在 1993 年創建，是一個致力於創建自由作業系統的合作組織。因為 Debian 專案以 Linux 核心為主，所以 Debian 一般指的是 Debian GNU/Linux。Debian 能風靡全球的主要原因在於其特有的 apt-get/dpkg 軟體套件管理工具，該工具被譽為所有 Linux 軟體套件管理工具中最強大、最好用的。

目前有很多 Linux 發行版本基於 Debian，如最流行的 Ubuntu Linux。

Ubuntu 的中文音譯是「烏班圖」，它是以 Dabian 為基礎打造的以桌面應用為主的 Linux 發行版本。Ubuntu 注重提高桌面的可用性以及安裝的便利性等方面，因此經過這幾年的發展，Ubuntu 已經成為最受歡迎的桌面 Linux 發行版本之一。

1.2.3 SuSE Linux

SuSE Linux 是來自德國的著名 Linux 發行版本，在 Linux 業界享有很高的聲譽。SuSE 公司在 Linux 核心社區的貢獻僅次於 Red Hat 公司，培養了一大批 Linux 核心方面的專家。SuSE Linux 在歐洲 Linux 市場中佔有將近80% 的百分比，但是在亞洲佔有的市佔率並不大。

1.2.4 中文化的 Ubuntu 優麒麟 Linux

優麒麟（Ubuntu Kylin）Linux 誕生於 2013 年，是由中國國防科技大學聯合 Ubuntu、CSIP 開發的開放原始碼桌面 Linux 發行版本，是 Ubuntu 的官方衍生版。該專案以國際社區合作方式進行開發，並遵守 GPL 協定，在Debian、Ubuntu、Mate、LUPA 等國際社區及許多國內外社區同好廣泛參與的同時，持續向 Linux Kernel、OpenStack、Debian/Ubuntu 等開放原始碼專案貢獻力量。從發佈至今，優麒麟 Linux 在全球已經有 2800 多萬次的下載量，優麒麟 Linux 20.04 的桌面如圖 1.1 所示。

圖 1.1 優麒麟 Linux 20.04 的桌面

優麒麟自研的 UKUI 輕量級桌面環境是按照 Windows 使用者的使用習慣
進行設計開發的，它創新地將 Windows 標示性的「開始」選單、工作列
引入 Linux 作業系統中，降低了 Windows 使用者遷移到 Linux 平台的時
間成本。優麒麟 Linux 還秉承「友善好用，簡單輕鬆」的設計理念，對檔
案管理員、主控台等桌面重要元件進行全新開發，同時配備一系列網路、
天氣、側邊欄等實用外掛程式，為使用者日常學習和工作帶來更便利的體
驗，具有穩定、高效、好用的特點。

圖 1.2 UKUI 的維基說明

同時，優麒麟 Linux 預設安裝的麒麟軟體中心、麒麟幫手、麒麟影音、WPS 辦公軟體、搜狗輸入法等軟體讓普通使用者更易上手。針對 ARM 平台的 Android 原生相容技術，優麒麟 Linux 可以把 Android 系統中強大的生態軟體無縫移植到 Linux 系統中。基於優麒麟 Linux 的銀河麒麟企業發行版本支持 x86 和 ARM64 架構，在華文的市場上佔有率遙遙領先。

1.3 Linux 核心介紹

1.3.1 Linux 核心目錄結構

讀者可以從 Linux 核心的官方網站上下載最新的版本，比如編寫本書時最新的穩定核心版本是 Linux 5.6.6，如圖 1.3 所示，不過本書以 Linux 5.4 核心為藍本。Linux 核心的版本編號分成 3 部分，第 1 個數字表示主版本編號，第 2 個數字表示次版本編號，第 3 個數字表示修正版本編號。

圖 1.3 從 Linux 核心的官方網站上下載最新的版本

Linux 5.0 核心的目錄結構如圖 1.4 所示。

其中重要的目錄介紹如下。

- arch：包含核心支援的所有處理器架構，比如 x86、ARM32、ARM64、RISC-V 等。這個目錄包含和處理器架構緊密相關的底層程式。
- block：包含區塊裝置抽象層的實現。
- certs：包含用於簽名與檢查的相關證書機制的實現。
- crypto：包含加密機制的相關實現。

```
rlk@rlk:~/rlk/linux-5.0$ ls -l
total 760
drwxrwxr-x  27 rlk rlk    4096 3月   4  2019 arch
drwxrwxr-x   3 rlk rlk    4096 3月   4  2019 block
drwxrwxr-x   2 rlk rlk    4096 3月   4  2019 certs
-rw-rw-r--   1 rlk rlk     423 3月   4  2019 COPYING
-rw-rw-r--   1 rlk rlk   99166 3月   4  2019 CREDITS
drwxrwxr-x   4 rlk rlk    4096 3月   4  2019 crypto
drwxrwxr-x 121 rlk rlk    4096 3月   4  2019 Documentation
drwxrwxr-x 138 rlk rlk    4096 3月   4  2019 drivers
drwxrwxr-x   2 rlk rlk    4096 3月   4  2019 firmware
drwxrwxr-x  73 rlk rlk    4096 3月   4  2019 fs
drwxrwxr-x  27 rlk rlk    4096 3月   4  2019 include
drwxrwxr-x   2 rlk rlk    4096 3月   4  2019 init
drwxrwxr-x   2 rlk rlk    4096 3月   4  2019 ipc
-rw-rw-r--   1 rlk rlk    1736 3月   4  2019 Kbuild
-rw-rw-r--   1 rlk rlk     563 3月   4  2019 Kconfig
drwxrwxr-x  18 rlk rlk    4096 3月   4  2019 kernel
drwxrwxr-x  13 rlk rlk   12288 3月   4  2019 lib
drwxrwxr-x   5 rlk rlk    4096 3月   4  2019 LICENSES
-rw-rw-r--   1 rlk rlk  494040 3月   4  2019 MAINTAINERS
-rw-rw-r--   1 rlk rlk   60518 3月   4  2019 Makefile
drwxrwxr-x   3 rlk rlk    4096 3月   4  2019 mm
drwxrwxr-x  70 rlk rlk    4096 3月   4  2019 net
-rw-rw-r--   1 rlk rlk     727 3月   4  2019 README
drwxrwxr-x  27 rlk rlk    4096 3月   4  2019 samples
drwxrwxr-x  14 rlk rlk    4096 3月   4  2019 scripts
drwxrwxr-x  10 rlk rlk    4096 3月   4  2019 security
drwxrwxr-x  26 rlk rlk    4096 3月   4  2019 sound
drwxrwxr-x  34 rlk rlk    4096 3月   4  2019 tools
drwxrwxr-x   2 rlk rlk    4096 3月   4  2019 usr
drwxrwxr-x   4 rlk rlk    4096 3月   4  2019 virt
rlk@rlk:~/rlk/linux-5.0$
```

圖 1.4　Linux 5.4 核心的目錄結構

- Documentation：包含核心的文件。
- drivers：包含裝置驅動。Linux 核心支援絕大部分的裝置（比如 USB 裝置、網路卡裝置、顯示卡裝置等）驅動。
- fs：核心支持的檔案系統，包括虛擬檔案系統層以及多種檔案系統類型，比如 ext4 檔案系統、xfs 檔案系統等。
- include：核心標頭檔。
- init：包含核心啟動的相關程式。
- ipc：包含處理程序通訊的相關程式。
- kernel：包含核心核心機制的程式，比如處理程序管理、處理程序排程、鎖機制等。
- lib：包含核心用到的一些共用的函數庫，核心不會呼叫 libc 函數庫，而是實現了 libc 函數庫的類似功能。
- mm：包含與記憶體管理相關的程式。
- net：包含與網路通訊協定相關的程式。
- samples：包含例子程式。
- scripts：包含核心開發者使用的一些指令稿，比如核心編譯相關的指令稿、檢查核心更新格式的指令稿等。

- security：包含與安全相關的程式。
- sound：包含與音效卡相關的程式。
- tools：包含核心各個子模組提供的一些開發用的工具，比如 slabinfo 工具、perf 工具等。
- usr：包含創建 initramfs 檔案系統的相關工具。
- virt：包含虛擬化的相關程式。

1.3.2 巨核心和微核心

作業系統屬於軟體的範圍，負責管理系統的硬體資源，同時為應用程式的開發和執行提供搭配環境。作業系統必須具備以下兩大功能。

- 為多使用者和應用程式管理電腦上的硬體資源。
- 為應用程式提供執行環境。

除此之外，作業系統還需要具備以下一些特性。

- 併發性：作業系統必須具備執行多個執行緒的能力。從巨觀上看，多執行緒會併發執行，如在單 CPU 系統中執行多執行緒的程式。執行緒是獨立執行和獨立排程的基本單位。
- 虛擬性：多處理程序的設計理念就是讓每個處理程序都感覺有一個專門的處理器為它服務，這就是虛擬處理器技術。

作業系統核心的設計在歷史上存在兩大陣營。一個是巨核心，另一個是微核心。巨核心是指所有的核心程式都被編譯成二進位檔案，所有的核心程式都執行在一個大的核心位址空間裡，核心程式可以直接存取和呼叫，效率高並且性能好，如圖 1.5 所示。而微核心是指把作業系統分成多個獨立的功能模組，每個功能模組之間的存取需要透過訊息來完成，因此效率沒有那麼高。比如，當時 Linus 學習的 Minix 就是微核心的典範。現代的一些作業系統（比如 Windows）就採用微核心的方式，核心保留作業系統最基本的功能，比如處理程序排程、記憶體管理通訊等，其他的功能從核心移出，放到使用者態中實現，並以 C/S（用戶端 / 伺服器）模型為應用程式提供服務，如圖 1.6 所示。

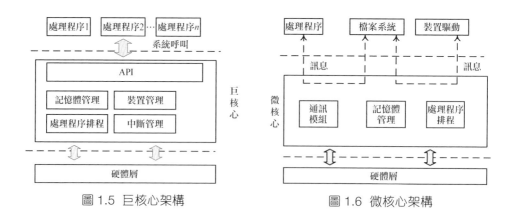

圖 1.5 巨核心架構　　　　　　圖 1.6 微核心架構

Linus Torvalds 在設計 Linux 核心之初並沒有使用當時學術界流行的微核心架構，而採用實現方式比較簡單的巨核心架構，一方面是因為 Linux 核心在當時是業餘作品，另一方面是因為 Linus Torvalds 更喜歡巨核心的設計。巨核心架構的優點是設計簡潔且性能比較好，而微核心架構的優勢很明顯，比如穩定性和即時性等。微核心架構最大的問題就是高度模組化帶來的互動的容錯和效率的損耗。把所有的理論設計放到現實的工程實踐中是一種折中的藝術。Linux 核心在 20 多年的發展歷程中，形成了自己的工程理論，並且不斷融入了微核心的精華，如模組化設計、先佔式核心、動態載入核心模組等。

Linux 核心支援動態載入核心模組。為了借鏡微核心的一些優點，Linux 核心在很早就提出了核心模組化的設計。Linux 核心中很多核心的實現或裝置驅動的實現都可以編譯成一個個單獨的模組。模組是被編譯成的目的檔案，並且可以在執行時期的核心中動態載入和移除。和微核心實現的模組化不一樣，它們不是作為獨立模組執行的，而是和靜態編譯的核心函數一樣，執行在核心態中。模組的引入給 Linux 核心帶來了不少的優點，其中最大的優點就是很多核心的功能和裝置驅動可以編譯成動態載入和移除的模組，並且驅動開發者在編寫核心模組時必須遵守定義好的介面來存取核心核心，這使得開發核心模組變得容易很多。另一個優點是，很多核心模組（比如檔案系統等）可以設計成和平台無關的。相比微核心的模組，第三個優點就是繼承了巨核心的性能優勢。

1.3.3 Linux 核心概貌

Linux 核心從 1991 年至 2020 年已有近 29 年的發展過程，從原來不到 1 萬行程式發展成現在已經超過 2000 萬行程式。對於如此龐大的專案，我們在學習的過程中首先需要了解 Linux 核心的整體概貌，再深入學習每個核心子模組。

Linux 核心概貌如圖 1.7 所示，典型的 Linux 系統可以分成 3 部分。

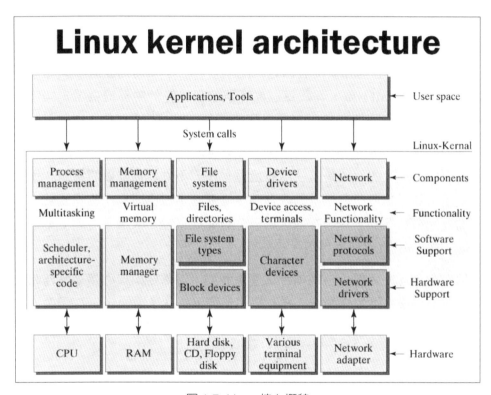

圖 1.7 Linux 核心概貌

- 硬體：包括 CPU、實體記憶體、磁碟和對應的外接裝置等。
- 核心空間：包括 Linux 核心的核心部件，比如 arch 抽象層、裝置管理抽象層、記憶體管理、處理程序管理、中斷管理、匯流排裝置、字元裝置、檔案系統以及與應用程式互動的系統呼叫層等。

■ 使用者空間：包括的內容很豐富，如處理程序、glibc 和虛擬機器
（VM）等。

我們特別注意核心空間中的一些主要部件。

1. 系統呼叫層

Linux 核心把系統分成兩個空間——使用者空間和核心空間。CPU 既可以
執行在使用者空間，也可以執行在核心空間。一些架構的實現還有多種
執行模式，如 x86 架構有 ring0 ~ ring3 這 4 種不同的執行模式。但是，
Linux 核心只使用了 ring0 與 ring3 兩種模式來實現核心態和使用者態。

Linux 核心為核心態和使用者態之間的切換設定了軟體抽象層，叫作系統
呼叫（system call）層，其實每個處理器的架構設計中都提供了一些特殊
的指令來實現核心態和使用者態之間的切換。Linux 核心充分利用了這種
硬體提供的機制來實現系統呼叫層。

系統呼叫層最大的目的是讓使用者處理程序看不到真實的硬體資訊，比如
當使用者需要讀取一個檔案的內容時，編寫使用者處理程序的程式設計師
不需要知道這個檔案具體存放在磁碟的哪個磁區裡，只需要呼叫 open()、
read() 或 mmap() 等函數即可。

使用者處理程序大部分時間執行在使用者態，當需要向核心請求服務時，
它會呼叫系統提供的介面進入核心態，比如上述例子中的 open() 函數。當
核心完成 open() 函數的呼叫之後，就會返回使用者態。

2. arch 抽象層

Linux 核心支持多種架構，比如現在最流行的 x86 和 ARM，也包括
MIPS、powerpc 等。Linux 核心最初的設計只支持 x86 架構，後來不斷擴
充，到現在已經支持幾十種架構。為 Linux 核心增加新的架構不是一件很
難的事情，比如在 Linux 4.15 核心裡新增對 RISC-V 架構的支持。Linux
核心為不同架構的實現做了很好的抽象和隔離，也提供了統一的介面來實
現。比如，在記憶體管理方面，Linux 核心把和架構相關的程式都存放在

arch/xx/mm 目錄裡，把和架構不相關的程式都存放在 mm 目錄裡，從而實現完美的分層。

3. 處理程序管理

處理程序是現代作業系統中非常重要的概念，包括上下文切換（context switch）以及處理程序排程（schedule）。每個處理程序在執行時期都感覺完全佔有了全部的硬體資源，但是處理程序不會長時間佔有硬體資源。作業系統利用處理程序排程器讓多個處理程序併發執行。Linux 核心並沒有嚴格區分處理程序和執行緒，而經常使用 task_struct 資料結構來描述。在 Linux 核心中，排程器的發展經歷了好幾代，從很早的 $O(n)$ 排程器到 Linux 2.6 核心中的 $O(1)$ 排程器，再到現在的完全公平排程器（Complete Fair Scheduler，CFS）演算法。目前比較熱門的話題是關於性能和功耗的最佳化，比如 ARM 陣營提出了大小核心架構，至今在 Linux 核心實現中還沒有表現。因此，諸如綠色節能排程器（Energy Awareness Scheduler，EAS）這樣的排程演算法是研究熱點。

處理程序管理還包括處理程序的創建和銷毀、執行緒組管理、核心執行緒管理、佇列等待等內容。

4. 記憶體管理

記憶體管理是 Linux 核心中最複雜的模組，涉及實體記憶體的管理和虛擬記憶體的管理。在一些小型的嵌入式 RTOS 中，記憶體管理不涉及虛擬記憶體的管理，比較簡單和簡潔。但是作為通用的作業系統核心，Linux 核心的虛擬記憶體管理非常重要。虛擬記憶體有很多優點，比如多個處理程序可以併發執行，處理程序請求的記憶體可以比實體記憶體大，多個處理程序可以共用函數程式庫等，因此虛擬記憶體的管理變得越來越複雜。在 Linux 核心中，關於虛擬記憶體的模組有反向映射、頁面回收、核心同頁合併（Kernel Same page Merging，KSM）、mmap、缺頁中斷、共用記憶體、處理程序虛擬位址空間管理等。

實體記憶體的管理也比較複雜。頁面分配器（page allocator）是核心部件，它需要考慮當系統記憶體緊張時，如何回收頁面和繼續分配實體記憶體。其他比較重要的模組有交換分區管理、頁面回收和 OOM（Out Of Memory）Killer 等。

5. 中斷管理

中斷管理包含處理器的異常（exception）處理和中斷（interrupt）處理。異常通常是指處理器在執行指令時如果檢測到反常條件，就必須暫停下來處理這些特殊的情況，如常見的缺頁異常（page fault）。而中斷異常一般是指外接裝置透過中斷訊號線路來請求處理器，處理器會暫停當前正在做的事情來處理外接裝置的請求。Linux 核心在中斷管理方面有上半部和下半部之分。上半部是在關閉中斷的情況下執行的，因此處理時間要求短、平、快；而下半部是在開啟中斷的情況下執行的，很多對執行時間要求不高的操作可以放到下半部來執行。Linux 核心為下半部提供了多種機制，如軟體中斷、tasklet 和工作佇列等。

6. 裝置管理

裝置管理對任何作業系統來說都是重中之重。Linux 核心之所以這麼流行，就是因為 Linux 系統支援的外接裝置是所有開放原始碼作業系統中最多的。當很多大公司發佈新的晶片時，第一個要支援的作業系統是 Linux 系統，也就是盡可能要在 Linux 核心社區裡推送。

Linux 核心的裝置管理是一個很廣泛的概念，包含的內容很多，如 ACPI、裝置樹、裝置模型 kobject、裝置匯流排（如 PCI 匯流排）、字元裝置驅動、區塊裝置驅動、網路裝置驅動等。

7. 檔案系統

優秀的作業系統必須包含優秀的檔案系統，但是檔案系統有不同的應用場合，如基於快閃記憶體的檔案系統 F2FS、基於磁碟儲存的檔案系統 ext4 和 XFS 等。為了支援各種各樣的檔案系統，Linux 抽象出名為虛擬檔案系統（Virtual File System，VFS）層的軟體層，這樣 Linux 核心就可以很方便地整合多種檔案系統。

總之，Linux 核心是一個龐大的工程，處處表現了抽象和分層的思想，Linux 核心是值得我們深入學習的。

1.4 如何學習 Linux 核心

Linux 核心採用 C 語言編寫，因此熟悉 C 語言是學習 Linux 核心的基礎。讀者可以重溫 C 語言方面的課程，然後閱讀一些經典的 C 語言著作，如《C 專家程式設計》《C 陷阱與缺陷》《C 和指標》等。

剛剛接觸 Linux 核心的讀者可以嘗試在自己的電腦上安裝 Linux 發行版本，如優麒麟 Linux 20.04，並嘗試使用 Linux 作為作業系統。另外，建議讀者熟悉一些常用的命令，熟悉如何使用 Vim 和 git 等工具，嘗試編譯和更換優麒麟 Linux 核心的程式。

然後，可以在 Linux 機器上做一些程式設計和偵錯練習，如使用 QEMU + GDB + Eclipse 單步偵錯核心、熟悉 GDB 的使用等。

接下來，選擇一個簡單的字元裝置驅動，如觸控式螢幕驅動等，編寫並偵錯裝置驅動。

在對 Linux 驅動有了深刻的瞭解之後，就可以研究 Linux 核心的一些核心 API 的實現，如 malloc() 和中斷執行緒化等。

學習 Linux 核心的過程是枯燥的，但是 Linux 核心的魅力只有在深入後你才能體會到。Linux 核心是由全球頂尖的程式設計師編寫的，每看一行程式，就好像在與全球頂尖的程式設計師交流和過招，這種體驗是你在大學課堂上和其他專案中無法得到的。

因此，對 Linux 系統同好來說，不要停留在僅會安裝 Linux 系統和設定服務的層面，還要深入學習 Linux 核心。

1.5 Linux 核心實驗入門

1.5.1 實驗 1-1：在虛擬機器中安裝優麒麟 Linux 20.04 系統

1. 實驗目的

透過本實驗熟悉 Linux 系統的安裝過程。首先，需要在虛擬機器中安裝 20.04 版本的優麒麟 Linux 系統。掌握了安裝方法之後，讀者可以在真實的物理機器上安裝 Linux 系統。

2. 實驗詳解

實驗步驟如下。

（1）從優麒麟官方網站上下載優麒麟 Linux 20.04 的安裝程式。

（2）從 VMware 官方網站上下載 VMware Workstation 15 Player。這個工具對於個人使用者是免費的，對於商業使用者是收費的，如圖 1.8 所示。讀者也可以使用另外一個免費的虛擬機器工具——VirtualBox。

圖 1.8 免費安裝 VMware Workstation 15 Player

（3）打開 VMware Player。在軟體的主介面中選擇 Create a New Virtual Machine。

（4）在 New Virtual Machine Wizard 介面中，選中 Installer disc image file（iso）選項按鈕，點擊 Browse 按鈕，選擇剛才下載的安裝程式，如圖 1.9 所示。然後，點擊 Next 按鈕。

（5）在彈出的介面中輸入即將要安裝的 Linux 系統的用戶名和密碼，如圖 1.10 所示。

圖 1.9 選擇下載的安裝程式

圖 1.10 輸入用戶名和密碼

（6）設定虛擬機器的磁碟空間，盡可能設定得大一點。虛擬機器的磁碟空間是動態分配的，比如這裡設定了 200GB，但並不會馬上在主機上分配 200GB 的磁碟空間，如圖 1.11 所示。

（7）可以在 Customize Hardware 選項裡重新對一些硬體進行設定，比如把記憶體設定得大一點。完成 VMware Player 的設定之後，就會馬上進入虛擬機器。

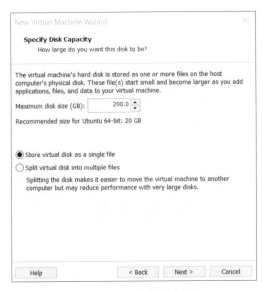

圖 1.11 設定磁碟空間

（8）在虛擬機器中會自動執行安裝程式，如圖 1.12 所示。安裝完成之後，會自動重新啟動並顯示新安裝系統的登入介面，如圖 1.13 和圖 1.14所示。

圖 1.12 設定硬體

圖 1.13　VMware Workstation 15 Player 登入介面（1）

圖 1.14　VMware Workstation 15 Player 登入介面（2）

1.5.2 實驗 1-2：給優麒麟 Linux 系統更換「心臟」

1. 實驗目的

（1）學會如何給 Linux 系統更換最新版本的 Linux 核心。

（2）學習如何編譯和安裝 Linux 核心。

2. 實驗詳解

在編譯 Linux 核心之前，需要透過命令安裝相關軟體套件。

```
sudo apt-get install libncurses5-dev libssl-dev build-essential openssl
```

從 Linux 核心的官方網站上下載最新的版本，比如寫作本書時最新並且穩定的核心版本是 Linux 5.6.6。

可以透過以下命令進行解壓。

```
#tar -Jxf linux-5.6.6.tar.xz
```

解壓完之後，可以透過 make menuconfig 進行核心的設定，如圖 1.15 所示。

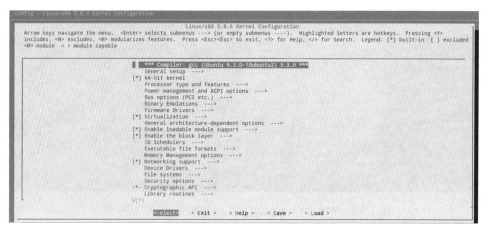

圖 1.15　設定核心

除了手動設定 Linux 核心的選項之外，還可以直接複製 Ubuntu Linux 系統中附帶的設定檔。舉例來説，Ubuntu Linux 機器上的核心版本是 5.4.0-26-generic，因而核心設定檔為 config-5.4.0-26-generic。

```
#cd linux-5.5.6
#cp /boot/config-5.4.0-26-generic .config
```

下面開始編譯核心，其中 -jn 中的 "n" 表示使用多少個 CPU 核心來平行編譯核心。

```
#make -jn
```

為了查看系統中有多少個 CPU 核心，可以執行以下命令。

```
#cat /proc/cpuinfo

...

processor       : 7
vendor_id       : GenuineIntel
cpu family      : 6
model           : 60
model name      : Intel(R) Core(TM) i7-4770 CPU @ 3.40GHz
stepping        : 3
```

processor 這一項等於 7，説明系統中有 8 個 CPU 核心，因為是從 0 開始計數的，所以剛才的 make -jn 命令就可以寫成 make -j8 了。

編譯核心是一個漫長的過程，可能需要幾十分鐘時間，這取決於電腦的運算速度和設定的核心選項。

透過 make 編譯完之後，下一步需要編譯和安裝核心模組。

```
#sudo make modules_install
```

最後一步就是把編譯好的核心映像檔安裝到優麒麟 Linux 系統中。

```
#sudo make install
```

完成之後就可以重新啟動電腦，登入最新的系統了。

1.5.3 實驗 1-3：使用 QEMU 虛擬機器來執行 Linux 系統

1. 實驗目的

透過本實驗學習如何編譯 ARM64 版本的核心映射，並且在 QEMU 虛擬機器中執行。

2. 實驗詳解

市面上有不少基於 ARM64 架構的開發板，比如樹莓派，讀者可以採用類似於樹莓派的開發板進行學習。除了硬體開發板之外，我們還可以使用 QEMU 虛擬機器這個產業界流行的模擬器來模擬 ARM64 處理器。使用 QEMU 虛擬機器有兩個好處：一是不需要額外購買硬體，只需要一台安裝了 Linux 發行版本的電腦即可；二是 QEMU 虛擬機器支援單步偵錯核心的功能。

為了不購買開發板就能在個人電腦上學習和偵錯 Linux 系統，我們使用 QEMU 虛擬機器來打造 ARM64 的實驗平台，使用 Ubuntu Linux 的 root 檔案系統打造實用的檔案系統。

這個實驗平台具有以下特點。

使用 "O0" 來編譯核心。

- 在主機中編譯核心。
- 使用 QEMU 虛擬機器來載入系統。
- 支持 GDB 單步偵錯核心。
- 使用 Ubuntu Linux 20.04 系統的 root 檔案系統（ARM64 版本）。
- 線上安裝軟體套件。
- 支援在虛擬機器裡動態編譯核心模組。
- 支援主機和虛擬機器共用檔案。

在 Linux 主機的另外一個超級終端輸入 killall qemu-system-aarch64，即可關閉 QEMU 虛擬機器。也可以按 Ctrl+A 組合鍵，然後按 X 鍵來關閉 QEMU 虛擬機器。

1）安裝工具

首先，在 Linux 主機中安裝相關工具。

```
$ sudo apt-get install apt-get install qemu-system-arm libncurses5-dev gcc-
aarch64-linux-gnu build-essential git bison flex libssl-dev
```

然後，在 Linux 主機系統中預設安裝 ARM64 GCC 編譯器的 9.3 版本。

```
$ aarch64-linux-gnu-gcc -v
Using built-in specs.
COLLECT_GCC=aarch64-linux-gnu-gcc
COLLECT_LTO_WRAPPER=/usr/lib/gcc-cross/aarch64-linux-gnu/9/lto-wrapper
Target: aarch64-linux-gnu
Configured with: ../src/configure -v --with-pkgversion='Ubuntu 9.3.0-8ubuntu1'
--with-bugurl=file:///usr/share/doc/gcc-9/README.Bugs --enable-languages=c,
ada,c++,go,d,fortran,objc,obj-c++,gm2 --prefix=/usr --with-gcc-major-
version-only --program-suffix=-9 --enable-shared --enable-linker-build-
id --libexecdir=/usr/lib --without-included-gettext --enable-threads=posix
--libdir=/usr/lib --enable-nls --with-sysroot=/ --enable-clocale=gnu --enable
-libstdcxx-debug --enable-libstdcxx-time=yes --with-default-libstdcxx-abi=new
--enable-gnu-unique-object --disable-libquadmath --disable-libquadmath-
support --enable-plugin --enable-default-pie --with-system-zlib --without-
target-system-zlib --enable-libpth-m2 --enable-multiarch --enable-fix-
cortex-a53-843419 --disable-werror --enable-checking=release --build=x86_64-
linux-gnu --host=x86_64-linux-gnu --target=aarch64-linux-gnu --program-
prefix=aarch64-linux-gnu- --includedir=/usr/aarch64-linux-gnu/include
Thread model: posix
gcc version 9.3.0 (Ubuntu 9.3.0-8ubuntu1)
```

最後，檢查 QEMU 虛擬機器的版本是否為 4.2.0。

```
$ qemu-system-aarch64 --version
QEMU emulator version 4.2.0 (Debian 1:4.2-3ubuntu3)
Copyright (c) 2003-2019 Fabrice Bellard and the QEMU Project developers
```

2）下載倉庫

下載 runninglinuxkernel_5.0 的 git 倉庫並切換到 runninglinuxkernel_5.0 分支。

```
$ git clone https://git.com/figozhang/runninglinuxkernel_5.0.git
```

3）編譯核心以及創建檔案系統

runninglinuxkernel_5.0 目錄中有一個 rootfs_arm64.tar.xz 檔案，這個檔案採用 Ubuntu Linux 20.04 系統的 root 檔案系統製作而成。但是，這個 root 檔案系統還只是半成品，我們還需要根據編譯好的核心來安裝核心映射和核心模組，整個過程比較複雜。

- 編譯核心。
- 編譯核心模組。
- 安裝核心模組。
- 安裝核心標頭檔。
- 安裝編譯核心模組必需的依賴檔案。
- 創建 ext4root 檔案系統。

整個過程比較煩瑣，我們可以創建一個指令稿來簡化上述過程。

注意，該指令稿會使用 dd 命令生成一個 4GB 大小的映射檔案，因此主機系統需要保證至少 10GB 的空餘磁碟空間。讀者如果需要生成更大的 root 檔案系統映射，那麼可以修改 run_rlk_ arm64.sh 指令檔。

首先，編譯核心。

```
$ cd runninglinuxkernel_5.0
$ ./run_rlk_arm64.sh build_kernel
```

執行上述指令稿需要幾十分鐘時間，具體依賴於主機的運算能力。

然後，編譯 root 檔案系統。

```
$ cd runninglinuxkernel_5.0
$ sudo ./run_rlk_arm64.sh build_rootfs
```

讀者需要注意，編譯 root 檔案系統需要管理員許可權，而編譯核心則不需要。執行完上述命令後，將生成名為 rootfs_arm64.ext4 的 root 檔案系統。

4）執行剛才編譯好的 ARM64 版本的 Linux 系統

要執行 run_rlk_arm64.sh 指令稿，輸入 run 參數即可。

```
$./run_rlk_arm64.sh run
```

或

```
$ qemu-system-aarch64 -m 1024 -cpu cortex-a57 -smp 4 -M virt -bios QEMU_
EFI.fd -nographic -kernel arch/arm64/boot/Image -append "noinintrd root=
/dev/vda rootfstype=ext4 rw crashkernel=256M" -drive if=none,file=rootfs_
arm64.ext4,id=hd0 -device virtio-blk-device,drive=hd0 --fsdev local,id=kmod_
dev,path=./kmodules,security_model=none -device virtio-9p-device,fsdev=kmod_
dev,mount_tag=kmod_mount
```

執行結果如下。

```
rlk@ runninglinuxkernel_5.0 $ ./run_rlk_arm64.sh run
[    0.000000] Booting Linux on physical CPU 0x0000000000 [0x411fd070]
[    0.000000] Linux version 5.4.0+ (rlk@ubuntu) (gcc version 9.3.0 (Ubuntu
9.3.0-8ubuntu1)) #5 SMP Sat Mar 28 22:05:46 PDT 2020
[    0.000000] Machine model: linux,dummy-virt
[    0.000000] efi: Getting EFI parameters from FDT:
[    0.000000] efi: UEFI not found.
[    0.000000] crashkernel reserved: 0x0000000070000000 - 0x0000000080000000
(256 MB)
[    0.000000] cma: Reserved 64 MiB at 0x000000006c000000
[    0.000000] NUMA: No NUMA configuration found
[    0.000000] NUMA: Faking a node at [mem 0x0000000040000000-0x000000007fffffff]
[    0.000000] NUMA: NODE_DATA [mem 0x6bdf0f00-0x6bdf1fff]
[    0.000000] Zone ranges:
[    0.000000]   Normal   [mem 0x0000000040000000-0x000000007fffffff]
[    0.000000] Movable zone start for each node
[    0.000000] Early memory node ranges
[    0.000000]   node   0: [mem 0x0000000040000000-0x000000007fffffff]
[    0.000000] Initmem setup node 0 [mem 0x0000000040000000-0x000000007fffffff]
[    0.000000] On node 0 totalpages: 262144
[    0.000000]   Normal zone: 4096 pages used for memmap
[    0.000000]   Normal zone: 0 pages reserved
[    0.000000]   Normal zone: 262144 pages, LIFO batch:63
[    0.000000] Kernel command line: noinintrd sched_debug root=/dev/vda
rootfstype=ext4 rw crashkernel=256M loglevel=8
[    0.000000] Dentry cache hash table entries: 131072 (order: 8, 1048576
bytes, linear)
[    0.000000] Inode-cache hash table entries: 65536 (order: 7, 524288 bytes,
linear)
[    0.000000] mem auto-init: stack:off, heap alloc:off, heap free:off
```

```
[    0.000000] Memory: 685128K/1048576K available (8444K kernel code, 1018K
rwdata, 2944K rodata, 1152K init, 505K bss, 297912K reserved, 65536K cma-reserved)
[    1.807706] Freeing unused kernel memory: 1152K
[    1.810096] Run /sbin/init as init process
[    2.124322] random: fast init done
[    2.269567] systemd[1]: systemd 245.2-1ubuntu2 running in system mode.
Ubuntu Focal Fossa (development branch) ubuntu ttyAMA0
rlk login:
```

登入系統時使用的用戶名和密碼如下。

- 用戶名：root。
- 密碼：123。

5）線上安裝軟體套件

QEMU 虛擬機器可以透過 VirtIO-Net 技術來生成虛擬的網路卡，並透過網路橋接技術和主機進行網路共用。下面使用 ifconfig 命令檢查網路設定。

```
root@ubuntu:~# ifconfig
enp0s1: flags=4163<UP,BROADCAST,RUNNING,MULTICAST>  mtu 1500
        inet 10.0.2.15  netmask 255.255.255.0  broadcast 10.0.2.255
        inet6 fec0::ce16:adb:3e70:3e71  prefixlen 64  scopeid 0x40<site>
        inet6 fe80::c86e:28c4:625b:2767  prefixlen 64  scopeid 0x20<link>
        ether 52:54:00:12:34:56  txqueuelen 1000  (Ethernet)
        RX packets 23217  bytes 33246898 (31.7 MiB)
        RX errors 0  dropped 0  overruns 0  frame 0
        TX packets 4740  bytes 267860 (261.5 KiB)
        TX errors 0  dropped 0 overruns 0  carrier 0  collisions 0

lo: flags=73<UP,LOOPBACK,RUNNING>  mtu 65536
        inet 127.0.0.1  netmask 255.0.0.0
        inet6 ::1  prefixlen 128  scopeid 0x10<host>
        loop  txqueuelen 1000  (Local Loopback)
        RX packets 2  bytes 78 (78.0 B)
        RX errors 0  dropped 0  overruns 0  frame 0
        TX packets 2  bytes 78 (78.0 B)
        TX errors 0  dropped 0 overruns 0  carrier 0  collisions 0
```

可以看到，這裡生成了名為 enp0s1 的網路卡裝置，分配的 IP 位址為 10.0.2.15。

可透過 apt update 命令更新 Debian 系統的軟體倉庫。

```
root@ubuntu:~# apt update
```

如果更新失敗，有可能是因為系統時間比較舊了，可以使用 date 命令來設定日期。

```
root@ubuntu:~# date -s 2020-03-29 #假設最新日期是2020年3月29日
Sun Mar 29 00:00:00 UTC 2020
```

可使用 apt install 命令來安裝軟體套件。比如，可以線上安裝 gcc。

```
root@ubuntu:~# apt install gcc
```

6）在主機和 QEMU 虛擬機器之間共用檔案

主機和 QEMU 虛擬機器可以透過 NET_9P 技術進行檔案共用，這需要 QEMU 虛擬機器和主機的 Linux 核心都啟動 NET_9P 的核心模組。本實驗平台已經支援主機和 QEMU 虛擬機器的共用檔案，可以透過以下簡單方法來測試。

複製一個檔案到 runninglinuxkernel_5.0/kmodules 目錄中。

```
$ cp test.c  runninglinuxkernel_5.0/kmodules
```

啟動 QEMU 虛擬機器之後，首先檢查一下 /mnt 目錄中是否有 test.c 檔案。

```
root@ubuntu:/# cd /mnt
root@ubuntu:/mnt # ls
README     test.c
```

我們在後續的實驗中會經常利用這個特性，比如把編譯好的核心模組或核心模組原始程式碼放入 QEMU 虛擬機器。

7）在主機上交換編譯核心模組

在本書中，讀者常常需要編譯核心模組，然後放入 QEMU 虛擬機器中。這裡提供兩種編譯核心模組的方法：一種方法是在主機上進行交換編譯，然後共用到 QEMU 虛擬機器中；另一種方法是在 QEMU 虛擬機器中進行本地編譯。

讀者可以自行編寫簡單的核心模組，詳見第 4 章中的內容。我們在這裡簡單介紹在主機上交換編譯核心模組的方法。

```
$ cd hello_world  #進入核心模組程式目錄
$ export ARCH=arm64
$ export CROSS_COMPILE=aarch64-linux-gnu-
```

編譯核心模組。

```
$ make
```

把核心模組檔案 test.ko 複製到 runninglinuxkernel_5.0/kmodules 目錄中。

```
$cp test.ko  runninglinuxkernel_5.0/kmodules
```

在 QEMU 虛擬機器的 mnt 目錄中可以看到 test.ko 模組，載入該核心模組。

```
$ insmod test.ko
```

8）在 QEMU 虛擬機器中本地編譯核心模組

在 QEMU 虛擬機器中安裝必要的軟體套件。

```
root@ubuntu: # apt install build-essential
```

在 QEMU 虛擬機器中編譯核心模組時需要指定 QEMU 虛擬機器的本地核心路徑，例如 BASEINCLUDE 變數指定了本地核心路徑。"/lib/modules/$(shell uname -r)/build" 是連結檔案，用來指向具體的核心原始程式碼路徑，通常指向已經編譯過的核心路徑。

```
BASEINCLUDE ?= /lib/modules/$(shell uname -r)/build
```

編譯核心模組，下面以最簡單的 hello_world 核心模組程式為例。

```
root@ubuntu:/mnt/hello_world# make
make -C /lib/modules/5.4.0+/build M=/mnt/hello_world modules;
make[1]: Entering directory '/usr/src/linux'
  CC [M]  /mnt/hello_world/test-1.o
  LD [M]  /mnt/hello_world/test.o
  Building modules, stage 2.
  MODPOST 1 modules
  CC      /mnt/hello_world/test.mod.o
```

```
  LD [M]  /mnt/hello_world /test.ko
make[1]: Leaving directory '/usr/src/linux'
root@ubuntu: /mnt/hello_world#
```

載入核心模組。

```
root@ubuntu:/mnt/hello_world# insmod test.ko
```

9）更新 root 檔案系統

如果讀者修改了 runninglinuxkernel_5.0 核心的設定檔，比如 arch/arm64/config/rlk_defconfig 檔案，那麼需要重新編譯核心以及更新 root 檔案系統。

```
$ ./run_rlk_arm64.sh build_kernel        # 重新編譯核心
$ sudo ./run_rlk_arm64.sh update_rootfs   # 更新root檔案系統
```

1.5.4 實驗 1-4：創建基於 Ubuntu Linux 的 root 檔案系統

1. 實驗目的

透過本實驗學習如何創建基於 Ubuntu 發行版本的 root 檔案系統。

2. 實驗要求

Ubuntu 系統提供的 debootstrap 工具可以幫助我們快速創建指定架構的 root 檔案系統。本實驗要求使用 debootstrap 工具來創建基於 Ubuntu Linux 20.04 系統的 root 檔案系統，並且要求能夠在 QEMU + ARM 實驗平台上正確掛載和啟動系統。

1.5.5 實驗 1-5：創建基於 QEMU + RISC-V 的 Linux 系統

1. 實驗目的

透過本實驗架設新的處理器實驗平台。

2. 實驗要求

最近，RISC-V 開放原始碼指令集很火，國內外很多大公司已加入 RISC-V 陣營。國內很多公司已經開始研製基於 RISC-V 的晶片了。但是，基於

RISC-V 的開發板很難買到，而且價格昂貴，給學習者帶來巨大的困難。
本實驗利用 QEMU 虛擬機器來創建和執行 RISC-V 架構的 Debian Linux
系統。

3. 實驗步驟

（1）使用 Linux 5.0 核心編譯 RISC-V 系統。

（2）參考實驗 1-4 創建基於 Debian Linux 系統的 root 檔案系統。

（3）在 QEMU 虛擬機器中執行基於 RISC-V 的 Linux 系統。

02
Linux 核心基礎知識

Linux 核心是一個複雜的開放原始碼專案，主要採用的語言是 C 語言和組合語言。因此，深入瞭解 Linux 核心的必要條件是熟悉 C 語言。Linux 核心是由全球頂尖的程式設計師編寫的，其中採用了許多精妙的 C 語言編寫技巧，是非常值得學習的典範。

另外，Linux 核心採用 GCC 編譯器來編譯，了解和熟悉 GCC 以及 GDB 的使用也很有必要。

Linux 核心程式已經達到 2,000 萬行，龐大的程式量會讓讀者在閱讀和瞭解程式方面感到力不從心。那麼，在 Linux 中有沒有一款合適的可用來閱讀和編寫程式的工具呢？本章將介紹如何使用 Vim 這個編輯工具來閱讀 Linux 核心程式。

由 Linux 核心創始人 Linus 開發的 git 工具已經在全世界被廣泛應用，因此讀者必須了解和熟悉 git 的使用。

2.1 Linux 常用的編譯工具

2.1.1 GCC

GNU 編譯器套件（GNU Compiler Collection，GCC）在 1987 年發佈了第一個 C 語言版本，GCC 是使用 GPL 許可證發行的自由軟體，也是 GNU 計畫的關鍵部分。GCC 現在是 GNU Linux 作業系統的預設編譯器，同時也被很多自由軟體採用。在後續的發展過程中，GCC 擴充支援了很多程式語言，如 C++、Java、Go 等語言。另外，GCC 還支援多種不同的硬體平台，如 x86、ARM 等架構。

GCC 的編譯流程主要分為 4 個步驟。

- 前置處理（pre-process）。
- 編譯（compile）。
- 組合語言（assemble）。
- 連結（link）。

如圖 2.1 所示，可使用 C 語言編寫 test 程式的原始程式碼檔案 test.c。首先，進入 GCC 的預先編譯器（cpp）進行前置處理，對標頭檔、巨集等進行展開，生成 test.i 檔案。然後，進入 GCC 的編譯器，GCC 可以支援多種程式語言，這裡呼叫 C 語言版的編譯器（ccl）。編譯完之後，生成組合語言程式，輸出 test.s 檔案。在組合語言階段，GCC 呼叫組合語言器（as）進行組合語言，生成可重定位的目的程式。最後一步是連結，GCC 呼叫連結器，把所有目的檔案和 C 語言函數庫連結成可執行的二進位檔案。

圖 2.1　GCC 編譯流程

由此可見，C 語言程式需要經歷兩次編譯和一次連結過程才能生成可執行的程式。

2.1.2 ARM GCC

GCC 具有良好的可擴充性，除了可以編譯 x86 架構的二進位程式外，還可以支援很多其他架構的處理器，如 ARM、MIPS、RISC-V 等。這裡涉及兩個概念：一個是本地編譯，另一個是交換編譯。

- 本地編譯：在目標平台上編譯器，並且執行在當前平台上。
- 交換編譯：在一種平台上編譯，然後放到另一種平台上執行，這個過程稱為交換編譯。之所以有交換編譯，主要是因為嵌入式系統的資源有限，不適合在嵌入式系統中進行編譯。比如早期的 ARM 處理器性能低下，編譯完整的 Linux 系統是不現實的。因此，需要首先在某台高性能的電腦上編譯出能在 ARM 處理器上執行的 Linux 二進位檔案，然後燒錄到 ARM 系統中並執行。
- 交換工具鏈：交換工具鏈不只是 GCC，還包含 binutils、glibc 等工具組成的綜合開發環境，可以實現編譯、連結等功能。在嵌入式環境中，通常使用 uclibc 等小型的 C 語言函數庫。

交換工具鏈的命名規則一般如下。

```
[arch] [-os] [-(gnu)eabi]
```

- arch：表示架構，如 ARM64、MIPS 等。
- os：表示目標作業系統。
- eabi：嵌入式應用的二進位介面。

許多 Linux 發行版本提供了編譯好的用於 ARM64 GCC 的工具鏈，如 Ubuntu Linux 20.04 提供以下和 ARM 相關的編譯器。

- arm-linux-gnueabi：主要用於基於 ARM32 架構的 Linux 系統，可以用來編譯 ARM32 架構的 u-boot、Linux 核心以及 Linux 應用程式等。

Ubuntu Linux 20.04 系統中提供了 GCC 7、GCC 8、GCC 9 以及 GCC 10 等多個版本。

- aarch64-linux-gnueabi：主要用於基於 ARM64 架構的 Linux 系統。
- arm-linux-gnueabihf：hf 指的是支援硬浮點（hard float）的 ARM 處理器。之前的一些 ARM 處理器不支援硬浮點單元，所以必須由軟浮點來實現。但是，最新的一些高端 ARM 處理器內建了硬浮點單元，這樣就會由於新舊兩種架構間的差異而產生兩個不同的 EABI。

2.1.3 GCC 編譯

GCC 編譯的一般格式如下。

```
gcc [選項] 原始檔案 [選項] 目的檔案
```

GCC 的常用選項如表 2.1 所示。

⬇ 表 2.1 GCC 的常用選項

選項	功 能 描 述
-o	生成目的檔案，可以是 .i、.s 以及 .o 檔案
-E	只執行 C 預先編譯器
-c	通知 GCC 取消連結，只編譯生成目的檔案，但不做最後的連結
-Wall	生成所有警告資訊
-w	不生成任何警告資訊
-I	指定標頭檔的目錄路徑
-L	指定函數庫檔案的目錄路徑
-static	連結成靜態程式庫
-g	包含偵錯資訊
-v	輸出編譯過程中的命令列和編譯器版本等資訊
-Werror	把所有警告資訊轉換成錯誤訊息，並在警告發生時終止編譯
-O0	關閉所有最佳化選項
-O 或 -O1	最基本的最佳化等級
-O2	-O1 的進階等級，也是推薦使用的最佳化等級，編譯器會嘗試提高程式性能，而不會佔用大量儲存空間和花費大量編譯時間
-O3	最高最佳化等級，會延長編譯時間

2.2 Linux 核心中常用的 C 語言技巧

相信讀者在閱讀本章之前已經學習過 C 語言了，但是想精通 C 語言還需要下一番苦功夫。Linux 核心是基於 C 語言編寫的，熟練掌握 C 語言是深入學習 Linux 核心的基本要求。

GNU C 語言的擴充

GCC 的 C 編譯器除了支持 ANSI C 標準之外，還對 C 語言進行了很多的擴充。這些擴充為程式最佳化、目標程式佈局以及安全檢查等提供了很強的支援，因此支援 GNU 擴充的 C 語言稱為 GNU C 語言。Linux 核心採用 GCC 編譯器，所以 Linux 核心的程式自然使用了 GCC 的很多新的擴充特性。本節將介紹 GCC C 語言一些擴充的新特性，希望讀者在學習 Linux 核心時特別留意。

1. 敘述運算式

在 GNU C 語言中，括號裡的複合陳述式可以看作運算式，稱為敘述運算式。在敘述運算式裡，可以使用迴圈、跳躍和區域變數等。這個特性通常用在巨集定義中，可以讓巨集定義變得更安全，如比較兩個值的大小。

```
#define max(a,b) ((a) > (b) ? (a) : (b))
```

上述程式會導致安全問題，a 和 b 有可能會計算兩次，比如，向 a 傳入 i++，向 b 傳入 j++。在 GNU C 語言中，如果知道 a 和 b 的類型，可以像下面這樣寫這個巨集。

```
#define maxint(a,b) \
  ({int _a = (a), _b = (b); _a > _b ? _a : _b; })
```

如果不知道 a 和 b 的類型，還可以使用 typeof 巨集。

```
<include/linux/kernel.h>

#define min(x, y) ({                 \
    typeof(x) _min1 = (x);           \
```

```
    typeof(y) _min2 = (y);                  \
    (void) (& _min1 == & _min2);            \
    _min1 < _min2 ? _min1 : _min2; })
```

typeof 也是 GNU C 語言的一種擴充用法，可以用來構造新的類型，通常和敘述運算式一起使用。

下面是一些例子。

```
typeof (*x) y;
typeof (*x) z[4];
typeof (typeof (char *)[4]) m;
```

第一句宣告 y 是 x 指標指向的類型。第二句宣告 z 是陣列，其中陣列的類型是 x 指標指向的類型。第三句宣告 m 是指標陣列，這和 char *m[4] 宣告的效果是一樣的。

2. 變長陣列

GNU C 語言允許使用變長陣列，這在定義資料結構時非常有用。

```
<mm/percpu.c>

struct pcpu_chunk {
    struct list_head    list;
    unsigned long       populated[];    /* 變長陣列 */
};
```

以上資料結構中的最後一個元素被定義為變長陣列，這種陣列不佔用結構空間。這樣，我們就可以根據物件大小動態地分配結構的大小。

```
struct line {
  int length;
  char contents[0];
};

struct line *thisline = malloc(sizeof(struct line) + this_length);
thisline->length = this_length;
```

如上所示，line 資料結構中定義了變數 length 和變長陣列 contents[0]，line 資料結構的大小只包含 int 類型的大小，不包含 contents 的大小，也就是 sizeof (struct line) = sizeof (int)。創建結構物件時，可根據實際需要指定這個變長陣列的長度，並分配對應的空間。上述範例程式分配了 this_length 位元組的記憶體，並且可以透過 contents[index] 來存取第 index 個位址的資料。

3. case 的範圍

GNU C 語言支援指定 case 的範圍為標籤，例如：

```
case low ... high:
case 'A' ... 'Z':
```

這裡指定 case 的範圍為 low ～ high、'A' ～ 'Z'。下面是 Linux 核心中的範例程式。

```
<arch/x86/platform/uv/tlb_uv.c>

static int local_atoi(const char *name)
{
    int val = 0;

    for (;; name++) {
        switch (*name) {
        case '0' ... '9':
            val = 10*val+(*name-'0');
            break;
        default:
            return val;
        }
    }
}
```

另外，還可以用整數表示範圍，但是這裡需要注意 "..." 的兩邊有空格，否則編譯會出錯。

```
<drivers/usb/gadget/udc/at91_udc.c>

static int at91sam9261_udc_init(struct at91_udc *udc)
{

    for (i = 0; i < NUM_ENDPOINTS; i++) {
```

```
        ep = &udc->ep[i];

        switch (i) {
        case 0:
            ep->maxpacket = 8;
            break;
        case 1 ... 3:
            ep->maxpacket = 64;
            break;
        case 4 ... 5:
            ep->maxpacket = 256;
            break;
        }
    }

}
```

4. 標誌元素

標準 C 語言要求陣列或結構在初始化時必須以固定順序出現。但 GNU C 語言可以透過指定索引或結構成員名來初始化，不必按照原來的固定順序進行初始化。

結構成員的初始化在 Linux 核心中經常使用，如在裝置驅動中初始化 file_operations 資料結構。下面是 Linux 核心中的例子。

```
<drivers/char/mem.c>

static const struct file_operations zero_fops = {
    .llseek         = zero_lseek,
    .read           = new_sync_read,
    .write          = write_zero,
    .read_iter      = read_iter_zero,
    .aio_write      = aio_write_zero,
    .mmap           = mmap_zero,
};
```

在上述程式中，zero_fops 的成員 llseek 被初始化為 zero_lseek 函數，read 成員被初始化為 new_sync_read 函數，依此類推。當 file_operations 資料結構的定義發生變化時，這種初始化方法依然能保證已知元素的正確性，未初始化的成員的值為 0 或 NULL。

5. 可變參數巨集

在 GNU C 語言中，巨集可以接受可變數目的參數，這主要運用在輸出函數中。

```
<include/linux/printk.h>

#define pr_debug(fmt, ...) \
    dynamic_pr_debug(fmt, ##__VA_ARGS__)
```

"..." 代表可以變化的參數表，"__VA_ARGS__" 是編譯器保留欄位，在進行前置處理時把參數傳遞給巨集。當呼叫巨集時，實際參數就被傳遞給 dynamic_pr_debug 函數。

6. 函數屬性

GNU C 語言允許宣告函數屬性（function attribute）、變數屬性（variable attribute）和類型屬性（type attribute），以便編譯器進行特定方面的最佳化和更仔細的程式檢查。以上屬性的語法格式如下。

```
__attribute__ ((attribute-list))
```

GNU C 語言裡定義的函數屬性有很多，如 noreturn、format 以及 const 等。此外，還可以定義一些和處理器架構相關的函數屬性，如 ARM 架構中可以定義 interrupt、isr 等屬性，有興趣的讀者可以閱讀 GCC 的相關文件。

下面是 Linux 核心中使用 format 函數屬性的例子。

```
<drivers/staging/lustru/include/linux/libcfs/>

int libcfs_debug_msg(struct libcfs_debug_msg_data *msgdata,
            const char *format1, ...)
    __attribute__ ((format (printf, 2, 3)));
```

libcfs_debug_msg() 函數裡宣告了 format 函數屬性，用於告訴編譯器按照 printf 的參數表中的格式規則對函數參數進行檢查。數字 2 表示第 2 個參數為格式化字串，數字 3 表示參數 "..." 裡的第 1 個參數在函數參數總數中排第幾。

noreturn 函數屬性用於通知編譯器函數從不返回值，這讓編譯器隱藏了不必要的警告資訊。比如 die 函數，該函數沒有返回值。

```
void __attribute__((noreturn)) die(void);
```

const 函數屬性讓編譯器只呼叫函數一次，以後再呼叫時只需要返回第一次的結果即可，從而提高效率。

```
static inline u32 __attribute_const__ read_cpuid_cachetype(void)
{
    return read_cpuid(CTR_EL0);
}
```

Linux 還有一些其他的函數屬性，它們定義在 compiler-gcc.h 檔案中。

```
#define __pure               __attribute__((pure))
#define __aligned(x)         __attribute__((aligned(x)))
#define __printf(a, b)       __attribute__((format(printf, a, b)))
#define __scanf(a, b)        __attribute__((format(scanf, a, b)))
#define noinline             __attribute__((noinline))
#define __attribute_const__  __attribute__((__const__))
#define __maybe_unused       __attribute__((unused))
#define __always_unused      __attribute__((unused))
```

7. 變數屬性和類型屬性

變數屬性可以對變數或結構成員進行屬性設定。對於類型屬性，常見的有 alignment、packed 和 sections 等。

alignment 類型屬性規定變數或結構成員的最小對齊格式，以位元組為單位。

```
struct qib_user_info {
    __u32 spu_userversion;
    __u64 spu_base_info;
} __aligned(8);
```

在上面這個例子中，編譯器以 8 位元組對齊的方式來分配資料結構 qib_user_info。

packed 類型屬性可以使變數或結構成員使用最小的對齊方式，對變數以位元組對齊，對域以位元對齊。

```
struct test
{
    char a;
    int x[2] __attribute__ ((packed));
};
```

x 成員使用了 packed 類型屬性，並且儲存在變數 a 的後面，所以結構 test
一共佔用 9 位元組。

8. 內建函數

GNU C 語言提供了一系列內建函數以進行最佳化，這些內建函數以 "_
builtin_" 作為字首。下面介紹 Linux 核心中常用的一些內建函數。

■ __builtin_constant_p(x)：判斷 x 是否在編譯時就可以被確定為常數。如
   果 x 為常數，那麼返回 1；不然返回 0。

```
#define __swab16(x)                        \
    (__builtin_constant_p((__u16)(x)) ?    \
    ___constant_swab16(x) :                \
    __fswab16(x))
```

■ __builtin_expect(exp, c)：這裡的意思是 exp==c 的機率很大，用來啟動
   GCC 進行條件分支預測。開發人員知道最可能執行哪個分支，並將最
   有可能執行的分支告訴編譯器，讓編譯器最佳化指令序列，使指令盡
   可能循序執行，從而提高 CPU 預先存取指令的正確率。

```
#define LIKELY(x)   __builtin_expect(!!(x), 1)    //x很可能為真
#define UNLIKELY(x) __builtin_expect(!!(x), 0)    //x很可能為假
```

■ __builtin_prefetch(const void *addr, int rw, int locality)：主動進行資
   料預先存取，在使用 addr 的值之前就把該值載入到 cache 中，降低讀
   取延遲時間，從而提高性能。該函數可以接受 3 個參數：第 1 個參數
   addr 表示要預先存取的資料的位址；第 2 個參數 rw 表示讀寫屬性，1
   表示寫入，0 表示唯讀；第 3 個參數 locality 表示資料在快取中的時間
   局部性，其中 0 表示讀取完 addr 的值之後不用保留在快取中，而 1 ～
   3 表示時間局部性逐漸增強。參考下面的 prefetch() 和 prefetchw() 函數
   的實現。

```
<include/linux/prefetch.h>
#define prefetch(x) __builtin_prefetch(x)

#define prefetchw(x) __builtin_prefetch(x,1)
```

下面是使用 prefetch() 函數進行最佳化的例子。

```
<mm/page_alloc.c>

void __init __free_pages_bootmem(struct page *page, unsigned int order)
{
    unsigned int nr_pages = 1 << order;
    struct page *p = page;
    unsigned int loop;

    prefetchw(p);
    for (loop = 0; loop < (nr_pages - 1); loop++, p++) {
        prefetchw(p + 1);
        __ClearPageReserved(p);
        set_page_count(p, 0);
    }
...
}
```

在處理 page 資料結構之前，可透過 prefetchw() 預先存取到快取中，從而提升性能。

9. asmlinkage

在標準 C 語言中，函數的形式參數在實際傳入參數時會涉及參數存放問題。對於 x86 架構，函數參數和區域變數被一起分配到函數的堆疊（stack）中。

```
<arch/x86/include/asm/linkage.h>

#define asmlinkage CPP_ASMLINKAGE __attribute__((regparm(0)))
```

__attribute__((regparm(0))) 用於告訴編譯器不需要透過任何暫存器來傳遞參數，只透過堆疊來傳遞。

對 ARM64 來說，函數參數的傳遞有一套程序呼叫標準（Procedure Call

Standard，PCS）。ARM64 中的 x0 ～ x7 暫存器存放傳入參數，當參數超過 8 個時，多餘的參數被存放在函數的堆疊中。所以，ARM64 平台沒有定義 asmlinkage。

```
<include/linux/linkage.h>

#define asmlinkage CPP_ASMLINKAGE
#define asmlinkage CPP_ASMLINKAGE
```

10. UL

在 Linux 核心程式中，我們經常會看到一些數字的定義中使用了 UL 尾碼。數字常數會被隱式定義為 int 類型，將兩個 int 類型資料相加的結果可能會發生溢位，因此使用 UL 強制把 int 類型的資料轉為 unsigned long 類型，這是為了保證運算過程不會因為 int 的位數不同而導致溢位。

```
1：表示有號整數字1
1UL：表示無號長整數字1
```

2.3 Linux 核心中常用的資料結構和演算法

Linux 核心程式中廣泛使用了資料結構和演算法。本節介紹鏈結串列和紅黑樹。

2.3.1 鏈結串列

Linux 核心程式大量使用了鏈結串列這種資料結構。鏈結串列是為了解決陣列不能動態擴充這個缺陷而產生的一種資料結構。鏈結串列中包含的元素可以動態創建並插入和刪除。鏈結串列中的每個元素都是離散存放的，因此不需要佔用連續的記憶體。鏈結串列通常由許多節點組成，每個節點的結構都是一樣的，由有效資料區和指標區兩部分組成。有效資料區用來儲存有效資料資訊，而指標區用來指向鏈結串列的前繼節點或後繼節點。因此，鏈結串列就是利用指標將各個節點串聯起來的一種儲存結構。

1. 單向鏈結串列

單向鏈結串列的指標區只包含一個指向下一個元素的指標,因此會形成單一方向的鏈結串列,如以下程式所示。

```
struct list {
    int data;                /*有效資料*/
    struct list *next;  /*指向下一個元素的指標*/
};
```

如圖 2.2 所示,單向鏈結串列具有單向行動性,也就是只能存取當前節點的後繼節點,而無法存取當前節點的前繼節點,因此在實際專案中運用得比較少。

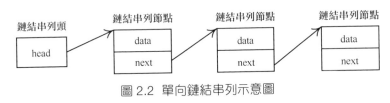

圖 2.2　單向鏈結串列示意圖

2. 雙向鏈結串列

如圖 2.3 所示,雙向鏈結串列和單向鏈結串列的區別在於指標區包含了兩個指標,一個指向前繼節點,另一個指向後繼節點,如以下程式所示。

```
struct list {
    int data;                /*有效資料*/
    struct list *next;  /*指向下一個元素的指標*/
    struct list *prev;  /*指向上一個元素的指標*/
};
```

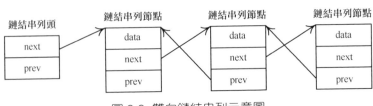

圖 2.3　雙向鏈結串列示意圖

3. Linux 核心中鏈結串列的實現

單向鏈結串列和雙向鏈結串列在實際使用中有一些局限性,如數據區必須存放固定資料,而實際需求是多種多樣的。這種方法無法建構一套通用的鏈結串列,因為每個不同的資料區需要一套鏈結串列。為此,Linux 核心把所有鏈結串列操作的共同部分提取出來,把不同的部分留給程式設計人員自行處理。Linux 核心實現了一套純鏈結串列的封裝,鏈結串列節點只有指標區而沒有資料區,還封裝了各種操作函數,如創建節點函數、插入節點函數、刪除節點函數、遍歷節點函數等。

Linux 核心中的鏈結串列可使用 list_head 資料結構來描述。

```
<include/linux/types.h>

struct list_head {
    struct list_head *next, *prev;
};
```

list_head 資料結構不包含鏈結串列節點的資料區,而是通常嵌入其他資料結構,如 page 資料結構中就嵌入了 lru 鏈結串列節點,做法通常是把 page 資料結構掛入 LRU 鏈結串列。

```
<include/linux/mm_types.h>

struct page {
    ...
    struct list_head lru;
    ...
}
```

鏈結串列頭的初始化有兩種方法。一種是靜態初始化,另一種是動態初始化。把 next 和 prev 指標都初始化並指向自身,這樣便能夠初始化一個帶頭節點的空鏈結串列。

```
<include/linux/list.h>

/*靜態初始化*/
#define LIST_HEAD_INIT(name) { &(name), &(name) }
```

```
#define LIST_HEAD(name) \
    struct list_head name = LIST_HEAD_INIT(name)

/*動態初始化*/
static inline void INIT_LIST_HEAD(struct list_head *list)
{
    list->next = list;
    list->prev = list;
}
```

可增加節點到鏈結串列中，Linux 核心為此提供了幾個介面函數，如 list_add() 用於把節點增加到串列頭，list_add_tail() 則用於把節點增加到串列尾。

```
<include/linux/list.h>

void list_add(struct list_head *new, struct list_head *head)
list_add_tail(struct list_head *new, struct list_head *head)
```

以下是用於遍歷節點的介面函數。

```
#define list_for_each(pos, head) \
    for (pos = (head)->next; pos != (head); pos = pos->next)
```

list_for_each() 巨集只遍歷節點的當前位置，那麼如何獲取節點本身的資料結構呢？這裡還需要使用 list_entry() 巨集。

```
#define list_entry(ptr, type, member) \
    container_of(ptr, type, member)
```

container_of() 巨集定義在 kernel.h 標頭檔中。

```
#define container_of(ptr, type, member) ({              \
    const typeof( ((type *)0)->member ) *__mptr = (ptr);    \
    (type *)( (char *)__mptr - offsetof(type,member) );})

#define offsetof(TYPE, MEMBER) ((size_t) &((TYPE *)0)->MEMBER)
```

這裡，首先把 0 位址轉為 type 結構的指標。然後獲取 type 結構中 member 成員的指標，也就是獲取 member 在 type 結構中的偏移量。最後用指標 ptr 減去 offset，從而得到 type 結構的真實位址。

下面是遍歷鏈結串列的例子。

```
<drivers/block/osdblk.c>

static ssize_t class_osdblk_list(struct class *c,
                struct class_attribute *attr,
                char *data)
{
    int n = 0;
    struct list_head *tmp;

    list_for_each(tmp, &osdblkdev_list) {
        struct osdblk_device *osdev;

        osdev = list_entry(tmp, struct osdblk_device, node);

        n += sprintf(data+n, "%d %d %llu %llu %s\n",
            osdev->id,
            osdev->major,
            osdev->obj.partition,
            osdev->obj.id,
            osdev->osd_path);
    }
    return n;
}
```

2.3.2 紅黑樹

紅黑樹（red black tree）被廣泛應用在核心的記憶體管理和處理程序排程中，用於將排序的元素組織到樹中。紅黑樹還被廣泛應用於電腦科學的各個領域，在速度和實現複雜度之間獲得了很好的平衡。

紅黑樹是具有以下特徵的二元樹。

- 節點（node）或紅或黑。
- 根節點是黑色的。
- 所有葉子都是黑色的（葉子為 NIL 節點）。
- 如果節點都是紅色的，那麼兩個子節點都是黑色的。
- 從任意節點到對應每個葉子的所有路徑都包含相同數目的黑色節點。

紅黑樹的優點是，所有重要的操作（例如插入、刪除、搜索）都可以在 $O(\log_2 n)$ 的時間內完成，n 為樹中元素的數目。經典的演算法教科書都會講解紅黑樹的實現，這裡只是列出 Linux 核心中使用紅黑樹的例子，供讀者在進行驅動和核心程式設計的過程中參考。這個例子可以在 Linux 核心程式的 Documentation/Rbtree.txt 檔案中找到。

```
#include <linux/init.h>
#include <linux/list.h>
#include <linux/module.h>
#include <linux/kernel.h>
#include <linux/slab.h>
#include <linux/mm.h>
#include <linux/rbtree.h>

MODULE_AUTHOR("figo.zhang");
MODULE_DESCRIPTION(" ");
MODULE_LICENSE("GPL");

  struct mytype {
     struct rb_node node;
     int key;
};

/*紅黑樹的根節點*/
 struct rb_root mytree = RB_ROOT;
/*根據key尋找節點*/
struct mytype *my_search(struct rb_root *root, int new)
  {
    struct rb_node *node = root->rb_node;

    while (node) {
        struct mytype *data = container_of(node, struct mytype, node);

        if (data->key > new)
            node = node->rb_left;
        else if (data->key < new)
            node = node->rb_right;
        else
            return data;
    }
    return NULL;
```

```
    }

/*把一個元素插入紅黑樹中*/
  int my_insert(struct rb_root *root, struct mytype *data)
  {
    struct rb_node **new = &(root->rb_node), *parent=NULL;

    /*尋找可以增加新節點的地方*/
    while (*new) {
        struct mytype *this = container_of(*new, struct mytype, node);

        parent = *new;
        if (this->key > data->key)
            new = &((*new)->rb_left);
        else if (this->key < data->key) {
            new = &((*new)->rb_right);
        } else
            return -1;
    }

    /*增加一個新節點*/
    rb_link_node(&data->node, parent, new);
    rb_insert_color(&data->node, root);

    return 0;
  }

static int __init my_init(void)
{
    int i;
    struct mytype *data;
    struct rb_node *node;

    /*插入元素*/
    for (i =0; i < 20; i+=2) {
        data = kmalloc(sizeof(struct mytype), GFP_KERNEL);
        data->key = i;
        my_insert(&mytree, data);
    }

    /*遍歷紅黑樹，輸出所有節點的key值*/
    for (node = rb_first(&mytree); node; node = rb_next(node))
        printk("key=%d\n", rb_entry(node, struct mytype, node)->key);
```

```
    return 0;
}

static void __exit my_exit(void)
{
    struct mytype *data;
    struct rb_node *node;
    for (node = rb_first(&mytree); node; node = rb_next(node)) {
        data = rb_entry(node, struct mytype, node);
        if (data) {
            rb_erase(&data->node, &mytree);
            kfree(data);
        }
    }
}
module_init(my_init);
module_exit(my_exit);
```

mytree 是紅黑樹的根節點，my_insert() 用於把一個元素插入紅黑樹中，
my_search() 根據 key 來尋找節點。Linux 核心大量使用了紅黑樹，如虛擬
位址空間（Virtual Memory Area，VMA）的管理。

2.3.3 無鎖環狀緩衝區

生產者 - 消費者模型是電腦程式設計中最常見的一種模型。生產者產生資
料，而消費者消耗資料。比如網路裝置，硬體裝置接收網路封包，然後應
用程式讀取網路封包。環狀緩衝區是實現生產者 - 消費者模型的經典演算
法。環狀緩衝區通常有讀取指標和寫入指標。讀取指標指向環狀緩衝區中
讀取的資料，寫入指標指向環狀緩衝區中寫入的資料。透過移動讀取指標
和寫入指標實現緩衝區資料的讀取和寫入。

在 Linux 核心中，KFIFO 是採用無鎖環狀緩衝區的典型代表。FIFO 的全
稱是 "First In First Out"，是一種先進先出的資料結構，並採用環狀緩衝區
的方法來實現，同時提供了無邊界的位元組流服務。採用環狀緩衝區的好
處是，當一個資料元素被消耗之後，其餘資料元素不需要移動儲存位置，
從而減少複製操作，提高效率。

1. 創建 KFIFO

在使用 KFIFO 之前需要進行初始化,這裡有靜態初始化和動態初始化兩種方式。

```
<include/linux/kfifo.h>

int kfifo_alloc(fifo, size, gfp_mask)
```

以上函數創建並分配一個大小為 size 的 KFIFO 環狀緩衝區。參數 fifo 指向緩衝區的 kfifo 資料結構,參數 size 指定緩衝區中元素的數量,參數 gfp_mask 表示分配給 KFIFO 元素使用的分配隱藏。

靜態設定可以使用下面的巨集。

```
#define DEFINE_KFIFO(fifo, type, size)
#define INIT_KFIFO(fifo)
```

2. 入列

為了把資料寫入 KFIFO 環狀緩衝區,可以使用 kfifo_in() 函數介面。

```
int kfifo_in(fifo, buf, n)
```

以上函數把 buf 指標指向的 n 個資料元素複製到 KFIFO 環狀緩衝區中。參數 fifo 指向的是 KFIFO 環狀緩衝區,參數 buf 指向資料要複製到的緩衝區,參數 n 指定要複製多少個資料元素。

3. 出列

為了從 KFIFO 環狀緩衝區中列出或摘取資料,可以使用 kfifo_out() 函數介面。

```
#define    kfifo_out(fifo, buf, n)
```

以上函數從 fifo 指向的環狀緩衝區中複製 n 個資料元素到 buf 指向的環狀緩衝區中。如果 KFIFO 環狀緩衝區的資料元素小於 n 個,那麼複製出去的資料元素也小於 n 個。

4. 獲取緩衝區大小

KFIFO 提供了幾個介面函數來查詢環狀緩衝區的狀態。

```
#define    kfifo_size(fifo)
#define    kfifo_len(fifo)
#define    kfifo_is_empty(fifo)
#define    kfifo_is_full(fifo)
```

kfifo_size() 用來獲取環狀緩衝區的大小，也就是最多可以容納多少個資料元素。kfifo_len() 用來獲取當前環狀緩衝區中有多少個有效資料元素。kfifo_is_empty() 判斷環狀緩衝區是否為空。kfifo_is_full() 判斷環狀緩衝區是否已滿。

5. 與使用者空間中的資料互動

KFIFO 還封裝了兩個函數，用於與使用者空間中的資料互動。

```
#define    kfifo_from_user(fifo, from, len, copied)
#define    kfifo_to_user(fifo, to, len, copied)
```

kfifo_from_user() 會把 from 指向的使用者空間中的 len 個資料元素複製到 KFIFO 中，最後一個參數 copied 表示成功複製了幾個資料元素。kfifo_to_user() 則相反，用於把 KFIFO 中的資料元素複製到使用者空間中。這兩個巨集結合了 copy_to_user()、copy_from_user() 以及 KFIFO 的工作機制，給驅動開發者提供了方便。在第 6 章，虛擬 FIFO 裝置的驅動程式會採用這兩個介面函數來實現。

2.4 Vim 工具的使用

Linux 核心程式很龐大，而且資料結構錯綜複雜，只使用文字工具來瀏覽程式會讓人抓狂和崩潰。很多讀者使用 Windows 中收費的程式瀏覽軟體 Source Insight 來閱讀核心原始程式碼，但是使用 Vim 工具一樣可以打造出相比 Source Insight 更強大的功能。

Vim 是類似於 Vi 的、功能強大並且可以高度訂製的檔案編輯器，它在 Vi

的基礎上改進並增加了很多特性。由於 Vim 的設計理念和 Windows 的 Source Insight 等編輯器很不一樣，因此剛接觸 Vim 的讀者會或多或少感到不適應，但了解了 Vim 的設計想法之後就會慢慢喜歡上 Vim。Vim 的設計理念是整個文字編輯器都用鍵盤來操作，而不需要使用滑鼠。鍵盤上的幾乎每個鍵都有固定的用法，使用者可以在普通模式下完成大部分編輯工作。

2.4.1　Vim 8 介紹

Vim 是 Linux 開放原始碼系統中最著名的程式編輯器之一，在國內外擁有許多的使用者，並且擁有許多的外掛程式。在 20 世紀 80 年代，Bram Moolenaar 從開放原始碼的 Vi 工具開發了 Vim 的 1.0 版本。Vim 是 Vi Improved 的意思。1994 年發佈的 Vim 3.0 版本加入了多視窗編輯模式，1994 年發佈的 Vim 4.0 版本加入了圖形化使用者介面（GUI），2006 年發佈的 Vim 7.0 版本加入了拼字檢查、上下文補全、標籤頁編輯等功能。經過長達 10 年的更新疊代之後，開發團隊終於在 2016 年發佈了跨時代的 Vim 8.0 版本。

Vim 8.0 版本擁有以下新特性，這讓 Vim 編輯器變得更好用、更強大。

- 非同步 I/O 支援、通道（channel）。
- 多工。
- 計時器。
- 對 GTK+ 3 提供支援。

Vim 8 最重要的新特性就是支援非同步 I/O。舊版本的 Vim 在呼叫外部的外掛程式時，如編譯、更新 tags 索引資料庫、檢查錯誤等，只能等待外部程式結束了才能返回 Vim 主程式。對非同步 I/O 的支援可以讓外部的外掛程式在後台執行，不影響 Vim 主程式的程式編輯和瀏覽等，從而提升了 Vim 的使用者體驗。

Ubuntu Linux 20.04 系統預設安裝了 Vim 8.1 版本。

2.4.2 Vim 的基本模式

Vim 編輯器有 3 種工作模式，分別是命令模式（command mode）、輸入模式（insert mode）和底行模式（last line mode）。

- 命令模式：使用者打開 Vim 時便進入命令模式。在命令模式下輸入的鍵盤動作會被 Vim 辨識成命令而非輸入字元。比如，輸入 i，Vim 辨識的是 i 命令。使用者可以輸入命令來控制螢幕游標的移動、文字的刪除或某個區域的複製等，也可以進入底行模式或插入模式。
- 插入模式：在命令模式下輸入 i 命令就可以進入插入模式，按 Esc 鍵可以回到命令模式。要想在文字中輸入字元，必須處在插入模式下。
- 底行模式：在命令模式下按 ":" 鍵就會進入底行模式。在底行模式下可以輸入包含單一或多個字元的命令。比如，":q" 表示退出 Vim 編輯器。

2.4.3 Vim 中 3 種模式的切換

在 Linux 終端輸入 Vim 可以打開 Vim 編輯器，自動載入所要編輯的檔案，比如 "vim mm/memory.c" 表示打開 Vim 編輯器時自動打開 memory.c 檔案。

要退出 Vim 編輯器，可以在底行模式下輸入 ":q"，這時不保存檔案並且離開，輸入 ":wq" 表示存檔並且離開。

在 Vim 的實際使用過程中，3 種模式的切換是最常用的操作。通常熟悉 Vim 的讀者都會盡可能避免處於插入模式，因為插入模式的功能有限。Vim 的強大之處在於它的命令模式。所以越熟悉 Vim，就會在插入模式上花費越少的時間。

1. 從命令模式和底行模式轉為插入模式

從命令模式和底行模式轉為插入模式是最常見的操作，因此使用頻率最高的命令就是 "i"，它表示從游標所在位置開始插入字元。另外一個使用頻率比較高的命令是 "o"，它表示在游標所在的行新增一行，並進入插入模式。常見的插入命令如表 2.2 所示。

⬇ 表 2.2 常見的插入命令

功能	命令	描　述	使用頻率
插入字元	i	進入插入模式，並從游標所在處輸入字元	常用
	I	進入插入模式，並從游標所在行的第一個不可為空白字元處開始輸入	不常用
	a	進入插入模式，並在游標所在的下一個字元處開始輸入	不常用
	A	進入插入模式，並從游標所在行的最後一個字元處開始輸入	不常用
新增一行	o	進入插入模式，並從游標所在行的下一行新增一行	常用
	O	進入插入模式，並從游標所在行的上一行新增一行	不常用

在輸入上述插入命令之後，在 Vim 編輯器的左下角會出現 INSERT 字樣，表示已經進入插入模式。

2. 從插入模式轉為命令模式或底行模式

按 Esc 鍵可以退出插入模式，進入命令模式。

3. 從命令模式轉為底行模式

在命令模式下輸入 ":" 便會進入底行模式。

2.4.4 Vim 游標的移動

Vim 編輯器已放棄使用鍵盤上的方向鍵，而使用 h、j、k、l 命令來實現左、下、上、右方向鍵的功能，這樣就不用頻繁地在方向鍵和字母鍵之間來回移動，從而節省時間。另外，在 h、j、k、l 命令的前面可以增加數字，比如 9j 表示向下移動 9 行。

常見的游標移動命令如表 2.3 所示。

⬇ 表 2.3 常見的游標移動命令

命　令	描　述
w	正向移動到下一個單字的開頭
b	反向移動到下一個單字的開頭
f{char}	正向移動到下一個 {char} 字元所在之處
Ctrl + f	螢幕向下移動一頁，相當於 Page Down 鍵

命　令	描　述
Ctrl + b	螢幕向上移動一頁，相當於 Page Up 鍵
Ctrl + d	螢幕向下移動半頁
Ctrl + u	螢幕向上移動半頁
+	游標移動到不可為空白字元的下一行
-	游標移動到不可為空白字元的上一行
0	移動到游標所在行的最前面的字元
$	移動到游標所在行的最後面的字元
H	移動到螢幕最上方那一行的第一個字元
L	移動到螢幕最下方那一行的第一個字元
G	移動到檔案的最後一行
nG	n 為數字，表示移動到檔案的第 n 行
gg	移動檔案的第一行
nEnter	n 為數字，游標向下移動 n 行

2.4.5 刪除、複製和貼上

常見的刪除、複製和貼上命令如表 2.4 所示。

⬇ 表 2.4 常見的刪除、複製和貼上命令

命　令	描　述
x	刪除游標所在的字元（相當於 Del 鍵）
X	刪除游標所在的前一個字元（相當於 Backspace 鍵）
dd	刪除游標所在的行
$n$dd	刪除游標所在行的向下 n 行
yy	複製游標所在的那一行
$n$yy	n 為數字，複製游標所在的向下 n 行
p	把已經複製的資料貼上到游標的下一行
u	取消前一個命令

在進行大段文字的複製時，我們可以輸入命令 "v" 以進入可視選擇模式。

2.4.6 尋找和替換

常見的尋找和替換命令如表 2.5 所示。

▼ 表 2.5 常見的尋找和替換命令

命　令	描　述
/< 要尋找的字元 >	向下尋找
?< 要尋找的字元 >	向上尋找
:{ 作用範圍 }s/{ 目標 }/{ 替換 }/ { 替換標示 }	比如 :%s/figo/ben/g 會在全域範圍 (%) 尋找 figo 並 替換為 ben，所有出現的地方都會被替換（g）

2.4.7 與檔案相關的命令

和檔案相關的操作都需要在底行模式下進行，也就是在命令模式下輸入
":"。常見的檔案相關命令如表 2.6 所示。

▼ 表 2.6 常見的檔案相關命令

命　令	描　述
:q	退出 Vim
:q!	強制退出 Vim，修改過的檔案不會被保存
:w	保存修改過的檔案
:w!	強制保存修改過的檔案
:wq	保存檔案後退出 Vim
:wq!	強制保存檔案後退出 Vim

2.5　git 工具的使用

2005 年，Linus Torvalds 因為不滿足於當時任何可用的開放原始碼版本控
制系統，於是親手開發了一個全新的版本控制軟體——git。git 發展到今
天，已經成為全世界最流行的程式版本管理軟體之一，微軟公司的開發工
具也支援 git。

早年，Linus Torvalds 選擇使用商業版本的程式控制系統 BitKeeper 來管理
Linux 核心程式。BitKeeper 是由 BitMover 公司開發的，授權 Linux 社區
免費使用。到了 2005 年，Linux 社區中有人試圖破解 BitKeeper 協定時被
BitMover 公司發現，因此 BitMover 公司收回了 BitKeeper 的使用授權，

於是 Linus Torvalds 花了兩周時間，用 C 語言寫了一個分散式版本控制系統，git 就這樣誕生了。

在學習 git 這個工具之前，讀者有必要了解一下集中式版本控制系統和分散式版本控制系統。

集中式版本控制系統把版本庫集中存放在中央伺服器裡，當我們需要編輯程式時，需要首先從中央伺服器中獲取最新的版本，然後編寫或修改程式。修改和測試完程式之後，需要把修改的東西推送到中央伺服器。集中式版本控制系統需要每次都連接中央伺服器，如果有很多人協作工作，網路頻寬將是瓶頸。

和集中式版本控制系統相比，分散式版本控制系統沒有中央伺服器的概念，每個人的電腦就是一個完整的版本庫，這樣工作中就不需要聯網，和網路頻寬無關。分散式版本便於多人協作工作，比如 A 修改了檔案 1，B 也修改了檔案 1，那麼 A 和 B 只需要把各自的修改推送給對方，就可以相互看到對方修改的內容了。

使用 git 進行開放原始碼工作的流程一般如下。

（1）複製專案的 git 倉庫到本地工作目錄。
（2）在本地工作目錄裡增加或修改檔案。
（3）在提交修改之前檢查更新格式等。
（4）提交修改。
（5）生成更新並發給評審，等待評審意見。
（6）評審發送修改意見，再次修改並提交。
（7）直到評審同意更新並且合併到主幹分支。

2.5.1 安裝 git

下面介紹一下 git 常用的命令。

在 Ubuntu Linux 中可使用 apt-get 工具來安裝 git。

```
$ sudo apt-get install git
```

在使用 git 之前需要設定使用者資訊，如用戶名和電子郵件資訊。

```
$ git config --global user.name "xxx"
$ git config --global user.email xxx@xxx.com
```

可以設定 git 預設使用的文字編輯器，一般使用 Vi 或 Vim。當然，也可以設定為 Emacs。

```
$ git config --global core.editor emacs
```

要檢查已有的設定資訊，可以使用 git config --list 命令。

```
$ git config -list
```

2.5.2　git 基本操作

1. 下載 git 倉庫

版本庫又名倉庫，英文是 repository，可以簡單瞭解成目錄。git 倉庫中的所有檔案都由 git 來管理，每個檔案的修改、刪除都可以被 git 追蹤，並且可以追蹤提交的歷史和詳細資訊，還可以還原到歷史中的某個提交，以便做回歸測試。

git clone 命令可以從現有的 git 倉庫中下載程式到本地，功能類似於 svn 工具的 checkout。如果需要參與開放原始碼專案或查看開放原始碼專案的程式，就需要使用 git clone 將專案的程式下載到本地，並進行瀏覽或修改。

我們以 Linux 核心官方的 git 倉庫為例，透過下面的命令可以把 Linux 核心官方的 git 倉庫下載到本地。

```
$ git clone https://git.kernel.org/pub/scm/linux/kernel/git/torvalds/linux.git
```

執行完上述命令之後，會在本地目前的目錄中創建名為 linux 的子目錄，其中包含的 .git 目錄用來保存 git 倉庫的版本記錄。

Linux 核心官方的 git 倉庫以 Linus Torvalds 創建的 git 倉庫為準。每隔兩三個月，Linus 就會在自己的 git 倉庫中發佈新的 Linux 核心版本，讀者可到網頁版本上瀏覽。

2. 查看提交的歷史

透過 git clone 命令下載程式倉庫到本地之後，就可以透過 git log 命令來
查看提交（commit）的歷史。

```
$ git log

commit d081107867b85cc7454b9d4f5aea47f65bcf06d1
Author: Michael S. Tsirkin <mst@redhat.com>
Date:   Fri Apr 13 15:35:23 2018 -0700

    mm/gup.c: document return value

    __get_user_pages_fast handles errors differently from
    get_user_pages_fast: the former always returns the number of pages
    pinned, the later might return a negative error code.

    Link: http://lkml.kernel.org/r/1522962072-182137-6-git-send-email-
mst@redhat.com
    Signed-off-by: Michael S. Tsirkin <mst@redhat.com>
    Reviewed-by: Andrew Morton <akpm@linux-foundation.org>
    Cc: Kirill A. Shutemov <kirill.shutemov@linux.intel.com>
    Signed-off-by: Andrew Morton <akpm@linux-foundation.org>
    Signed-off-by: Linus Torvalds <torvalds@linux-foundation.org>
```

上面的 git log 命令顯示了一筆 git 提交的相關資訊，包含的內容如下。

- commit id：由 git 生成的唯一的雜湊值。
- Author：提交的作者。
- Date：提交的日期。
- Message：提交的記錄檔，比如修改程式的原因，Message 中包含標題
  和記錄檔正文。
- Signed-off-by：對這個更新的修改有貢獻的人。
- Reviewed-by：對這個更新進行維護的人。
- Cc：程式的維護者，一般需要把更新發送給此人。

可以使用 --oneline 選項來查看簡潔版的資訊。

```
$ git log --oneline
d081107 mm/gup.c: document return value
```

```
c61611f get_user_pages_fast(): return -EFAULT on access_ok failure
09e35a4 mm/gup_benchmark: handle gup failures
60bb83b resource: fix integer overflow at reallocation
16e205c Merge tag 'drm-fixes-for-v4.17-rc1' of git://people.freedesktop.org/
~airlied/linux
```

如果只想尋找指定使用者提交的記錄檔，可以使用命令 git log --author。
舉例來説，要找 Linux 核心原始程式中 Linus 所做的提交，可以使用以下
命令。

```
$ git log --author=Linus --oneline

16e205c Merge tag 'drm-fixes-for-v4.17-rc1' of git://people.freedesktop.org/
~airlied/linux
affb028 Merge tag 'trace-v4.17-2' of git://git.kernel.org/pub/scm/linux/
kernel/git/rostedt/linux-trace
0c314a9 Merge tag 'pci-v4.17-changes-2' of git://git.kernel.org/pub/scm/linux/
kernel/git/helgaas/pci
681857e Merge branch 'parisc-4.17-2' of git://git.kernel.org/pub/scm/linux/
kernel/git/deller/parisc-linux
```

git log 命令的參數 "--patch-with-stat" 用於顯示提交程式的差異、增改檔案
以及行數等資訊。

```
$ git log --patch-with-stat

commit d081107867b85cc7454b9d4f5aea47f65bcf06d1
Author: Michael S. Tsirkin <mst@redhat.com>
Date:   Fri Apr 13 15:35:23 2018 -0700

    mm/gup.c: document return value

    __get_user_pages_fast handles errors differently from
    get_user_pages_fast: the former always returns the number of pages
    pinned, the later might return a negative error code.

    Signed-off-by: Michael S. Tsirkin <mst@redhat.com>
    Reviewed-by: Andrew Morton <akpm@linux-foundation.org>
    Signed-off-by: Linus Torvalds <torvalds@linux-foundation.org>
---
 arch/mips/mm/gup.c | 2 ++
 arch/s390/mm/gup.c | 2 ++
```

```
arch/sh/mm/gup.c      | 2 ++
arch/sparc/mm/gup.c | 4 ++++
mm/gup.c              | 4 +++-
mm/util.c             | 6 ++++--
6 files changed, 17 insertions(+), 3 deletions(-)

diff --git a/arch/mips/mm/gup.c b/arch/mips/mm/gup.c
index 1e4658e..5a4875ca 100644
--- a/arch/mips/mm/gup.c
+++ b/arch/mips/mm/gup.c
...
```

要對某個提交的內容進行查看，可以使用 git show 命令。在 git show 命令的後面需要增加某個提交的 commit id，可以是縮減版本的 commit id，如下所示。

```
$ git show d0811078
```

3. 修改和提交

使用 git 進行提交的流程如下。

（1）修改、增加或刪除一個或多個檔案。

（2）使用 git diff 查看當前修改。

（3）使用 git status 查看當前工作目錄的狀態。

（4）使用 git add 把修改、增加或刪除的檔案增加到本地版本庫。

（5）使用 git commit 命令生成提交。

git diff 命令可以顯示保存在快取中或未保存在快取中的改動，常用的選項如下。

- git diff：顯示尚未快取的改動。
- git diff –cached：查看已經快取的改動。
- git diff HEAD：查看所有改動。
- git diff --stat：顯示摘要。

git add 命令可以把修改的檔案增加到快取中。

git rm 命令可以刪除本地倉庫中的某個檔案。不建議直接使用 rm 命令。同樣，當需要移動檔案或目錄時，可以使用 git mv 命令。

git status 命令用來查看當前本地倉庫的狀態，既顯示工作目錄和快取區的狀態，也顯示被快取的修改檔案以及還沒有被 git 追蹤到的檔案或目錄。

git commit 命令用來將更改記錄提交到本地倉庫。提交時通常需要編寫一筆簡短的記錄檔資訊，以告訴其他人為什麼要做修改。為 git commit 命令增加 "-s" 會在提交中自動增加 "Signed-off-by:" 簽名。如果需要對提交的內容做修改，可以使用 git commit --amend 命令。

2.5.3 分支管理

分支（branch）表示可以從開發主線中分離出分支，然後在不影響主線的同時繼續開發工作。分支管理在實際專案開發中非常有用，比如，為了開發某個功能 A，預計需要一個月時間才能完成編碼和測試工作。假設在完成編碼工作時把更新提交到主幹，沒經過測試的程式可能會影響專案中的其他模組，因此通常的做法是在本地創建一個屬於自己的分支，然後把更新提交到這個分支，等完成最後的測試驗證工作之後，再把更新合併到主幹。

1. 創建分支

在管理分支之前，需要先使用 git branch 命令查看當前 git 倉庫裡有哪些分支。

```
$ git branch
*master
```

比如 Linux 核心官方的 git 倉庫中只有一個分支，名為 "master"（主分支），該分支也是當前分支。當創建新的 git 倉庫時，預設情況下 git 會創建 master 分支。

下面使用 git branch 命令創建一個新的分支，名為 linux-benshushu。

```
$ git branch linux-benshushu
$ git branch
 linux-benshushu
* master
```

"*" 表示當前分支，我們雖然創建了一個名為 linux-benshushu 的分支，但是當前分支還是 master 分支。

2. 切換分支

下面使用 git checkout branchname 命令來切換分支。

```
$ git checkout linux-benshushu
Switched to branch 'linux-benshushu'
$ git branch
* linux-benshushu
  master
```

另外，可以使用 git checkout -b branchname 命令合併上述兩個步驟，也就是創建新的分支並立即切換到該分支。

3. 刪除分支

如果想刪除分支，可以使用 git branch -d branchname 命令。

```
$ git branch -d linux-benshushu
error: Cannot delete the branch 'linux-benshushu' which you are currently on.
```

上面顯示不能刪除當前分支，所以需要切換到其他分支才能刪除 linux-benshushu 分支。

```
$ git checkout master
Switched to branch 'master'

$ git branch -d linux-benshushu
Deleted branch linux-benshushu (was d081107).
```

4. 合併分支

git merge 命令用來合併指定分支到當前分支，比如對於 linux-benshushu 分支，我們可透過下面的命令把該分支合併到主分支。

```
$ git checkout master
$ git branch
  linux-benshushu
* master

$ git merge linux-benshushu
Updating 60cc43f..6e82d42
Fast-forward
 Makefile | 1 +
 1 file changed, 1 insertion(+)
```

5. 推送分支

推送分支就是把本地創建的新分支中的提交推送到遠端倉庫。在推送過程中，需要指定本地分支，這樣才能把本地分支中的提交推送到遠端倉庫裡對應的遠端分支。推送分支的命令格式如下。

```
git push <遠端主機名稱> <本地分支名>:<遠端分支名>
```

透過以下命令，可查看有哪些遠端分支。

```
$ git branch -a
  linux-benshushu
* master
  remotes/origin/HEAD -> origin/master
  remotes/origin/master
```

遠端分支以 remotes 開頭，可以看到遠端分支只有一個，也就是 origin 倉庫的主分支。透過下面的命令可以把本地的主分支中的改動推送到遠端倉庫中的主分支。本地分支名和遠端分支名稱相同，因此可以忽略遠端分支名。

```
$ git push origin master
```

當本地分支名和遠端分支名不相同時，需要明確指出遠端分支名。以下命令可把本地的主分支推送到遠端的 dev 分支。

```
$ git push origin master:dev
```

2.6 實驗

2.6.1 實驗 2-1：GCC 編譯

1. 實驗目的

（1）熟悉 GCC 的編譯過程，學會使用 ARM GCC 交換工具鏈編譯應用程式並在 QEMU 虛擬機器中執行。

（2）學會寫簡單的 Makefile。

2. 實驗詳解

本實驗透過一個簡單的 C 語言程式演示 GCC 的編譯過程。原始檔案 test.c 中的程式如下。

```
#include <stdio.h>
#include <stdlib.h>
#include <string.h>

#define PAGE_SIZE 4096
#define MAX_SIZE 100*PAGE_SIZE

int main()
{
    char *buf = (char *)malloc(MAX_SIZE);

    memset(buf, 0, MAX_SIZE);

    printf("buffer address=0x%p\n", buf);

    free(buf);
        return 0;
}
```

1）前置處理

GCC 的 "-E" 選項可以讓編譯器在前置處理階段就結束，選項 "-o" 可以指定輸出的檔案格式。

```
$ aarch64-linux-gnu-gcc -E test.c -o test.i
```

在前置處理階段會把 C 標準函數庫的標頭檔中的程式包含到這段程式中。
test.i 檔案的內容如下所示。

```
extern void *malloc (size_t __size) __attribute__ ((__nothrow__ , __leaf__))
__attribute__ ((__malloc__)) ;

…

int main()
{
 char *buf = (char *)malloc(100*4096);

 memset(buf, 0, 100*4096);

 printf("buffer address=0x%p\n", buf);

 free(buf);
        return 0;
}
```

2）編譯

編譯階段的任務主要是對前置處理好的 test.i 檔案進行編譯，並生成組合
語言程式碼。GCC 首先檢查程式是否有語法錯誤等，然後把程式編譯成
組合語言程式碼。我們這裡使用 "-S" 選項來編譯。

```
$ aarch64-linux-gnu-gcc -S test.i -o test.s
```

編譯階段生成的組合語言程式碼如下。

```
    .arch armv8-a
    .file   "test.c"
    .text
    .section  .rodata
    .align  3
.LC0:
    .string "buffer address=0x%p\n"
    .text
    .align  2
    .global main
    .type   main, %function
main:
.LFB6:
```

```
    .cfi_startproc
    stp x29, x30, [sp, -32]!
    .cfi_def_cfa_offset 32
    .cfi_offset 29, -32
    .cfi_offset 30, -24
    mov x29, sp
    mov x0, 16384
    movk    x0, 0x6, lsl 16
    bl  malloc
    str x0, [sp, 24]
    mov x2, 16384
    movk    x2, 0x6, lsl 16
    mov w1, 0
    ldr x0, [sp, 24]
    bl  memset
    ldr x1, [sp, 24]
    adrp    x0, .LC0
    add x0, x0, :lo12:.LC0
    bl  printf
    ldr x0, [sp, 24]
    bl  free
    mov w0, 0
    ldp x29, x30, [sp], 32
    .cfi_restore 30
    .cfi_restore 29
    .cfi_def_cfa_offset 0
    ret
    .cfi_endproc
.LFE6:
    .size   main, .-main
    .ident  "GCC: (Ubuntu 9.3.0-10ubuntu1) 9.3.0"
    .section    .note.GNU-stack,"",@progbits
```

3）組合語言
組合語言階段的任務是將組合語言檔案轉換成二進位檔案,利用 "-c" 選項
就可以生成二進位檔案。

```
$ aarch64-linux-gnu-gcc -c test.s -o test.o
```

4）連結
連結階段的任務是對編譯好的二進位檔案進行連結,這裡會預設連結 C 語
言標準函數庫(libc)。程式裡呼叫的 malloc()、memset() 以及 printf() 等

函數都由 C 語言標準函數庫提供，連結過程會把程式的目的檔案和所需的函數庫檔案連結起來，最終生成可執行檔。

Linux 核心中的函數庫檔案分成兩大類。一類是動態連結程式庫（通常以 .so 結尾），另一類是靜態程式庫（通常以 .a 結尾）。預設情況下，GCC 在連結時優先使用動態連結程式庫，只有當動態連結程式庫不存在時才使用靜態程式庫。下面使用 "--static" 來讓 test 程式靜態連結 C 語言標準函數庫，原因是交換工具鏈使用的 libc 目錄中的動態函數庫和 QEMU 中使用的函數庫可能不一樣。如果使用動態連結，可能導致執行時錯誤。

```
$ aarch64-linux-gnu-gcc test.o -o test --static
```

以 ARM64 GCC 交換工具鏈為例，C 語言標準函數庫的動態函數庫位址為 /usr/arm-linux-gnueabi/lib，最終的函數庫檔案是 libc-2.23.so 檔案。

```
$ ls -l /usr/aarch64-linux-gnu/lib/libc.so.6
lrwxrwxrwx 1 root root 12 Apr  3 03:11 /usr/aarch64-linux-gnu/lib/libc.so.6 ->
libc-2.31.so
```

C 語言標準函數庫的靜態程式庫位址如下：

```
$ ls -l /usr/aarch64-linux-gnu/lib/libc.a
-rw-r--r-- 1 root root 4576436 Apr  3 03:11 /usr/aarch64-linux-gnu/lib/libc.a
```

5）在 QEMU 虛擬機器中執行

把 test 程式放入 runninglinuxkernel_5.0/kmodules 目錄，啟動 QEMU 虛擬機器並執行 test 程式。

```
$ ./run_rlk_arm64.sh run  #啟動QEMU + ARM64平台

# cd /mnt
# ./test
buffer address= 0xffff92bad010
```

6）編寫以下簡單的 Makefile 檔案來編譯 test 程式。

```
cc = aarch64-linux-gnu-gcc
prom = test
obj = test.o
CFLAGS = -static
```

```
$(prom): $(obj)
    $(cc) -o $(prom) $(obj) $(CFLAGS)

%.o: %.c
    $(cc) -c $< -o $@

clean:
    rm -rf $(obj) $(prom)
```

2.6.2　實驗 2-2：核心鏈結串列

1. 實驗目的

（1）學會和研究 Linux 核心提供的鏈結串列機制。

（2）編寫一個應用程式，利用 Linux 核心提供的鏈結串列機制創建一個鏈
結串列，把 100 個數字增加到這個鏈結串列中，迴圈該鏈結串列以輸
出所有成員的值。

2. 實驗詳解

Linux 核心鏈結串列提供的介面函數定義在 include/linux/list.h 檔案中。
本實驗把這些介面函數移植到使用者空間中，並使用它們完成鏈結串列操
作。

2.6.3　實驗 2-3：紅黑樹

1. 實驗目的

（1）學習和研究 Linux 核心提供的紅黑樹機制。

（2）編寫一個應用程式，利用 Linux 核心提供的紅黑樹機制創建一棵紅黑
樹，把 10000 個隨機數增加到這棵紅黑樹中。

（3）實現一個尋找函數，快速在這棵紅黑樹中尋找對應的數字。

2. 實驗詳解

Linux 核心提供的紅黑樹機制實現在 lib/rbtree.c 和 include/linux/rbtree.h 檔

案中。本實驗要求把 Linux 核心實現的紅黑樹機制移植到使用者空間中，並且實現 10,000 個隨機數的插入和尋找功能。

2.6.4　實驗 2-4：使用 Vim 工具

1. 實驗目的

熟悉 Vim 工具的基本操作。

2. 實驗詳解

Vim 操作需要一定的練習才能達到熟練的程度，讀者可以使用 Ubuntu Linux 20.04 系統中的 Vim 程式進行程式的編輯練習。

2.6.5　實驗 2-5：把 Vim 打造成一個強大的 IDE 編輯工具

1. 實驗目的

透過設定把 Vim 打造成一個能和 Source Insight 相媲美的 IDE 編輯工具。

2. 實驗詳解

Vim 工具可以支援很多個性化的特性，並使用外掛程式來完成瀏覽和編輯程式的功能。使用過 Source Insight 的讀者也許會對以下功能讚歎有加。

- 自動列出一個檔案的函數和變數的清單。
- 尋找函數和變數的定義。
- 尋找哪些函數呼叫了某個函數和變數。
- 反白顯示。
- 自動補全。

這些功能在 Vim 裡都可以實現，而且比 Source Insight 高效和好用。本實驗將帶領讀者著手打造一個屬於自己的 IDE 編輯工具。

在打造之前先安裝 git 工具。

```
$ sudo apt-get install git vim
```

1）外掛程式管理工具 Vundle

Vim 支援很多外掛程式，在早期，需要到每個外掛程式網站上下載並複製到 home 家目錄的 .vim 子目錄中才能使用。現在，Vim 社區有多個外掛程式管理工具，其中 Vundle 就很出色，它可以在 .vimrc 中追蹤、管理和自動更新外掛程式等。

安裝 Vundle 需要使用 git 工具，可透過以下命令來下載 Vundle 工具。

```
$ git clone https://github.com/VundleVim/Vundle.vim.git ~/.vim/bundle/Vundle.vim
```

接下來，需要在 home 家目錄下的 .vimrc 設定檔中設定 Vundle。

```
<在.vimrc設定檔中增加以下設定>

" Vundle manage
set nocompatible              " be iMproved, required
filetype off                  " required

" set the runtime path to include Vundle and initialize
set rtp+=~/.vim/bundle/Vundle.vim
call vundle#begin()

" let Vundle manage Vundle, required
Plugin 'VundleVim/Vundle.vim'

" All of your Plugins must be added before the following line
call vundle#end()             " required
filetype plugin indent on     " required
```

只需要在 .vimrc 設定檔中增加 "Plugin xxx"，即可安裝名為 "xxx" 的外掛程式。

接下來線上安裝外掛程式。啟動 Vim，然後執行命令 ":PluginInstall"，就會從網路上下載外掛程式並安裝。

2）ctags 工具

ctags 的英文全稱為 generate tag files for source code。ctags 工具用於掃描指定的原始檔案，找出其中包含的語法元素，並把找到的相關內容記錄下來，這樣在瀏覽和尋找程式時就可以利用這些記錄實現尋找和跳躍功能。

ctags 工具已經被整合到各大 Linux 發行版本中。在 Ubuntu Linux 中可使用以下命令安裝 ctags 工具。

```
$ sudo apt-get install universal-ctags
```

在使用 ctags 工具之前需要手動生成索引檔案。

```
$ ctags -R .    //遞迴掃描原始程式碼的根目錄和所有子目錄中的檔案並生成索引檔案
```

上述命令會在目前的目錄下生成一個 tags 檔案。啟動 Vim 之後需要載入這個 tags 檔案，可以透過以下命令實現這個載入操作。

```
:set tags=tags
```

ctags 工具中常用的快速鍵如表 2.7 所示。

⬇ 表 2.7　ctags 工具中常用的快速鍵

快 捷 鍵	用 法
Ctrl +]	跳躍到游標處的函數或變數的定義位置
Ctrl + T	返回到跳躍之前的地方

3）cscope 工具

剛才介紹的 ctags 工具可以跳躍到標籤定義的地方，但是如果想尋找函數在哪裡被呼叫過或標籤在哪些地方出現過，ctags 工具就無能為力了。cscope 工具可以實現上述功能，這也是 Source Insight 的強大功能之一。

Cscope 工具最早由貝爾實驗室開發，後來由 SCO 公司以 BSD 協定公開發佈。在 Ubuntu Linux 發行版本中可以使用以下命令安裝 cscope 工具。

```
$ sudo apt-get install cscope
```

在使用 cscope 工具之前需要為原始程式碼生成索引庫，可以使用以下命令來實現。

```
$ cscope -Rbq
```

上述命令會生成 3 個檔案──cscope.cout、cscope.in.out 和 cscope.po.out。其中 cscope.out 是基本的索引，後面兩個檔案是使用 "-q" 選項生成的，用於加快 cscope 索引的速度。

在 Vim 中使用 cscope 工具非常簡單，可首先呼叫 "cscope add" 命令增加 cscope 資料庫，然後呼叫 "cscope find" 命令進行尋找。Vim 支援 cscope 的 8 種查詢功能。

- s：尋找 C 語言符號，即尋找函數名稱、巨集、列舉值等出現的地方。
- g：尋找函數、巨集、列舉等定義的位置，類似於 ctags 工具提供的功能。
- d：尋找本函數呼叫的函數。
- c：尋找呼叫本函數的函數。
- t：尋找指定的字串。
- e：尋找 egrep 模式，相當於 egrep 功能，但尋找速度快多了。
- f：尋找並打開檔案，類似 Vim 的 find 功能。
- i：尋找包含本檔案的檔案。

為了方便使用，我們可以在 .vimrc 設定檔中增加以下快速鍵。

```
"-----------------------------------------------------------
" cscope:建立資料庫:cscope -Rbq;    F5鍵尋找C語言符號;F6鍵尋找指定的字串;
  F7鍵尋找哪些函數呼叫了本函數
"-----------------------------------------------------------
if has("cscope")
  set csprg=/usr/bin/cscope
  set csto=1
  set cst
  set nocsverb
  " add any database in current directory
  if filereadable("cscope.out")
      cs add cscope.out
  endif
  set csverb
endif

:set cscopequickfix=s-,c-,d-,i-,t-,e-

"nmap <C-_>s :cs find s <C-R>=expand("<cword>")<CR><CR>
nmap <silent> <F5> :cs find s <C-R>=expand("<cword>")<CR><CR>
nmap <silent> <F6> :cs find t <C-R>=expand("<cword>")<CR><CR>
nmap <silent> <F7> :cs find c <C-R>=expand("<cword>")<CR><CR>
```

上述定義的快速鍵如下。

- F5 鍵：尋找 C 語言符號。
- F6 鍵：尋找指定的字串。
- F7 鍵：尋找哪些函數呼叫了本函數。

4）Tagbar 外掛程式

Tagbar 外掛程式可以用原始程式碼檔案生成大綱，包括類別、方法、變數以及函數名稱等，可以選中並快速跳躍到目標位置。

為了安裝 Tagbar 外掛程式，可在 .vimrc 檔案中增加以下內容。

```
Plugin 'majutsushi/tagbar' " Tag bar"
```

然後重新啟動 Vim，輸入並執行命令 ":PluginInstall" 以完成安裝。

為了設定 Tagbar 外掛程式，可在 .vimrc 檔案中增加以下內容。

```
" Tagbar
let g:tagbar_width=25
autocmd BufReadPost *.cpp,*.c,*.h,*.cc,*.cxx call tagbar#autoopen()
```

上述設定實現了在打開常見的原始程式碼檔案時自動打開 Tagbar 外掛程式。

5）檔案瀏覽外掛程式 NerdTree

NerdTree 外掛程式可以顯示樹狀目錄。

為了安裝 NerdTree 外掛程式，可在 .vimrc 檔案中增加以下內容。

```
Plugin 'scrooloose/nerdtree'
```

然後重新啟動 Vim，輸入並執行命令 ":PluginInstall" 以完成安裝。

下面設定 NerdTree 外掛程式：

```
" NetRedTree
autocmd StdinReadPre * let s:std_in=1
autocmd VimEnter * if argc() == 0 && !exists("s:std_in") | NERDTree | endif
let NERDTreeWinSize=15
let NERDTreeShowLineNumbers=1
```

```
let NERDTreeAutoCenter=1
let NERDTreeShowBookmarks=1
```

6）動態語法檢測工具

動態語法檢測工具可以在編寫程式的過程中檢測出語法錯誤，不用等到編譯或執行，這個工具對程式編寫者非常有用。本實驗安裝的是稱為 ALE（Asynchronization Lint Engine）的一款即時程式檢測工具。ALE 工具在發現錯誤的地方會即時提醒，在 Vim 的側邊會標注哪一行有錯誤，將游標移動到這一行時會顯示錯誤的原因。ALE 工具支援多種語言的程式分析器，比如 C 語言可以支援 gcc、clang 等。

為了安裝 ALE 工具，可在 .vimrc 檔案中增加以下內容。

```
Plugin 'w0rp/ale'
```

然後重新啟動 Vim，輸入並執行命令 ":PluginInstall" 以完成安裝。在這個過程中需要從網路上下載程式。

外掛程式安裝完之後，做一些簡單的設定，在 .vimrc 檔案中增加以下設定。

```
let g:ale_sign_column_always = 1
let g:ale_sign_error = ''
let g:ale_sign_warning = 'w'
let g:ale_statusline_format = [' %d', ' %d', ' OK']
let g:ale_echo_msg_format = '[%linter%] %code: %%s'
let g:ale_lint_on_text_changed = 'normal'
let g:ale_lint_on_insert_leave = 1
let g:ale_c_gcc_options = '-Wall -O2 -std=c99'
let g:ale_cpp_gcc_options = '-Wall -O2 -std=c++14'
let g:ale_c_cppcheck_options = ''
let g:ale_cpp_cppcheck_options = ''
```

使用 ALE 工具編寫一個簡單的 C 程式，如圖 2.4 所示。

Vim 的左邊會顯示錯誤或警告，其中 "w" 表示警告，"x" 表示錯誤。如圖 2.4 所示，第 3 行出現了警告，這是因為 gcc 編譯器發現變數 i 雖然定義了但沒有使用。

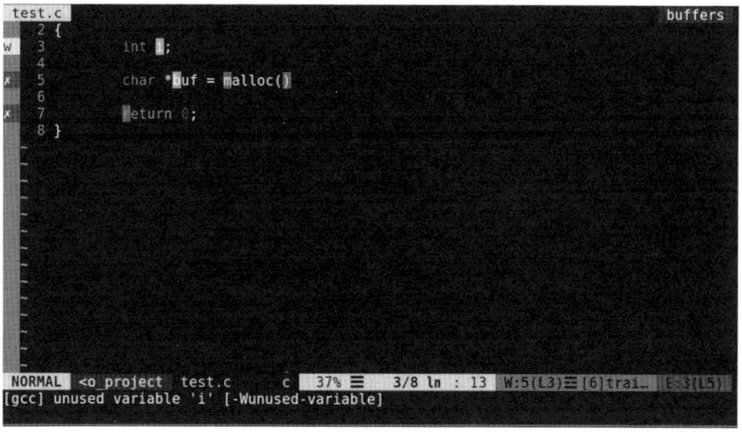

圖 2.4 使用 ALE 工具編寫的 C 程式

7）自動補全外掛程式 YouCompleteMe

程式補全功能在 Vim 的發展歷程中是一項比較弱的功能，因此一直被使用 Source Insight 的人詬病。早些年出現的自動補全外掛程式（如 AutoComplPop、Omnicppcomplete、Neocomplcache 等）在效率上低得驚人，特別是在把整個 Linux 核心程式增加到專案中時，要使用這些程式補全功能，每次都要等待一兩分鐘的時間，簡直讓人抓狂。

YouCompleteMe 是最近幾年才出現的新外掛程式，該外掛程式利用 clang 來為 C/C++ 程式提供程式提示和補全功能。借助 clang 的強大功能，YouCompleteMe 的補全效率和準確性極高，可以和 Source Insight 一比高下。因此，Linux 開發人員在為 Vim 配備了 YouCompleteMe 外掛程式之後，完全可以拋棄 Source Insight。

在安裝 YouCompleteMe 外掛程式之前，需要保證 Vim 的版本必須高於 7.4.1578，並且支持 Python 2 或 Python 3。Ubuntu Linux 20.04 版本中的 Vim 滿足以上要求，使用其他發行版本的讀者可以用以下命令進行檢查。

```
$ vim -version
```

為了安裝 YouCompleteMe 外掛程式，可在 .vimrc 檔案中增加以下內容。

```
Plugin 'Valloric/YouCompleteMe'
```

然後重新啟動 Vim，輸入並執行命令 ":PluginInstall" 以完成安裝。在這個過程中由於要從網路上下載程式，因此需要等待一段時間。

外掛程式安裝完之後，需要重新編譯，所以在編譯之前需要保證已經安裝以下軟體套件。

```
$ sudo apt-get install build-essential cmake python3-dev
```

檢查系統中的 Python 版本是否為 Python 3。

```
rlk@ubuntu:~$ python
Python 3.8.2 (default, Mar 13 2020, 10:14:16)
[GCC 9.3.0] on linux
Type "help", "copyright", "credits" or "license" for more information.
>>>
```

若預設安裝的不是 Python 3，可以透過 update-alternatives--install 命令來設定。

```
$ sudo update-alternatives --install /usr/bin/python python /usr/bin/python3 1

$ sudo update-alternatives --install /usr/bin/python python /usr/bin/python2 2
```

再使用 update-alternatives--config python 命令來選擇。

```
rlk@ubuntu:~$ sudo update-alternatives --config python
There are 2 choices for the alternative python (providing /usr/bin/python).

  Selection    Path                Priority   Status
------------------------------------------------------------
* 0            /usr/bin/python2     2         auto mode
  1            /usr/bin/python2     2         manual mode
  2            /usr/bin/python3     1         manual mode

Press <enter> to keep the current choice[*], or type selection number:
```

接下來對 YouCompleteMe 外掛程式進行編譯。

```
$ cd ~/.vim/bundle/YouCompleteMe
$ python3 install.py --clang-completer
```

--clang-completer 表示對 C/C++ 提供支持。

編譯完之後，還需要做一些設定工作，把 ~/.vim/bundle/YouCompleteMe/
third_party/ ycmd/examples/.ycm_extra_conf.py 檔案複製到~/.vim 目錄中。

```
$ cp
~/.vim/bundle/YouCompleteMe/third_party/ycmd/examples/.ycm_extra_conf.py
~/.vim
```

在 .vimrc 設定檔中還需要增加以下設定。

```
let g:ycm_server_python_interpreter='/usr/bin/python'
let g:ycm_global_ycm_extra_conf='~/.vim/.ycm_extra_conf.py'
```

這樣就完成了 YouCompleteMe 外掛程式的安裝和設定。

下面做一下簡單測試。首先啟動 Vim，
輸入 "#include <stdio>" 以檢查是否會
出現補全提示，如圖 2.5 所示。

圖 2.5 程式補全測試

8）自動索引

舊版本的 Vim 是不支援非同步模式的，因此每次寫一部分程式都需要手
動執行 ctags 命令來生成索引，這是 Vim 的一大痛點。這個問題在 Vim 8
之後獲得了改善。下面推薦一個可以非同步生成 tags 索引的外掛程式，這
個外掛程式名為 vim-gutentags。

安裝 vim-gutentags 外掛程式的命令如下。

```
Plugin 'ludovicchabant/vim-gutentags'
```

重新啟動 Vim，輸入命令 ":PluginInstall" 以完成安裝，在這個過程中需要
從網路上下載程式。

對外掛程式進行一些簡單的設定，將以下內容增加到 .vimrc 設定檔中。

```
" 搜索專案目錄的標示，碰到這些檔案/目錄名稱就停止向上一級目錄遞迴
let g:gutentags_project_root = ['.root', '.svn', '.git', '.hg', '.project']

" 設定 ctags 的參數
let g:gutentags_ctags_extra_args = ['--fields=+niazS', '--extra=+q']
```

```
let g:gutentags_ctags_extra_args += ['--c++-kinds=+px']
let g:gutentags_ctags_extra_args += ['--c-kinds=+px']
```

當我們修改一個檔案時，vim-gutentags 會在後台默默幫助我們更新 tags 資料索引庫。

9）.vimrc 中的其他一些設定

.vimrc 中還有一些其他常用的設定，如顯示行號等。

```
set nu!              " 顯示行號

syntax enable
syntax on
colorscheme desert

:set autowrite       " 自動保存
```

10）使用 Vim 來閱讀 Linux 核心原始程式碼

我們已經把 Vim 打造成一個足以媲美 Source Insight 的 IDE 工具了。下面介紹如何閱讀 Linux 核心原始程式碼。

下載 Linux 核心官方的原始程式碼或本書提供的原始程式碼。

```
git clone https://e.coding.net/benshushu/runninglinuxkernel_5.0.git
```

Linux 核心已經支援使用 ctags 和 cscope 來生成索引檔案，而且會根據編譯的 config 檔案選擇需要掃描的檔案。下面使用 make 命令來生成 ctags 和 cscope。

```
$ export ARCH=arm64
$ export CROSS_COMPILE=aarch64-linux-gnueabi-
$ make rlk_defconfig
$ make tags cscope TAGS  //生成tags,cscope, TAGS等索引檔案
```

啟動 Vim，透過 ":e mm/memory.c" 命令打開 memory.c 原始檔案，然後在 do_anonymous_ page() 函數的第 2563 行中輸入 "vma->"，Vim 中將自動出現 struct vm_area_struct 資料結構的成員供你選擇，而且速度快得驚人，如圖 2.6 所示。

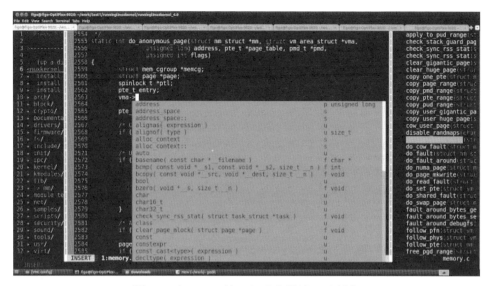

圖 2.6　在 Linux 核心程式中嘗試程式補全

另外，我們在 do_anonymous_page() 函數的第 2605 行中的 page_add_new_anon_rmap() 位置按 F7 鍵，就能很快尋找到 Linux 核心中所有呼叫 page_add_new_anon_rmap() 函數的地方，如圖 2.7 所示。

圖 2.7　尋找哪些函數呼叫了 page_add_new_anon_rmap()

2.6.6 實驗 2-6：建立一個 git 本地倉庫

1. 實驗目的

學會如何快速創建一個 git 本地倉庫，並將它運用到實際工作中。

2. 實驗詳解

我們通常在實際專案中會使用一台獨立的機器作為 git 伺服器，然後在 git 伺服器中建立一個遠端倉庫，這樣專案中所有的人都可以透過區域網來存取這台 git 伺服器。當然，我們在本實驗中可以使用同一台機器來模擬 git 伺服器。

1）git 伺服器端的操作

首先需要在 git 伺服器端建立一個目錄，然後初始化這個 git 倉庫。假設我們是在 "/opt/git/" 目錄下進行創建。

```
$ cd /opt/git/
$ mkdir test.git
$ cd test.git/
$ git --bare init
Initialized empty Git repository in /opt/git/test.git/
```

我們透過 git --bare init 命令創建了一個空的遠端倉庫。

2）用戶端的操作

打開另外一個終端，然後在本地工作目錄中編輯程式，比如在 home 目錄中。

```
$ cd /home/ben/
$ mkdir test
```

編輯 test.c 檔案，增加用於簡單地輸出 "hello world" 的敘述。

```
$ vim test.c
```

初始化本地的 git 倉庫。

```
$ git init
Initialized empty Git repository in /home/figo/work/test/.git/
```

查看當前工作區的狀態。

```
$ git status
On branch master

Initial commit

Untracked files:
  (use "git add <file>..." to include in what will be committed)

    test.c

nothing added to commit but untracked files present (use "git add" to track)
```

可以看到工作區裡有 test.c 檔案，透過 git add 命令增加 test.c 檔案到快取區中。

```
$ git add test.c
```

用 git commit 提交新的修改記錄。

```
$ git commit -s

test: add init code for xxx project

Signed-off-by: Ben Shushu <runninglinuxkernel@126.com>

# Please enter the commit message for your changes. Lines starting
# with '#' will be ignored, and an empty message aborts the commit.
# On branch master
#
# Initial commit
#
# Changes to be committed:
#       new file:   test.c
#
```

上述程式中增加了對這個修改記錄的描述，保存之後將自動生成另一個新的修改記錄。

```
$ git commit -s
[master (root-commit) ea92c29] test: add init code for xxx project
 1 file changed, 8 insertions(+)
 create mode 100644 test.c
```

接下來需要把本地的 git 倉庫推送到遠端倉庫中。

使用 git remote add 命令增加剛才那個遠端倉庫的位址。

```
$ git remote add origin ssh://ben@192.168.0.1:/opt/git/test.git
```

其中 "192.168.0.1" 是伺服器端的 IP 位址，"ben" 是伺服器端的登入名稱。

最後使用 git push 命令進行推送。

```
$ git push origin master
figo@192.168.0.1's password:
Counting objects: 3, done.
Delta compression using up to 8 threads.
Compressing objects: 100% (2/2), done.
Writing objects: 100% (3/3), 320 bytes | 0 bytes/s, done.
Total 3 (delta 0), reused 0 (delta 0)
To ssh://figo@10.239.76.39:/opt/git/test.git
 * [new branch]      master -> master
```

3）複製遠端倉庫

這時我們就可以在區域網內透過 git clone 複製這個遠端倉庫到本地了。

```
$ git clone ssh://ben@192.168.0.1:/opt/git/test.git
Cloning into 'test'...
ben@192.168.0.1's password:
remote: Counting objects: 3, done.
remote: Compressing objects: 100% (2/2), done.
remote: Total 3 (delta 0), reused 0 (delta 0)
Receiving objects: 100% (3/3), done.
Checking connectivity... done.
$ cd test/
$ git log
commit ea92c29d88ba9e58960ec13911616f2c2068b3e6
Author: Ben Shushu <runninglinuxkernel@126.com>
Date:   Mon Apr 16 23:13:32 2018 +0800

    test: add init code for xxx project

    Signed-off-by: Ben Shushu <runninglinuxkernel@126.com>
```

2.6.7 實驗 2-7：解決分支合併衝突

1. 實驗目的

了解和學會如何解決合併分支時遇到的衝突。

2. 實驗詳解

首先，創建發生分支合併衝突的環境，步驟如下。

（1）創建一個本地分支。

```
$ git init
```

（2）在 master 分支上新建 test.c 檔案。輸入簡單的 "hello world" 程式，然後生成一個修改記錄。

```
#include <stdio.h>

int main()
{
        int i;

        printf("hello word\n");

        return 0;
}
```

（3）基於 master 分支創建 dev 分支。

```
$ git checkout -b dev
```

（4）在 dev 分支上做以下改動，並生成另一個修改記錄。

```
diff --git a/test.c b/test.c
index 39ee70f..ed431cc 100644
--- a/test.c
+++ b/test.c
@@ -2,7 +2,10 @@

 int main()
 {
-        int i;
```

```
+        int i = 10;
+        char *buf;
+
+        buf = malloc(100);

         printf("hello word\n");
```

（5）切換到主分支，然後繼續修改 test.c 檔案，再次生成一個修改記錄。

```
diff --git a/test.c b/test.c
index 39ee70f..e0ccfb9 100644
--- a/test.c
+++ b/test.c
@@ -3,6 +3,7 @@
 int main()
 {
         int i;
+        int j = 5;

         printf("hello word\n");
```

（6）這樣我們的實驗環境就架設好了。在這個 git 倉庫裡有兩個分支，一個是 master 分支，另一個是 dev 分支，它們同時修改了相同的檔案，如圖 2.8 所示。

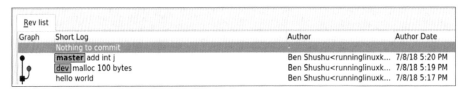

圖 2.8　主分支和 dev 分支

（7）使用以下命令把 dev 分支上的提交合併到 master 分支，如果遇到了衝突，請解決。

```
$ git branch        //先確認當前分支是master分支
$ git merge dev     //把dev分支合併到master分支
```

下面簡單介紹一下如何解決分支合併衝突。當合併分支遇到衝突時會顯示以下提示，其中明確告訴了我們是在合併哪個檔案時發生了衝突。

```
$ git merge dev
Auto-merging test.c
CONFLICT (content): Merge conflict in test.c
Automatic merge failed; fix conflicts and then commit the result.
```

接下來要做的工作就是手動修改衝突了。打開 test.c 檔案,你會看到
"<<<<<<<" 和 ">>>>>>>" 符號包括的區域就是發生衝突的地方。至於如
何修改衝突,git 工具是沒有辦法做判斷的,只能讀者自己判斷,前提條
件是要對程式有深刻的瞭解。

```
#include <stdio.h>

int main()
{
<<<<<<< HEAD
        int i;
        int j = 5;
=======
        int i = 10;
        char *buf;

        buf = malloc(100);
>>>>>>> dev

        printf("hello word\n");

        return 0;
}
```

衝突修改完之後,可以透過 git add 命令把 test.c 檔案增加到 git 倉庫中。

```
$git add test.c
```

然後使用 git merge--continue 命令繼續合併工作,直到合併完成為止。

```
$ git merge --continue
[master 9ad3b85] Merge branch 'dev'
```

讀者可以重複以上實驗步驟,重建一個本地 git 倉庫,使用變基命令合併
dev 分支到 master 分支,遇到衝突時請嘗試解決。

2.6.8 實驗 2-8：利用 **git** 來管理 **Linux** 核心開發

1. 實驗目的

透過模擬一個專案的實際操作來演示如何利用 git 進行 Linux 核心的開發和管理。該專案的需求如下。

（1）該專案需要基於 Linux 4.0 核心進行延伸開發。
（2）在本地建立一個名為 "ben-linux-test" 的 git 倉庫，上傳的內容要包含 Linux 4.0 中所有提交的資訊。

2. 實驗詳解

首先，參考實驗 2-6，在本地建立一個空的名為 "ben-linux-test" 的 git 倉庫。

然後，下載 Linux 官方的倉庫程式。

接下來要做的工作就是在這個本地的 git 倉庫裡下載 Linux 4.0 的官方程式，那麼應該怎麼做呢？首先我們需要增加 Linux 官方的 git 倉庫。這裡可以使用 git remote add 命令來增加一個遠端倉庫的位址，如下所示。

```
$ git remote add linux https://git.kernel.org/pub/scm/linux/kernel/git/
torvalds/linux.git
```

使用 git remote -v 命令把 Linux 核心官方的遠端倉庫增加到本地，並且使用別名 linux。

```
$ git remote -v
linux   https://git.kernel.org/pub/scm/linux/kernel/git/torvalds/linux.git (fetch)
linux   https://git.kernel.org/pub/scm/linux/kernel/git/torvalds/linux.git (push)
origin  https://github.com/figozhang/ben-linux-test.git (fetch)
origin  https://github.com/figozhang/ben-linux-test.git (push)
```

使用 git fetch 命令把新增加的遠端倉庫下載到本地。

```
$ git fetch linux
remote: Counting objects: 6000860, done.
remote: Compressing objects: 100% (912432/912432), done.
Rceiving objects:   1% (76970/6000860), 37.25 MiB | 694.00 KiB/s
```

下載完成後，使用 git branch -a 命令查看分支情況。

```
$ git branch -a
* master
  remotes/linux/master
  remotes/origin/master
```

可以看到遠端倉庫有兩個。一個是我們剛才在本地創建的倉庫（remotes/origin/master），另一個是 Linux 核心官方的遠端倉庫（remotes/linux/master）。

為了把官方倉庫中含 Linux 4.0 標籤的所有提交增加到本地的 master 分支，首先需要從 remotes/linux/master 分支中檢查名為 linux-4.0 的本地分支。

```
$ git checkout -b linux-4.0 linux/master
Checking out files: 100% (61345/61345), done.
Branch linux-4.0 set up to track remote branch master from linux.
Switched to a new branch 'linux-4.0'

$ git branch -a
* linux-4.0
  master
  remotes/linux/master
  remotes/origin/master
```

因為專案需要在 Linux 4.0 中完成，所以把 linux-4.0 分支重新放到 Linux 4.0 標籤上，這時可以使用 git reset 命令。

```
$ git reset v4.0 --hard
Checking out files: 100% (61074/61074), done.
HEAD is now at 39a8804 Linux 4.0
```

這樣本地 linux-4.0 分支將真正基於 Linux 4.0 核心，並且包含 Linux 4.0 中所有提交的資訊。

接下來要做的工作就是把本地 linux-4.0 分支中提交的資訊都合併到本地的 master 分支。

首先，需要切換到本地的 master 分支。

```
$ git checkout master
```

然後，使用 git merge 命令把本地 linux-4.0 分支中所有提交的資訊都合併
到 master 分支。

```
$ git merge linux-4.0 --allow-unrelated-histories
```

以上合併操作會生成名為 merge branch 的提交訊息，如下所示。

```
merge branch 'linux-4.0'

# Please enter a commit message to explain why this merge is necessary,
# especially if it merges an updated upstream into a topic branch.
#
# Lines starting with '#' will be ignored, and an empty message aborts
# the commit.
```

最後，本地 master 分支中提交的資訊將變成下面這樣。

```
$ git log --oneline
c67cf17 Merge branch 'linux-4.0'
f85279c first commit
39a8804 Linux 4.0
6a23b45 Merge branch 'for-linus' of git://git.kernel.org/pub/scm/linux/kernel/
git/viro/vfs
54d8ccc Merge branch 'fixes' of git://git.kernel.org/pub/scm/linux/kernel/git/
evalenti/linux-soc-thermal
56fd85b Merge tag 'asoc-fix-v4.0-rc7' of git://git.kernel.org/pub/scm/linux/
kernel/git/broonie/sound
14f0413c ASoC: pcm512x: Remove hardcoding of pll-lock to GPIO4
```

這樣本地 master 分支就包含了 Linux 4.0 核心的所有 git log 資訊。最後，
只需要把這個 master 分支推送到遠端倉庫即可。

```
$ git push origin master
```

現在遠端倉庫的 master 分支已經包含 Linux 4.0 核心的所有提交了，在
此基礎上可以建立屬於該專案自己的分支，比如 dev-linux-4.0 分支、
feature_a_v0 分支等。

```
$ git branch -a
  dev-linux-4.0
* feature_a_v0
  master
```

```
remotes/linux/master
remotes/origin/master
```

2.6.9 實驗 2-9：利用 git 來管理專案程式

1. 實驗目的

（1）在 Linux 4.0 上做開發。為了簡化開發，我們假設只需要修改 Linux 4.0 根目錄下面的 Makefile，如下所示。

```
VERSION = 4
PATCHLEVEL = 0
SUBLEVEL = 0
EXTRAVERSION =
NAME = Hurr durr I'ma sheep //修改這裡，改成 benshushu
```

（2）把修改推送到本地倉庫。

（3）過了幾個月，這個專案需要變基（rebase）到 Linux 4.15 核心，並且把之前做的工作也變基到 Linux 4.15 核心，同時更新到本地倉庫中。如果變基時遇到衝突，那麼需要進行修復。

（4）合併一個分支以及變基到最新的主分支。

（5）在合併分支和變基分支的過程中，修復衝突。

2. 實驗詳解

在實際專案開發過程中，分支的管理是很重要的。以現在這個專案為例，專案開始時，我們會選擇一個核心版本進行開發，比如選擇 Linux 4.0 核心。等到專案開發到一定的階段，比如 Beta 階段，需求發生變化。這時需要基於最新的核心進行開發，如基於 Linux 4.15 核心。因此就要把開發工作變基到 Linux 4.15 了。這種情形在實際開放原始碼專案中是很常見的。

因此，分支管理顯得很重要。master 分支通常是用來與開放原始碼專案同步的，dev 分支是我們平常開發用的分支。另外，每個開發人員在本地可以建立屬於自己的分支，如 feature_a_v0 分支，表示開發者在本地創建的用來開發 feature a 的分支，版本是 v0。

```
$ git branch -a
* dev-linux-4.0
  feature_a_v0
  master
  remotes/linux/master
  remotes/origin/master
remotes/origin/dev-linux-4.0
```

1）把開發工作推送到 dev-linux-4.0 分支

下面基於 dev-linux-4.0 分支進行工作，比如這裡要求修改 Makefile，然後生成一個修改記錄並且將它推送到 dev-linux-4.0 分支。

首先，修改 Makefile。修改後的內容如下。

```
diff --git a/Makefile b/Makefile
index fbd43bf..2c48222 100644
--- a/Makefile
+++ b/Makefile
@@ -2,7 +2,7 @@ VERSION = 4
 PATCHLEVEL = 0
 SUBLEVEL = 0
 EXTRAVERSION =
-NAME = Hurr durr I'ma sheep
+NAME = benshushu

 # *DOCUMENTATION*
 # To see a list of typical targets execute "make help"
@@ -1598,3 +1598,5 @@ FORCE:
 # Declare the contents of the .PHONY variable as phony.  We keep that
 # information in a variable so we can use it in if_changed and friends.
 .PHONY: $(PHONY)
+
+#demo for rebase by benshush //在最後一行增加，為了將來變基製造衝突
```

然後，生成一個修改記錄。

```
$ git add Makefile
$ git commit -s

   demo: modify Makefile

   modify Makefile for demo

   v1: do it base on linux-4.0
```

最後，把上述修改推送到遠端倉庫。

```
$ git push origin dev-linux-4.0
Counting objects: 3, done.
Delta compression using up to 8 threads.
Compressing objects: 100% (3/3), done.
Writing objects: 100% (3/3), 341 bytes | 0 bytes/s, done.
Total 3 (delta 2), reused 0 (delta 0)
remote: Resolving deltas: 100% (2/2), completed with 2 local objects.
remote: Checking connectivity: 3, done.
   c67cf17..f35ab68  dev-linux-4.0 -> dev-linux-4.0
```

2）新建 dev-linux-4.15 分支

首先，從遠端倉庫（remotes/linux/master）分支新建一個名為 linux-4.15-org 的分支。

```
$ git checkout -b linux-4.15-org linux/master
```

然後，把 linux-4.15-org 分支重新放到 v4.15 標籤上。

```
$ git reset v4.15 --hard
Checking out files: 100% (21363/21363), done.
HEAD is now at d8a5b80 Linux 4.15
```

接著，切換到 master 分支。

```
$ git checkout master
Checking out files: 100% (57663/57663), done.
Switched to branch 'master'
Your branch is up-to-date with 'origin/master'.
```

接下來，把 linux-4.15-org 分支中的所有資訊都合併到 master 分支。

```
figo@figo:~ben-linux-test$ git merge linux-4.15-org
```

合併完之後，查看 master 分支的記錄檔資訊，如下所示。

```
figo@figo ~ben-linux-test$ git log --oneline
749d619 Merge branch 'linux-4.15-org'
c67cf17 Merge branch 'linux-4.0'
f85279c first commit
d8a5b80 Linux 4.15
```

最後，把主分支的更新推送到遠端倉庫，這樣遠端倉庫中的 master 分支便基於 Linux 4.15 核心了。

```
figo@figo:~ben-linux-test$ git push origin master
```

3）變基到 Linux 4.15 上

首先，基於 dev-linux-4.0 分支創建 dev-linux-4.15 分支。

```
figo@figo:~ben-linux-test$ git checkout dev-linux-4.0
figo@figo:~ben-linux-test$ git checkout -b dev-linux-4.15
```

因為我們已經把遠端倉庫中的 master 分支更新到 Linux 4.15，所以接下來把 master 分支中的所有資訊都變基到 dev-linux-4.15 分支。在這個過程中可能有衝突發生。

```
$ git rebase master
First, rewinding head to replay your work on top of it...
Applying: demo: modify Makefile
Using index info to reconstruct a base tree...
M	Makefile
Falling back to patching base and 3-way merge...
Auto-merging Makefile
CONFLICT (content): Merge conflict in Makefile
error: Failed to merge in the changes.
Patch failed at 0001 demo: modify Makefile
The copy of the patch that failed is found in: .git/rebase-apply/patch

When you have resolved this problem, run "git rebase --continue".
If you prefer to skip this patch, run "git rebase --skip" instead.
To check out the original branch and stop rebasing, run "git rebase --abort".
```

這裡顯示在合併 "demo: modify Makefile" 這個更新時發生了衝突，並且告知我們發生衝突的檔案是 Makefile。接下來，可以手動修改 Makefile 檔案並處理衝突。

```
# SPDX-License-Identifier: GPL-2.0
VERSION = 4
PATCHLEVEL = 15
SUBLEVEL = 0
```

```
EXTRAVERSION =
<<<<<<< 749d619c8c85ab54387669ea206cddbaf01d0772
NAME = Fearless Coyote
=======
NAME = benshushu
>>>>>>> demo: modify Makefile
```

手動修改衝突之後,可以透過 git diff 命令看一下變化。透過 git add 命令增加修改的檔案,然後透過 git rebase --continue 命令繼續做變基處理。當後續遇到衝突時還會停下來,手動修改衝突,並繼續透過 git add 來增加修改後的檔案,直到所有衝突被修改完。

```
$ git add Makefile
$ git rebase --continue
Applying: demo: modify Makefile
```

變基完成之後,我們可透過 git log --oneline 命令查看 dev-linux-4.15 分支的狀況。

```
figo@figo:~ben-linux-test$ git log --oneline
344e37a demo: modify Makefile
749d619 Merge branch 'linux-4.15-org'
c67cf17 Merge branch 'linux-4.0'
f85279c first commit
d8a5b80 Linux 4.15
```

最後,我們把 dev-linux-4.15 分支推送到遠端倉庫來完成這個專案。

```
figo@figo:~ben-linux-test$ git push origin dev-linux-4.15
```

4)合併和變基分支的區別

本實驗使用 merge 和 rebase 來合併分支,有些讀者可能感到有些迷惑。

```
$ git merge master
$ git rebase master
```

上述兩個命令都用於將主分支合併到當前分支,結果有什麼不同呢?

假設一個 git 倉庫裡有一個 master 分支,還有一個 dev 分支,如圖 2.9 所示。

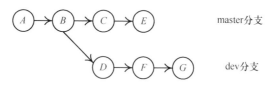

圖 2.9 執行合併分支之前

每個節點的提交順序如表 2.8 所示。

⬇ 表 2.8 節點的提交順序

節　　點	提 交 順 序
A	1 號
B	2 號
C	3 號
D	4 號
E	5 號
F	6 號
G	7 號

在執行 git merge master 命令之後，dev 分支變成圖 2.10 所示的結果。

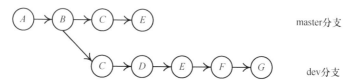

圖 2.10 執行 git merge master 合併之後的結果

我們可以看到，在執行 git merge master 命令之後，dev 分支中的提交都是基於時間軸來合併的。

執行 git rebase master 命令之後，dev 分支變成圖 2.11 所示的結果。

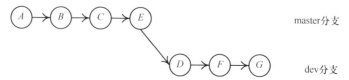

圖 2.11 執行 git rebase master 合併之後的結果

git rebase 命令用來改變一串提交基於的分支,如 git rebase master 表示 dev 分支的 *D*、*F* 和 *G* 這 3 個節點的提交都基於最新的 master 分支,也就是基於 *E* 節點的提交。git rebase 命令的常見用途是保持正在開發的分支（如 dev 分支）相對於另一個分支（如主分支）是最新的。

merge 和 rebase 命令都用來合併分支,那麼分別應該在什麼時候使用呢？

- 當需要合併別人的修改時,可以考慮使用 merge 命令,比如在專案管理中合併其他開發者的分支。
- 當開發工作或提交的更新需要基於某個分支時,可以考慮使用 rebase 命令,比如給 Linux 核心社區提交更新。

2.6 實驗

ARM64 架構基礎知識

Linux 5.4 核心已經能夠支援幾十種的處理器架構,目前市面上流行的兩種架構是 x86_64 和 ARM64。x86_64 架構在 PC 和伺服器市場中佔據主導地位,ARM64 架構則在手機晶片、嵌入式晶片市場中佔據主導地位。本書重點說明 Linux 核心的入門和實踐,但是離開了處理器架構,就猶如空中樓閣,畢竟作業系統只是為處理器服務的一種軟體而已。國內有相當多的開發者採用 ARM64 處理器來進行產品開發,比如手機、IoT 裝置、嵌入式裝置等。因此,本章介紹與 ARM64 架構相關的入門知識。

ARM 公司除了提供處理器 IP 和搭配工具以外,主要還定義了一系列的 ARM 相容指令集來建構整個 ARM 的軟體生態系統。

從 ARMv4 指令集開始為開發人員所熟悉,相容 ARMv4 指令集的處理器架構有 ARM7- TDMI,典型處理器是三星的 S3C44B0X。相容 ARMv4T 指令集的處理器架構有 ARM920T,典型處理器是三星的 S3C2440,有些讀者可能還買過基於 S3C2440 的開發板。

相容 ARMv5 指令集的處理器架構有 ARM926EJ-S,典型處理器有 NXP 的 i.MX2 Series。相容 ARMv6 指令集的處理器架構有 ARM11 MPCore。

到了 ARMv7 指令集,處理器系列以 Cortex 命名,又分成 A、R 和 M 系列,通常 A 系列針對大型嵌入式系統(例如手機),R 系列針對即時性系統，M 系列針對微處理器市場。Cortex-A7 和 Cortex-A9 處理器是前幾年手機的主流設定。Cortex-A 系列處理器面市後，由於處理性能的大幅提高以及功耗比的下降，使得手機和平板電腦市場迅速發展。另外，一些新的應用需求正在醞釀，比如大記憶體、虛擬化、安全特性（Trustzone[1]），以及更高的能效比（大小核心）等。虛擬化和安全特性在 ARMv7 上已經實現，但是對大記憶體的支援顯得有點捉襟見肘。雖然可以透過大實體位址擴充（Large Physical Address Extension，LPAE）技術支援 40 位元的物理位址空間，但是由於 32 位元的處理器最多支援 4GB 的虛擬位址空間，因此不適合虛擬記憶體需求巨大的應用。於是 ARM 公司設計了一套全新的指令集，即 ARMv8-A 指令集，以支援 64 位元指令集，並且保持向前相容 ARMv7-A 指令集。透過定義 AArch64 與 AArch32 兩套執行環境來分別執行 64 位元和 32 位元指令集，軟體就可以動態切換執行環境。為了行文方便，在本書中 AArch64 也稱為 ARM64，AArch32 也稱為 ARM32。

3.1 ARM64 架構介紹

3.1.1 ARMv8-A 架構介紹

ARMv8-A 是 ARM 公司發佈的第一代支援 64 位元處理器的指令集和架構。它在擴充 64 位元暫存器的同時提供對上一代架構指令集的相容，因而能同時提供執行 32 位元和 64 位元應用程式的執行環境。

ARMv8-A 架構除了提高了處理能力外，還引入了很多吸引人的新特性。

- 透過超大物理位址空間，提供超過 4GB 實體記憶體的存取。
- 具有 64 位元寬的虛擬位址空間。32 位元處理器中只能提供 4GB 大小的虛擬位址空間，這極大限制了桌面系統和伺服器等應用的發揮。64 位元寬的虛擬位址空間可以提供超大的存取空間。

---

1 Trustzone 技術在 ARMv6 架構中已實現，並且在 ARMv7-A 架構的 Cortex-A 系列處理器中已開始大規模使用

- 提供 31 個 64 位元寬的通用暫存器，可以減少對堆疊的存取，從而提高性能。
- 提供 16KB 和 64KB 的頁面，有助降低 TLB 的未命中率（miss rate）。
- 具有全新的異常處理模型，有助降低作業系統和虛擬化的實現複雜度。
- 具有全新的載入 - 獲取、儲存 - 釋放指令（load-acquire, store-release instruction），專為 C++11、C11 以及 Java 記憶體模型而設計。

3.1.2 常見的 ARMv8 處理器

下面介紹市面上常見的 ARMv8 架構的處理器核心。

- Cortex-A53 處理器核心：ARM 公司第一款採用 ARMv8-A 架構設計的處理器核心，專為低功耗而設計。通常可以使用 1 ～ 4 個 Cortex-A53 處理器組成處理器簇（cluster），也可以和 Cortex-A57/Cortex-A72 等高性能處理器組成大小核心架構。
- Cortex-A57 處理器核心：採用 64 位元 ARMv8-A 架構設計的 CPU，而且透過 AArch32 執行狀態來保持與 ARMv7 架構的完全舊版相容性。除了 ARMv8 的架構優勢之外，Cortex-A57 還提高了單一時鐘週期的性能，比高性能的 Cortex-A15 CPU 高出 20% ～ 40%。Cortex-A57 還改進了二級快取記憶體的設計以及記憶體系統的其他元件，極大地提高了能效。
- Cortex-A72 處理器核心：2015 年年初正式發佈的基於 ARMv8-A 架構並對 Cortex-A57 處理器做了大量最佳化和改進的一款處理器核心。在相同的行動裝置電池壽命限制下，Cortex-A72 相比基於 Cortex-A15 的裝置能提供 3.5 倍的性能提升，展現出優異的整體功耗效率。

3.1.3 ARM64 的基本概念

ARM 處理器實現的是精簡指令集電腦（Reduced Instruction Set Computer，RISC）架構。本節介紹 ARMv8-A 架構中的一些基本概念。

1. 處理單元

ARM 公司的官方技術手冊中提到了一個概念，可以把處理器處理交易的過程抽象為處理單元（Processing Element，PE）。

2. 執行狀態

執行狀態（execution state）是處理器執行時期的環境，包括暫存器的位元寬、支援的指令集、異常模型、記憶體管理以及程式設計模型等。ARMv8 架構定義了兩種執行模式。

- AArch64：64 位元的執行狀態。
  - 提供 31 個 64 位元的通用暫存器。
  - 提供 64 位元的程式計數（PC）暫存器、堆疊指標（SP）暫存器以及異常連結暫存器（ELR）。
  - 提供 A64 指令集。
  - 定義 ARMv8 異常模型，支援 4 個異常等級──EL0 ~ EL3。
  - 提供 64 位元的記憶體模型。
  - 定義一組處理器狀態（PSTATE）用來保存 PE 的狀態。
- AArch32：32 位元的執行狀態。
  - 提供 13 個 32 位元的通用暫存器，再加上 PC 暫存器、SP 暫存器、連結暫存器（LR）。
  - 支援兩套指令集，分別是 A32 和 T32 指令集（Thumb 指令集）。
  - 支援 ARMv7-A 異常模型，基於 PE 模式並映射到 ARMv8 的異常模型。
  - 提供 32 位元的虛擬記憶體存取機制。
  - 定義一組處理器狀態（PSTATE）用來保存 PE 的狀態。

3. ARMv8 指令集

ARMv8 架構根據不同的執行狀態提供對不同指令集的支援。

- A64 指令集：執行在 AArch64 狀態，提供 64 位元指令集支援。
- A32 指令集：執行在 AArch32 狀態，提供 32 位元指令集支援。
- T32 指令集：執行在 AArch32 狀態，提供 16 和 32 位元指令集支援。

4. 系統暫存器命名

在 AArch64 狀態下，很多系統暫存器會根據不同的異常等級提供不同的變種暫存器。

```
<register_name>_ELx, where x is 0, 1, 2, or 3
```

比如，SP_EL0 表示 EL0 下的堆疊指標暫存器，SP_EL1 表示 EL1 下的堆疊指標暫存器。

3.1.4 ARMv8 處理器的執行狀態

ARMv8 處理器支援兩種執行狀態──AArch64 狀態和 AArch32 狀態。AArch64 狀態是 ARMv8 新增的 64 位元執行狀態，而 AArch32 狀態是為了相容 ARMv7 架構而保留的 32 位元執行狀態。當處理器執行在 AArch64 狀態時執行 A64 指令集；而當執行在 AArch32 狀態時，可以執行 A32 指令集或 T32 指令集。

AArch64 架構的異常等級（exception level）確定了處理器當前執行的特權等級別，類似於 ARMv7 架構中的特權等級，如圖 3.1 所示。

- EL0：使用者特權，用於執行普通使用者程式。
- EL1：系統特權，通常用於執行作業系統。
- EL2：執行虛擬化擴充的虛擬監控程序（hypervisor）。
- EL3：執行安全世界中的安全監控器（secure monitor）。

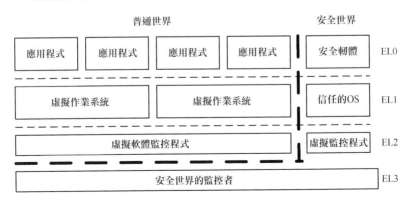

圖 3.1　AArch64 架構的異常等級

在 ARMv8 架構裡允許切換應用程式的執行模式。比如，在執行 64 位元作業系統的 ARMv8 處理器中，我們可以同時執行 A64 指令集的應用程式和 A32 指令集的應用程式。但是在執行 32 位元作業系統的 ARMv8 處理器中，就不能執行 A64 指令集的應用程式了。當需要執行 A32 指令集的應用程式時，需要透過管理員呼叫（Supervisor Call，SVC）指令切換到 EL1，作業系統會執行任務的切換並且返回到 AArch32 的 EL0，這時候系統便為這個應用程式準備好了 AArch32 的執行環境。

3.1.5 ARMv8 架構支持的資料寬度

ARMv8 架構支援以下幾種資料寬度。

- 位元組（byte）：1 位元組等於 8 位元。
- 半字組（halfword）：16 位元。
- 字（word）：32 位元。
- 雙字（doubleword）：64 位元。
- 4 字（quadword）：128 位元。

3.1.6 不對齊存取

不對齊存取有兩種情況。一種是指令對齊，另一種是資料對齊。A64 指令集要求指令存放的位置必須以字（word，32 位元寬）為單位對齊。存取儲存位置不是以字為單位對齊的指令會導致 PC 對齊異常（PC aligment fault）。

對於資料存取，需要區分不同的記憶體類型。對記憶體類型是裝置記憶體的不對齊存取會觸發對齊異常（alignment fault）。

對於存取普通記憶體，除了使用獨佔、載入 / 獨佔 - 儲存（load-exclusive/ store-exclusive）指令或載入 - 獲取 / 儲存 - 釋放（load-acquire/store-release）指令外，還可以使用其他的用於載入或儲存單一或多個暫存器的所有指令。如果造訪網址和要存取的資料元素大小不對齊，那麼可以根據以下兩種情況進行處理。

- 若對應的異常等級中的 SCTLR_ELx 暫存器的 A 域設定為 1，則說明打開了位址對齊檢查功能，因而會觸發對齊異常。
- 若對應的異常等級中的 SCTLR_ELx 暫存器的 A 域設定為 0，則說明處理器支援不對齊存取。

當然，處理器支持的不對齊存取也有一些限制。

- 不能保證單次存取原子地完成，有可能複製多次。
- 不對齊存取比對齊存取需要更多的處理時間。
- 不對齊的位址存取可能會引發中止（abort）。

3.2 ARMv8 暫存器

3.2.1 通用暫存器

AArch64 執行狀態支援 31 個 64 位元的通用暫存器，分別是 x0~x30 暫存器，而 AArch32 執行狀態支援 16 個 32 位元的通用暫存器。

通用暫存器除了用於資料運算和儲存之外，還可以在函數呼叫過程中造成特殊作用。ARM64 架構的函數呼叫標準和規範對此有所約定，如圖 3.2 所示。

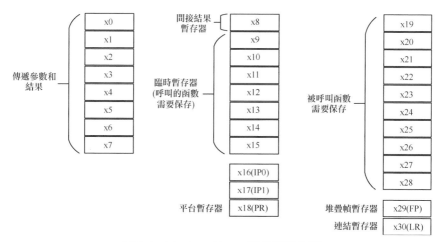

圖 3.2 AArch64 的 31 個通用暫存器

在 AArch64 執行狀態下，使用 X 來表示 64 位元通用暫存器，比如 X0、
X30 等。另外，還可以使用 W 來表示低 32 位元的暫存器，比如 W0 表示
X0 暫存器的低 32 位元資料，W1 表示 X1 暫存器的低 32 位元資料，如圖
3.3 所示。

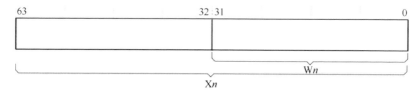

圖 3.3 64 位元通用暫存器和 32 位元通用暫存器

3.2.2 處理器狀態暫存器

在 ARMv7 架構中使用 CPSR 來表示當前處理器的狀態，而在 AArch64 架
構中使用的是處理器狀態暫存器，簡稱 PSTATE，如表 3.1 所示。

▼ 表 3.1 PSTATE 暫存器

分類	欄位	描　述
條件標示 位元	N	負數標示位元。 在結果是有號的二進位補數的情況下，如果結果為負數，則 N=1；如果結果為非負數，則 N=0
	Z	零標示位元。 如果結果為 0，則 Z=1；如果結果不為 0，則 Z=0
	C	進位標示位元。 發生無號溢位時，C=1。 其他情況下，C 通常為 0
	V	有號數溢位標示位元。 對於加減法指令，當運算元和結果是有號的整數時，如果發生溢位，則 V=1；如果無溢位發生，則 V=0。 對於其他指令，V 通常不發生變化
執行狀態 控制	SS	軟體單步。若 ss 為 1，則説明在進行異常處理時啟動了軟體單步功能
	IL	非法的異常狀態
	nRW	當前執行模式。 0：處於 AArch64 狀態。 1：處於 AArch32 狀態

分類	欄位	描　述
	EL	當前異常等級。 0：表示 EL0。 1：表示 EL1。 2：表示 EL2。 3：表示 EL3
	SP	選擇堆疊指標暫存器。當執行在 EL0 時，處理器選擇使用 SP_EL0；當執行在其他異常等級時，處理器可以選擇使用 SP_EL0 或對應的 SP_ELn 暫存器
異常隱藏標示位元	D	偵錯位。啟動偵錯位可以在異常處理過程中打開偵錯中斷點和軟體單步等功能
	A	用來隱藏系統錯誤（SError）
	I	用來隱藏 IRQ
	F	用來隱藏 FIQ
存取權限	PAN	特權不存取（Privileged Access Never）位元，為 ARMv8.1 擴充特性。 1：在 EL1 或 EL2 存取屬於 EL0 的虛擬位址時會觸發存取權限錯誤。 0：不支援該功能，需要用軟體來模擬
	UAO	使用者特權存取覆蓋標示位元，為 ARMv8.2 擴充特性。 1：當處在 EL1 或 EL2 時，沒有特權的載入儲存指令可以和有特權的載入儲存指令一樣存取記憶體，比如 LDTR 指令。 0：不支援該功能

3.2.3　特殊暫存器

ARMv8 架構除了支援 31 個通用暫存器之外，還提供多個特殊的暫存器，如圖 3.4 所示。

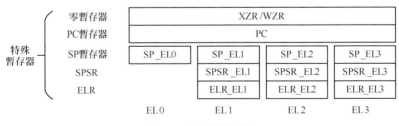

圖 3.4　特殊暫存器

1. 零暫存器

ARMv8 架構提供兩個零暫存器（zero register），這兩個零暫存器的內容全是 0，可以用作來源暫存器，也可以當作目標暫存器。WZR 是 32 位元的零暫存器，XZR 是 64 位元的零暫存器。

2. 堆疊指標暫存器

ARMv8 架構支援 4 個異常等級，每一個異常等級都有專門的 SP_El*n* 暫存器，比如當處理器執行在 EL1 時就選擇 SP_EL1 暫存器作為堆疊指標（Stack Pointer，SP）暫存器。

- SP_EL0：EL0 下的堆疊指標暫存器。
- SP_EL1：EL1 下的堆疊指標暫存器。
- SP_EL2：EL2 下的堆疊指標暫存器。
- SP_EL3：EL3 下的堆疊指標暫存器。

當處理器執行在比 EL0 高的異常等級時：

- 處理器可以存取當前異常等級對應的堆疊指標暫存器 SP_EL*n*。
- EL0 對應的堆疊指標暫存器 SP_EL0 可以當作臨時暫存器，比如 Linux 核心就使用這種臨時暫存器存放處理程序的 task_struct 資料結構的指標。

當執行在 EL0 時，處理器只能存取 SP_EL0 暫存器，而不能存取其他高等級的 SP 暫存器。

3. PC 暫存器

PC（Program Counter）暫存器通常用來指向當前執行指令的下一行指令的位址，用於控製程式中指令的執行順序，但是程式設計人員不能透過指令來直接存取。

4. 異常連結暫存器

異常連結暫存器（Exception Link Register，ELR）用來存放異常返回位址。

5. 保存處理狀態暫存器

當我們進行異常處理時，處理器的處理狀態會保存到保存處理狀態暫存器（Saved Process Status Register，SPSR）裡，這種暫存器非常類似於 ARMv7 架構中的 CPSR。當異常將要發生時，處理器會把處理狀態暫存器（PSTATE）的值暫時保存到 SPSR 裡；當異常處理完成並返回時，再把 SPSR 中的值恢復到處理器狀態暫存器。SPSR 的佈局如圖 3.5 所示，SPSR 中的重要欄位如表 3.2 所示。

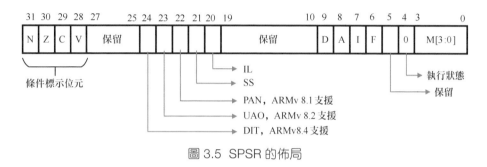

圖 3.5 SPSR 的佈局

▼ 表 3.2 SPSR 中的重要欄位

欄位	描　述
N	負數標示位元
Z	零標示位元
C	進位標示位元
V	有號數溢位標示位元
SS	軟體單步。若 SS 為 1，則說明在進行異常處理時啟動了軟體單步功能
IL	非法的異常狀態
D	偵錯位。啟動偵錯位可以在異常處理過程中打開偵錯中斷點和軟體單步等功能
A	用來隱藏系統錯誤（SError）
I	用來隱藏 IRQ
F	用來隱藏 FIQ
M[4]	用來表示處理器在異常處理過程中處於哪種執行模式下，若為 0 表示 AArch64
M[3:0]	異常模式

6. CurrentEL 暫存器 [2]

PSTATE 暫存器中的 EL 欄位保存了當前異常等級。使用 MRS 指令可以讀取當前異常等級。

- 0：表示 EL0。
- 1：表示 EL1。
- 2：表示 EL2。
- 3：表示 EL3。

7. DAIF 暫存器

表示 PSTATE 暫存器中的 {D, A, I, F} 欄位。

8. SPSel 暫存器

表示 PSTATE 暫存器中的 SP 欄位，用來在 SP_EL0 和 SP_ELn 中選擇堆疊指標暫存器。

9. PAN 暫存器

用來表示 PSTATE 暫存器中的 PAN 欄位。可以透過 MSR 和 MRS 指令來設定 PAN 暫存器。

10. UAO 暫存器

用來表示 PSTATE 暫存器中的 UAO 欄位。可以透過 MSR 和 MRS 指令來設定 UAO 暫存器。

3.2.4 系統暫存器

除了上面介紹的通用暫存器和特殊暫存器之外，ARMv8 架構還定義了很多系統暫存器，可透過存取和設定這些系統暫存器來完成對處理器不同功能的設定。在 ARMv7 架構裡，我們需要透過存取 CP15 輔助處理器來間接存取這些系統暫存器；而在 ARMv8 架構中沒有輔助處理器，可直接存取系統暫存器。ARMv8 架構支援以下 7 大類的系統暫存器。

---

2 詳見《ARM Architecture Reference Manual, for ARMv8-A Architecture Profile, v8.4》的 C5.2 節。

- 通用系統控制暫存器。
- 偵錯暫存器。
- 性能監控暫存器。
- 活動監控暫存器。
- 統計擴充暫存器。
- RAS 暫存器。
- 通用計時器暫存器。

系統暫存器支援不同異常等級下的存取，通常系統暫存器可使用 "Reg_ELn" 的方式來表示，範例如下。

- Reg_EL1：處理器處於 EL1、EL2 以及 EL3 時可以存取該暫存器。
- Reg_EL2：處理器處於 EL2 和 EL3 時可以存取該暫存器。

當處於 EL0 時，大部分系統暫存器不支援處理器存取，但也有一些例外，比如 CTR_EL0。可以透過 MSR 和 MRS 指令來存取系統暫存器，比如：

```
mrs x0, TTBR0_EL1      //把TTBR0_EL1的值複製到x0暫存器
msr TTBR0_EL1, x0      //把x0暫存器的值複製到TTBR0_EL1
```

3.3 A64 指令集

指令集架構（ISA）是處理器架構設計的重點之一。ARM 公司定義和實現的指令集架構一直在不斷變化和發展。ARMv8 架構最大的改變是增加了一種新的 64 位元的指令集，這是對早前 ARM 指令集的有益補充和增強，稱為 A64 指令集。這種指令集可以處理 64 位元寬的暫存器，並且使用 64 位元的指標來存取記憶體，執行在 AArch64 狀態下。ARMv8 相容老的 32 位元指令集，又稱為 A32 指令集，執行在 AArch32 狀態下。

A64 指令集和 A32 指令集是不相容的，它們是兩套完全不一樣的指令集架構，它們的指令編碼也不一樣。需要注意的是，A64 指令集的指令為 32 位元寬，而非 64 位元寬。

3.3.1 算術和移位操作指令

常用的算術指令包括加法指令、減法指令等，常用的邏輯操作指令有資料搬移指令等，如表 3.3 所示。

⬇ 表 3.3 算術和邏輯操作指令

指　　令	描　　述
ADD	加法指令
SUB	減法指令
ADC	帶進位的加法指令
SBC	帶進位的減法指令
NGC	負數減法指令
CMP	比較指令（比較兩個數並且更新標示位元）
CMN	負向比較（將一個數跟另一個數的二進位補數做比較）
TST	測試（執行逐位元與操作，並根據結果更新 CPSR 中的 Z 欄位）
MOV	資料搬移指令
MVN	載入一個數的 NOT 值（邏輯反轉後的值）

3.3.2 乘和除操作指令

常見的乘法和除法指令如表 3.4 所示。

⬇ 表 3.4 乘法和除法指令

指　　令	描　　述
MADD	超級乘加指令
MNEG	先乘後取負數
MSUB	乘減運算
MUL	乘法運算
SMADDL	有號的乘加運算
SMNEGL	有號的乘負運算，先乘後取負數
SMSUBL	有號的乘減運算
SMULH	有號的乘法運算，但是只取高 64 位
SMULL	有號的乘法運算
UMADDL	無號的乘加運算

指　　令	描　　述
UMNEGL	無號的乘負運算
UMULH	無號的乘法運算，但是只取高 64 位
UMULL	無號的乘法運算
SDIV	有號的除法運算
UDIV	無號的除法運算

3.3.3 移位操作指令

常見的移位操作指令如表 3.5 所示。

⬇ 表 3.5 移位操作指令

指　　令	描　　述
LSL	邏輯左移指令
LSR	邏輯右移指令
ASR	算術右移指令
ROR	迴圈右移指令

3.3.4 位元操作指令

常見的位元操作指令如表 3.6 所示。

⬇ 表 3.6 位元操作指令

指　　令	描　　述
BFI	位元段（bitfield）插入指令
BFC	位元段歸零指令
BIC	位元歸零指令
SBFX	有號的位元段提取指令
UBFX	無號的位元段提取指令
AND	逐位元與操作
ORR	逐位元或操作
EOR	逐位元互斥操作
CLZ	前置字元為零計數指令

3.3.5 條件操作指令

A64 指令集沿用了 A32 指令集中的條件操作指令，處理器狀態暫存器中的條件標示位元（NZCV）描述了 4 種狀態，如表 3.7 所示。

▼ 表 3.7 條件標示位元

條件標示位元	描　　　述
N	負數標示（上一次運算結果為負值）
Z	零結果標示（上一次運算結果為零）
C	進位標示（上一次的運算結果出現無號數溢位）
V	有號數溢位標示（上一次運算結果出現有號數溢位）

常見的條件操作尾碼如表 3.8 所示。

▼ 表 3.8 常見的條件操作尾碼

條件操作尾碼	含義	條件標示位元	條件碼
EQ	相等	$Z=1$	0b0000
NE	不相等	$Z=0$	0b0001
CS/HS	無號數大於或等於	$C=1$	0b0010
CC/LO	無號數小於	$C=0$	0b0011
MI	負數	$N=1$	0b0100
PL	正數或零	$N=0$	0b0101
VS	溢位	$V=1$	0b0110
VC	未溢位	$V=0$	0b0111
HI	無號數大於	$(C=1)\ \&\&\ (Z=0)$	0b1000
LS	無號數小於或等於	$(C=0)\ \|\|\ (Z=1)$	0b1001
GE	有號數大於或等於	$N == V$	0b1010
LT	有號數小於	$N != V$	0b1011
GT	有號數大於	$(Z==0)\ \&\&\ (N==V)$	0b1100
LE	有號數小於或等於	$(Z==1)\ \|\|\ (n!=V)$	0b1101
AL	無條件執行	—	0b1110
NV	無條件執行	—	0b1111

大部分的 ARM 資料處理指令可以根據執行結果來選擇是否更新條件標示

位元。常見的條件操作指令如表 3.9 所示。

⬇ 表 3.9 條件操作指令

條件操作指令	說　　明
CSEL	條件選擇指令
CSET	條件置位指令
CSINC	條件選擇並增加指令

3.3.6 記憶體載入指令

和早期的 ARM 架構一樣，ARMv8 架構也是基於載入和儲存指令的架構。在這種架構下，所有的資料處理需要在暫存器中完成，而不能直接在記憶體中完成。因此，首先要把待處理資料從記憶體載入到通用暫存器，然後進行資料處理，最後把結果寫回到記憶體中。

最常見的記憶體載入指令是 LDR 指令，儲存指令是 STR 指令。

載入/儲存指令的格式：
```
LDR 目標暫存器, <記憶體位址>      //把記憶體位址的資料載入到目標暫存器中
STR 來源暫存器, <記憶體位址>      //把來源暫存器的值儲存到記憶體中
```

LDR 和 STR 指令根據不同的資料位元寬有多種變種，如表 3.10 所示。

⬇ 表 3.10 各種載入和儲存指令

指令	說明
LDR	資料載入指令
LDRSW	有號的資料載入指令，大小為字（word）
LDRB	資料載入指令，大小為位元組
LDRSB	有號的資料載入指令，大小為位元組
LDRH	資料載入指令，大小為半字組（halfword）
LDRSH	有號的資料載入指令，大小為半字
STRB	資料儲存指令，大小為位元組
STRH	資料儲存指令，大小為半字

下面介紹 LDR 和 STR 指令的常用方式。

1. 位址偏移模式

位址偏移模式常常使用暫存器的值來表示位址，或基於暫存器的值做一些偏移，計算出記憶體位址，並且把記憶體位址的值載入到通用暫存器中。偏移量可以是正數，也可以是負數。常見的指令格式如下。

```
LDR Xd, [Xn, $offset]
```

首先，為 Xn 暫存器的內容加上偏移量並作為記憶體位址，載入此記憶體位址的內容到 Xd 暫存器中。

下面舉例說明。

```
LDR X0, [X1]          //記憶體位址為X1暫存器的值，載入此位址的值到X0暫存器中
LDR X0, [X1, #8]      //記憶體位址為X1暫存器的值+8，載入此位址的值到X0暫存器中

LDR X0, [X1, X2]      //記憶體位址為X1暫存器的值+X2暫存器的值，載入此位址的值到X0
                      //暫存器中

LDR X0,[X1, X2, LSL #3] //記憶體位址為X1暫存器的值+(X2暫存器的值<<3)，載入此位
                        //址的值到X0暫存器中

LDR X0, [X1, W2, SXTW]   //先把W2的值做有號擴充，再和X1暫存器的值相加後作為位
                        //址，載入此位址的值到X0暫存器中

LDR X0, [X1, W2, SXTW #3]   //先把W2的值做有號擴充，然後左移3位元，再和X1暫存器
                           //的值相加後作為位址，載入此位址的值到X0暫存器中
```

2. 變基模式

變基模式主要有兩種。

- 前變基模式（pre-index 模式）：先更新偏移位址，後存取記憶體。
- 後變基模式（post-index 模式）：先存取記憶體位址，後更新偏移位址。

下面舉例說明。

```
LDR X0, [X1, #8]!    //前變基模式。先更新X1暫存器的值為X1暫存器的值+8，後以新的
                     //值為位址，載入記憶體的值到X0暫存器中

LDR X0, [X1], #8     //後變基模式。以X1暫存器的值為位址，載入此位址的值到X0
```

//暫存器中，然後更新X1暫存器的值為X1暫存器的值+8

```
SDP X0, X1, [SP, #-16]!    //把X0和X1暫存器的值壓回堆疊中
```

```
LDP X0, X1, [SP], #16      //把X0和X1暫存器的值彈移出堆疊
```

3. PC 相對位址模式

組合語言程式碼常常使用標誌（label）來標記程式邏輯片段。我們可以使用 PC 相對位址模式來存取這些標誌。在 ARM 架構中，我們不能直接存取 PC 位址，但是可以透過 PC 相對位址模式來存取和 PC 相關的位址。

下面舉例說明。

```
LDR X0, =<label>           //從label位址處載入8位元組到X0暫存器中
```

4. 複習

讀者容易對下面 3 行指令產生困擾。

```
LDR X0, [X1, #8]    //記憶體位址為X1暫存器的值+8，載入此位址的值到X0暫存器中
LDR X0,  [X1, #8]!  //前變基模式。先更新X1暫存器的值為X1暫存器的值+8，後以新的
                    //X1暫存器的值為位址，載入記憶體的值到X0暫存器中
LDR X0, [X1], #8    //後變基模式。以X1暫存器的值為位址，載入此位址的值到X0暫存
                    //器中，然後更新X1暫存器的值為X1暫存器的值+8
```

中括號（[ ]）表示從記憶體位址中讀取或儲存資料，而指令中的驚嘆號（！）表示是否更新存放位址的暫存器，即寫回和更新暫存器。

3.3.7　多位元組記憶體載入和儲存指令

A32 指令集提供了 LDM 和 STM 指令來實現多位元組記憶體的載入和儲存，到了 A64 指令集，已不再提供 LDM 和 STM 指令，而是採用 LDP 和 STP 指令。

下面舉例說明。

```
LDP X3, X7, [X0]           //以X0暫存器的值為位址，載入此位址的值到X3暫存器中，以
                           //X0暫存器的值+8為位址，載入此位址的值到X7暫存器中
```

```
LDP X1, X2, [X0, #0x10]!    //前變基。先計算X0暫存器的值0x10，再以X0暫存器的值
                            //為地址，載入此位址的值到X1暫存器，然後以X0暫存器
                            //的值+8的值為位址，載入此位址的值到X2暫存器中

STP X1, X2, [X4]            //儲存X1暫存器的值到位址為X4暫存器的值的記憶體中，然後存
                            //儲X2暫存器的值到位址為X4暫存器的值+8的記憶體中
```

3.3.8 非特權存取等級的載入和儲存指令

ARMv8 架構實現了一組非特權存取等級的載入和儲存指令，它們適用於 EL0 特權等級下的存取權限，如表 3.11 所示。

⬇ 表 3.11 非特權載入和儲存存取指令

指令	描述
LDTR	非特權載入指令
LDTRB	非特權載入指令，載入 1 位元組
LDTRSB	非特權載入指令，載入有號的 1 位元組
LDTRH	非特權載入指令，載入 2 位元組
LDTRSH	非特權載入指令，載入有號的 2 位元組
LDTRSW	非特權載入指令，載入有號的 4 位元組
STTR	非特權儲存指令，儲存 8 位元組
STTRB	非特權儲存指令，儲存 1 位元組
STTRH	非特權儲存指令，儲存 2 位元組

當 PSTATE 暫存器中的 UAO 欄位為 1 時，在 EL1 和 EL2 下執行這些非特權指令的效果和特權指令是一樣的，這一特性是在 ARMv8.2 擴充特性中加入的。

3.3.9 記憶體屏障指令

ARMv8 架構實現了弱一致性記憶體模型，記憶體存取的次序有可能和程式預期的次序不一樣。A64 和 A32 指令集提供了記憶體屏障指令，如表 3.12 所示。

▼ 表 3.12 記憶體屏障指令

指令	描述
DMB	資料儲存屏障（Data Memory Barrier，DMB），用於確保在執行新的記憶體存取前，所有的記憶體存取都已經完成
DSB	資料同步屏障（Data Synchronization Barrier，DSB），用於確保在下一個指令執行前，所有的記憶體存取都已經完成
ISB	指令同步屏障（Instruction Synchronization Barrier，ISB），用於清空管線，確保在執行新的指令前，之前所有的指令都已完成

3.3.10 獨佔記憶體存取指令

ARMv7 和 ARMv8 架構都提供了獨佔記憶體存取（Exclusive Memory Access）指令，如表 3.13 所示。在 A64 指令集中，LDXR 指令嘗試在記憶體匯流排中申請獨佔存取的鎖，用以存取某個記憶體位址。STXR 指令會往剛才 LDXR 指令已經申請獨佔存取的記憶體位址裡寫入新內容。LDXR 和 STXR 指令通常組合使用以完成一些同步操作，比如 Linux 核心的迴旋栓鎖。

▼ 表 3.13 獨佔記憶體存取指令

指令	描述
LDXR	獨佔記憶體存取指令
STXR	獨佔記憶體存取指令
LDXP	多位元組獨佔記憶體存取指令
STXP	多位元組獨佔記憶體存取指令

3.3.11 跳躍指令

編寫組合語言程式碼時常常會使用到跳躍指令，A64 指令集提供了多種不同功能的跳躍指令，如表 3.14 所示。

▼ 表 3.14 跳躍指令

指令	描述
B	跳躍指令
B.cond	有條件的跳躍指令

指令	描述
BL	帶返回位址的跳躍指令
BR/BLR	跳躍到暫存器指定的位址處
RET	從子函數返回
CBZ	比較並跳躍指令
CBNZ	比較並跳躍指令
TBZ	測試位元並跳躍指令
TBNZ	測試位元並跳躍指令

3.3.12 異常處理指示

A64 指令集支援多個異常處理指示,如表 3.15 所示。

⬇ 表 3.15 異常處理指示

指令	描述
SVC	系統呼叫指令
HVC	虛擬化系統呼叫指令
SMC	安全監控系統呼叫指令

3.3.13 系統暫存器存取指令

在 ARMv7 架構中,可透過存取 CP15 輔助處理器來存取系統暫存器。ARMv8 架構對此進行了大幅改進和最佳化,可透過 MRS 和 MSR 兩行指令直接存取系統暫存器,如表 3.16 所示。

⬇ 表 3.16 系統暫存器存取指令

指令	描述
MRS	讀取系統暫存器到通用暫存器
MSR	更新系統暫存器

1. 存取系統特殊暫存器

比如,透過以下程式可以存取系統特殊暫存器。

```
MRS X4, ELR_EL1        //讀取ELR_EL1的值到X4暫存器
MSR SPSR_EL1, X0       //把X0暫存器的值更新到SPSR_EL1
```

2. 存取系統暫存器

ARMv8 架構支援 7 大類系統暫存器,下面以 SCTLR 暫存器為例。透過以下程式可以存取 SCTLR 暫存器。

```
mrs x20, sctlr_el1    //讀取SCTLR_EL1暫存器³
msr sctlr_el1, x20    //設定SCTLR_EL1暫存器
```

SCTLR_EL1 暫存器可以用來設定很多系統內容,比如系統大小端等。我們可以使用 MRS 和 MSR 指令來存取系統暫存器。

3. 存取 PSTATE 欄位

除了存取系統暫存器之外,還可以透過 MSR 和 MRS 指令來存取 PSTATE 暫存器的相關的欄位,這些欄位可以看作特殊用途的系統暫存器[4],如表 3.17 所示。

⬇ 表 3.17 特殊用途的系統暫存器

暫存器	描述
CurrentEL	獲取當前系統的異常等級
DAIF	獲取和設定 PSTATE 暫存器中的 DAIF 域
NZCV	獲取和設定 PSTATE 暫存器中的條件隱藏
PAN	獲取和設定 PSTATE 暫存器中的 PAN 欄位
SPSel	獲取和設定當前的堆疊指標暫存器
UAO	獲取和設定 PSTATE 暫存器中的 UAO 欄位

在 Linux 核心程式中,可使用以下指令關閉本地處理器的中斷功能。

```
<arch/arm64/include/asm/assembler.h>

.macro disable_daif
    msr     daifset, #0xf
.endm

.macro enable_daif
    msr     daifclr, #0xf
.endm
```

---

3 詳見《ARM Architecture Reference Manual, for ARMv8-A architecture profile, v8.4》的 D12.2.100 節。

4 詳見《ARM Architecture Reference Manual, for ARMv8-A architecture profile, v8.4》的 C5.2 節。

disable_daif 巨集用來關閉本地處理器中 PSTATE 暫存器中的 DAIF 功能，也就是關閉處理器偵錯、系統錯誤、IRQ 以及 FIQ。enable_daif 巨集用來打開上述功能。

下面是一個設定堆疊指標和獲取當前異常等級的例子，程式實現在 arch/arm64/kernel/ head.S 組合語言檔案中。

```
<arch/arm64/kernel/head.S>

ENTRY(el2_setup)
    msr SPsel, #1           //設定堆疊指標，使用SP_EL1
    mrs x0, CurrentEL       //獲取當前異常等級
    cmp x0, #CurrentEL_EL2
    b.elf
```

3.4 ARM64 異常處理

在 ARM64 架構裡，中斷屬於異常的一種。中斷是外部裝置通知處理器的一種方式，它會打斷處理器正在執行的指令流。

3.4.1 異常類型

1. 中斷

在 ARM 處理器中，FIQ（Fast Interrupt reQuest）的優先順序要高於 IRQ（Interrupt ReQuest）。在晶片內部，分別由 IRQ 和 FIQ 兩根中斷線連接到處理器內部。一般來說 SoC 內部會有一個中斷控制器，許多外部裝置的中斷接腳會連接到中斷控制器，由中斷控制器負責中斷優先順序排程，然後發送中斷訊號給處理器，如圖 3.6 所示。

當外部裝置發生重要的事情時需要通知處理器，中斷發生的時刻和當前正在執行的指令無關，因此中斷的發生時間點是非同步的。對處理器來說，中斷常常猝不及防，但是又不得不停止當前執行的程式來處理中斷。在 ARMv8 架構中，中斷屬於非同步模式的異常。

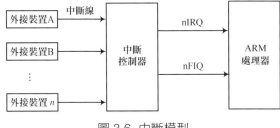

圖 3.6 中斷模型

2. 中止

中止（abort）[5] 主要有指令中止（instruction abort）和資料中止（data abort）兩種，通常是因為存取外部儲存單元時發生了錯誤，處理器內部的 MMU（Memory Management Unit）能捕捉這些錯誤並且報告給處理器。

指令中止是指當處理器嘗試執行某行指令時發生了錯誤，而資料中止是指使用載入或儲存指令讀寫外部儲存單元時發生了錯誤。

3. 重置

重置（reset）操作是優先順序最高的一種異常處理。重置操作包括通電重置和手動重置兩種。

4. 軟體產生的異常

ARMv8 架構提供了 3 種軟體產生的異常。發生這些異常通常是因為軟體想嘗試進入更高的異常等級。

- SVC 指令：允許使用者模式下的程式請求作業系統服務。
- HVC 指令：允許客戶端裝置（guest OS）請求主機服務。
- SMC 指令：允許普通世界（normal world）中的程式請求安全監控服務。

3.4.2 同步異常和非同步異常

ARMv8 架構把異常分成同步異常和非同步異常兩種。同步異常是指處理器需要等待異常處理的結果，然後再繼續執行後面的指令，比如資料中止

5　有的中文圖書翻譯成異常。

發生時我們知道發生資料異常的位址，因而可以在異常處理函數中修復這個位址。

常見的同步異常如下。

- 嘗試存取異常等級不恰當的暫存器。
- 嘗試執行被關閉或沒有定義（UNDEFINED）的指令。
- 使用沒有對齊的 SP。
- 嘗試執行 PC 沒有對齊的指令。
- 軟體產生的異常，比如執行 SVC、HVC 或 SMC 指令。
- 因位址翻譯或許可權等導致的資料異常。
- 因位址翻譯或許可權等導致的指令異常。
- 偵錯導致的異常，比如中斷點異常、觀察點異常、軟體單步異常等。

中斷發生時，處理器正在處理的指令和中斷是完全沒有關係的，它們之間沒有依賴關係。因此，指令異常和資料異常稱為同步異常，而中斷稱為非同步異常。

常見的非同步異常包括物理中斷和虛擬中斷。

物理中斷分為系統錯誤、IRQ、FIQ。
虛擬中斷分為 vSError、vIRQ、vFIQ。

3.4.3 異常的發生和退出

當異常發生時，CPU 核心能感知到異常發生，而且對應有目標異常等級（target exception level）。CPU 會自動做以下一些事情[6]。

- 將處理器狀態暫存器 PSTATE 保存到對應目標異常等級的 SPSR_ELx 中。
- 將返回位址保存在對應目標異常等級的 ELR_ELx 中。
- 把 PSTATE 暫存器裡的 DAIF 域都設定為 1，這相當於把偵錯異常、系

6　見《ARM Architecture Reference Manual, ARMv8, for ARMv8-A architecture profile v8.4》的 D.1.10 節。

統錯誤（SError）、IRQ 以及 FIQ 都關閉了。PSTATE 暫存器是 ARMv8 裡新增的暫存器。

- 如果出現同步異常，那麼究竟是什麼原因導致的呢？具體原因需要查看 ESR_EL*x*。
- 設定堆疊指標，指向對應目標異常等級下的堆疊，自動切換 SP 到 SP_EL*x*。
- CPU 處理器會從異常發生現場的異常等級切換到對應目標異常等級，然後跳躍到異常向量表並執行。

上述是 ARMv8 處理器檢測到異常發生後自動做的事情。作業系統需要做的事情是從中斷向量表開始，根據異常發生的類型，跳躍到合適的異常向量表。異常向量表中的每項會保存一個異常處理的跳躍函數，然後跳躍到恰當的異常處理函數並處理異常。

當作業系統的異常處理完成後，執行一行 eret 指令即可從異常返回。這行指令會自動完成以下工作。

- 從 ELR_EL*x* 中恢復 PC 指標。
- 從 SPSR_EL*x* 恢復處理器的狀態。

中斷處理過程是在中斷關閉的情況下進行的，那麼中斷處理完成後，應該在什麼時候把中斷打開呢？

當中斷發生時，CPU 會把 PSTATE 暫存器中的值保存到對應目標異常等級的 SPSR_EL*x* 中，並且把 PSTATE 暫存器裡的 DAIF 域都設定為 1，這相當於把本地 CPU 的中斷關閉了。

當中斷完成後，作業系統呼叫 eret 指令以返回中斷現場，此時會把 SPSR_EL*x* 恢復到 PSTATE 暫存器中，這就相當於把中斷打開了。

3.4.4 異常向量表

ARMv7 架構的異常向量表比較簡單，每個記錄佔用 4 位元組，並且每個記錄裡存放了一筆跳躍指令。但是 ARMv8 架構的異常向量表（見表

3.18）發生了變化。每一個記錄需要 128 位元組，這樣可以存放 32 行指令。注意，ARMv8 指令集支援 64 位元指令集，但是每一行指令的位元寬是 32 位元寬而非 64 位元寬。

在表 3.18 中，異常向量表存放的基底位址可以透過 VBAR（Vector Base Address Register）來設定。VBAR 是異常向量表的基底位址暫存器。

⬇ 表 3.18 ARMv8 架構的異常向量表

位址（基底位址為 VBAR_ELn）	異 常 類 型	描　　述
+ 0x000	同步	當前異常等級[1]使用 SP0，表示當前系統執行在 EL1 時使用 EL0 的堆疊指標，這是一種異常錯誤類型
+ 0x080	IRQ/vIRQ	
+ 0x100	FIQ/vFIQ	
+ 0x180	SError/vSError	
+0x200	同步	當前異常等級使用 SPx，表示當前系統執行在 EL1 時使用 EL1 的堆疊指標，這説明系統在核心態發生了異常，這是一種很常見的場景
+0x280	IRQ/vIRQ	
+0x300	FIQ/vFIQ	
+0x380	SError/vSError	
+0x400	同步	AArch64 下低的異常等級，表示當前系統執行在 EL0 並且在執行 ARM64 指令集的程式時發生了異常
+0x480	IRQ/vIRQ	
+0x500	FIQ/vFIQ	
+0x580	SError/vSError	
+0x600	同步	AArch32 下低的異常等級，表示當前系統執行在 EL0 並且在執行 ARM32 指令集的程式時發生了異常
+0x680	IRQ/vIRQ	
+0x700	FIQ/vFIQ	
+0x780	SError/vSError	

[1] 當前異常等級表示系統中當前等級最高的異常等級（EL）。假設當前系統只執行 Linux 核心並且不包含虛擬化和安全特性，那麼當前系統的最高異常等級就是 EL1，執行的是 Linux 核心的核心態程式，而低一級的 EL0 下則執行使用者態程式。

Linux 5.0 核心關於異常向量表的描述保存在 arch/arm64/kernel/entry.S 組合語言檔案中。

```
<arch/arm64/kernel/entry.S>
```

```
/*
 * 異常向量表
 */
    .pushsection ".entry.text", "ax"

    .align  11
ENTRY(vectors)
    # 使用SP0暫存器的當前異常類型的異常向量表
    kernel_ventry 1, sync_invalid
    kernel_ventry 1, irq_invalid
    kernel_ventry 1, fiq_invalid
    kernel_ventry 1, error_invalid

    # 使用SPx暫存器的當前異常類型的異常向量表
    kernel_ventry 1, sync
    kernel_ventry 1, ir
    kernel_ventry 1, fiq_invalid
    kernel_ventry 1, error

    # AArch64下低異常等級的異常向量表
    kernel_ventry 0, sync
    kernel_ventry 0, ir
    kernel_ventry 0, fiq_invalid
    kernel_ventry 0, error

    # AArch32下低異常等級的異常向量表
    kernel_ventry 0, sync_compat, 32
    kernel_ventry 0, irq_compat, 32
    kernel_ventry 0, fiq_invalid_compat, 32
    kernel_ventry 0, error_compat, 32
END(vectors)
```

上述異常向量表的定義和表 3.18 是一致的。其中，kernel_ventry 是一個巨集，它的實現在同一個檔案裡，簡化後的程式片段如下。

```
<arch/arm64/kernel/entry.S>

.macro kernel_ventry, el, label, regsize = 64
    .align 7
    sub sp, sp, #S_FRAME_SIZE
    b   el\()\el\()_\label
    .endm
```

其中，align 是一行虛擬指令，align 7 表示按照 2 的 7 次方大小來對齊，2 的 7 次方是 128（位元組）。

sub 指令的作用是對堆疊指標減去 S_FRAME_SIZE，其中 S_FRAME_SIZE 稱為暫存器框架大小，也就是 pt_regs 資料結構的大小。

```
<arch/arm64/kernel/asm-offsets.c>

DEFINE(S_FRAME_SIZE,                 sizeof(struct pt_regs));
```

最後的 b 指令的作用是跳躍到對應的處理函數中。以發生在 EL1 的 IRQ 為例，這行敘述將變成 "b el1_irq"。el1_irq 函數是發生在 EL1 的 IRQ 對應的處理函數。

3.5 ARM64 記憶體管理

如圖 3.7 所示，ARM 處理器的記憶體管理單元（Memory Management Unit，MMU）包括 TLB 和頁表遍歷單元（Table Walk Unit）兩個部件。TLB 是一塊快取記憶體，用於快取頁表轉換結果，從而減少頁表查詢的時間。完整的頁表翻譯和尋找的過程叫作頁表查詢（Translation Table Walk），頁表查詢的過程由硬體自動完成，但是頁表的維護需要由軟體完成。頁表查詢是一個相比較較耗時的過程，理想狀態下 TLB 存放頁表相關資訊。當 TLB 未命中時，才會去查詢頁表，並且開始讀取頁表的內容。

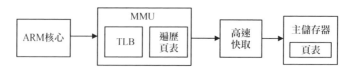

圖 3.7 ARM 記憶體管理架構

對於多工作業系統，每個處理程序都擁有獨立的處理程序位址空間。這些處理程序位址空間在虛擬位址範圍內是相互隔離的，但是在物理位址空間內有可能映射到同一個物理頁面，那麼這些處理程序位址空間是如何和物理位址空間發生映射關係的呢？這就需要處理器的記憶體管理單元提供頁表映射和管理的功能。圖 3.8 是處理程序位址空間和物理位址空間的映射關係，左邊是虛擬位址空間視圖，右邊是實體記憶體位址視圖。虛擬位址空間又分成核心空間（kernel space）和使用者空間（user space）。無論是核心空間還是使用者空間，都可以透過處理器提供的頁表機制來映射到實際的物理位址。

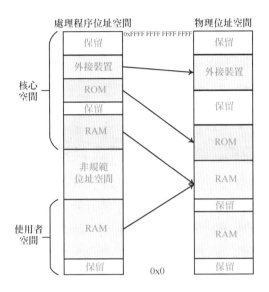

圖 3.8　處理程序位址空間和物理位址空間的映射關係

3.5.1　頁表

AArch64 架構中的 MMU 不僅支持單一階段的位址頁表轉換，還支持虛擬化擴充中的兩階段頁表轉換。

- 單一階段頁表：虛擬位址（VA）被翻譯成物理位址（PA）。
- 兩階段頁表（虛擬化擴充）。
  階段 1——虛擬位址被翻譯成中間物理位址（Intermediate Physical Address，IPA）。
  階段 2——中間物理位址被翻譯成最終物理位址。

另外，ARMv8 架構支援多種頁表格式。

- ARMv8 架構的長描述符號格式。
- ARMv7 架構的長描述符號格式，需要打開 LPAE。
- ARMv7 架構的短描述符號格式。

當處於 AArch32 狀態時，可使用 ARMv7 架構的短描述符號格式或長描述符號格式的頁表來執行 32 位元的應用程式；當處於 AArch64 狀態時，可使用 ARMv8 架構的長描述符號格式的頁表來執行 64 位元的應用程式。

另外，ARMv8 架構還支持 4KB、16KB 和 64KB 這 3 種頁面粒度。

3.5.2　頁表映射

在 AArch64 架構中，因為位址匯流排位元寬最多支援 48 位元，所以虛擬位址被劃分為兩個空間，每個空間最多支援 256TB。

- 低位元的虛擬位址空間位於 0x0000000000000000 ～ 0x0000FFFFFFFF FFFF。如果虛擬位址的最高位元等於 0，那就使用這個虛擬位址空間，並且使用 TTBR0_EL*x*（Translation Table Base Register）來存放頁表的基底位址。
- 高位元的虛擬位址空間介於 0xFFFF000000000000 ～ 0xFFFFFFFFFFFF FFFF。如果虛擬位址的最高位元等於 1，那就使用這個虛擬位址空間，並且使用 TTBR1_EL*x* 來存放頁表的基底位址。

AArch64 架構中的頁表支持以下特性。

- 最多可以支援 4 級頁表。
- 輸入位址的最大有效位元寬為 48 位元。
- 輸出位址的最大有效位元寬為 48 位元。
- 翻譯的頁面粒度可以是 4KB、16KB 或 64KB。

注意，本書以 4KB 大小的頁面和 48 位元的位址位元寬為例來説明 AArch64 架構中的頁表映射過程。當然，讀者在 Linux 核心中也可以設定其他大小的頁面粒度，比如 16KB、64KB 等。

圖 3.9 是 AArch64 架構中的位址映射，使用的是 4KB 的小頁面。

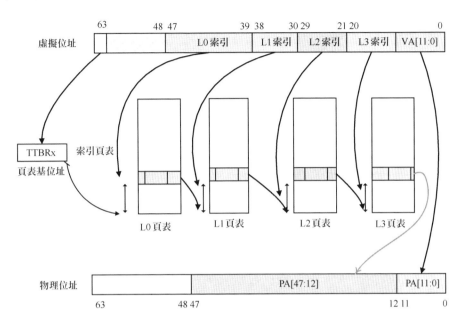

圖 3.9　AArch64 架構中的位址映射（4KB 頁面）

當 TLB 未命中時，處理器查詢頁表的過程如下。

■ 處理器根據 TTBR*x* 和虛擬位址來判斷使用哪個頁表基底位址暫存器，是使用 TTBR0 還是 TTBR1。當虛擬位址的第 63 位元（簡稱 VA[63]）為 1 時選擇 TTBR1，當 VA[63] 為 0 時選擇 TTBR0。頁表基底位址暫存器中存放著一級頁表（比如圖 3.9 中的 L0 頁表）的基底位址。

■ 處理器將虛擬位址的 VA[47:39] 作為 L0 索引，在一級頁表（L0 頁表）中找到頁表項，一級頁表一共有 512 個頁表項。

■ 一級頁表的頁表項中存放有二級頁表（L1 頁表）的物理基底位址。處理器將虛擬位址的 VA[38:30] 作為 L1 索引，在二級頁表中找到對應的頁表項，二級頁表有 512 個頁表項。

■ 二級頁表的頁表項中存放有三級頁表（L2 頁表）的物理基底位址。處理器將虛擬位址的 VA[29:21] 作為 L2 索引，在三級頁表（L2 頁表）中找到對應的頁表項，三級頁表有 512 個頁表項。

- 三級頁表的頁表項中存放有四級頁表（L3 頁表）的物理基底位址。處理器將虛擬位址的 VA[20:12] 作為 L3 索引，在四級頁表（L3 頁表）中找到對應的頁表項，四級頁表有 512 個頁表項。
- 四級頁表的頁表項裡存放有 4KB 頁的物理基底位址，然後加上虛擬位址的 VA[11:0] 就組成了新的物理位址，於是處理器就完成了頁表的查詢和翻譯工作。

3.6 實驗平台：樹莓派

樹莓派的英文全稱為 Raspberry Pi，是專為電腦程式設計教育而設計的只有信用卡大小的微型電腦。2012 年 3 月，英國劍橋大學的埃本·阿普頓（Eben Epton）正式發售了第一代的樹莓派，這是世界上最小的桌上型電腦，外形只有信用卡大小，卻具有電腦的所有基本功能。樹莓派自問世以來，受到許多電腦發燒友和創客的推崇。樹莓派功能很強大，視訊、音訊等功能通通皆有，可謂「麻雀雖小，五臟俱全」。

樹莓派截至 2020 年一共發佈了 4 代產品。

- 2012 年發佈第一代樹莓派，採用 ARM11 處理器核心。
- 2014 年發佈第二代樹莓派，採用 ARM Cortex-A7 處理器核心。
- 2016 年發佈第三代樹莓派，採用 ARM Cortex-A53 處理器核心，支援 ARM64 架構。
- 2019 年發佈第四代樹莓派，採用 ARM Cortex-A72 處理器核心，支援 ARM64 架構。

本書中，建議讀者選擇樹莓派 4（或樹莓派 3B）作為實驗平台。

3.6.1 樹莓派 4 介紹

樹莓派 4 採用性能強大的 Cortex-A72 處理器核心，處理性能比樹莓派 3B 快 3 倍。樹莓派 4 的結構如圖 3.10 所示。

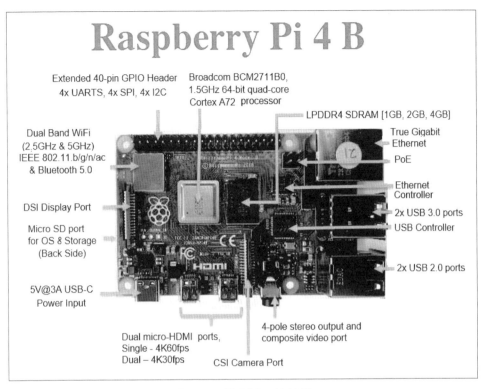

圖 3.10 樹莓派 4 的結構

樹莓派 3B 和樹莓派 4 的差異如表 3.19 所示。

↓ 表 3.19 樹莓派 3B 和樹莓派 4 的差異

項	樹莓派 3B	樹莓派 4
SOC	博通 BCM2837B	博通 BCM2711
CPU	Cortex-A53 處理器核心，4 核心	Cortex-A72 處理器核心，4 核心
GPU	VideoCore IV	400MHz VideoCore VI
記憶體	1GB DDR2 記憶體	1GB~4GB DDR4 記憶體
視訊輸出	單一 HDMI	雙 micro HDMI
解析度	1920×1200 畫素	4096×2160 畫素
USB 通訊埠	4 個 USB 2.0	兩個 USB 3.0 兩個 USB 2.0
有線網路	330 Mbit/s 乙太網	GB 乙太網

項	樹莓派 3B	樹莓派 4
無線網路	802.11ac	802.11ac
藍牙	4.2	5.0
充電通訊埠	micro USB	Type-C USB

3.6.2 實驗 3-1：在樹莓派上安裝優麒麟 Linux 20.04 系統

1. 實驗目的

透過本實驗學習在樹莓派上安裝與執行優麒麟作業系統，了解樹莓派平台的一些基礎知識。樹莓派是近十年來較流行的小型開發板，被廣泛應用於教育與嵌入式應用實驗，可謂「麻雀雖小，五臟俱全」。

2. 實驗詳解

我們需要準備以下裝置：

- 樹莓派 3B 或樹莓派 4 主機板。
- 一根 USB 電源線。
- 一張至少 8 GB 的 MicroSD 卡及讀卡機。
- 一台支援 HDMI 的顯示器。
- 一根 micro HDMI 纜線（樹莓派 4）或一根 HDMI 纜線（樹莓派 3B）。
- 一套 USB 介面的鍵盤與滑鼠。

下面是實驗步驟。

1）獲取安裝檔案

我們可以從優麒麟官網獲取優麒麟 Linux 樹莓派版本的安裝檔案。

2）燒錄安裝檔案

接下來需要花費幾分鐘時間將安裝用的映射檔案燒錄到 MicroSD 卡中。首先將 MicroSD 卡插入 USB 讀卡機。

在 Linux 主機上可以使用 "dd" 命令來完成燒錄，而在 Windows 主機上則需要安裝 Win32DiskImager 軟體來進行燒錄。

在 Linux 主機上可以使用 "tar" 命令來解壓下載好的安裝用的映射檔案。
在 Windows 主機上則可以使用 7-zip 或 bandzip 等工具來進行解壓。

```
#tar -Jxf ubuntukylin-focal-raspi+arm64.img.xz
```

透過簡單地執行 dd 命令，將預先安裝映射燒錄至儲存卡。

```
#dd if=ubuntukylin-focal-raspi+arm64.img of=/dev/sdX status=progress
```

其中，/dev/sdX 中的 X 需要修改為儲存卡實際的映射值，可以透過 "fdisk
-l" 命令來查看。

3）啟動樹莓派
現在需要將顯示器或序列埠線以及鍵盤和滑鼠連接至樹莓派開發板，插入
完成燒錄後的 MicroSD 卡，最後連接電源線即可完成啟動。

4）登入 UKUI 桌面環境
當登入介面顯示之後，同時使用 "kylin" 作為用戶名和密碼即可成功登
入。第一次登入之後，為了安全起見，我們需要修改預設密碼，方法是簡
單地執行以下命令。

```
#passwd kylin
```

現在，我們已經在樹莓派上成功安裝了優麒麟 Linux 系統。

3.6.3 實驗 3-2：組合語言練習──尋找最大數

1. 實驗目的
透過本實驗了解和熟悉 ARM64 組合語言。

2. 實驗要求
使用 ARM64 組合語言來實現以下功能：在指定的一組數中尋找最大數。
程式可使用 GCC（AArch64 版本）工具來編譯，並且可在樹莓派 Linux
系統或 QEMU + ARM64 實驗平台上執行。

3.6.4 實驗 3-3：組合語言練習——透過 C 語言呼叫組合語言函數

1. 實驗目的

透過本實驗了解和熟悉 C 語言中如何呼叫組合語言函數。

2. 實驗要求

使用組合語言實現一個組合語言函數，用於比較兩個數的大小並返回最大值，然後用 C 語言程式呼叫這個組合語言函數。程式可使用 GCC（AArch64 版本）工具來編譯，並且可在樹莓派 Linux 系統或 QEMU + ARM64 實驗平台上執行。

3.6.5 實驗 3-4：組合語言練習——透過組合語言呼叫 C 函數

1. 實驗目的

透過本實驗了解和熟悉組合語言中如何呼叫 C 函數。

2. 實驗要求

使用 C 語言實現一個函數，用於比較兩個數的大小並返回最大值，然後用組合語言程式碼呼叫這個 C 函數。程式可使用 GCC（AArch64 版本）來編譯，並且可在樹莓派 Linux 系統或 QEMU + ARM64 實驗平台上執行。

3.6.6 實驗 3-5：組合語言練習——GCC 內聯組合語言

1. 實驗目的

透過本實驗了解和熟悉 GCC 內聯組合語言的使用。

2. 實驗要求

使用 GCC 內聯組合語言實現一個函數，用於比較兩個數的大小並返回最大值，然後用 C 語言程式呼叫這個函數。程式可使用 GCC（AArch64 版本）工具來編譯，並且可在樹莓派 Linux 系統或 QEMU + ARM64 實驗平台上執行。

3.6.7 實驗 3-6：在樹莓派上編寫一個裸機程式

1. 實驗目的

（1）透過本實驗了解和熟悉 ARM64 組合語言。

（2）了解和熟悉如何使用 QEMU 和 GDB 偵錯裸機程式。

2. 實驗要求

（1）編寫一個裸機程式並執行在 QEMU 虛擬機器中，輸出 "hello world!" 字串。

（2）把編譯好的裸機程式放到樹莓派上執行。

3.6 實驗平台：樹莓派

04 核心編譯和偵錯

在學習核心之前，我們很有必要架設核心的編譯和偵錯環境，並掌握核心開發的基本工具和流程。

很多介紹嵌入式開發的圖書會以某一款嵌入式開發板為藍本介紹嵌入式 Linux 核心和驅動開發的工具及流程。嵌入式開發板通常需要使用者額外付費，從幾百元到幾千元不等。Linux 初學者是否需要一款開發板才能開始學習呢？答案是否定的。我們可以利用開放原始碼社區開發的模擬器來模擬開發板的功能，而且這是免費的，可以減輕學習者的經濟負擔。

那麼什麼時候才真正需要一款開發板呢？當你在實際的專案開發中需要做一些原型驗證時，就需要根據專案的實際需求來選擇合適的 CPU 和週邊硬體，這就是選型。在專案初期，你的大部分精力集中在專案的可行性論證上，而非去做一款硬體板子，所以這時就表現出開發板的作用了。

本章將在 Linux 主機上使用 QEMU 模擬器來介紹如何架設核心的編譯和偵錯環境。

4.1 核心設定

4.1.1 核心設定工具

做核心開發的第一步是設定和編譯核心，Linux 核心提供了幾種圖形化的設定工具。

- make config：基於文字的一種傳統的設定工具，如圖 4.1 所示。它會為核心支持的每一個特性向使用者提問，如果使用者輸入 "y"，則把該特性編譯進核心；如果輸入 "m"，則把該特性編譯成核心模組；如果輸入 "n"，則表示不編譯該特性。

- make oldconfig：和 make config 很類似，也是基於文字的設定工具，只不過在現有的核心設定檔的基礎上建立一個新的設定檔，在有新的設定選項時會向使用者提問。

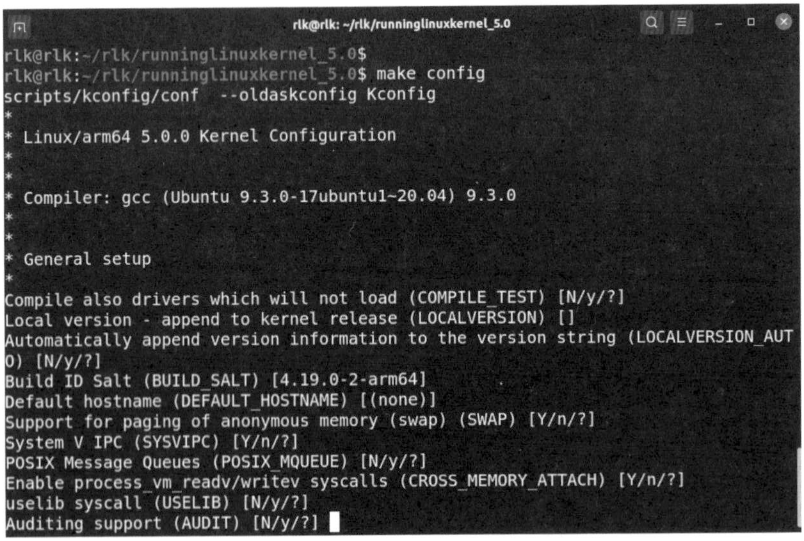

圖 4.1 make config

- make menuconfig：一種基於文字模式的圖形化使用者介面，使用者可以透過移動游標來瀏覽核心支援的特性，如圖 4.2 所示。

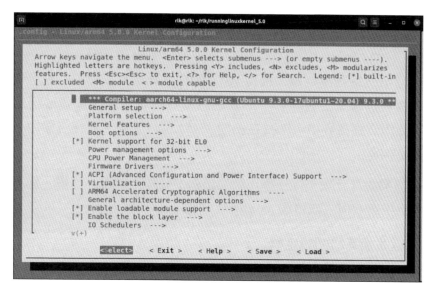

圖 4.2 make menuconfig

4.1.2 .config 檔案

4.1.1 節介紹的幾種核心設定工具最終會在 Linux 核心原始程式碼的根目錄下生成一個隱藏檔案——.config 檔案，這個檔案包含了核心的所有設定資訊。

```
#
#
# Automatically generated file; DO NOT EDIT.
# Linux/x86 5.4.0-18-generic Kernel Configuration
#

#
# Compiler: gcc (Ubuntu 9.2.1-31ubuntu3) 9.2.1 20200306
#
CONFIG_CC_IS_GCC=y
CONFIG_GCC_VERSION=90201
CONFIG_CLANG_VERSION=0
CONFIG_CC_CAN_LINK=y
CONFIG_CC_HAS_ASM_GOTO=y
CONFIG_CC_HAS_ASM_INLINE=y
CONFIG_CC_HAS_WARN_MAYBE_UNINITIALIZED=y
```

```
CONFIG_IRQ_WORK=y
CONFIG_BUILDTIME_EXTABLE_SORT=y
CONFIG_THREAD_INFO_IN_TASK=y
```

.config 檔案的每個設定選項都以 "CONFIG_" 開頭，後面的 y 表示核心會把這個特性靜態編譯進核心，m 表示這個特性會被編譯成核心模組。如果不需要編譯到核心中，就要在前面用 "#" 進行註釋，並在後面用 "is not set" 進行標識。

.config 檔案通常有幾千行，每一行都透過手動輸入顯得不現實。那麼，在實際專案中該如何生成這個 .config 檔案呢？

1. 使用電路板等級的設定檔

一些晶片公司通常會提供基於某款 SoC 的開發板，讀者可以基於此開發板來快速開發產品原型。晶片公司同時會提供電路板等級開發板套件，其中包含移植好的 Linux 核心。以 ARM 公司的 Vexpress 板子為例，該板子對應的 Linux 核心的設定檔存放在 arch/arm/configs 目錄中。如圖 4.3 所示，arch/arm/configs 目錄下包含許多的 ARM 板子的設定檔。

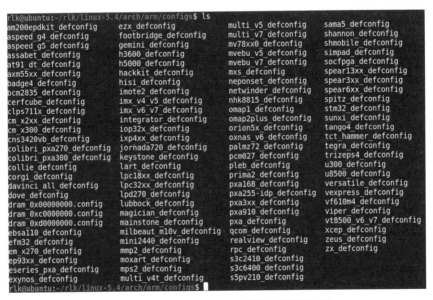

圖 4.3 arch/arm/configs/ 目錄下的設定檔

ARM Vexpress 板子對應的設定檔是 vexpress_defconfig 檔案，可以透過下面的命令來設定核心。

```
$ export ARCH=arm
$ export CROSS_COMPILE=arm-linux-gnueabi-
$ make vexpress_defconfig
```

2. 使用系統的設定檔

當我們需要編譯電腦中的 Linux 核心時，可以使用系統附帶的設定檔。以 Ubuntu Linux 20.04 系統為例，boot 目錄下有一個 config-5.4.0-26-generic 檔案，如圖 4.4 所示。

```
rlk@ubuntu:/boot$ ls -l
total 95132
-rw-r--r-- 1 root root   237718 Apr 20 09:33 config-5.4.0-26-generic
drwx------ 2 root root     4096 Dec 31  1969 efi
drwxr-xr-x 5 root root     4096 Apr 23 06:27 grub
lrwxrwxrwx 1 root root       27 Apr 23 06:26 initrd.img -> initrd.img-5.4.0-26-generic
-rw-r--r-- 1 root root 80199797 Apr 23 06:27 initrd.img-5.4.0-26-generic
-rw-r--r-- 1 root root   182704 Feb 13 15:09 memtest86+.bin
-rw-r--r-- 1 root root   184380 Feb 13 15:09 memtest86+.elf
-rw-r--r-- 1 root root   184884 Feb 13 15:09 memtest86+_multiboot.bin
-rw------- 1 root root  4736015 Apr 20 09:33 System.map-5.4.0-26-generic
lrwxrwxrwx 1 root root       24 Apr 23 06:26 vmlinuz -> vmlinuz-5.4.0-26-generic
-rw------- 1 root root 11657976 Apr 20 09:41 vmlinuz-5.4.0-26-generic
rlk@ubuntu:/boot$
```

圖 4.4　boot 目錄下的設定檔

當我們想編譯一個新的核心（如 Linux 5.6 核心）時，可以透過以下命令生成一個新的 .config 檔案。

```
$ cd linux-5.6
$ cp /boot/config-5.4.0-26-generic  ./.config
```

4.2 實驗 4-1：透過 QEMU 虛擬機器偵錯 ARMv8 的 Linux 核心

1. 實驗目的

熟悉如何使用 QEMU 虛擬機器偵錯 ARMv8 的 Linux 核心。

2. 實驗詳解

首先，確保在 Linux 主機上安裝了 aarch64-linux-gnu-gcc 和 QEMU 工具套件。

```
$sudo apt-get install qemu qemu-system-arm gcc-aarch64-linux-gnu build-
essential bison flex bc
```

然後，安裝 gdb-multiarch 工具套件。

```
$sudo apt-get install gdb-multiarch
```

接下來，執行 run_rlk_arm64.sh 指令稿以啟動 QEMU 虛擬機器和 GDB 服務。

```
./run_rlk_arm64.sh run debug
```

上述指令稿會執行以下命令，不過建議讀者直接使用 run_rlk_arm64.sh 指令稿。

```
$ qemu-system-aarch64 -m 1024 -cpu cortex-a57 -M virt -nographic -kernel arch/
arm64/boot/Image -append "noinintrd sched_debug root=/dev/vda rootfstype=ext4
rw crashkernel=256M loglevel=8" -drive if=none,file=rootfs_debian_arm64.ext4,
id=hd0 -device virtio-blk-device,drive=hd0 -fsdev local,id=kmod_dev,path=./
kmodules,security_model=none -device virtio-9p-pci,fsdev=kmod_dev,mount_tag=
kmod_mount -S -s
```

- -S：表示 QEMU 虛擬機器會凍結 CPU，直到遠端的 GDB 輸入對應的控制命令。
- -s：表示在 1234 通訊埠接收 GDB 的偵錯連接。

接下來，在另外一個超級終端中啟動 GDB。

```
$ cd runninglinuxkernel_5.0
$ gdb-multiarch --tui vmlinux
(gdb) set architecture aarch64        // 設定AArch64架構
(gdb) target remote localhost:1234    // 透過1234通訊埠遠端連接到QEMU虛擬機器
(gdb) b start_kernel                  // 在核心的start_kernel處設定中斷點
(gdb) c
```

如圖 4.5 所示，GDB 開始接管 Linux 核心的執行，並且在中斷點處暫停，這時即可使用 GDB 命令來偵錯核心。

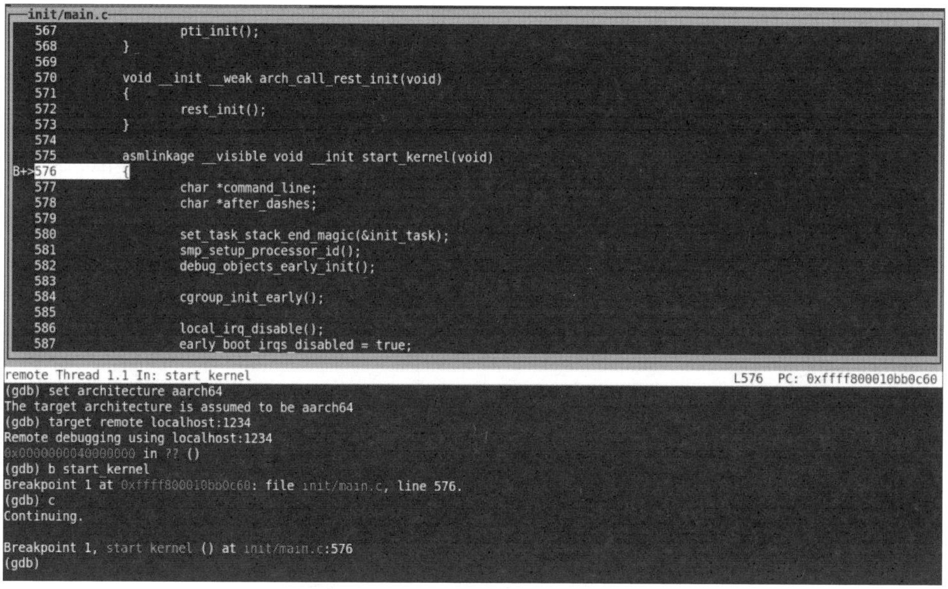

```
init/main.c
  567                pti_init();
  568        }
  569
  570        void __init __weak arch_call_rest_init(void)
  571        {
  572                rest_init();
  573        }
  574
  575        asmlinkage __visible void __init start_kernel(void)
B+>576        {
  577                char *command_line;
  578                char *after_dashes;
  579
  580                set_task_stack_end_magic(&init_task);
  581                smp_setup_processor_id();
  582                debug_objects_early_init();
  583
  584                cgroup_init_early();
  585
  586                local_irq_disable();
  587                early_boot_irqs_disabled = true;
remote Thread 1.1 In: start_kernel                                          L576  PC: 0xffff800010bb0c60
(gdb) set architecture aarch64
The target architecture is assumed to be aarch64
(gdb) target remote localhost:1234
Remote debugging using localhost:1234
0x0000000040000000 in ?? ()
(gdb) b start_kernel
Breakpoint 1 at 0xffff800010bb0c60: file init/main.c, line 576.
(gdb) c
Continuing.

Breakpoint 1, start_kernel () at init/main.c:576
(gdb)
```

圖 4.5 使用 GDB 命令偵錯核心

4.3 實驗 4-2：透過 Eclipse + QEMU 單步偵錯核心

1. 實驗目的

熟悉如何使用 Eclipse + QEMU 以圖形方式單步偵錯 Linux 核心。

2. 實驗詳解

4.1 節介紹了如何使用 GDB 和 QEMU 虛擬機器偵錯 Linux 核心原始程式碼。由於 GDB 使用的是命令列方式，因此有些讀者可能希望在 Linux 中能有類似於 Virtual C++ 的圖形化開發工具。這裡介紹使用 Eclipse 工具來偵錯核心的方式。Eclipse 是著名的跨平台的開放原始碼整合式開發環境（IDE），最初主要用於 Java 語言開發，目前可以支援 C/C++、Python 等多種開發語言。Eclipse 最初由 IBM 公司開發，2001 年被貢獻給開放原始碼社區，目前很多整合式開發環境是基於 Eclipse 完成的。

1）安裝 Eclipse-CDT 軟體

Eclipse-CDT 是 Eclipse 的外掛程式，可以提供強大的 C/C++ 編譯和編輯功能。讀者可以從 Eclipse-CDT 官網直接下載對應最新版本 x86_64 的 Linux 壓縮檔，解壓並打開二進位檔案即可，不過需要提前安裝 Java 的執行環境。

```
$ sudo apt install openjdk-13-jre
```

Eclipse 的啟動介面如圖 4.6 所示。

圖 4.6 Eclipse 的啟動介面

打開 Eclipse，從功能表列中選擇 Help → About Eclipse，可以看到當前軟體的版本，如圖 4.7 所示。

圖 4.7 查看 Eclipse- 版本

2）創建專案

從 Eclipse 功能表列中選擇 File → New → Project，再選擇 Makefile Project
with Exiting Code，即可創建一個新的專案，如圖 4.8 所示。

圖 4.8 創建專案

接下來設定偵錯選項。選擇 Eclipse 功能表列中的 Run → Debug
Configurations，彈出 Debug configurations 對話方塊，在其中完成 C/C++
Attach to Application 的偵錯設定。

在 Main 標籤中，完成以下設定。

- Project：選擇剛才創建的專案。
- C/C++ Application：選擇能夠編譯 Linux 核心有號表資訊的 vmlinux。
- Build (if required) before launching：選中 Disable auto build，如圖 4.9 所示。
- 在 Debugger 標籤中，完成以下設定。
- Debugger：選擇 gdbserver。

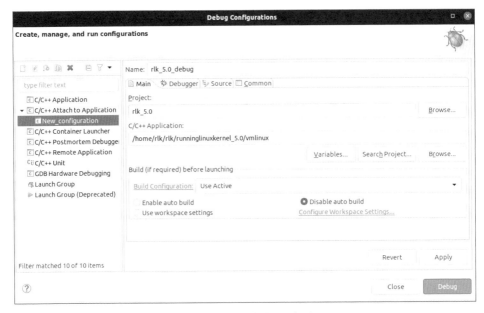

圖 4.9 偵錯設定選項（1）

■ GDB debugger：填入 gdb-multiarch，如圖 4.10 所示。

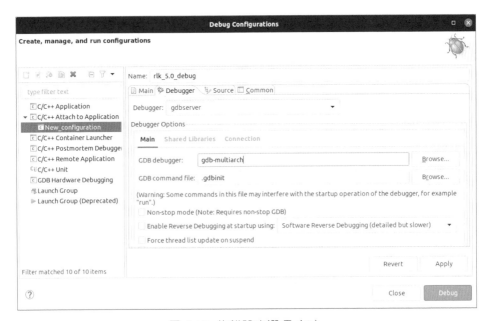

圖 4.10 偵錯設定選項（2）

- 在 Debugger Options 選項區域中，點擊 Connection 標籤，完成以下設定。
- Host name or IP address：填入 localhost。
- Port number：填入 1234。

偵錯選項設定完畢後，點擊 Debug 按鈕。

在 Linux 主機的另一個終端中使用 run_rlk_arm64.sh 指令稿來執行 QEMU 虛擬機器以及 gdbserver。

```
$ ./run_rlk_arm64.sh run debug
```

在 Eclipse 功能表列中選擇 Run → Debug History，點擊剛才創建的偵錯設定，或在快顯功能表中點擊小昆蟲圖示，如圖 4.11 所示，打開偵錯功能。

圖 4.11　小昆蟲圖示

在 Eclipse 的 Debugger Console 標籤（見圖 4.12）中輸入 file vmlinux 命令，匯入偵錯檔案的符號表；輸入 set architecture aarch64 命令，選擇 GDB 支持的 ARM64 架構。

```
🖳 Console ▦ Registers 📝 Problems ◉ Executables 🖥 Debugger Console ▩  ▯ Memory ✣ Debug
rlk_5.4 [C/C++ Attach to Application] gdb-multiarch (9.1)
Find the GDB manual and other documentation resources online at:
    <http://www.gnu.org/software/gdb/documentation/>.

For help, type "help".
Type "apropos word" to search for commands related to "word".
(gdb) 0x0000000040000000 in ?? ()
(gdb) file vmlinux
A program is being debugged already.
Are you sure you want to change the file? (y or n) y
Reading symbols from vmlinux...
(gdb) set architecture aarch64
The target architecture is assumed to be aarch64
(gdb)
```

圖 4.12　Debugger Console 標籤

在 Debugger Console 標籤中輸入 b _do_fork，在 _do_fork() 函數中設定一個中斷點。輸入 c 命令，開始偵錯 QEMU 虛擬機器中的 Linux 核心，程式會停在 _do_fork() 函數中，如圖 4.13 所示。

圖 4.13 使用 Eclipse 偵錯核心

使用 Eclipse 偵錯核心比使用 GDB 命令要直觀很多，例如參數、區域變數和資料結構的值都會自動顯示在 Variables 標籤卡上，不需要每次都使用 GDB 的輸出命令才能看到變數的值。讀者可以單步並且直觀地偵錯核心。

05

核心模組

Linux 核心採用了巨核心架構，作業系統的大部分功能在核心中實現，比如處理程序管理、記憶體管理、處理程序排程、裝置管理等，並且在特權模式下（核心空間中）執行。與之相反的另一種流行的架構是微核心架構，它把作業系統最基本的功能放入核心，而把其他大部分的功能（如裝置驅動等）放到非特權模式下，這種架構有天生優越的動態擴充性。Linux 的這種巨核心可以視為完全靜態的核心，那麼如何實現執行時期核心的動態擴充呢？

其實 Linux 核心在發展過程中早就引入了核心模組這種機制，核心模組的英文全稱為 Loadable Kernel Module（LKM）。可在核心執行時期載入一組目標程式來實現某個特定的功能，這樣在實際使用 Linux 的過程中就不需要重新編譯核心程式來實現動態擴充。

Linux 核心透過核心模組來實現動態增加和刪除某個功能。下面我們從學習如何寫核心模組開始，深入 Linux 核心的學習。

5.1 從一個核心模組開始

類似於很多程式語言類別圖書從 "hello world" 範例開始，我們也從一個簡單的核心模組入手。

```
<hello world 核心模組程式>

0    #include <linux/init.h>
1    #include <linux/module.h>
2
3    static int __init my_test_init(void)
4    {
5        printk("my first kernel module init\n");
6        return 0;
7    }
8
9    static void __exit my_test_exit(void)
10   {
11       printk("goodbye\n");
12   }
13
14   module_init(my_test_init);
15   module_exit(my_test_exit);
16
17   MODULE_LICENSE("GPL");
18   MODULE_AUTHOR("rlk");
19   MODULE_DESCRIPTION("my test kernel module");
20   MODULE_ALIAS("mytest");
```

這個簡單的核心模組只有兩個函數：一個是 my_test_init() 函數，用於輸出 "my first kernel module init"；另一個是 my_test_exit() 函數，用於輸出 "goodbye"。「麻雀雖小，五臟俱全」，這是一個可以執行的核心模組。

第 0 行和第 1 行包含了 Linux 核心的兩個標頭檔，其中 <linux/init.h> 標頭檔對應的是核心原始程式碼的 include/linux/init.h 檔案，這個表頭檔案包含了第 14 行與第 15 行中的 module_ init() 和 module_exit() 函數的宣告。<linux/module.h> 標頭檔對應的是核心原始程式碼的 include/ linux/ module.h 檔案，其中包含了第 17 ～ 20 行的諸如 MODULE_AUTHOR() 的一些巨集的宣告。

第 14 行的 module_init() 告訴核心這是該模組的入口。核心在初始化各個模組時有優先順序順序。對驅動模組來說，它的優先順序不是特別高，而且核心把所有模組的初始化函數都存放在一個特別的段中來管理。

第 15 行 的 module_exit() 巨集告訴核心該模組的退出函數是 my_test_exit()。

第 3 ～ 7 行是該模組的初始化函數，我們在這個例子中僅使用 printk() 輸出函數往終端輸出一句話。printk() 函數類似於 C 語言函數庫中的 printf() 函數，但是增加了輸出等級的支援。printk() 函數在核心模組被載入時執行，可以使用 insmod 命令來載入核心模組。

第 9 ～ 12 行是該模組的退出函數，我們在這個例子中僅使用 printk() 函數輸出一句話，可以使用 rmmod 命令移除核心模組。

在第 17 ～ 20 行，MODULE_LICENSE() 表示模組程式接受的軟體授權合約。Linux 核心是一個使用了 GPLv2 許可證的開放原始碼專案，這要求所有使用和修改了 Linux 核心原始程式碼的個人或公司都有義務把修改後的原始程式碼公開，GPL 是一個強制性的開放原始碼協定，因此在我們編寫的驅動程式中需要顯性地宣告和遵循這個協定。

MODULE_AUTHOR() 用來描述該模組的作者資訊，可以包括作者的姓名和電子郵件等。MODULE_DESCRIPTION() 用來簡單描述該模組的用途或功能。MODULE_ALIAS() 用來為使用者空間提供合適的別名。

下面我們來看看如何編譯這個核心模組。在 Linux 主機上編譯該核心模組，下面是用於編寫核心模組的 Makefile 檔案。

```
<Makefile檔案>

0    BASEINCLUDE ?= /lib/modules/'uname -r'/build
1
2    mytest-objs := my_test.o
3    obj-m    :=    mytest.o
4
5    all :
6    $(MAKE) -C $(BASEINCLUDE) M=$(PWD) modules;
7
8    clean:
9    $(MAKE) -C $(BASEINCLUDE) M=$(PWD) clean;
10   rm -f *.ko;
```

第 0 行的 BASEINCLUDE 指向正在執行 Linux 的核心編譯目錄，為了編譯 Linux 主機上執行的核心模組，我們需要指定到當前系統對應的核心中。一般來說，Linux 系統的核心模組都會安裝到 /lib/modules 目錄下，透過 "uname -r" 命令可以找到對應的核心版本。

```
$ uname -r
5.4.0-18-generic

$ cd /lib/modules/5.4.0-18-generic/
$ ls -l
total 5788
lrwxrwxrwx  1 root root       39 Mar 26 23:24 build -> /usr/src/linux-headers-
5.4.0-18-generic
drwxr-xr-x  2 root root     4096 Mar  7 08:23 initrd
drwxr-xr-x 17 root root     4096 Mar 24 00:38 kernel
-rw-r--r--  1 root root 1382469 Mar 24 00:40 modules.alias
-rw-r--r--  1 root root 1358633 Mar 24 00:40 modules.alias.bin
-rw-r--r--  1 root root     8105 Mar  7 08:23 modules.builtin
-rw-r--r--  1 root root    24985 Mar 24 00:40 modules.builtin.alias.bin
-rw-r--r--  1 root root    10257 Mar 24 00:40 modules.builtin.bin
-rw-r--r--  1 root root    63280 Mar  7 08:23 modules.builtin.modinfo
-rw-r--r--  1 root root   609357 Mar 24 00:40 modules.dep
-rw-r--r--  1 root root   851773 Mar 24 00:40 modules.dep.bin
-rw-r--r--  1 root root      330 Mar 24 00:40 modules.devname
-rw-r--r--  1 root root   219838 Mar  7 08:23 modules.order
-rw-r--r--  1 root root      791 Mar 24 00:40 modules.softdep
-rw-r--r--  1 root root   613833 Mar 24 00:40 modules.symbols
-rw-r--r--  1 root root   746598 Mar 24 00:40 modules.symbols.bin
drwxr-xr-x  3 root root     4096 Mar 24 00:38 vdso
```

這裡可透過 "uname -r" 來查看當前系統的核心版本，比如作者的系統裡面安裝了 5.4.0-18-generic 核心版本，這個核心版本的標頭檔存放在 /usr/src/linux-headers-5.4.0-18-generic 目錄下。

第 2 行表示該核心模組需要哪些目的檔案，格式如下。

```
<模組名稱>-objs := <目的檔案>.o
```

第 3 行表示要生成的模組。注意，模組名稱不能和目的檔案名稱相同。

```
格式是： obj-m :=<模組名稱>.o
```

第 5 和 6 行表示要編譯執行的動作。

第 8 〜 10 行表示執行 make clean 需要的動作。

這裡在 Linux 主機的終端中輸入 make 命令來執行編譯。

```
$ make
```

編譯完之後會生成 mytest.ko 檔案。

```
$ ls
Makefile  modules.order  Module.symvers  my_test.c  mytest.ko
mytest.mod.c  mytest.mod.o  my_test.o  mytest.o
```

我們可以透過 file 命令檢查編譯的模組是否正確，只要能看到變成 x86-64 架構的 ELF 檔案，就說明已經編譯成功了。

```
$file mytest.ko
mytest.ko: ELF 64-bit LSB relocatable, x86-64, version 1 (SYSV), BuildID[sha1]
=57aa8267c3049e08ac8f7e47b4e378c284c8d5c3, not stripped
```

另外，也可以透過 modinfo 命令做進一步檢查。

```
$rlk@ubuntu:lab1_simple_module$ modinfo mytest.ko
filename:      /home/rlk/rlk/runninglinuxkernel_5.0/kmodules/rlk_basic/
chapter_4/lab1_simple_ module/mytest.ko
alias:         mytest
description:   my test kernel module
author:        rlk
license:       GPL
srcversion:    E1C6E916BC7D77AFC3F99D7
depends:
retpoline:     Y
name:          mytest
vermagic:      5.4.0-18-generic SMP mod_unload
```

接下來就可以在 Linux 主機上驗證我們的核心模組了。

```
$sudo insmod mytest.ko
```

你會發現沒有輸出資訊，那是因為例子中的輸出函數 printk() 採用了預設輸出等級，可以使用 dmesg 命令查看核心的輸出資訊。

```
$dmesg
...
[258.575353] my first kernel module init
```

另外，可以透過 lsmod 命令查看當前模組 mytest 是否已經被載入到系統
中，這會顯示模組之間的依賴關係。

```
$ lsmod
Module                  Size  Used by
mytest                 16384  0
bnep                   24576  2
xt_CHECKSUM            16384  1
```

載入完模組之後，系統會在 /sys/modules 目錄下新建一個目錄，比如對於
mytest 模組會新建一個名為 mytest 的目錄。

```
rlk@ubuntu:mytest$ tree -a
.
├── coresize
├── holders
├── initsize
├── initstate
├── notes
│   ├── .note.gnu.build-id
│   └── .note.Linux
├── refcnt
├── sections
│   ├── .exit.text
│   ├── .gnu.linkonce.this_module
│   ├── .init.text
│   ├── __mcount_loc
│   ├── .note.gnu.build-id
│   ├── .note.Linux
│   ├── .rodata.str1.1
│   ├── .rodata.str1.8
│   ├── .strtab
│   └── .symtab
├── srcversion
├── taint
└── uevent

3 directories, 19 files
```

如果需要移除模組，可以透過 rmmod 命令來實現。

我們最後複習一下 Linux 核心模組的結構。

- 模組載入函數：載入模組時，該函數會自動執行，通常做一些初始化工作。
- 模組移除函數：移除模組時，該函數也會自動執行，做一些清理工作。
- 模組許可宣告：核心模組必須宣告許可證，否則核心會發出被污染的警告。
- 模組參數：根據需求來增加，為可選項。
- 模組作者和描述宣告：一般需要完善這些資訊。
- 模組匯出符號：根據需求來增加，為可選項。

5.2 模組參數

核心模組作為可擴充的動態模組，為 Linux 核心提供了靈活性。但是，有時我們需要根據不同的應用場景給核心模組傳遞不同的參數，Linux 核心提供了一個巨集來實現模組的參數傳遞。

```
#define module_param(name, type, perm)                \
    module_param_named(name, name, type, perm)

#define MODULE_PARM_DESC(_parm, desc) \
    __MODULE_INFO(parm, _parm, #_parm ":" desc)
```

module_param() 巨集有 3 個參數：name 表示參數名稱，type 表示參數類型，perm 表示參數的讀寫等許可權。MODULE_PARM_DESC() 巨集為參數做了簡單說明，參數類型可以是 byte、short、ushort、int、uint、long、ulong、char 和 bool 等。perm 指定了 sysfs 中對應檔案的存取權限：若設定為 0，表示不會出現在 sysfs 檔案系統中；若設定成 S_IRUGO（0444），表示可以被所有人讀取，但是不能修改；若設定成 S_IRUGO|S_IWUSR（0644），表示可以讓擁有 root 許可權的使用者修改參數。

下面是 Linux 核心中的例子。

```
<driver/misc/altera-stapl/altera.c>

static int debug = 1;
module_param(debug, int, 0644);
MODULE_PARM_DESC(debug, "enable debugging information");

#define dprintk(args...) \
    if (debug) { \
        printk(KERN_DEBUG args); \
    }
```

這個例子定義了一個模組參數 debug，類型是 int，初值為 1，許可權存取為 0644。也就是說，擁有 root 許可權的使用者可以修改這個參數，這個參數的用途是打開偵錯資訊。其實這是一種比較常用的核心偵錯方法，可以透過模組參數使用偵錯功能。

下面這個例子定義了兩個核心參數：一個是 debug，另一個是靜態全域變數 mytest。

```
#include <linux/module.h>
#include <linux/init.h>

static int debug = 1;
module_param(debug, int, 0644);
MODULE_PARM_DESC(debug, "enable debugging information");

#define dprintk(args...) \
    if (debug) { \
        printk(KERN_DEBUG args); \
    }

static int mytest = 100;
module_param(mytest, int, 0644);
MODULE_PARM_DESC(mytest, "test for module parameter");

static int __init my_test_init(void)
{
    dprintk("my first kernel module init\n");
    dprintk("module parameter=%d\n", mytest);
    return 0;
```

```
}

static void __exit my_test_exit(void)
{
    printk("goodbye\n");
}

module_init(my_test_init);
module_exit(my_test_exit);

MODULE_LICENSE("GPL");
MODULE_AUTHOR("rlk");
MODULE_DESCRIPTION("kernel module parameter test");
MODULE_ALIAS("module paramter test");
```

在編譯和載入完上面的模組之後,可透過 dmesg 命令查看核心登入資訊,你會發現輸出了 mytest 的預設值。

```
$ dmesg

[554.418779] my first kernel module init
[554.418780] module parameter=100
```

當透過 "insmod mymodule.ko mytest=200" 命令來載入模組時,可以看到終端的輸出。

```
$dmesg

[559.093949] my first kernel module init
[559.093950] module parameter=200
```

另外,還可以透過偵錯參數來關閉和打開偵錯資訊。

在 /sys/module/mymodule/parameters 目錄下可以看到新增的兩個參數。

```
rlk@ubuntu:/sys/module/mymodule$ cd parameters/
rlk@ubuntu:/sys/module/mymodule/parameters$ ls
debug  mytest
rlk@ubuntu:/sys/module/mymodule/parameters$ tree -a
.
├── debug
└── mytest

0 directories, 2 files
```

5.3 符號共用

我們在為裝置編寫驅動程式時，會把驅動程式按照功能分成好幾個核心模組，這些核心模組之間有一些介面函數需要相互呼叫，這怎麼實現呢？Linux 核心為我們提供了兩個巨集來解決這個問題。

```
EXPORT_SYMBOL( )
EXPORT_SYMBOL_GPL( )
```

EXPORT_SYMBOL() 把函數或符號對全部核心程式公開，也就是將函數以符號的方式匯出給核心中的其他模組使用。

其中，EXPORT_SYMBOL_GPL() 只能包含 GPL 許可的模組，核心核心的大部分模組匯出來的符號使用的是這種形式。如果要使用 EXPORT_SYMBOL_GPL() 匯出函數，那麼需要顯性地透過模組宣告為 "GPL"，如 MODULE_LICENSE("GPL")。

核心匯出的符號表可以透過 /proc/kallsyms 來查看。

```
rlk@ubuntu:~$ sudo cat /proc/kallsyms
...
ffffffffc03a5270 T acpi_video_get_edid                [video]
ffffffffc03a5810 T acpi_video_unregister              [video]
ffffffffc03a75a0 T acpi_video_get_backlight_type      [video]
ffffffffc03a7760 T acpi_video_set_dmi_backlight_type  [video]
ffffffffc03a7786 t acpi_video_detect_exit             [video]
ffffffffc03a5450 T acpi_video_register                [video]
...
```

其中，第 1 列顯示的是符號在核心位址空間中的位址；第 2 列是符號屬性，比如 T 表示符號在 text 段中；第 3 列表示符號的字串，也就是 EXPORT_SYMBOL() 匯出來的符號；第 4 列顯示哪些核心模組在使用這些符號。

5.4 實驗

5.4.1 實驗 5-1：編寫一個簡單的核心模組

1. 實驗目的

了解和熟悉一個基本的核心模組需要包含的元素。

2. 實驗詳解

具體的實驗步驟如下。

（1）編寫一個簡單的核心模組。

（2）編寫對應的 Makefile 檔案。

（3）在 Linux 主機上編譯、載入和執行該核心模組。

（4）在樹莓派上編譯該核心模組並執行。

在樹莓派上編譯核心模組和在 Linux 主機上很類似。在樹莓派上安裝以下軟體套件。

<在樹莓派上安裝>

```
$ sudo apt-get install libncurses5-dev gcc-aarch64-linux-gnu build-essential
git bison flex bc libssl-dev
```

把在 Linux 主機上編寫好的程式複製到樹莓派中，可以透過 SSH 協定或隨身碟等來複製。

在樹莓派 Linux 中，輸入 make 命令進行編譯。

```
rlk@ubuntu:~lab1_simple_module$ make
make -C /lib/modules/'uname -r'/build M=/home/rlk/rlk_basic/chapter_4/lab1_
simple_module modules;
make[1]: Entering directory '/usr/src/linux-headers-5.4.0-1006-raspi2'
  CC [M]  /home/rlk/rlk_basic/chapter_4/lab1_simple_module/my_test.o
  LD [M]  /home/rlk/rlk_basic/chapter_4/lab1_simple_module/mytest.o
  Building modules, stage 2.
  MODPOST 1 modules
  CC [M]  /home/rlk/rlk_basic/chapter_4/lab1_simple_module/mytest.mod.o
  LD [M]  /home/rlk/rlk_basic/chapter_4/lab1_simple_module/mytest.ko
make[1]: Leaving directory '/usr/src/linux-headers-5.4.0-1006-raspi2'
```

編譯完之後就會看到 mytest.ko 檔案。用 file 命令檢查編譯的結果是否為 ARM 架構下的格式。

```
rlk@ubuntu:lab1_simple_module$ file mytest.ko
mytest.ko: ELF 64-bit LSB relocatable, ARM aarch64, version 1 (SYSV),
BuildID[sha1]=2d5d0bf2021c0231fb2e741bf70210fad2b89ae2, not stripped
```

使用 insmod 命令載入核心模組。

```
rlk@ubuntu:lab1_simple_module$ sudo insmod mytest.ko
```

使用 dmesg 命令查看核心記錄檔。

```
rlk@ubuntu:lab1_simple_module$ dmesg
...
[  937.058175] mytest: loading out-of-tree module taints kernel.
[  937.060300] my first kernel module init
rlk@ubuntu:lab1_simple_module$
```

5.4.2 實驗 5-2：向核心模組傳遞參數

1. 實驗目的

學會如何向核心模組傳遞參數。

2. 實驗要求

編寫一個核心模組，透過模組參數的方式向該核心模組傳遞參數。

5.4.3 實驗 5-3：在模組之間匯出符號

1. 實驗目的

（1）學會如何在模組之間匯出符號。

（2）在設計模組時考慮模組的層次結構。

2. 實驗要求

編寫一個核心模組 A，透過匯出模組符號的方式來實現介面函數。編寫另外一個核心模組 B，呼叫核心模組 A 曝露出來的介面函數。

06

簡單的字元裝置驅動

在第 5 章，我們學習了如何編寫一個簡單的核心模組。學習 Linux 核心最好的方式之一就是從字元裝置驅動開始模仿，Linux 的開放原始碼特性可以讓我們接觸到很多高品質的裝置驅動原始程式碼。作者在十幾年前剛開始學習 Linux 時，就是從一款簡單的觸控式螢幕的字元裝置驅動原始程式碼開始的。

我們的日常生活中存在著大量的裝置，以手機為例，觸控式螢幕、攝影機、充電器、震動器、話筒、藍牙耳機、指紋模組等都是我們能接觸到的裝置，還有一些不被我們感知的裝置，如 CPU 調頻調壓裝置、CPU 溫度控制裝置等。總之，這些裝置在電氣特性和實現原理上都不相同，對 Linux 作業系統來說，如何抽象和描述它們呢？ Linux 很早就根據裝置的共通性特徵將其劃分為三大類型。

- 字元裝置。
- 區塊裝置。
- 網路裝置。

Linux 核心裝置驅動如圖 6.1 所示。Linux 核心針對上述三大類裝置抽象出一套完整的驅動框架和 API，以便驅動開發者在編寫某類裝置驅動程式時可重複使用。

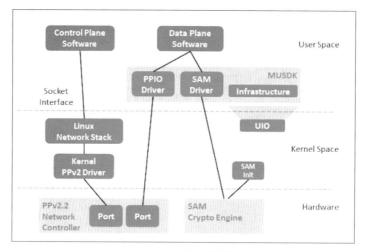

圖 6.1 Linux 核心裝置驅動

字元裝置採用的是以位元組為單位的 I/O 傳輸，這種字元流的傳輸率通常比較低，常見的字元裝置有滑鼠、鍵盤、觸控式螢幕等，因此字元裝置相對容易瞭解。

區塊裝置是以區塊為單位傳輸的，常見的區塊裝置是磁碟。

網路裝置是一類比較特殊的裝置，涉及網路通訊協定層，因此單獨把它們分成一類裝置。

從學習字元裝置驅動的框架、API，到深入 API 的實現原理以及 Linux 核心原始程式碼的實現，是一個循序漸進的過程。

為了寫好一個裝置驅動程式，你需要具備以下知識技能。

（1）了解 Linux 核心字元裝置驅動的架構。其中包括了解 Linux 字元裝置驅動是如何組織的，應用程式是如何與驅動互動的。

（2）了解 Linux 核心字元裝置驅動相關的 API。其中涉及字元裝置的相關基礎知識，如字元裝置的描述、裝置編號的管理、file_operations 的實現、ioctl 互動的設計和 Linux 裝置模型的管理等。

（3）了解 Linux 核心記憶體管理的 API。裝置驅動不可避免地需要和記憶體打交道，如裝置裡的資料需要和使用者程式互動，裝置需要做

DMA 操作等。常見的應用場景有很多，如裝置的記憶體需要映射到使用者空間，然後和使用者空間中的程式做互動，這就會用到 mmap 這個 API。mmap 看似簡單，實際卻蘊藏了複雜的實現，而且很多 API 中埋藏了不少「陷阱」。另外，DMA 操作也是一大困難，很多時候裝置驅動需要分配和管理 DMA 緩衝區，這些和記憶體管理有很大關係。

（4）了解 Linux 核心中管理中斷的 API。因為幾乎所有的裝置都支援中斷模式，所以中斷程式是裝置驅動中不可或缺的部分。我們需要了解和熟悉 Linux 核心提供的中斷管理相關的介面函數，舉例來說，如何註冊中斷、如何編寫中斷處理常式等。

（5）了解 Linux 核心中同步和鎖等相關的 API。因為 Linux 是多處理程序、多使用者的作業系統，而且支援核心先佔，所以處理程序間同步變得很複雜，即使是編寫簡單的字元裝置驅動，也需要考慮同步和競爭的問題。

（6）了解所要編寫驅動的晶片原理。

裝置驅動用於執行裝置，前面那些知識只不過是工具，真正讓裝置執行起來仍需要研究裝置的執行原理，這就需要驅動編寫者認真地研究裝置的資料手冊。

6.1 從一個簡單的字元裝置開始

6.1.1 一個簡單的字元裝置

在詳細介紹字元裝置驅動架構之前，我們先用一個簡單的裝置驅動來「熱身」。

<一個簡單的字元裝置驅動的例子 my_demodev.c>

```
0      #include <linux/module.h>
1      #include <linux/fs.h>
```

```
2      #include <linux/uaccess.h>
3      #include <linux/init.h>
4      #include <linux/cdev.h>
5
6      #define DEMO_NAME "my_demo_dev"
7      static dev_t dev;
8      static struct cdev *demo_cdev;
9      static signed count = 1;
10
11     static int demodrv_open(struct inode *inode, struct file *file)
12     {
13         int major = MAJOR(inode->i_rdev);
14         int minor = MINOR(inode->i_rdev);
15
16         printk("%s: major=%d, minor=%d\n", __func__, major, minor);
17
18         return 0;
19     }
20
21     static int demodrv_release(struct inode *inode, struct file *file)
22     {
23         return 0;
24     }
25
26     static ssize_t
27     demodrv_read(struct file *file, char __user *buf, size_t lbuf, loff_t *ppos)
28     {
29         printk("%s enter\n", __func__);
30         return 0;
31     }
32
33     static ssize_t
34     demodrv_write(struct file *file, const char __user *buf, size_t count,
loff_t *f_pos)
35     {
36         printk("%s enter\n", __func__);
37         return 0;
38
39     }
40
41     static const struct file_operations demodrv_fops = {
42         .owner = THIS_MODULE,
43         .open = demodrv_open,
44         .release = demodrv_release,
45         .read = demodrv_read,
```

```
46          .write = demodrv_write
47     };
48
49
50     static int __init simple_char_init(void)
51     {
52         int ret;
53
54         ret = alloc_chrdev_region(&dev, 0, count, DEMO_NAME);
55         if (ret) {
56             printk("failed to allocate char device region");
57             return ret;
58         }
59
60         demo_cdev = cdev_alloc();
61         if (!demo_cdev) {
62             printk("cdev_alloc failed\n");
63             goto unregister_chrdev;
64         }
65
66         cdev_init(demo_cdev, &demodrv_fops);
67
68         ret = cdev_add(demo_cdev, dev, count);
69         if (ret) {
70             printk("cdev_add failed\n");
71             goto cdev_fail;
72         }
73
74         printk("succeeded register char device: %s\n", DEMO_NAME);
75         printk("Major number = %d, minor number = %d\n",
76                 MAJOR(dev), MINOR(dev));
77
78         return 0;
79
80     cdev_fail:
81         cdev_del(demo_cdev);
82     unregister_chrdev:
83         unregister_chrdev_region(dev, count);
84
85         return ret;
86     }
87
88     static void __exit simple_char_exit(void)
89     {
90         printk("removing device\n");
```

```
91
92          if (demo_cdev)
93              cdev_del(demo_cdev);
94
95          unregister_chrdev_region(dev, count);
96      }
97
98      module_init(simple_char_init);
99      module_exit(simple_char_exit);
100
101     MODULE_AUTHOR("rlk");
102     MODULE_LICENSE("GPL v2");
103     MODULE_DESCRIPTION("simpe character device");
```

上述內容是一個簡單的字元裝置驅動的例子，只包含字元裝置驅動的框架，並沒有什麼實際的意義。但是對剛入門的讀者來説，這確實是一個很好的學習例子，因為字元裝置驅動中的絕大多數 API 呈現在了這個例子中。

下面先看看如何編譯它。

```
<Makefile檔案>

BASEINCLUDE ?= /lib/modules/`uname -r`/build

mydemo-objs := simple_char.o

obj-m   :=   mydemo.o
all :
    $(MAKE)  -C $(BASEINCLUDE) M=$(PWD) modules;

clean:
    $(MAKE)  -C $(BASEINCLUDE) M=$(PWD) clean;
    rm -f *.ko;
```

可在樹莓派平台或 QEMU + ARM64 實驗平台上直接輸入 make 命令進行編譯。

```
$ make
```

核心模組 mydemo.ko 生成之後，使用 insmod 命令來載入 mydemo.ko 核心模組。

```
$ sudo insmod mydemo.ko
```

使用 dmesg 命令來查看核心記錄檔。

```
$ dmesg
...
[ 1622.397971] succeeded register char device: my_demo_dev
[ 1622.398047] Major number = 249, minor number = 0
```

可以看到，核心模組在初始化時輸出了兩行結果敘述，這正是上述字元裝置驅動例子中第 74 ～ 76 行程式所要輸出的。系統為這個裝置分配的主裝置編號為 249，分配的次裝置編號為 0。查看 /proc/devices 這個 proc 虛擬檔案系統中的 devices 節點資訊，可以看到生成了名為 "my_demo_dev" 的裝置，主裝置編號為 249。

```
rlk@ubuntu:lab1_simple_driver$ cat /proc/devices
Character devices:
  1 mem
  4 /dev/vc/0
  4 tty
  4 ttyS
  5 /dev/tty
  5 /dev/console
  5 /dev/ptmx
  5 ttyprintk
  7 vcs
 10 misc
 13 input
 29 fb
128 ptm
136 pts
204 ttyAMA
249 my_demo_dev
250 bsg
251 watchdog
252 rtc
253 dax
254 gpiochip

Block devices:
254 virtblk
259 blkext
```

生成的裝置需要在 /dev/ 目錄下生成對應的節點，這只能手動生成了。

```
rlk@ubuntu:lab1_simple_driver$ sudo mknod /dev/demo_drv c 249 0
```

生成之後，可以透過 "ls -l" 命令查看 /dev/ 目錄的情況。

```
rlk@ubuntu:dev$ ls -l
total 0
crw-r--r-- 1 root root     10, 235 Mar 30 01:02 autofs
drwxr-xr-x 2 root root          60 Mar 30 01:02 block
drwxr-xr-x 2 root root        2240 Mar 30 01:02 char
crw------- 1 root root      5,   1 Mar 30 01:02 console
crw------- 1 root root     10, 203 Mar 30 01:02 cuse
crw-r--r-- 1 root root    249,   0 Mar 30 01:35 demo_drv
drwxr-xr-x 4 root root          80 Mar 30 01:02 disk
```

上面已經做完了和核心相關的事情。接下來，在使用者空間中設計測試程式，操控這個字元裝置驅動。

```
<簡單測試程式 test.c>
#include <stdio.h>
#include <fcntl.h>
#include <unistd.h>

#define DEMO_DEV_NAME "/dev/demo_drv"

int main()
{
    char buffer[64];
    int fd;

    fd = open(DEMO_DEV_NAME, O_RDONLY);
    if (fd < 0) {
        printf("open device %s failded\n", DEMO_DEV_NAME);
        return -1;
    }

    read(fd, buffer, 64);
    close(fd);

    return 0;
}
```

test.c 測試程式很簡單，打開 "/dev/demo_drv" 裝置，呼叫一次讀取函數 read()，然後關閉這個裝置。

接下來，使用 aarch64-linux-gnu-gcc 交換編譯工具把 test.c 編譯成 ARM64 架構的應用程式。

```
rlk@ubuntu:lab1_simple_driver$ aarch64-linux-gnu-gcc test.c -o test
```

直接執行程式。

```
rlk@ubuntu:lab1_simple_driver$ ./test
```

打開核心記錄檔進行查看。

```
rlk@ubuntu:lab1_simple_driver$ dmesg | tail
...
[ 2172.978858] demodrv_open: major=249, minor=0
[ 2172.979069] demodrv_read enter
```

可以看到，記錄檔裡有 demodrv_open() 和 demodrv_read() 函數的輸出敘述，這和原始程式碼中預期的是一樣的，這說明 test.c 測試程式已經成功操控了 mydemo 驅動，並完成了一次成功的互動。

6.1.2 實驗 6-1：寫一個簡單的字元裝置驅動

1. 實驗目的

熟悉字元裝置的框架。

2. 實驗要求

（1）編寫一個簡單的字元裝置驅動，實現基本的 open()、read() 和 write() 方法。

（2）編寫對應的使用者空間測試程式，要求測試程式呼叫 read() 方法，並且能看到對應的驅動執行了對應的 read() 方法。

6.2 字元裝置驅動詳解

我們透過一個簡單的實驗對字元裝置驅動有了初步的認識，接下來我們詳細分析 mydemo 字元裝置驅動的架構及其使用的介面函數。

6.2.1 字元裝置驅動的抽象

字元裝置驅動管理的核心物件是以字元為資料流程的裝置。從 Linux 核心設計的角度看，需要有一個資料結構來抽象和描述，這就是 cdev 資料結構。

```
<include/linux/cdev.h>

struct cdev {
    struct kobject kobj;
    struct module *owner;
    const struct file_operations *ops;
    struct list_head list;
    dev_t dev;
    unsigned int count;
};
```

- kobj：用於 Linux 裝置驅動模型。
- owner：字元裝置驅動所在的核心模組物件指標。
- ops：字元裝置驅動中最關鍵的操作函數，在和應用程式互動的過程中起樞紐的作用。
- list：用來將字元裝置串成一個鏈結串列。
- dev：字元裝置的裝置編號，由主裝置編號和次裝置編號組成。
- count：同屬某個主裝置編號的次裝置編號的個數。

主裝置編號和次裝置編號通常可以透過以下巨集來獲取，也就是高 12 位元是主裝置編號，低 20 位元是次裝置編號。

```
#define MINORBITS    20
#define MINORMASK    ((1U << MINORBITS) - 1)

#define MAJOR(dev)    ((unsigned int) ((dev) >> MINORBITS))
#define MINOR(dev)    ((unsigned int) ((dev) & MINORMASK))
#define MKDEV(ma,mi)    (((ma) << MINORBITS) | (mi))
```

裝置驅動可以透過兩種方式來產生 cdev 資料結構：一種是使用全域靜態變數，另一種是使用核心提供的 cdev_alloc() 介面函數。

```
static struct cdev mydemo_cdev;
或
struct mydemo_cdev = cdev_alloc();
```

除此之外，Linux 核心還提供許多與 cdev 相關的介面函數。

■ cdev_init() 函數：初始化 cdev 資料結構，並且建立裝置與驅動操作方法集 file_operations 之間的連接關係。

```
void cdev_init(struct cdev *cdev, const struct file_operations *fops)
```

■ cdev_add() 函數：把一個字元裝置增加到系統中，通常在驅動的 probe() 函數中會呼叫該介面函數來註冊字元裝置。

```
int cdev_add(struct cdev *p, dev_t dev, unsigned count)
```

- p 表示裝置的 cdev 資料結構。
- dev 表示裝置的裝置編號。
- count 表示這個主裝置編號可以有多少個次裝置編號。通常同一個主裝置編號可以有多個次裝置編號不同的裝置，比如系統中同時有多個序列埠，它們都是名為 "tty" 的裝置，主裝置都是 4。

```
crw-rw----    1 0         0          4,    0 May 18 11:34 tty0
crw-rw----    1 0         0          4,    1 May 18 11:34 tty1
crw-rw----    1 0         0          4,   10 May 18 11:34 tty10
crw-rw----    1 0         0          4,   11 May 18 11:34 tty11
crw-rw----    1 0         0          4,   12 May 18 11:34 tty12
crw-rw----    1 0         0          4,   13 May 18 11:34 tty13
crw-rw----    1 0         0          4,   14 May 18 11:34 tty14
crw-rw----    1 0         0          4,   15 May 18 11:34 tty15
```

■ cdev_del() 函數：從系統中刪除 cdev 資料結構，通常在驅動的移除函數裡會呼叫該介面函數。

```
void cdev_del(struct cdev *p)
```

6.2.2 裝置編號的管理

字元裝置驅動的初始化函數（probe() 函數）的一項很重要的工作就是為裝置分配裝置編號。裝置編號是系統中珍貴的資源，核心必須避免發生兩個裝置驅動使用同一個主裝置編號的情況,因此在編寫驅動時要格外小心。Linux 核心提供兩個介面函數來完成裝置編號的申請,其中一個介面函數如下。

```
int register_chrdev_region(dev_t from, unsigned count, const char *name)
```

register_chrdev_region() 函數需要指定主裝置編號,可以連續分配多個。也就是說,在使用該函數之前,驅動編寫者必須保證要分配的主裝置編號在系統中沒有被人使用。核心文件 documentation/devices.txt 描述了系統中已經分配的主裝置編號,因此使用該介面函數的程式設計師都應該事先約定該文件,以避免使用已經被系統佔用的主裝置編號。

Linux 核心提供的另一個介面函數如下。

```
int alloc_chrdev_region(dev_t *dev, unsigned baseminor, unsigned count,
    const char *name)
```

alloc_chrdev_region() 函數會自動分配一個主裝置編號,以避免和系統佔用的主裝置編號重複。建議驅動開發者使用這個介面函數來分配主裝置編號。

為了在驅動的移除函數中釋放主裝置編號,可以呼叫以下介面函數。

```
void unregister_chrdev_region(dev_t from, unsigned count)
```

6.2.3 裝置節點

Linux 系統中有一個原則——「萬物皆檔案」。裝置節點也算特殊的檔案,稱為裝置檔案,是連接核心空間驅動和使用者空間應用程式的橋樑。如果應用程式想使用驅動提供的服務或操作裝置,那麼需要透過存取裝置檔案來完成。裝置檔案使得使用者程式操作硬體裝置就像操作普通檔案一樣方便。

了解裝置檔案之後,還需要知道主裝置編號和次裝置編號這兩個概念。主裝置編號代表一類裝置,次裝置編號代表同一類裝置的不同個體,每個次裝置編號都有一個不同的裝置節點。

按照 Linux 核心中的習慣，系統中所有的裝置節點都存放在 /dev/ 目錄中。dev 目錄是動態生成的、使用 devtmpfs 虛擬檔案系統掛載的、基於 RAM 的虛擬檔案系統。

```
$ ls -l /dev/
total 0
crw-r--r--  1 root root     10, 235 May 12 05:25 autofs
drwxr-xr-x  2 root root        640 May  12 05:24 block
drwxr-xr-x  2 root root         60 May  12 05:24 bsg
crw-------  1 root root     10, 234 May 12 05:25 btrfs-control
drwxr-xr-x  3 root root         60 May  12 05:24 bus
drwxr-xr-x  2 root root       3960 May  12 05:24 char
crw-------  1 root root      5,   1 May 12 05:25 console
```

第一列中的 c 表示字元裝置，d 表示區塊裝置，後面還會顯示裝置的主裝置編號和次裝置編號。

裝置節點的生成有兩種方式：一種是使用 mknod 命令手動生成，另一種是使用 udev 機制動態生成。

可以使用 mknod 命令手動生成裝置節點，命令格式如下。

```
$mknod filename type major minor
```

udev 是一個在使用者空間中使用的工具，它能夠根據系統中硬體裝置的狀態動態地更新裝置節點，包括裝置節點的創建、刪除等。這種機制必須聯合 sysfs 和 tmpfs 來實現，sysfs 為 udev 提供裝置入口和 uevent 通道，tmpfs 為 udev 裝置檔案提供存放空間。

6.2.4 字元裝置操作方法集

在之前的 mydemo 例子中，我們實現了 demodrv_fops 方法集，裡面包含 open()、release()、read() 和 write() 等方法。從 C 語言的角度看，相當於抽象和定義了大量函數指標，這些函數指標稱為 file_operations() 方法，它們在 Linux 核心的發展過程中不斷擴充和壯大。

```
static const struct file_operations demodrv_fops = {
    .owner = THIS_MODULE,
```

```
    .open = demodrv_open,
    .release = demodrv_release,
    .read = demodrv_read,
    .write = demodrv_write
};
```

這個方法集透過 cdev_init() 方法和裝置建立的連接關係,因此在使用者空間的 test 程式中,可直接使用 open() 方法打開這個裝置節點。

```
#define DEMO_DEV_NAME "/dev/demo_drv"
fd = open(DEMO_DEV_NAME, O_RDONLY);
```

open() 方法的第一個參數是裝置檔案名稱,第二個參數用來指定檔案打開的屬性。若 open() 方法執行成功,會返回一個檔案描述符號(俗稱檔案控制代碼);不然返回 −1。

應用程式的 open() 方法在執行時,會透過系統呼叫進入核心空間,在核心空間的虛擬檔案系統(VFS)層經過複雜的轉換,最後會呼叫裝置驅動的 file_operations 方法集中的 open() 方法。因此,驅動開發者有必要了解 file_operations 資料結構的組成,該資料結構定義在 include/ linux/fs.h 標頭檔中。字元裝置驅動程式的核心開發工作是實現 file_operations 方法集中的各類方法。雖然 file_operations 資料結構定義了許多的方法,但是在實際的裝置驅動開發中,並不是每個方法都需要實現,而需要根據對裝置的需求來選擇合適的實現方法。下面列出 file_operations 資料結構中常見的成員。

```
<include/linux/fs.h>

struct file_operations {
    struct module *owner;
    loff_t (*llseek) (struct file *, loff_t, int);
    ssize_t (*read) (struct file *, char __user *, size_t, loff_t *);
    ssize_t (*write) (struct file *, const char __user *, size_t, loff_t *);
    ssize_t (*aio_read) (struct kiocb *, const struct iovec *, unsigned long,
loff_t);
    ssize_t (*aio_write) (struct kiocb *, const struct iovec *, unsigned long,
loff_t);
    ssize_t (*read_iter) (struct kiocb *, struct iov_iter *);
```

```
    ssize_t (*write_iter) (struct kiocb *, struct iov_iter *);
    int (*iterate) (struct file *, struct dir_context *);
    unsigned int (*poll) (struct file *, struct poll_table_struct *);
    long (*unlocked_ioctl) (struct file *, unsigned int, unsigned long);
    long (*compat_ioctl) (struct file *, unsigned int, unsigned long);
    int (*mmap) (struct file *, struct vm_area_struct *);
    int (*mremap)(struct file *, struct vm_area_struct *);
    int (*open) (struct inode *, struct file *);
    int (*flush) (struct file *, fl_owner_t id);
    int (*release) (struct inode *, struct file *);
    int (*fsync) (struct file *, loff_t, loff_t, int datasync);
    int (*aio_fsync) (struct kiocb *, int datasync);
    int (*fasync) (int, struct file *, int);
    int (*lock) (struct file *, int, struct file_lock *);
    ssize_t (*sendpage) (struct file *, struct page *, int, size_t, loff_t *, int);
    unsigned long (*get_unmapped_area)(struct file *, unsigned long, unsigned
    long, unsigned long, unsigned long);
    int (*check_flags)(int);
    int (*flock) (struct file *, int, struct file_lock *);
    ssize_t (*splice_write)(struct pipe_inode_info *, struct file *, loff_t *,
    size_t, unsigned int);
    ssize_t (*splice_read)(struct file *, loff_t *, struct pipe_inode_info *,
    size_t, unsigned int);
    int (*setlease)(struct file *, long, struct file_lock **, void **);
    long (*fallocate)(struct file *file, int mode, loff_t offset,
            loff_t len);
    void (*show_fdinfo)(struct seq_file *m, struct file *f);
};
```

下面對一些常用的方法成員進行分析。

- llseek() 方法用來修改檔案的當前讀寫位置，並返回新位置。

- read() 方法用來從裝置驅動中讀取資料到使用者空間，並返回成功讀取的位元組數。若返回負數，則說明讀取失敗。

- write() 方法用來把使用者空間的資料寫入裝置，並返回成功寫入的位元組數。

- poll() 方法用來查詢裝置是否可以立即讀寫，該方法主要用於阻塞型 I/O 操作。

- unlocked_ioctl() 和 compat_ioctl() 方法用來提供與裝置相關的控制命令的實現。

- mmap() 方法用來將裝置記憶體映射到處理程序的虛擬位址空間中。
- open() 方法用來打開裝置。
- release() 方法用來關閉裝置。
- aio_read() 和 aio_write() 方法是非同步 I/O 的讀寫方法，所謂非同步 I/O，就是提交完 I/O 請求之後立即返回，不需要等到 I/O 操作完成才去做別的事情，因此具有非阻塞特性。裝置驅動完成 I/O 操作之後，可以透過發送訊號或回呼函數等方式來通知。
- fsync() 方法實現了一種稱為非同步通知的特性。

6.3 misc 機制

6.3.1 misc 機制介紹

misc device 稱為雜項裝置，Linux 核心把一些不符合預先確定的字元裝置劃分為雜項裝置，這類裝置的主裝置編號是 10。Linux 核心使用 miscdevice 資料結構來描述這類裝置。

```
<include/linux/miscdevice.h>

struct miscdevice  {
    int minor;
    const char *name;
    const struct file_operations *fops;
    struct list_head list;
    struct device *parent;
    struct device *this_device;
    const char *nodename;
    umode_t mode;
};
```

Linux 核心提供了註冊雜項裝置的兩個介面函數，驅動可採用 misc_register() 函數來註冊。由於會自動創建裝置節點，而不需要使用 mknod 命令手動創建裝置節點，因此使用 misc 機制來創建字元裝置驅動是比較方便的。

```
int misc_register(struct miscdevice *misc);
int misc_deregister(struct miscdevice *misc);
```

6.3.2 實驗 6-2：使用 misc 機制來創建裝置驅動

1. 實驗目的

學會使用 misc 機制創建裝置驅動。

2. 實驗詳解

把實驗 6-1 的程式修改成採用 misc 機制註冊字元驅動。

```
#include <linux/miscdevice.h>

#define DEMO_NAME "my_demo_dev"
static struct device *mydemodrv_device;

static struct miscdevice mydemodrv_misc_device = {
    .minor = MISC_DYNAMIC_MINOR,
    .name = DEMO_NAME,
    .fops = &demodrv_fops,
};

static int __init simple_char_init(void)
{
    int ret;

    ret = misc_register(&mydemodrv_misc_device);
    if (ret) {
        printk("failed register misc device\n");
        return ret;
    }

    mydemodrv_device = mydemodrv_misc_device.this_device;

    printk("succeeded register char device: %s\n", DEMO_NAME);

    return 0;
}

static void __exit simple_char_exit(void)
```

```
{
    printk("removing device\n");

    misc_deregister(&mydemodrv_misc_device);
}
```

在樹莓派 Linux 系統裡編譯並載入核心模組。

```
rlk@ubuntu:lab2_misc_driver$ make
rlk@ubuntu:lab2_misc_driver$ sudo insmod mydemo_misc.ko
```

查看 /dev 目錄，發現裝置節點已經創建其中主裝置編號是 10，次裝置編號是動態分配的。

```
rlk@ubuntu:lab2_misc_driver$ ls -l /dev/
total 0
crw-rw----    1 0       0       14,   4 May 19 06:48 audio
crw-rw----    1 0       0       10,  58 May 19 06:48 my_demo_dev
```

編譯和執行測試程式。

```
rlk@ubuntu:lab2_misc_driver$ aarch64-linux-gnu-gcc test.c -o test
rlk@ubuntu:lab2_misc_driver$ sudo ./test
```

查看核心記錄檔資訊。

```
rlk@ubuntu:lab2_misc_driver$ dmesg | tail
...
[ 3001.706507] succeeded register char device: my_demo_dev
[ 3148.868437] demodrv_open: major=10, minor=58
[ 3148.868656] demodrv_read enter
```

從核心記錄檔資訊可知，test 程式已經成功打開了主裝置編號為 10、次裝置編號為 58 的裝置，並且已進入驅動中的 demodrv_read() 函數。

6.4 一個簡單的虛擬裝置

在實際專案中，一些字元裝置的內部有一個緩衝區（buffer），在一些外接裝置晶片資料中稱為 FIFO 緩衝區。晶片內部提供了暫存器來存取這些 FIFO 緩衝區，可以透過讀取暫存器把 FIFO 緩衝區的內容讀取出來，或透過寫入暫存器把資料寫入 FIFO 緩衝區。為了提高效率，一般外接裝置晶片支援中斷模式，如 FIFO 緩衝區有資料到達時，外接裝置晶片透過中斷線來告知 CPU。

在本章中，我們透過軟體的方式來模擬上述場景。使用者程式可以透過 write() 方法把使用者資料寫入虛擬裝置（見圖 6.2）的 FIFO 緩衝區中，還可以透過 read() 方法把虛擬裝置上 FIFO 緩衝區的資料讀出到使用者空間的緩衝區裡面。

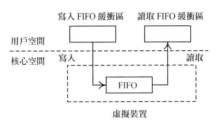

圖 6.2　簡單的虛擬裝置

6.4.1　實驗 6-3：為虛擬裝置編寫驅動

1. 實驗目的

（1）透過一個虛擬裝置，學習如何實現一個字元裝置驅動的讀寫方法。

（2）在使用者空間編寫測試程式來檢驗讀寫函數是否成功。

2. 實驗詳解

根據這個虛擬裝置的需求，給實驗 6-2 的程式增加 read() 和 write() 方法的實現，程式片段如下。

```
虛擬FIFO裝置的緩衝區 */
static char *device_buffer;
#define MAX_DEVICE_BUFFER_SIZE 64

static ssize_t
demodrv_read(struct file *file, char __user *buf, size_t count, loff_t *ppos)
{
    int actual_readed;
    int max_free;
```

```
    int need_read;
    int ret;

    max_free = MAX_DEVICE_BUFFER_SIZE - *ppos;
    need_read = max_free > count ? lbuf : max_free;
    if (need_read == 0)
        dev_warn(mydemodrv_device, "no space for read");

    ret = copy_to_user(buf, device_buffer + *ppos, need_read);
    if (ret == need_read)
        return -EFAULT;

    actual_readed = need_read - ret;
    *ppos += actual_readed;

    printk("%s, actual_readed=%d, pos=%d\n",__func__, actual_readed, *ppos);
    return actual_readed;
}

static ssize_t
demodrv_write(struct file *file, const char __user *buf, size_t count, loff_t *ppos)
{
    int actual_write;
    int free;
    int need_write;
    int ret;

    free = MAX_DEVICE_BUFFER_SIZE - *ppos;
    need_write = free > count ? count : free;
    if (need_write == 0)
        dev_warn(mydemodrv_device, "no space for write");


    ret = copy_from_user(device_buffer + *ppos, buf, need_write);
    if (ret == need_write)
        return -EFAULT;

    actual_write = need_write - ret;
    *ppos += actual_write;
    printk("%s: actual_write =%d, ppos=%d\n", __func__, actual_write, *ppos);

    return actual_write;
}
```

demodrv_read() 函數有 4 個參數。file 表示打開的裝置檔案；buf 表示使用
者空間的記憶體起始位址，注意，這裡使用 __user 來提醒驅動開發者這

個位址空間是屬於使用者空間的；count 表示使用者想讀取多少位元組的資料；ppos 表示檔案的位置指標。

max_free 表示當前裝置的 FIFO 緩衝區還剩下多少空間，need_read 根據 max_free 和 count 兩個值做判斷，防止資料溢位。接下來，透過 copy_to_user() 函數把裝置的 FIFO 緩衝區的內容複製到使用者處理程序的緩衝區中。注意，這裡是從裝置的 FIFO 緩衝區（device_buffer）的 ppos 開始的地方複製資料的。若 copy_to_user() 函數返回 0，表示複製成功；若返回 need_read，表示複製失敗。最後，需要更新 ppos 指標，並返回實際複製的位元組數到使用者空間。

demodrv_write() 函數實現了寫入的功能，原理和上述 demodrv_read() 函數類似，只不過其中使用了 copy_from_user() 函數。

接下來寫一個測試程式來檢驗上述驅動是否可以正常執行。

```
0    #include <stdio.h>
1    #include <fcntl.h>
2    #include <unistd.h>
3
4    #define DEMO_DEV_NAME "/dev/my_demo_dev"
5
6    int main()
7    {
8        char buffer[64];
9        int fd;
10       int ret;
11       size_t len;
12       char message[] = "Testing the virtual FIFO device";
13       char *read_buffer;
14
15       len = sizeof(message);
16
17       fd = open(DEMO_DEV_NAME, O_RDWR);
18       if (fd < 0) {
19           printf("open device %s failded\n", DEMO_DEV_NAME);
20           return -1;
21       }
22
23       /*1. write the message to device*/
24       ret = write(fd, message, len);
```

```
25        if (ret != len) {
26            printf("canot write on device %d, ret=%d", fd, ret);
27            return -1;
28        }
29
30        read_buffer = malloc(2*len);
31        memset(read_buffer, 0, 2*len);
32
33        /*close the fd, and reopen it*/
34        close(fd);
35
36        fd = open(DEMO_DEV_NAME, O_RDWR);
37        if (fd < 0) {
38            printf("open device %s failded\n", DEMO_DEV_NAME);
39            return -1;
40        }
41
42        ret = read(fd, read_buffer, 2*len);
43        printf("read %d bytes\n", ret);
44        printf("read buffer=%s\n", read_buffer);
45
46        close(fd);
47
48        return 0;
49    }
```

在樹莓派 Linux 系統中或在 QEMU + ARM64 實驗平台上編譯並載入核心模組。

```
rlk@ubuntu:lab3_mydemo_dev$ make
rlk@ubuntu:lab3_mydemo_dev$ sudo insmod mydemo_misc.ko
```

測試程式的邏輯很簡單。首先使用 open() 方法打開這個裝置驅動,向裝置裡寫入 message 字串,然後關閉這個裝置並重新打開它,最後透過 read() 方法把 message 字串讀出來。

```
rlk@ubuntu:lab3_mydemo_dev$ aarch64-linux-gnu-gcc test.c -o test
rlk@ubuntu:lab3_mydemo_dev$ sudo ./test
read 64 bytes
read buffer=Testing the virtual FIFO device
rlk@ubuntu:lab3_mydemo_dev$
```

為什麼這裡需要關閉裝置並重新打開一次裝置?如果不進行這樣的操作,是否可以呢?

6.4.2 實驗 6-4：使用 KFIFO 環狀緩衝區改進裝置驅動

1. 實驗目的

學會使用 Linux 核心的 KFIFO 環狀緩衝區實現虛擬字元裝置的讀寫函數。

2. 實驗詳解

我們在實驗 6-3 的驅動程式裡只是簡單地把使用者資料複製到裝置的 FIFO 緩衝區中，並沒有考慮到讀取和寫入的平行管理問題。因此在對應的測試程式中，需要重新啟動裝置後才能正確地將資料讀出來。

這實際上是一個典型的「生產者和消費者」問題，我們可以設計和實現一個環狀緩衝區來解決這個問題。環狀緩衝區通常有一個讀取指標和一個寫入指標，讀取指標指向環狀緩衝區讀取的資料，寫入指標指向環狀緩衝區寫入的資料。透過移動讀取指標和寫入指標來實現緩衝區的資料讀取和寫入。

Linux 核心實現了一種稱為 KFIFO 環狀緩衝區的機制，以在一個讀者執行緒和一個寫者執行緒併發執行的場景下，無須使用額外的加鎖來保證環狀緩衝區的資料安全。KFIFO 環狀緩衝區提供的介面函數定義在 include/linux/kfifo.h 檔案中。

```
#define    DEFINE_KFIFO(fifo, type, size)
#define    kfifo_from_user(fifo, from, len, copied)
#define    kfifo_to_user(fifo, to, len, copied)
```

DEFINE_KFIFO() 巨集用來初始化 KFIFO 環狀緩衝區，其中參數 fifo 表示 KFIFO 環狀緩衝區的名字；type 表示緩衝區中資料的類型；size 表示 KFIFO 環狀緩衝區有多少個元素，元素的個數必須是 2 的整數次冪。

kfifo_from_user() 巨集用來將使用者空間的資料寫入 KFIFO 環狀緩衝區中，其中參數 fifo 表示使用哪個環狀緩衝區；from 表示使用者空間緩衝區的起始位址；len 表示要複製多少個元素；copied 保存了成功複製的元素的數量，通常用作返回值。

kfifo_to_user() 巨集用來讀出 KFIFO 環狀緩衝區的資料並且複製到使用者空間中，參數的作用和 kfifo_ from_user() 巨集類似。

下面是使用 KFIFO 環狀緩衝區實現字元裝置驅動的 read() 和 write() 方法的程式片段。

```c
#include <linux/kfifo.h>

DEFINE_KFIFO(mydemo_fifo, char, 64);

static ssize_t
demodrv_read(struct file *file, char __user *buf, size_t count, loff_t *ppos)
{
    int actual_readed;
    int ret;

    ret = kfifo_to_user(&mydemo_fifo, buf, count, &actual_readed);
    if (ret)
        return -EIO;

    printk("%s, actual_readed=%d, pos=%lld\n",__func__, actual_readed, *ppos);
    return actual_readed;
}

static ssize_t
demodrv_write(struct file *file, const char __user *buf, size_t count,
loff_t *ppos)
{
    unsigned int actual_write;
    int ret;

    ret = kfifo_from_user(&mydemo_fifo, buf, count, &actual_write);
    if (ret)
        return -EIO;

    printk("%s: actual_write =%d, ppos=%lld\n", __func__, actual_write, *ppos);

    return actual_write;
}
```

測試程式和實驗 6-3 中的測試程式類似，只不過這裡不需要關閉和重新打開裝置。

```c
#include <stdio.h>
#include <fcntl.h>
```

```c
#include <unistd.h>

#define DEMO_DEV_NAME "/dev/my_demo_dev"

int main()
{
    char buffer[64];
    int fd;
    int ret;
    size_t len;
    char message[] = "Testing the virtual FIFO device";
    char *read_buffer;

    len = sizeof(message);

    fd = open(DEMO_DEV_NAME, O_RDWR);
    if (fd < 0) {
        printf("open device %s failded\n", DEMO_DEV_NAME);
        return -1;
    }

    /*1. write the message to device*/
    ret = write(fd, message, len);
    if (ret != len) {
        printf("canot write on device %d, ret=%d", fd, ret);
        return -1;
    }

    read_buffer = malloc(2*len);
    memset(read_buffer, 0, 2*len);

    ret = read(fd, read_buffer, 2*len);
    printf("read %d bytes\n", ret);
    printf("read buffer=%s\n", read_buffer);

    close(fd);

    return 0;
}
```

編譯和載入核心模組。

```
rlk@ubuntu:lab4_mydemo_kfifo$ sudo insmod mydemo_misc.ko
rlk@ubuntu:lab4_mydemo_kfifo$ dmesg | tail
[  306.993759] succeeded register char device: my_demo_dev
```

編譯和執行測試程式。

```
rlk@ubuntu:lab4_mydemo_kfifo$ sudo ./test
read 32 bytes
read buffer=Testing the virtual FIFO device
```

查看核心記錄檔資訊。

```
rlk@ubuntu:lab4_mydemo_kfifo$ dmesg | tail
[  490.417312] succeeded register char device: my_demo_dev
[  559.059346] demodrv_open: major=10, minor=61
[  559.060133] demodrv_write: actual_write =32, ppos=0
[  559.063398] demodrv_read, actual_readed=32, pos=0
```

還有一種更簡便的測試方法，就是使用 echo 和 cat 命令直接操作裝置檔案。下面的操作需要 root 許可權。

```
rlk@ubuntu:lab4_mydemo_kfifo$ sudo su
root@ubuntu: lab4_mydemo_kfifo# echo  "i am living at shanghai" > /dev/my_demo_dev

root@ubuntu: lab4_mydemo_kfifo# cat /dev/my_demo_dev
i am living at shanghai
```

細心的讀者可能會發現，這個裝置驅動的 KFIFO 環狀快取區的大小為 64 位元組。如果使用 echo 命令發送一個長度大於 64 位元組的字串到這個裝置，我們會發現終端沒有反應了。

請讀者思考一下如何解決這個問題。

6.5 阻塞 I/O 和非阻塞 I/O

I/O 指的是 Input 和 Output，也就是資料的讀取（接收）和寫入（發送）操作。正如你在前面的實驗中看到的，一個使用者處理程序要完成一次 I/O 操作，需要經歷兩個階段。

- 使用者空間 ⇔ 核心空間。
- 核心空間 ⇔ 裝置 FIFO 緩衝區。

因為 Linux 的使用者處理程序無法直接操作 I/O 裝置（透過 UIO 或 VFIO 機制透傳的方式除外），所以必須透過系統呼叫來請求核心協助完成 I/O

操作。裝置驅動為了提高效率會採用緩衝技術來協助 I/O 操作,也就是實驗中使用的環狀緩衝區。

典型的讀取 I/O 操作流程如下。

(1)使用者空間處理程序呼叫 read() 方法。

(2)透過系統呼叫進入驅動程式的 read() 方法。

(3)若緩衝區有資料,則把資料複製到使用者空間的緩衝區中。

(4)若緩衝區沒有資料,則需要從裝置中讀取資料。硬體 I/O 裝置是慢速裝置,不知道什麼時候能把資料準備好,因此處理程序需要睡眠等待。

(5)當硬體資料準備好時,喚醒正在等待資料的處理程序來讀取資料。

I/O 操作可以分成非阻塞 I/O 類型和阻塞 I/O 類型。

- 非阻塞 I/O 類型:處理程序發起 I/O 系統呼叫後,如果裝置驅動的緩衝區沒有資料,那麼處理程序返回錯誤而不會被阻塞。如果裝置驅動的緩衝區中有資料,那麼裝置驅動把資料直接返回給使用者處理程序。
- 阻塞 I/O 類型:處理程序發起 I/O 系統呼叫後,如果裝置驅動的緩衝區沒有資料,那麼需要到硬體 I/O 中重新獲取新資料,處理程序會被阻塞,也就是睡眠等待。直到資料準備好,處理程序才會被喚醒,並重新把資料返回給使用者空間。

6.5.1 實驗 6-5:把虛擬裝置驅動改成非阻塞模式

1. 實驗目的

學習如何在字元裝置驅動中增加非阻塞 I/O 操作。

2. 實驗詳解

open() 方法有一個 flags 參數,用它設定的標示位元通常用來表示檔案打開的屬性。

- O_RDONLY:唯讀打開。
- O_WRONLY:寫入打開。

- O_RDWR：讀寫打開。
- O_CREAT：若檔案不存在，則創建它。

除此之外，還有一個名為 O_NONBLOCK 的標示位元，用來設定存取檔案的方式為非阻塞模式。

下面把實驗 6-4 修改為非阻塞模式。

```c
static ssize_t
demodrv_read(struct file *file, char __user *buf, size_t count, loff_t *ppos)
{
    int actual_readed;
    int ret;

    if (kfifo_is_empty(&mydemo_fifo)) {
        if (file->f_flags & O_NONBLOCK)
            return -EAGAIN;
    }

    ret = kfifo_to_user(&mydemo_fifo, buf, count, &actual_readed);
    if (ret)
        return -EIO;

    printk("%s, actual_readed=%d, pos=%lld\n",__func__, actual_readed, *ppos);
        return actual_readed;
}

static ssize_t
demodrv_write(struct file *file, const char __user *buf, size_t count,
loff_t *ppos)
{
    unsigned int actual_write;
    int ret;

    if (kfifo_is_full(&mydemo_fifo)){
        if (file->f_flags & O_NONBLOCK)
            return -EAGAIN;
    }

    ret = kfifo_from_user(&mydemo_fifo, buf, count, &actual_write);
    if (ret)
        return -EIO;

    printk("%s: actual_write =%d, ppos=%lld, ret=%d\n", __func__, actual_write,
*ppos, ret);
```

```
    return actual_write;
}
```

下面是對應的測試程式。

```
#include <stdio.h>
#include <fcntl.h>
#include <unistd.h>

#define DEMO_DEV_NAME "/dev/my_demo_dev"

int main()
{
    int fd;
    int ret;
    size_t len;
    char message[80] = "Testing the virtual FIFO device";
    char *read_buffer;

    len = sizeof(message);

    read_buffer = malloc(2*len);
    memset(read_buffer, 0, 2*len);

    fd = open(DEMO_DEV_NAME, O_RDWR | O_NONBLOCK);
    if (fd < 0) {
        printf("open device %s failded\n", DEMO_DEV_NAME);
        return -1;
    }

    /*1. 先讀取資料*/
    ret = read(fd, read_buffer, 2*len);
    printf("read %d bytes\n", ret);
    printf("read buffer=%s\n", read_buffer);

    /*2. 將資訊寫入裝置*/
    ret = write(fd, message, len);
    if (ret != len)
        printf("have write %d bytes\n", ret);

    /*3. 再寫入*/
    ret = write(fd, message, len);
```

```
    if (ret != len)
        printf("have write %d bytes\n", ret);

    /*4. 最後讀取*/
    ret = read(fd, read_buffer, 2*len);
    printf("read %d bytes\n", ret);
    printf("read buffer=%s\n", read_buffer);

    close(fd);
    return 0;
}
```

這個測試程式有以下不同之處。

- 在打開裝置之後，馬上進行讀取操作，請讀者想想結果如何。
- message 的大小設定為 80，比裝置驅動裡的環狀緩衝區還要大，寫入
  操作中會發生什麼事情？
- 再寫一次會發生什麼情況？

下面是測試程式的執行結果。

```
root@ubuntu:lab5_mydemodrv_nonblock# aarch64-linux-gnu-gcc test.c -o test
root@ubuntu:lab5_mydemodrv_nonblock# ./test
read -1 bytes
read buffer=
have write 64 bytes
have write -1 bytes
read 64 bytes
read buffer=Testing the virtual FIFO device
```

從執行結果可以看出，打開裝置後馬上進行讀取操作，結果是什麼也讀不
到，若 read() 方法返回 −1，說明讀取操作發生了錯誤。當第二次進行寫
入操作時，若 write() 方法返回 −1，說明寫入操作發生了錯誤。

6.5.2 實驗 6-6：把虛擬裝置驅動改成阻塞模式

1. 實驗目的
學習如何在字元裝置驅動中增加阻塞 I/O 操作。

2. 實驗詳解

當使用者處理程序透過 read() 或 write() 方法讀寫裝置時，如果驅動無法立即滿足請求的資源，那麼應該怎麼回應呢？在實驗 6-5 中，驅動返回 -EAGAIN，這是非阻塞模式的行為。

但是，非阻塞模式對大部分應用場景來說不太合適，因此大部分使用者處理程序在透過 read() 或 write() 方法進行 I/O 操作時希望能返回有效資料或把資料寫入裝置，而非返回一個錯誤值。這該怎麼辦？

- 在非阻塞模式下，採用輪詢的方式來不斷讀寫資料。
- 採用阻塞模式，當請求的資料無法立即滿足時，讓處理程序睡眠直到資料準備好為止。

上面提到的處理程序睡眠是什麼意思呢？處理程序在生命週期裡有不同的狀態。

- TASK_RUNNING（可執行態或就緒態）。
- TASK_INTERRUPTIBLE（可中斷睡眠態）。
- TASK_UNINTERRUPTIBLE（不可中斷睡眠態）。
- __TASK_STOPPED（終止態）。
- EXIT_ZOMBIE（「僵屍」態）。

為了把一個處理程序設定成睡眠狀態，需要把這個處理程序從 TASK_RUNNING 狀態設定為 TASK_INTERRUPTIBLE 或 TASK_UNINTERRUPTIBLE 狀態，並且從處理程序排程器的執行佇列中移走，我們稱這個點為「睡眠點」。當請求的資源或資料到達時，處理程序會被喚醒，然後從睡眠點重新執行。

在 Linux 核心中，可採用一種稱為等待佇列（wait queue）的機制來實現處理程序的阻塞操作。

1）等待佇列頭

等待佇列定義了一種稱為 wait_queue_head_t 的資料結構，該資料結構定義在 <linux/ wait.h> 中。

```
struct __wait_queue_head {
    spinlock_t          lock;
    struct list_head    task_list;
};
typedef struct __wait_queue_head wait_queue_head_t;
```

可以透過以下方法靜態定義並初始化一個等待佇列頭。

```
DECLARE_WAIT_QUEUE_HEAD(name)
```

或使用動態的方式來初始化。

```
wait_queue_head_t my_queue;
init_waitqueue_head(&my_queue);
```

2）等待佇列元素

等待佇列元素可使用 wait_queue_t 資料結構來描述。

```
struct __wait_queue {
    unsigned int        flags;
    void                *private;
    wait_queue_func_t   func;
    struct list_head    task_list;
};
typedef struct __wait_queue wait_queue_t;
```

3）睡眠等待

Linux 核心提供了簡單的睡眠方式，並封裝成名為 wait_event() 的巨集以及其他幾個擴充巨集，主要功能是在處理程序睡眠時檢查處理程序的喚醒條件。

```
wait_event(wq, condition)
wait_event_interruptible(wq, condition)
wait_event_timeout(wq, condition, timeout)
wait_event_interruptible_timeout(wq, condition, timeout)
```

wq 表示等待佇列頭。condition 是一個布林運算式，在 condition 變為真之前，處理程序會保持睡眠狀態。當到達 timeout 指定的時間之後，處理程序會被喚醒，因此只會等待限定的時間。當到達指定的時間之後，wait_event_timeout() 和 wait_event_interruptible_timeout() 這兩個巨集無論 condition 是否為真，都會返回 0。

wait_event_interruptible() 會 讓 處 理 程 序 進 入 可 中 斷 睡 眠 態，而 wait_event() 會讓處理程序進入不可中斷睡眠態，也就是説不受干擾，對訊號不做任何反應，也不可能發送 SIGKILL 訊號使處理程序停止，因為它們不回應訊號。因此，一般驅動不會採用這種睡眠模式。

4）喚醒

Linux 核心提供的喚醒介面函數如下。

```
wake_up(x)
wake_up_interruptible(x)
```

wake_up() 會喚醒等待佇列中所有的處理程序。wake_up() 應該和 wait_event() 或 wait_event_ timeout() 配 對 使 用，而 wake_up_interruptible() 應該 和 wait_event_interruptible() 或 wait_event_ interruptible_timeout() 配 對使用。

本實驗運用等待佇列來完善虛擬裝置的讀寫函數。

```
struct mydemo_device {
    const char *name;
    struct device *dev;
    struct miscdevice *miscdev;
    wait_queue_head_t read_queue;
    wait_queue_head_t write_queue;
};

static int __init simple_char_init(void)
{
    int ret;

        ...
    init_waitqueue_head(&device->read_queue);
    init_waitqueue_head(&device->write_queue);

    return 0;
}

static ssize_t
demodrv_read(struct file *file, char __user *buf, size_t count, loff_t *ppos)
{
```

```
    struct mydemo_private_data *data = file->private_data;
    struct mydemo_device *device = data->device;
    int actual_readed;
    int ret;

    if (kfifo_is_empty(&mydemo_fifo)) {
        if (file->f_flags & O_NONBLOCK)
            return -EAGAIN;

        printk("%s: pid=%d, going to sleep\n", __func__, current->pid);
        ret = wait_event_interruptible(device->read_queue,
                    !kfifo_is_empty(&mydemo_fifo));
        if (ret)
            return ret;
    }

    ret = kfifo_to_user(&mydemo_fifo, buf, count, &actual_readed);
    if (ret)
        return -EIO;

    if (!kfifo_is_full(&mydemo_fifo))
        wake_up_interruptible(&device->write_queue);

    printk("%s, pid=%d, actual_readed=%d, pos=%lld\n",__func__,
            current->pid, actual_readed, *ppos);
    return actual_readed;
}

static ssize_t
demodrv_write(struct file *file, const char __user *buf, size_t count, loff_t *ppos)
{
    struct mydemo_private_data *data = file->private_data;
    struct mydemo_device *device = data->device;

    unsigned int actual_write;
    int ret;

    if (kfifo_is_full(&mydemo_fifo)){
        if (file->f_flags & O_NONBLOCK)
            return -EAGAIN;

        printk("%s: pid=%d, going to sleep\n", __func__, current->pid);
        ret = wait_event_interruptible(device->write_queue,
```

```
                !kfifo_is_full(&mydemo_fifo));
    if (ret)
        return ret;
}

ret = kfifo_from_user(&mydemo_fifo, buf, count, &actual_write);
if (ret)
    return -EIO;

if (!kfifo_is_empty(&mydemo_fifo))
    wake_up_interruptible(&device->read_queue);

printk("%s: pid=%d, actual_write =%d, ppos=%lld, ret=%d\n", __func__,
        current->pid, actual_write, *ppos, ret);

return actual_write;
}
```

主要的改動在上述程式中已粗體顯示。

（1）定義兩個等待佇列，其中 read_queue 為讀取操作的等待佇列，write_queue 為寫入操作的等待佇列。

（2）在 demodrv_read() 函數中，當 KFIFO 環狀緩衝區為空時，說明沒有資料可以讀取，呼叫 wait_event_interruptible() 函數讓使用者處理程序進入睡眠狀態，因此這個位置就是所謂的「睡眠點」。那麼什麼時候處理程序會被喚醒呢？當 KFIFO 環狀緩衝區有資料讀取時就會被喚醒。

（3）在 demodrv_read() 函數中，當把資料從裝置驅動的 KFIFO 環狀緩衝區讀到使用者空間的緩衝區之後，KFIFO 環狀緩衝區有剩餘的空間可以讓寫者處理程序寫入資料到 KFIFO 環狀緩衝區，因此呼叫 wake_up_interruptible() 去喚醒 write_queue 中所有睡眠等待的寫者處理程序。

（4）寫入操作和讀取操作很類似，只是判斷處理程序是否進入睡眠的條件不一樣。對於讀取操作，當 KFIFO 環狀緩衝區沒有資料時，進入睡眠狀態；對於寫入操作，若 KFIFO 環狀緩衝區滿了，則進入睡眠狀態。

下面使用 echo 和 cat 命令來驗證驅動。

首先用 cat 命令打開這個裝置,然後讓其在後台執行。"&" 符號表示讓其在後台執行。

```
root@ubuntu:lab6_mydemodrv_block# cat /dev/my_demo_dev &

root@ubuntu:lab6_mydemodrv_block# dmesg | tail
[  104.576803] succeeded register char device: my_demo_dev
[  124.531621] demodrv_open: major=10, minor=61
[  124.532679] demodrv_read: pid=562, going to sleep
root@ubuntu:lab6_mydemodrv_block#
```

從記錄檔中可以看出,cat 命令會先打開裝置,然後進入 demodrv_read() 函數,因為這時 KFIFO 環狀緩衝區裡面沒有可讀資料,所以讀者處理程序(pid 為 562)進入睡眠狀態。

使用 echo 命令寫資料。

```
root@ubuntu:lab6_mydemodrv_block# echo "i am study linux now" > /dev/my_demo_dev
i am study linux now

root@ubuntu:lab6_mydemodrv_block# dmesg | tail
[  185.061681] demodrv_open: major=10, minor=61
[  185.064671] demodrv_write: pid=553, actual_write =21, ppos=0, ret=0

[  185.065491] demodrv_read, pid=562, actual_readed=21, pos=0
[  185.066120] demodrv_read: pid=562, going to sleep
```

從記錄檔中可以看出,當輸出一個字串到裝置時,首先執行打開函數,然後執行寫入操作,寫入 21 位元組,寫者處理程序的 pid 是 553。然後,寫者處理程序馬上喚醒了讀者處理程序,讀者處理程序把剛才寫入的資料讀到使用者空間,也就是把 KFIFO 環狀緩衝區的資料讀取空,導致讀者處理程序又進入睡眠狀態。

6.6 I/O 多工

在之前的兩個實驗中,我們分別把虛擬裝置改造成了支援非阻塞模式和阻塞模式的操作。非阻塞模式和阻塞模式各有各的特點,但是在下面的場景裡，它們就不能滿足要求了。一個使用者處理程序要監控多個 I/O 裝置，它在存取一個 I/O 裝置並進入睡眠狀態之後，就不能做其他操作了。舉例來說，一個應用程式既要監控滑鼠事件，又要監控鍵盤事件和讀取攝影機資料，那麼之前介紹的方法就無能為力了。如果採用多執行緒或多處理程序的方式，這種方法當然可行，缺點是在大量 I/O 多工場景下需要創建大量的執行緒或處理程序，造成資源浪費和不必要的處理程序間通訊。本節將介紹 Linux 中的 I/O 多工方法。

6.6.1 Linux 核心的 I/O 多工

Linux 核心提供了 poll、select 及 epoll 這 3 種 I/O 多工機制。I/O 多工其實就是一個處理程序可以同時監視多個打開的檔案描述符號，一旦某個檔案描述符號就緒，就立即通知程式進行對應的讀寫操作。因此，它們經常用在那些需要使用多個輸入或輸出資料流程而不會阻塞在其中一個資料流程的應用中，如網路應用等。

poll 和 select 機制在 Linux 使用者空間中的介面函數定義如下。

```
int poll(struct pollfd *fds, nfds_t nfds, int timeout);
```

poll() 方法的參數 fds 是要監聽的檔案描述符號的集合，類型為指向 pollfd 資料結構的指標。pollfd 資料結構的定義如下。

```
struct pollfd {
      int    fd;
      short events;
      short revents;
  };
```

fd 表示要監聽的檔案描述符號，events 表示監聽的事件，revents 表示返回的時間。

監聽的事件有以下常見類型（隱藏）。

- POLLIN：資料可以立即被讀取。
- POLLRDNORM：等於 POLLIN，表示資料可以立即被讀取。

- POLLERR：裝置發生了錯誤。
- POLLOUT：裝置可以立即寫入資料。

poll() 方法的參數 nfds 是要監聽的檔案描述符號的個數；參數 timeout 是單位為毫秒的逾時，負數表示一直監聽，直到被監聽的檔案描述符號集合中有裝置發生了事件。

Linux 核心的 file_operations 方法集提供了 poll() 方法的實現。

```
<include/linux/fs.h>

struct file_operations {
    ...
    unsigned int (*poll) (struct file *, struct poll_table_struct *);
    ...
}
```

當使用者程式打開裝置檔案後執行 poll 或 select 系統呼叫時，裝置驅動的 poll() 方法就會被呼叫。裝置驅動的 poll() 方法會執行以下步驟。

（1）在一個或多個等待佇列中呼叫 poll_wait() 函數。poll_wait() 函數會把當前處理程序增加到指定的等待列表（poll_table）中，當請求資料準備好之後，會喚醒這些睡眠的處理程序。

（2）返回監聽事件，也就是 POLLIN 或 POLLOUT 等隱藏。

因此，poll() 方法的作用就是讓應用程式同時等待多個資料流程。

6.6.2 實驗 6-7：在虛擬裝置中增加 I/O 多工支持

1. 實驗目的

（1）對虛擬裝置的字元驅動增加 I/O 多工支援。
（2）編寫應用程式對 I/O 多工進行測試。

2. 實驗詳解

我們對虛擬裝置驅動做了修改，從而讓驅動可以支援多個裝置。

```c
struct mydemo_device {
    char name[64];
    struct device *dev;
    wait_queue_head_t read_queue;
    wait_queue_head_t write_queue;
    struct kfifo mydemo_fifo;
};

struct mydemo_private_data {
    struct mydemo_device *device;
    char name[64];
};
```

我們對這個虛擬裝置採用 mydemo_device 資料結構進行抽象，這個資料結構包含了 KFIFO 環狀緩衝區，還包含讀取和寫入的等待佇列頭。

另外，我們還抽象了 mydemo_private_data 資料結構，這個資料結構主要包含一些驅動的私有資料。這個簡單的裝置驅動程式暫時只包含了 name 陣列和指向 mydemo_device 資料結構的指標，等以後這個裝置驅動實現的功能變多之後，再增加更多其他的成員，如鎖、裝置打開計數器等。

接下來看看驅動的初始化函數是如何支援多個裝置的。

```c
#define MYDEMO_MAX_DEVICES  8
static struct mydemo_device *mydemo_device[MYDEMO_MAX_DEVICES];

static int __init simple_char_init(void)
{
    int ret;
    int i;
    struct mydemo_device *device;

    ret = alloc_chrdev_region(&dev, 0, MYDEMO_MAX_DEVICES, DEMO_NAME);
    if (ret) {
        printk("failed to allocate char device region");
        return ret;
    }

    demo_cdev = cdev_alloc();
    if (!demo_cdev) {
        printk("cdev_alloc failed\n");
```

```
        goto unregister_chrdev;
    }

    cdev_init(demo_cdev, &demodrv_fops);

    ret = cdev_add(demo_cdev, dev, MYDEMO_MAX_DEVICES);
    if (ret) {
        printk("cdev_add failed\n");
        goto cdev_fail;
    }

    for (i = 0; i < MYDEMO_MAX_DEVICES; i++) {
        device = kmalloc(sizeof(struct mydemo_device), GFP_KERNEL);
        if (!device) {
            ret = -ENOMEM;
            goto free_device;
        }

        sprintf(device->name, "%s%d", DEMO_NAME, i);
        mydemo_device[i] = device;
        init_waitqueue_head(&device->read_queue);
        init_waitqueue_head(&device->write_queue);

        ret = kfifo_alloc(&device->mydemo_fifo,
                MYDEMO_FIFO_SIZE,
                GFP_KERNEL);
        if (ret) {
            ret = -ENOMEM;
            goto free_kfifo;
        }

        printk("mydemo_fifo=%p\n", &device->mydemo_fifo);

    }

    printk("succeeded register char device: %s\n", DEMO_NAME);

    return 0;

free_kfifo:
    for (i =0; i < MYDEMO_MAX_DEVICES; i++)
        if (&device->mydemo_fifo)
            kfifo_free(&device->mydemo_fifo);
```

```
free_device:
    for (i =0; i < MYDEMO_MAX_DEVICES; i++)
        if (mydemo_device[i])
            kfree(mydemo_device[i]);
cdev_fail:
    cdev_del(demo_cdev);
unregister_chrdev:
    unregister_chrdev_region(dev, MYDEMO_MAX_DEVICES);
    return ret;
}
```

MYDEMO_MAX_DEVICES 表示裝置驅動最多支持 8 個裝置。首先，在模組載入函數 simple_char_init() 裡使用 alloc_chrdev_region() 函數去申請 8 個次裝置編號。然後，透過 cdev_add() 函數把這 8 個次裝置都註冊到系統裡。最後，為每一個裝置都分配 mydemo_device 資料結構，並且初始化其中的等待佇列頭和 KFIFO 環狀緩衝區。

下面我們來看看 open() 方法的實現和之前有何不同。

```
static int demodrv_open(struct inode *inode, struct file *file)
{
    unsigned int minor = iminor(inode);
    struct mydemo_private_data *data;
    struct mydemo_device *device = mydemo_device[minor];
    int ret;


    printk("%s: major=%d, minor=%d, device=%s\n", __func__,
            MAJOR(inode->i_rdev), MINOR(inode->i_rdev), device->name);

    data = kmalloc(sizeof(struct mydemo_private_data), GFP_KERNEL);
    if (!data)
        return -ENOMEM;

    sprintf(data->name, "private_data_%d", minor);

    data->device = device;
    file->private_data = data;

    return 0;
}
```

粗體部分就是和之前 open() 方法的不同之處。這裡首先會透過次裝置編號
找到對應的 mydemo_device 資料結構，然後分配私有的 mydemo_private_
data 資料結構，最後把私有資料的位址存放在 file->private_data 指標裡。

最後我們來看看 poll() 方法的實現。

```
static const struct file_operations demodrv_fops = {
    .owner = THIS_MODULE,
    .open = demodrv_open,
    .release = demodrv_release,
    .read = demodrv_read,
    .write = demodrv_write,
    .poll = demodrv_poll,
};

static unsigned int demodrv_poll(struct file *file, poll_table *wait)
{
    int mask = 0;
    struct mydemo_private_data *data = file->private_data;
    struct mydemo_device *device = data->device;

    poll_wait(file, &device->read_queue, wait);
        poll_wait(file, &device->write_queue, wait);

    if (!kfifo_is_empty(&device->mydemo_fifo))
        mask |= POLLIN | POLLRDNORM;
    if (!kfifo_is_full(&device->mydemo_fifo))
        mask |= POLLOUT | POLLWRNORM;

    return mask;
}
```

本實驗需要寫一個應用程式來測試這個 poll() 方法是否工作。

```
#include <stdio.h>
#include <stdlib.h>
#include <string.h>
#include <sys/types.h>
#include <sys/stat.h>
#include <sys/ioctl.h>
#include <fcntl.h>
#include <errno.h>
```

```c
#include <poll.h>
#include <linux/input.h>

int main(int argc, char *argv[])
{
    int ret;
    struct pollfd fds[2];
    char buffer0[64];
    char buffer1[64];

    fds[0].fd = open("/dev/mydemo0", O_RDWR);
    if (fds[0].fd == -1)
        goto fail;
    fds[0].events = POLLIN;
    fds[0].revents = 0;

    fds[1].fd = open("/dev/mydemo1", O_RDWR);
    if (fds[1].fd == -1)
        goto fail;
    fds[1].events = POLLIN;
    fds[1].revents = 0;

    while (1) {
        ret = poll(fds, 2, -1);
        if (ret == -1)
            goto fail;

        if (fds[0].revents & POLLIN) {
            ret = read(fds[0].fd, buffer0, 64);
            if (ret < 0)
                goto fail;
            printf("%s\n", buffer0);
        }

        if (fds[1].revents & POLLIN) {
            ret = read(fds[1].fd, buffer1, 64);
            if (ret < 0)
                goto fail;

            printf("%s\n", buffer1);
        }
    }
```

```
fail:
    perror("poll test");
    exit(EXIT_FAILURE);
}
```

在這個測試程式中,我們打開兩個裝置,然後分別進行監聽。如果其中一個裝置的 KFIFO 環狀緩衝區中有資料,就把它們讀出來,並且輸出。

編譯並載入裝置驅動和測試程式。

```
# 載入驅動和生成裝置節點
root@ubuntu:lab7_mydemodrv_poll# insmod mydemo_poll.ko
# 查看mydemo_dev裝置的主裝置編號
root@ubuntu:lab7_mydemodrv_poll # cat /proc/devices
root@ubuntu:lab7_mydemodrv_poll# mknod /dev/mydemo0 c 249 0
root@ubuntu:lab7_mydemodrv_poll# mknod /dev/mydemo1 c 249 1
```

執行測試程式。

```
root@ubuntu:lab7_mydemodrv_poll# ./test &
[1] 1069
root@ubuntu:lab7_mydemodrv_poll# dmesg | tail
[ 1641.328951] mydemo_fifo=0000000022d33c69
[ 1641.329712] mydemo_fifo=000000007158f00f
[ 1641.329823] mydemo_fifo=00000000104902fa
[ 1641.329873] mydemo_fifo=00000000ae8f950d
[ 1641.329910] mydemo_fifo=000000006dbc915b
[ 1641.329940] mydemo_fifo=0000000058175b20
[ 1641.329969] mydemo_fifo=00000000761e9125
[ 1641.329994] succeeded register char device: mydemo_dev
[ 1813.667427] demodrv_open: major=249, minor=0, device=mydemo_dev0
[ 1813.667774] demodrv_open: major=249, minor=1, device=mydemo_dev1
```

使用 cat 命令往裝置 0 裡寫入資料。

```
root@ubuntu:lab7_mydemodrv_poll# echo "i am a linuxer" > /dev/mydemo0
i am a linuxer
root@ubuntu:lab7_mydemodrv_poll# dmesg | tail
[ 1910.168214] demodrv_open: major=249, minor=0, device=mydemo_dev0
[ 1910.171052] demodrv_write:mydemo_dev0 pid=553, actual_write =15, ppos=0, ret=0
[ 1910.172128] demodrv_read:mydemo_dev0, pid=1069, actual_readed=15, pos=0
root@ubuntu:lab7_mydemodrv_poll#
```

我們發現測試程式從裝置 0 中成功讀取了輸入資訊。

我們再使用 cat 命令往裝置 1 裡寫入資料。

```
root@ubuntu:lab7_mydemodrv_poll# echo "hello, device 1" > /dev/mydemo1
hello, device 1
root@ubuntu:lab7_mydemodrv_poll# dmesg | tail
[ 2365.052879] demodrv_open: major=249, minor=1, device=mydemo_dev1
[ 2365.053472] demodrv_write:mydemo_dev1 pid=553, actual_write =16, ppos=0, ret=0
[ 2365.053929] demodrv_read:mydemo_dev1, pid=1069, actual_readed=16, pos=0
```

另外，可以在裝置驅動的 poll() 方法中增加輸出資訊，看看有什麼變化。

6.6.3 實驗 6-8：為什麼不能喚醒讀寫處理程序

1. 實驗目的

本實驗將在實驗 6-7 中故意製造錯誤。希望讀者透過發現問題和深入偵錯來解決問題，找到問題的根本原因，從而對字元裝置驅動有一個深刻的認識。

2. 實驗詳解

在實驗 6-7 的裝置驅動中修改部分程式，並故意製造錯誤。

主要的修改是把 KFIFO 環狀緩衝區以及讀寫等待佇列頭 read_queue 和 write_queue 都放入 mydemo_private_data 資料結構中。

```
struct mydemo_private_data {
    struct mydemo_device *device;
    char name[64];
    struct kfifo mydemo_fifo;
    wait_queue_head_t read_queue;
    wait_queue_head_t write_queue;
};
```

在 demodrv_open() 函數中分配 kfifo，並初始化等待佇列頭 read_queue 和 write_queue。

```
static int demodrv_open(struct inode *inode, struct file *file)
{
    unsigned int minor = iminor(inode);
    struct mydemo_private_data *data;
    struct mydemo_device *device = mydemo_device[minor];
```

```
    int ret;


    printk("%s: major=%d, minor=%d, device=%s\n", __func__,
            MAJOR(inode->i_rdev), MINOR(inode->i_rdev), device->name);

    data = kmalloc(sizeof(struct mydemo_private_data), GFP_KERNEL);
    if (!data)
        return -ENOMEM;

    sprintf(data->name, "private_data_%d", minor);

    ret = kfifo_alloc(&data->mydemo_fifo,
            MYDEMO_FIFO_SIZE,
            GFP_KERNEL);
    if (ret) {
        kfree(data);
        return -ENOMEM;
    }

    init_waitqueue_head(&data->read_queue);
    init_waitqueue_head(&data->write_queue);

    data->device = device;

    file->private_data = data;

    return 0;
}
```

另外，還需要對應修改 demodrv_read() 和 demodrv_write() 函數。

編譯好裝置驅動，並將其複製到 kmodules 目錄中。創建裝置節點檔案，
然後載入核心模組。

```
root@ubuntu:lab8# insmod mydemo_error.ko
root@ubuntu:lab8# mknod /dev/mydemo0 c 249 0
root@ubuntu:lab8# mknod /dev/mydemo1 c 249 1
```

在後台使用 cat 命令打開 /dev/mydemo0 裝置。

```
root@ubuntu:lab8# cat /dev/mydemo0 &
[1] 1548
```

```
root@ubuntu:lab8# dmesg | tail
[ 6894.095403] succeeded register char device: my_demo_dev
[ 6991.937557] demodrv_open: major=249, minor=0, device=my_demo_dev0
[ 6991.939729] demodrv_read:my_demo_dev0 pid=1548, going to sleep, private_data_0
root@ubuntu:lab8#
```

從上述記錄檔可知，系統創建了一個讀者處理程序，即 PID 為 1548 的處理程序，處理程序然後進入睡眠狀態。使用 echo 命令向 /dev/mydemo0 裝置中寫入字串。

```
root@ubuntu:lab8# echo "i am study linux now" > /dev/mydemo0

root@ubuntu:lab8# dmesg | tail
[ 7079.537053] demodrv_open: major=249, minor=0, device=my_demo_dev0
[ 7079.538901] wait up read queue, private_data_0
[ 7079.538985] demodrv_write:my_demo_dev0 pid=553, actual_write =21, ppos=0, ret=0
root@ubuntu:lab8_mydemodrv_find_error#
```

從上述記錄檔可知，echo 命令會創建一個寫者處理程序並且寫入資料。"wait up read queue" 表明寫者處理程序呼叫了 wake_up_interruptible() 函數來喚醒讀者處理程序，但是我們沒有看到讀者處理程序讀取資料。那麼，為什麼讀者處理程序沒有被真正喚醒呢？

6.7 增加非同步通知

6.7.1 非同步通知介紹

非同步通知有點類似於中斷，當請求的裝置資源可以獲取時，由驅動主動通知應用程式，再由應用程式呼叫 read() 或 write() 方法來發起 I/O 操作。非同步通知不像我們之前介紹的阻塞操作，它不會造成阻塞，僅在裝置驅動滿足條件之後才透過訊號機制通知應用程式去發起 I/O 操作。

非同步通知使用了系統呼叫的 signal() 函數和 sigcation() 函數。signal() 函數會讓一個訊號和一個函數對應，每當接收到這個訊號時就會呼叫對應的函數來處理。

6.7.2 實驗 6-9：在虛擬裝置增加非同步通知

1. 實驗目的

學會如何給字元裝置驅動增加非同步通知功能。

2. 實驗詳解

為了在字元裝置中增加非同步通知，需要完成以下幾步。

（1）在 mydemo_device 資料結構中增加一個 fasync_struct 資料結構的指標，該指標會構造 fasync_struct 資料結構的鏈結串列頭。

```
struct mydemo_device {
    char name[64];
    struct device *dev;
    wait_queue_head_t read_queue;
    wait_queue_head_t write_queue;
    struct kfifo mydemo_fifo;
    struct fasync_struct *fasync;
};
```

（2）在核心中使用 fasync_struct 資料結構來描述非同步通知。

```
<include/linux/fs.h>

struct fasync_struct {
    spinlock_t          fa_lock;
    int                 magic;
    int                 fa_fd;
    struct fasync_struct  *fa_next; /* 單鏈結串列 */
    struct file         *fa_file;
    struct rcu_head     fa_rcu;
};
```

（3）裝置驅動的 file_operations 方法集中有一個 fasync() 方法，我們需要實現它。

```
static const struct file_operations demodrv_fops = {
    .owner = THIS_MODULE,
...
    .fasync = demodrv_fasync,
```

```
};

static int demodrv_fasync(int fd, struct file *file, int on)
{
    struct mydemo_private_data *data = file->private_data;
    struct mydemo_device *device = data->device;

    return fasync_helper(fd, file, on, &device->fasync);
}
```

這裡直接使用 fasync_helper() 函數來構造 fasync_struct 類型的節點，並將
其增加到系統的鏈結串列中。

（4）修改 demodrv_read() 函數和 demodrv_write() 函數，當請求的資源可
用時，呼叫 kill_ fasync() 介面函數來發送訊號。

< demodrv_write()函數的程式片段>

```
static ssize_t
demodrv_write(struct file *file, const char __user *buf, size_t count, loff_t
*ppos)
{
    if (kfifo_is_full(&device->mydemo_fifo)){
        if (file->f_flags & O_NONBLOCK)
            return -EAGAIN;

        ret = wait_event_interruptible(device->write_queue,
                !kfifo_is_full(&device->mydemo_fifo));
        if (ret)
            return ret;
    }

    ret = kfifo_from_user(&device->mydemo_fifo, buf, count, &actual_write);
    if (ret)
        return -EIO;

    if (!kfifo_is_empty(&device->mydemo_fifo)) {
        wake_up_interruptible(&device->read_queue);
        kill_fasync(&device->fasync, SIGIO, POLL_IN);
    }
    return actual_write;
}
```

在 demodrv_write() 函數中,當從使用者空間複製資料到 KFIFO 環狀緩衝區中時,KFIFO 環狀緩衝區不為空,並透過 kill_fasync() 介面函數發送 SIGIO 訊號給使用者程式。

下面來看看如何編寫測試程式。

```c
#define _GNU_SOURCE
#include <stdio.h>
#include <stdlib.h>
#include <string.h>
#include <unistd.h>
#include <sys/types.h>
#include <sys/stat.h>
#include <sys/ioctl.h>
#include <fcntl.h>
#include <errno.h>
#include <poll.h>
#include <signal.h>

static int fd;

void my_signal_fun(int signum, siginfo_t *siginfo, void *act)
{
    int ret;
    char buf[64];

    if (signum == SIGIO) {
        if (siginfo->si_band & POLLIN) {
            printf("FIFO is not empty\n");
            if ((ret = read(fd, buf, sizeof(buf))) != -1) {
                buf[ret] = '\0';
                puts(buf);
            }
        }
        if (siginfo->si_band & POLLOUT)
            printf("FIFO is not full\n");
    }
}

int main(int argc, char *argv[])
{
    int ret;
```

```
    int flag;
    struct sigaction act, oldact;

    sigemptyset(&act.sa_mask);
    sigaddset(&act.sa_mask, SIGIO);
    act.sa_flags = SA_SIGINFO;
    act.sa_sigaction = my_signal_fun;
    if (sigaction(SIGIO, &act, &oldact) == -1)
        goto fail;

    fd = open("/dev/mydemo0", O_RDWR);
    if (fd < 0)
        goto fail;

    /*設定非同步I/O所有權*/
    if (fcntl(fd, F_SETOWN, getpid()) == -1)
        goto fail;

    /*設定SIGIO訊號*/
    if (fcntl(fd, F_SETSIG, SIGIO) == -1)
        goto fail;

    /*獲取檔案flags*/
    if ((flag = fcntl(fd, F_GETFL)) == -1)
        goto fail;

    /*設定檔案flags, 設定FASYNC,支援非同步通知*/
    if (fcntl(fd, F_SETFL, flag | FASYNC) == -1)
        goto fail;

    while (1)
        sleep(1);

fail:
    perror("fasync test");
    exit(EXIT_FAILURE);
}
```

上述程式首先透過 sigaction() 函數設定處理程序接收指定的訊號以及接收訊號之後的動作，這裡指定接收 SIGIO 訊號，訊號處理函數是 my_signal_fun()。接下來，打開裝置驅動檔案，並使用 fcntl() 函數讓裝置驅動檔案支援 FASYNC 功能。當測試程式接收到 SIGIO 訊號之後，會執行

my_signal_fun() 函數並判斷事件類型是否為 POLLIN。如果事件類型是 POLLIN，那麼可以主動呼叫 read() 函數並把資料讀出來。

下面是執行本實驗程式的結果。

首先載入核心模組和生成裝置節點，然後在後台執行測試程式。

```
root@ubuntu:lab9# insmod mydemo_fasync.ko
# 查看mydemo_dev裝置的主裝置編號
root@ubuntu:lab9# cat /proc/devices
# 這裡假設mydemo_dev裝置的主裝置編號為249，有可能會變化
root@ubuntu:lab9# mknod /dev/mydemo0 c 249 0
root@ubuntu:lab9# mknod /dev/mydemo1 c 249 1
root@ubuntu:lab9# ./test &
```

最後使用 echo 命令往裝置裡寫入字串。

```
# echo "i am linuxer" > /dev/mydemo0
FIFO is not empty
i am linuxer

root@ubuntu:lab9# dmesg | tail
[  363.663719] demodrv_open: major=249, minor=0, device=mydemo_dev0
[  363.663795] demodrv_fasync send SIGIO
[  410.021264] demodrv_open: major=249, minor=0, device=mydemo_dev0
[  410.021422] demodrv_write kill fasync
[  410.021437] demodrv_write:mydemo_dev0 pid=2103, actual_write =13, ppos=0,
ret=0

[  410.022310] demodrv_read:mydemo_dev0, pid=2828, actual_readed=13, pos=0
```

從記錄檔中可以看出，結果符合我們的預期，echo 命令已向裝置中寫入字串，可透過 kill_fasync() 介面函數給測試程式發送 SIGIO 訊號。測試程式接收到該訊號之後，主動呼叫一次 read() 函數，把剛才寫入的字串讀到使用者空間。

6.7.3 實驗 6-10：解決驅動的當機難題

1. 實驗目的

學習如何解決當機問題以及如何分析當機記錄檔。

2. 實驗詳解

在實驗 6-9 中，有部分讀者在 QEMU + ARM64 實驗平台上遇到了以下當機記錄檔，請幫忙分析原因並列出解決方案。

```
root@ubuntu:lab9_mydemodrv_fasync# ./test &
[  253.946713] Unable to handle kernel paging request at virtual address
               00000000e859d451
[  253.950799] Mem abort info:
[  253.951015]   ESR = 0x96000004
[  253.951228]   EC = 0x25: DABT (current EL), IL = 32 bits
[  253.951422]   SET = 0, FnV = 0
[  253.951610]   EA = 0, S1PTW = 0
[  253.951788] Data abort info:
[  253.951920]   ISV = 0, ISS = 0x00000004
[  253.952047]   CM = 0, WnR = 0
[  253.952267] user pgtable: 4k pages, 48-bit VAs, pgdp=0000000065065000
[  253.952943] [00000000e859d451] pgd=0000000000000000
[  253.953945] Internal error: Oops: 96000004 [#1] SMP
[  253.954340] Modules linked in: mydemo_fasync(OE)
[  253.955280] CPU: 3 PID: 776 Comm: test Kdump: loaded Tainted: G    OE
               5.4.0+ #4
[  253.955692] Hardware name: linux,dummy-virt (DT)
[  253.956133] pstate: 20000005 (nzCv daif -PAN -UAO)
[  253.957063] pc : fasync_insert_entry+0x78/0x1c4
[  253.957382] lr : fasync_insert_entry+0x64/0x1c4
[  253.957743] sp : ffff000025023ae0
[  253.958087] x29: ffff000025023ae0 x28: ffff000025054600
[  253.958713] x27: 0000000000000000 x26: 0000000000000000
[  253.958964] x25: 0000000056000000 x24: 0000000000000015
[  253.959206] x23: 0000000080001000 x22: 0000ffffa96813f4
[  253.959453] x21: 00000000ffffffff x20: ffff80001a761000
[  253.959750] x19: 0000000000000000 x18: 0000000000000000
[  253.960015] x17: 0000000000000000 x16: 0000000000000000
[  253.960399] x15: 0000000000000000 x14: 0000000000000000
[  253.960719] x13: 0000000000000000 x12: 0000000000000000
```

```
[  253.961037] x11: 0000000000000000 x10: 0000000000000000
[  253.961411] x9 : 0000000000000000 x8 : ffff8000117997cf
[  253.961736] x7 : 0000000000000000 x6 : ffff00002bde6ee0
[  253.962050] x5 : 0000000000000000 x4 : ffff8000117c6230
[  253.962320] x3 : 0000000000000000 x2 : 0000000000000000
[  253.962635] x1 : c7fc030ff2ac1300 x0 : 00000000e859d439
[  253.963067] Call trace:
[  253.963280]  fasync_insert_entry+0x78/0x1c4
[  253.963562]  fasync_add_entry+0x50/0x74
[  253.963805]  fasync_helper+0x50/0x58
[  253.964915]  demodrv_fasync+0x68/0x70 [mydemo_fasync]
[  253.965341]  setfl+0x1c0/0x254
[  253.965951]  do_fcntl+0x2e8/0x73c
[  253.966364]  __do_sys_fcntl+0xa4/0xd4
[  253.966652]  __se_sys_fcntl+0x40/0x50
[  253.966894]  __arm64_sys_fcntl+0x44/0x4c
[  253.967180]  __invoke_syscall+0x28/0x30
[  253.967589]  invoke_syscall+0x88/0xbc
[  253.967854]  el0_svc_common+0xc4/0x144
[  253.968124]  el0_svc_handler+0x3c/0x48
[  253.968374]  el0_svc+0x8/0xc
[  253.969148] Code: f9400fe0 f9001be0 14000012 f9401fe0 (f9400c00)
```

從 "Unable to handle kernel paging request at virtual address 00000000e
859d451" 這句記錄檔可以看出,這是典型的空指標存取錯誤,即 Oops 錯
誤。讀者可以先去閱讀 12.4 節關於如何分析 Oops 錯誤的內容,然後再來
分析本實驗的記錄檔。

6.8 本章小結

字元裝置驅動是 Linux 核心中最常見的裝置形態之一,編寫裝置驅動是深
入學習 Linux 裝置驅動和核心開發的有效方法。

本章透過 9 個實驗介紹 Linux 核心中字元裝置驅動的編寫。我們在實驗
6-8 中留了一個問題,它是從實際專案遇到的問題中抽象出來的,解答它
的重點是要瞭解處理程序的本質,見第 8 章。當使用 cat 命令打開 /dev/
mydemo0 裝置時,相當於創建了一個處理程序(假設這個處理程序名為

A，該處理程序是由 Linux 的 shell 介面創建的）來打開這個裝置，然後執行 read() 系統呼叫來讀取這個裝置的資料。因為裝置的 FIFO 緩衝區為空，所以處理程序 A 在裝置驅動的 devm_read() 函數的 read_queue 睡眠佇列中睡眠了。接著使用 echo 命令向 /dev/mydemo0 裝置中寫入字串，這時 Linux 的 shell 介面又重新創建了一個新的處理程序（這裡假設是處理程序 B）。處理程序 B 打開這個裝置，然後執行 write() 系統呼叫以寫入資料到這個裝置的 FIFO 緩衝區，並呼叫 wake_up_ interruptible() 函數去喚醒 read_queue 睡眠佇列中的處理程序。當處理程序 B 喚醒 read_ queue 睡眠佇列中的處理程序時，處理程序 A 是否在 read_queue 這個睡眠佇列裡呢？

答案是否定的，因為在實驗 6-8 中 read_queue 睡眠佇列被放入 mydemo_private_data 資料結構中，這個資料結構是在處理程序打開這個裝置時才分配的，所以處理程序 A 和處理程序 B 看到的不是同一個 mydemo_private_data 資料結構。也就是說，處理程序 B 喚醒的 read_queue 睡眠佇列中根本沒有處理程序 A，因為處理程序 A 睡眠在自己分配的那個 read_queue 睡眠佇列中。

6.8 本章小結

07

系統呼叫

在現代作業系統中，處理器的執行模式通常分成兩個空間：一個是核心空間，另一個是使用者空間。大部分的應用程式執行在使用者空間，而核心和裝置驅動執行在核心空間。如果應用程式需要存取硬體資源或需要核心提供服務，該怎麼辦呢？

7.1 系統呼叫的概念

在現代作業系統架構中，核心空間和使用者空間之間多了一個中間層，這就是系統呼叫層，如圖 7.1 所示。

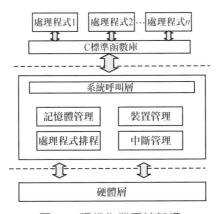

圖 7.1 現代作業系統架構

系統呼叫層主要有以下作用。

- 為使用者空間程式提供一層硬體抽象介面。這能夠讓應用程式設計者從學習硬體裝置底層程式設計中解脫出來。舉例來說，當需要讀寫檔案時，應用程式編寫者不用去關心磁碟類型和媒體，以及檔案儲存在磁碟哪個磁區等底層硬體資訊。
- 保證系統穩定和安全。應用程式要存取核心就必須透過系統呼叫層，核心可以在系統呼叫層對應用程式的存取權限、使用者類型和其他一些規則進行過濾，這樣可以避免應用程式不正確地存取核心。
- 可攜性。可以讓應用程式在不修改原始程式碼的情況下，在不同的作業系統或擁有不同硬體架構的系統中重新編譯並且執行。

7.1.1 系統呼叫和 POSIX 標準

對應用程式設計介面（API）和系統呼叫之間的關係，有的讀者可能有點糊塗了。一般來說，應用程式呼叫使用者空間實現的應用程式設計介面來程式設計，而非直接執行系統呼叫。一個介面函數可以由一個系統呼叫實現，也可以由多個系統呼叫實現，甚至完全不使用任何系統呼叫。因此，一個介面函數沒有必要對應一個特定的系統呼叫。

UNIX 系統在設計的早期就出現了作業系統的 API 層。在 UNIX 的世界裡，最通用的系統呼叫層介面是 POSIX（Portable Operating System Interface of UNIX）標準。POSIX 的誕生和 UNIX 的發展密不可分。UNIX 系統誕生於 20 世紀 70 年代的貝爾實驗室，很多商業廠商基於 UNIX 系統發展自己的 UNIX 系統，但是標準不統一。後來 IEEE 制定了 POSIX 標準，但需要注意的是，POSIX 標準針對的是 API 而非系統呼叫。判斷一個系統是否與 POSIX 相容時，要看它是否提供一組合適的應用程式設計介面，而非看它的系統呼叫是如何定義和實現的。

Linux 作業系統的 API 通常是以 C 標準函數庫的方式提供的，比如 Linux 中的 libc 函數庫。C 標準函數庫提供了 POSIX 的絕大部分 API 的實現，同時也為核心提供的每個系統呼叫封裝了對應的函數，並且系統呼叫和 C 標準函數庫封裝的函數名稱通常是相同的。舉例來説，open 系統呼叫在 C 標準函數庫中對應的函數是 open 函數。另外，有幾個介面函數可能呼叫封裝了不同功能的同一個系統呼叫，例如 libc 函數庫中實現的 malloc()、calloc() 和 free() 等函數，這幾個函數用來分配和釋放虛擬記憶體（堆積上的虛擬記憶體），它們都是利用 brk 系統呼叫來實現的。

7.1.2 系統呼叫表

Linux 系統為每一個系統呼叫指定了一個系統呼叫號，這樣當應用程式執行一個系統呼叫時，應用程式知道執行和呼叫到哪個系統呼叫了，從而不會造成混亂。系統呼叫號一旦分配之後，就不會有任何變更；不然已經編譯好的應用程式就不能執行了。

對 ARM64 系統來説，系統呼叫號定義在 arch/arm64/include/asm/unistd32.h 標頭檔中。

```
<arch/arm64/include/asm/unistd32.h>

#define __NR_restart_syscall 0
__SYSCALL(__NR_restart_syscall, sys_restart_syscall)
#define __NR_exit 1
__SYSCALL(__NR_exit, sys_exit)
#define __NR_fork 2
__SYSCALL(__NR_fork, sys_fork)
#define __NR_read 3
__SYSCALL(__NR_read, sys_read)
#define __NR_write 4
__SYSCALL(__NR_write, sys_write)
#define __NR_open 5
__SYSCALL(__NR_open, compat_sys_open)
...
```

舉例來説，open 這個系統呼叫被指定的系統呼叫號是 5，因此在所有的 ARM64 系統中，5 這個 open 系統呼叫號是不能更改的。open 系統呼叫最終實現在以下函數中。

```
<fs/open.c>

SYSCALL_DEFINE3(open, const char __user *, filename, int, flags, umode_t, mode)
{
    if (force_o_largefile())
        flags |= O_LARGEFILE;

    return do_sys_open(AT_FDCWD, filename, flags, mode);
}
```

SYSCALL_DEFINEx 是一類巨集,實現在 include/linux/syscalls.h 標頭檔中。

```
<include/linux/syscalls.h>

#define SYSCALL_DEFINE1(name, ...) SYSCALL_DEFINEx(1, _##name, __VA_ARGS__)
#define SYSCALL_DEFINE2(name, ...) SYSCALL_DEFINEx(2, _##name, __VA_ARGS__)
#define SYSCALL_DEFINE3(name, ...) SYSCALL_DEFINEx(3, _##name, __VA_ARGS__)
#define SYSCALL_DEFINE4(name, ...) SYSCALL_DEFINEx(4, _##name, __VA_ARGS__)
#define SYSCALL_DEFINE5(name, ...) SYSCALL_DEFINEx(5, _##name, __VA_ARGS__)
#define SYSCALL_DEFINE6(name, ...) SYSCALL_DEFINEx(6, _##name, __VA_ARGS__)
```

其中 SYSCALL_DEFINE1 表示有 1 個參數,SYSCALL_DEFINE2 表示有 2 個參數,依此類推。SYSCALL_DEFINEx 巨集的定義如下。

```
#define SYSCALL_DEFINEx(x, sname, ...)          \
    SYSCALL_METADATA(sname, x, __VA_ARGS__)     \
    __SYSCALL_DEFINEx(x, sname, __VA_ARGS__)
```

這個巨集在擴充完之後會變成 sys_open() 函數。

```
asmlinkage long __arm64_sys_open(const struct pt_regs *regs);

asmlinkage long __arm64_sys_open(const struct pt_regs *regs)
{
    return __se_sys_open(filename, flags, mode);
}

static long __se_sys_open(const char __user * filename, int flags, umode_t mode)
{
    long ret = __do_sys_open(filename, flags, mode);
    return ret;
}
```

```
static inline long __do_sys_open(const char __user * filename, int flags,
umode_t mode)
```

因此，SYSCALL_DEFINE3(open, …) 敘述展開後會多出兩個函數，分別是 __arm64_sys_ open() 和 __se_sys_open() 函數。其中 __arm64_sys_ open() 函數的位址會存放在系統呼叫表 sys_call_table 中。最後這個函數變成了 __do_sys_open() 函數。

在 arch/arm64/kernel/sys.c 檔案中，__SYSCALL 巨集用來設定某個系統呼叫的函數指標到 sys_call_table[] 陣列中。

```
#define __SYSCALL(nr, sym) [nr] = (syscall_fn_t)__arm64_##sym,
```

系統在初始化時會把 __arm64_sys_xx() 函數增加到 sys_call_table[] 陣列裡。因此，sys_ call_table 的原型如下。

```
typedef long (*syscall_fn_t)(struct pt_regs *regs);
```

參數為 pt-regs *regs 資料結構。系統呼叫表如圖 7.2 所示。

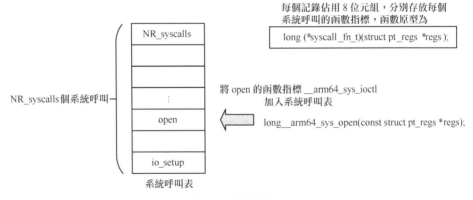

圖 7.2 系統呼叫表

7.1.3 用程式存取系統呼叫

應用程式編寫者通常不會直接存取系統呼叫，而是透過 C 標準函數庫函數來存取系統呼叫。如果給 Linux 系統新增加了系統呼叫，那麼可以透過直接呼叫 syscall() 函數來存取新增加的系統呼叫。

```
#include <unistd.h>
#include <sys/syscall.h>    /* 系統呼叫的定義 */

long syscall(long number, ...);
```

syscall() 函數可以直接執行系統呼叫，第一個參數是系統呼叫號，比如，對於上面的 open，系統呼叫號是 5；"..." 是可變參數，用來傳遞參數到核心。以上述的 open 系統呼叫為例，在應用程式中可以用以下程式直接呼叫。

```
#define NR_OPEN 5
syscall(NR_OPEN, filename, flags, mode);
```

7.1.4 新增系統呼叫

讀者可能有疑惑，既然 Linux 系統為我們提供了幾百個系統呼叫，那麼當我們在實際專案中遇到問題時，是否可以新增系統呼叫呢？

在 Linux 系統中新增系統呼叫是很容易的事情，本章最後會列出實驗讓讀者練習，但是我們不提倡新增系統呼叫，因為新增系統呼叫表示應用程式可能缺乏可攜性。Linux 系統的系統呼叫必須由 Linux 社區決定，並且和 glibc 社區同步，也就是需要 Linux 和 glibc 同步進行修改。因此，為了新增系統呼叫，需要在社區裡做充分討論和溝通，這個過程會非常漫長。

其實 Linux 核心裡提供了很多機制來讓使用者程式和核心進行資訊互動，讀者應該充分思考是否可以使用以下方法來實現，而非考慮新增系統呼叫。

- 裝置節點。在實現一個裝置節點之後，就可以對該裝置執行 read() 和 write() 等操作，甚至可以透過 ioctl 介面來自訂一些操作。
- sysfs 介面。sysfs 介面也是一種推薦的讓使用者程式和核心直接通訊的方式，這種方式很靈活，也是 Linux 核心推薦的做法。

7.2 實驗

7.2.1 實驗 7-1：在樹莓派上新增一個系統呼叫

1. 實驗目的

透過新增一個系統呼叫，瞭解系統呼叫的實現過程。

2. 實驗要求

（1）在樹莓派上新增一個系統呼叫，把當前處理程序的 ID 和 UID 透過參數返回使用者空間。

（2）編寫一個測試程式來呼叫這個新增的系統呼叫。

7.2.2 實驗 7-2：在 Linux 主機上新增一個系統呼叫

1. 實驗目的

透過新增一個系統呼叫，瞭解系統呼叫的實現過程。

2. 實驗要求

- 在 Linux 平台上新增一個系統呼叫，把當前處理程序的 ID 和 UID 透過參數返回到使用者空間。
- 編寫一個測試程式來呼叫這個新增的系統呼叫。

7.2 實驗

08

處理程序管理

處理程序管理、記憶體管理以及檔案管理是作業系統的三大核心功能，本章將介紹以下內容。

- 處理程序。
- 處理程序和程式之間的關係。
- Linux 核心中抽象處理程序描述符號的方式。
- 處理程序的創建和終止。
- 處理程序的生命週期。
- 處理程序的排程。
- 在 SMP 多核心環境下處理程序的排程。

8.1 處理程序

8.1.1 處理程序的由來

IBM 在 20 世紀設計的多道批次程式中沒有處理程序（process）這個概念，人們使用的是工作（job）這個術語，後來的設計人員慢慢啟用了處理程序這個術語。顧名思義，處理程序是執行中的程式，程式在載入到記憶體中之後就變成了處理程序，表達如下。

處理程序 = 程式 + 執行

在電腦的發展歷史過程中,為什麼需要處理程序這個概念呢?

在早期的作業系統中,程式都是單一地執行在一台電腦中,CPU 使用率低下。為了提高 CPU 使用率,人們設計了在一台電腦中載入多個程式到記憶體中並讓它們併發執行的方案。每個載入到記憶體中的程式稱為處理程序(早期叫作工作),作業系統管理著多個處理程序的併發執行。處理程序會感覺到自己獨佔 CPU,這是一種很重要的抽象。

對作業系統來說,處理程序是重要且基本的一種抽象,否則作業系統就退回單道程式系統了。處理程序的抽象是為了提高 CPU 使用率,任何的抽象都需要物理基礎,處理程序的物理基礎便是程式。程式在執行之前需要有安身之地,這就是作業系統在載入程式之前要分配合適的記憶體的原因。此外,作業系統還需要小心翼翼地處理多個處理程序共用同一塊實體記憶體時可能引發的衝突問題。

作者在 10 年前購買的筆記型電腦使用的還是 Pentium 單核心處理器,可是我們依然可以很流暢地同時做很多事情,比如邊聽音樂邊使用 Word 軟體處理文字,同時用電子郵件用戶端收發郵件等。其實 CPU 在某個瞬間只能執行一個處理程序,但是在一段時間內,卻可以執行多個處理程序,這樣就讓人們產生了平行的錯覺,這就是常說的「偽平行」。

假設有一個只包含 3 個程式的簡易作業系統,這 3 個程式都需要載入到系統的實體記憶體中才能執行,如圖 8.1(a)所示。處理程序和程式之間的區別是比較微妙的,程式是用來描述某件事情的一些操作序列或演算法,而處理程序是某種類型的活動,處理程序中有程式、輸入、輸出以及狀態等。舉例來說,如果把做菜這件事情看作處理程序,那麼做菜的工序可以看作程式,大廚可以看作處理器,廚房可以看作執行環境,廚房裡有需要的食材和調味料以及烹飪工具等,大廚閱讀食譜、取各種原料、炒菜以及上菜等一系列動作的總和可以視為處理程序。假設大廚在炒菜的過程中,來了一個緊急的電話,他會記錄一下現在菜做到哪一步了(保存處理程序的當前狀態),然後拿起電話來接聽,那麼這個接聽電話的動作就是另一個處理程序了。這相當於處理器從一個處理程序（做菜）切換到另一個高優先順序的處理程序（接電話）。等電話接完了，大廚繼續原來做菜的工序。做菜和打電話是兩個相互獨立的處理程序，但同一時刻只能做一件事情，如圖 8.1（c）所示。

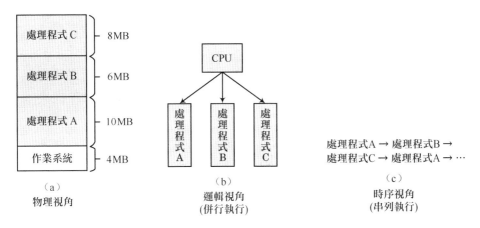

圖 8.1　處理程序模型的 3 個角度

處理程序和程式的定義可以歸納如下。

- 程式通常是指完成特定任務的一系列指令集合或一個可執行檔，其中包含可執行的大量 CPU 指令和對應的資料等資訊，不具有生命力。處理程序則是有生命的個體，其中不僅包含程式碼片段、資料段等資訊，還有很多執行時期需要的資源。

- 處理程序是一段執行中的程式。一個處理程序除了包含可執行的程式（比如程式碼片段）外，還包含處理程序的一些活動資訊和資料，比如用於存放函數變數、區域變數以及返回值的使用者堆疊，用於存放處理程序相關資料的資料段，用於核心中處理程序間切換的核心堆疊，以及用於動態分配記憶體的堆積等資訊。

- 處理程序是作業系統分配記憶體、CPU 時間切片等資源的基本單位。

- 處理程序是用來實現多處理程序併發執行的實體，用於實現對 CPU 的虛擬化，讓每個處理程序都感覺擁有 CPU。實現 CPU 虛擬化的核心技術是上下文切換（context switch）以及處理程序排程（scheduling）。

8.1.2 處理程序描述符號

處理程序是作業系統中排程的實體，需要對處理程序所必須擁有的資源做抽象描述，這種抽象描述稱為處理程序控制區塊（Process Control Block，PCB）。處理程序控制區塊需要描述以下幾類資訊。

- 處理程序的執行狀態：包括就緒、執行、等待阻塞、僵屍等狀態。
- 程式計數器：記錄當前處理程序執行到哪行指令了。
- CPU 暫存器：主要保存當前執行的上下文，記錄 CPU 所有必須保存下來的暫存器資訊，以便當前處理程序排程出去之後還能排程回來結合著執行。
- CPU 排程資訊：包括處理程序優先順序、排程佇列和排程等相關資訊。
- 記憶體管理資訊：處理程序使用的記憶體資訊，比如處理程序的頁表等。
- 統計資訊：包含處理程序執行時間等相關的統計資訊。
- 檔案相關資訊：包括處理程序打開的檔案等。

因此，處理程序控制區塊用來描述處理程序執行狀況以及控制處理程序執行所需要的全部資訊，它是作業系統用來感知處理程序存在的一種非常重要的資料結構。在任何作業系統的實現中，都需要用資料結構來描述處理程序控制區塊，所以在 Linux 核心裡面採用名為 task_struct 的資料結構來描述。task_struct 資料結構很大，裡面包含處理程序的所有相關的屬性和資訊。在處理程序的生命週期內，處理程序要和核心的很多模組進行互動，比如記憶體管理模組、處理程序排程模組以及檔案系統等模組。因此，處理程序還包含了記憶體管理、處理程序排程、檔案管理等方面的資訊和狀態。Linux 核心利用鏈結串列 task_list 來存放所有處理程序描述符號，task_struct 資料結構定義在 include/linux/sched.h 檔案中。

task_struct 資料結構很大，裡面包含的內容很多，可以簡單歸納成以下幾類。

- 處理程序屬性的相關資訊。
- 處理程序間的關係。

- 處理程序排程的相關資訊。
- 記憶體管理的相關資訊。
- 檔案管理的相關資訊。
- 訊號的相關資訊。
- 資源限制的相關資訊。

1. 處理程序屬性的相關資訊

處理程序屬性相關資訊主要包括和處理程序狀態相關的資訊，比如處理程序狀態、處理程序的 PID 等資訊。

其中重要的成員如下。

- state 成員：用來記錄處理程序的狀態，包括 TASK_RUNNING、TASK_INTERRUPTIBLE、TASK_UNINTERRUPTIBLE、EXIT_ZOMBIE、TASK_DEAD 等。
- pid 成員：處理程序唯一的識別符號（identifier）。pid 被定義為整數類型，pid 的預設最大值見 /proc/sys/kernel/pid_max 節點。
- flag 成員：用來描述處理程序屬性的一些標示位元，這些標示位元是在 include/linux/sched.h 中定義的。舉例來說，處理程序退出時會設定 PF_EXITING；處理程序是 workqueue 類型的工作執行緒時，會設定 PF_WQ_WORKER；fork 完成之後不執行 exec 命令時，會設定 PF_FORKNOEXEC 等。
- exit_code 和 exit_signal 成員：用來存放處理程序的退出值和終止訊號，這樣父處理程序就可以知道子處理程序的退出原因。
- pdeath_signal 成員：父處理程序銷毀時發出的訊號。
- comm 成員：存放可執行程式的名稱。
- real_cred 和 cred 成員：用來存放處理程序的一些認證資訊，cred 資料結構裡包含了 uid、gid 等資訊。

2. 處理程序排程的相關資訊

處理程序擔負的很重要的角色是作為排程物理參與作業系統裡的排程，

這樣就可以實現 CPU 的虛擬化，也就是每個處理程序都感覺直接擁有了 CPU。巨觀上看，各個處理程序都是並存執行的；但是微觀上看，每個處理程序都是串列執行的。

處理程序排程是作業系統中一個很熱門的核心功能，這裡先暫時列出 Linux 核心的 task_struct 資料結構中關於處理程序排程的一些重要成員。

- prio 成員：保存著處理程序的動態優先順序，是排程類別考慮的優先順序。
- static_prio 成員：靜態優先順序，在處理程序啟動時分配。核心不儲存 nice 值，取而代之的是 static_prio。
- normal_prio 成員：基於 static_prio 和排程策略計算出來的優先順序。
- rt_priority 成員：即時處理程序的優先順序。
- sched_class 成員：排程類別。
- se 成員：普通處理程序排程實體。
- rt 成員：即時處理程序排程實體。
- dl 成員：deadline 處理程序排程實體。
- policy 成員：用來確定處理程序的類型，比如是普通處理程序還是即時處理程序。
- cpus_allowed 成員：處理程序可以在哪幾個 CPU 上執行。

3. 處理程序間的關係

系統中最初的第一個處理程序是 idle 處理程序（或叫作處理程序 0），此後的每個處理程序都有一個創建它的父處理程序，處理程序本身也可以創建其他的處理程序，父處理程序可以創建多個處理程序，在處理程序的家族中，有父處理程序、子處理程序，還有兄弟處理程序。

其中重要的成員如下。

- real_parent 成員：指向當前處理程序的父處理程序的 task_struct 資料結構。
- children 成員：指向當前處理程序的子處理程序的鏈結串列。
- sibling 成員：指向當前處理程序的兄弟處理程序的鏈結串列。

- group_leader 成員：處理程序組的組長。

4. 記憶體管理和檔案管理的相關資訊

處理程序在載入執行之前需要載入到記憶體中，因此處理程序描述符號必須包含與抽象描述記憶體相關的資訊，還有一個指向 mm_struct 資料結構的指標 mm。此外，處理程序在生命週期內總是需要透過打開檔案、讀寫檔案等操作來完成一些任務，這就和檔案系統密切相關了。

其中重要的成員如下。

- mm 成員：指向處理程序所管理記憶體的整體抽象的資料結構 mm_struct。
- fs 成員：保存一個指向檔案系統資訊的指標。
- files 成員：保存一個指向處理程序的檔案描述符號表的指標。

8.1.3 處理程序的生命週期

雖然每個處理程序都是獨立的個體，但是處理程序間經常需要做相關溝通和交流，典型的例子是文字處理程序需要等待鍵盤的輸入。典型的作業系統中的處理程序如圖 8.2 所示，其中包含以下狀態。

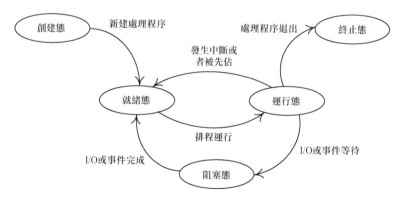

圖 8.2 典型的處理程序狀態

- 創建態：創建了新處理程序。
- 就緒態：處理程序獲得了可以執行的所有資源和準備條件。

- 執行態：處理程序正在 CPU 中執行。
- 阻塞態：處理程序因為等待某項資源而被暫時移出 CPU。
- 終止態：處理程序銷毀。

Linux 核心也為處理程序定義了 5 種狀態，如圖 8.3 所示，和上述典型的處理程序狀態略有不同。

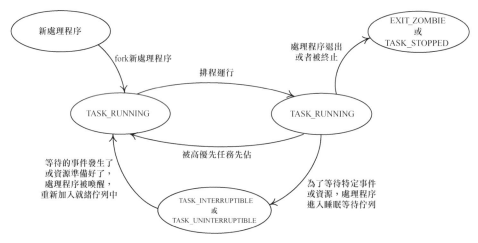

圖 8.3 Linux 核心的處理程序狀態

- TASK_RUNNING（可執行態或就緒態）：這種狀態的英文描述是正在執行的意思，可是在 Linux 核心裡不一定是指處理程序正在執行，所以很容易讓人混淆。它是指處理程序處於可執行狀態，或許正在執行，或許在就緒佇列中等待執行。因此，Linux 核心對當前正在執行的處理程序沒有列出明確的狀態，不像典型作業系統裡列出兩個很明確的狀態，比如就緒態和執行態。這種狀態是執行態和就緒態的集合，所以讀者需要額外注意。

- TASK_INTERRUPTIBLE（可中斷睡眠態）：處理程序進入睡眠狀態（被阻塞）以等待某些條件的達成或某些資源的就位，一旦條件達成或資源就位，Linux 核心就可以把處理程序的狀態設定成可執行態（TASK_RUNNING）並加入就緒佇列。也有人將這種狀態稱為淺睡眠狀態。

- TASK_UNINTERRUPTIBLE（不可中斷態）：這種狀態和上面的 TASK_INTERRUPTIBLE 狀態類似，唯一不同的是，處理程序在睡眠 等待時不受干擾，對訊號不做任何反應，所以這種狀態又稱為不可中斷態。一般來說使用 ps 命令看到的被標記為 D 狀態的處理程序，就是處於不可中斷態的處理程序，不可以發送 SIGKILL 訊號終止它們，因為它們不回應訊號。也有人把這種狀態稱為深度睡眠狀態。

- __TASK_STOPPED（終止態）：處理程序停止執行了。

- EXIT_ZOMBIE（僵屍態）：處理程序已經銷毀，但是 task_struct 資料結構還沒有釋放，這種狀態叫作僵屍狀態，每個處理程序在自己的生命週期中都要經歷這種狀態。子處理程序退出時，父處理程序可以透過 wait() 或 waitpid() 來獲取子處理程序銷毀的原因。

上述 5 種狀態在某種條件下是可以相互轉換的，如表 8.1 所示。也就是說，處理程序可以從一種狀態轉換到另外一種狀態，比如處理程序在等待某些條件或資源時從可執行態轉換到可中斷態。

⬇ 表 8.1　處理程序狀態轉換表

起 始 狀 態	結 束 狀 態	轉 換 原 因
TASK_RUNNING	TASK_RUNNING	Linux 處理程序的狀態沒有變化，但是有可能處理程序在排程器裡被移入或移出
TASK_RUNNING	TASK_ INTERRUPTIBLE	處理程序等待某些資源，進入睡眠等待佇列
TASK_RUNNING	TASK_ UNINTERRUPTIBLE	處理程序等待某些資源，進入睡眠等待佇列
TASK_RUNNING	__TASK_STOPPED	處理程序收到 SIGSTOP 訊號或處理程序被追蹤
TASK_RUNNING	EXIT_ZOMBIE	處理程序已經被殺死，處於僵屍狀態，等待父處理程序呼叫 wait() 函數
TASK_INTERRUPTIBLE	TASK_RUNNING	處理程序獲得了等待的資源，處理程序進入就緒態
TASK_ UNINTERRUPTIBLE	TASK_RUNNING	處理程序獲得了等待的資源，處理程序進入就緒態

對於處理程序狀態的設定，雖然可以透過簡單的設定陳述式來設定，比如：

```
p->state = TASK_RUNNING;
```

但是建議讀者採用 Linux 核心提供的兩個常用的介面函數來設定處理程序的狀態。

```
#define set_current_state(state_value)                    \
    do {                                                  \
        smp_store_mb(current->state, (state_value)); \
    } while (0)
```

set_current_state() 在設定處理程序狀態時會考慮 SMP 多核心環境下的快取記憶體一致性問題。

8.1.4 處理程序標識

在創建時會為處理程序分配唯一的號碼來標識，這個號碼就是處理程序識別符號（Process Identifier，PID）。PID 存放在處理程序描述符號的 pid 欄位中，PID 是 int 類型。為了迴圈使用 PID，核心使用 bitmap 機制來管理當前已經分配的 PID 和空閒的 PID，bitmap 機制可以保證每個處理程序在創建時都能分配到唯一的號碼。

除了 PID 之外，Linux 核心還引入了執行緒組的概念。一個執行緒組中的所有執行緒都使用和該執行緒組中主執行緒相同的 PID，即該執行緒組中第一個執行緒的 PID，它會被存入 task_struct 資料結構的 tgid 成員中。這與 POSIX 1003.1c 標準裡的規定有關，一個多執行緒應用程式中的所有執行緒都必須有相同的 PID，這樣就可以透過 PID 把訊號發送給執行緒組裡所有的執行緒。比如一個處理程序在創建之後，這時只有這個處理程序自己，它的 PID 和 TGID 是一樣的。當這個處理程序創建一個新的執行緒之後，新執行緒有屬於自己的 PID，但是它的 TGID 還是指父處理程序的 TGID，因為它和父處理程序同屬一個執行緒組。

getpid 系統呼叫會返回當前處理程序的 TGID 而非執行緒的 PID，因為多執行緒應用程式中的所有執行緒都共用相同的 PID。

系統呼叫 gettid 會返回執行緒的 PID。

8.1.5 處理程序間的家族關係

Linux 核心維護了處理程序之間的家族關係，比如：

- Linux 核心在啟動時會有一個 init_task 處理程序，它是系統中所有處理程序的「鼻祖」，稱為處理程序 0 或 idle 處理程序。當系統沒有處理程序需要排程時，排程器就會執行 idle 處理程序。idle 處理程序在核心啟動（start_kernel() 函數）時靜態創建，所有的核心資料結構都預先靜態設定值。
- 系統初始化快完成時會創建一個 init 處理程序，也就是常說的處理程序 1，它是所有使用者處理程序的祖先，從這個處理程序開始，所有的處理程序都將參與排程。
- 如果處理程序 A 創建了處理程序 B，那麼處理程序 A 稱為父處理程序，處理程序 B 稱為子處理程序。
- 如果處理程序 B 創建了處理程序 C，那麼處理程序 A 和處理程序 C 之間的關係就是祖孫關係。
- 如果處理程序 A 創建了 Bi（$1 \leq i \leq n$）個處理程序，那麼這些處理程序之間為兄弟關係。

作為處理程序描述符號的 task_struct 資料結構使用 4 個成員來描述處理程序間的關係，如表 8.2 所示。

⬇ 表 8.2 4 個成員

成　員	描　述
real_parent	指向創建了處理程序 A 的描述符號，如果處理程序 A 的父處理程序不存在了，則指向處理程序 1（init 處理程序）的處理程序描述符號
parent	指向處理程序的當前父處理程序，通常和 real_parent 一致
children	將所有的子處理程序都連結成一個鏈結串列，這是鏈結串列頭
sibling	將所有的兄弟處理程序都連結成一個鏈結串列，鏈結串列頭在父處理程序的 sibling 成員中

init_task 處理程序的 task_struct 資料結構在 init/init_task.c 檔案中靜態初始化。

```
<init/init_task.c>

struct task_struct init_task
= {
#ifdef CONFIG_THREAD_INFO_IN_TASK
    .thread_info    = INIT_THREAD_INFO(init_task),
    .stack_refcount = ATOMIC_INIT(1),
#endif
    .state          = 0,
    .stack          = init_stack,
    .usage          = ATOMIC_INIT(2),
    .flags          = PF_KTHREAD,
    .prio           = MAX_PRIO - 20,
    .static_prio    = MAX_PRIO - 20,
    .normal_prio    = MAX_PRIO - 20,
    .policy         = SCHED_NORMAL,
    .cpus_allowed   = CPU_MASK_ALL,
    .nr_cpus_allowed = NR_CPUS,
    .mm             = NULL,
    .active_mm      = &init_mm,
    ...
};
```

此外,系統中所有處理程序的 task_struct 資料結構都透過 list_head 類型的雙向鏈結串列鏈在一起,因此每個處理程序的 task_struct 資料結構都包含一個 list_head 類型的 tasks 成員。這個處理程序鏈結串列的頭是 init_task 處理程序,也就是所謂的處理程序 0。init_task 處理程序的 tasks.prev 欄位指向鏈結串列中最後插入的那個處理程序的 task_struct 資料結構的 tasks 成員。另外,如果這個處理程序的下面有執行緒組(處理程序的 pid==tgid),那麼執行緒會加入執行緒組的 thread_group 鏈結串列中。

next_task() 巨集用來遍歷下一個處理程序的 task_struct 資料結構,next_thread() 用來遍歷執行緒組中下一個執行緒的 task_struct 資料結構。

```
#define next_task(p) \
    list_entry_rcu((p)->tasks.next, struct task_struct, tasks)
```

```
struct task_struct *next_thread(const struct task_struct *p)
{
    return list_entry_rcu(p->thread_group.next,
                struct task_struct, thread_group);
}
```

Linux 核心提供了一個很常用的巨集 for_each_process(p)，用來掃描系統中所有的處理程序。這個巨集從 init_task 處理程序開始遍歷，繼續迴圈到 init_task 為止。另外，巨集 for_each_process_ thread() 用來遍歷系統中所有的執行緒。

```
#define next_task(p) \
    list_entry_rcu((p)->tasks.next, struct task_struct, tasks)

#define for_each_process(p) \
    for (p = &init_task ; (p = next_task(p)) != &init_task ; )

#define for_each_process_thread(p, t)   \
    for_each_process(p) for_each_thread(p, t)
```

8.1.6 獲取當前處理程序

在核心程式設計中，為了存取處理程序的相關資訊，通常需要獲取處理程序的 task_struct 資料結構的指標。Linux 核心提供了 current 巨集，用它可以很方便地找到當前正在執行的處理程序的 task_struct 資料結構。current 巨集的實現和具體的系統架構相關。在有的系統架構中，使用專門的暫存器來存放指向當前處理程序的 task_struct 資料結構的指標。

在 Linux 4.0 核心中，以 ARM32 為例，處理程序的核心堆疊大小通常是 8KB，也就是兩個物理頁面的大小 [1]。核心堆疊裡存放了 thread_union 資料結構，核心堆疊的底部存放了 thread_info 資料結構，頂部往下的空間用於核心堆疊空間。current() 巨集首先透過 ARM32 的 SP 暫存器來獲取當前核心堆疊的位址，對齊後可以獲取 thread_info 資料結構的指標，最後

---

[1] 核心堆疊大小通常和架構相關，ARM32 架構中核心堆疊大小是 8KB，ARM64 架構中核心堆疊大小是 16KB。

透過 thread_info->task 成員獲取 task_struct 資料結構，如圖 8.4 所示。

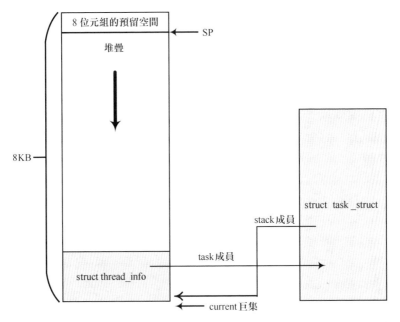

圖 8.4　在 Linux 4.0 核心中獲取當前處理程序的 task_struct 資料結構

在 Linux 5.4 核心中，獲取當前處理程序的核心堆疊的方式已經發生了巨大的變化。系統新增一個設定選項 CONFIG_THREAD_INFO_IN_TASK，目的是允許把 thread_info 資料結構存放在 task_struct 資料結構中。在 ARM64 程式中，CONFIG_THREAD_INFO_IN_TASK 這個設定預設是打開的。

```
<include/linux/sched.h>

struct task_struct {
    struct thread_info      thread_info;
    /* -1 unrunnable, 0 runnable, >0 stopped: */
    volatile long           state;
        ...
}
```

在 ARM64 程式中，可以把 thread_info 資料結構從處理程序的核心堆疊搬移到 task_struct 資料結構裡。這樣做的目的有兩個：一是，在某些堆疊溢位的情況下可以防止 thread_info 資料結構的內容被破壞；二是，如果堆疊的位址被洩露，這種方法可以防止被攻擊或使攻擊變得困難。thread_info 資料結構定義在 arch/arm64/include/asm/thread_info.h 標頭檔中。

```
<arch/arm64/include/asm/thread_info.h>

struct thread_info {
    unsigned long    flags;
    mm_segment_t     addr_limit;
    union {
        u64    preempt_count;
        struct {
            u32 count;
            u32 need_resched;
        } preempt;
    };
};
```

thread_info 資料結構相比 Linux 4.0 中的版本去掉了一些成員，比如指向處理程序描述符號的 task 指標。獲取 task_struct 資料結構的方法也發生了變化。在核心態，ARM64 處理器執行在 EL1 下，sp_el0 暫存器在 EL1 上下文中沒有使用。利用 sp_el0 暫存器來存放 task_struct 資料結構的位址是一種簡潔有效的辦法。

```
<arch/arm64/include/asm/current.h>

static __always_inline struct task_struct *get_current(void)
{
    unsigned long sp_el0;

    asm ("mrs %0, sp_el0" : "=r" (sp_el0));

    return (struct task_struct *)sp_el0;
}

#define current get_current()
```

在 Linux 5.4 中，獲取當前處理程序的 task_struct 資料結構的流程如圖 8.5 所示。

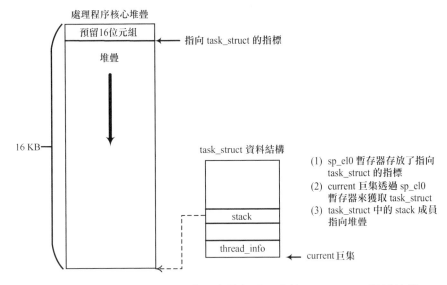

圖 8.5　在 Linux 5.4 核心中獲取當前處理程序的 task_struct 資料結構

8.2 處理程序的創建和終止

最新版本的 POSIX 標準[2] 中定義了處理程序創建和終止的作業系統層面的基本操作。處理程序創建包括 fork() 和 execve() 函數族,處理程序終止包括 wait()、waitpid()、kill() 以及 exit() 函數族。Linux 在實現過程中為了提高效率,把 POSIX 標準的 fork 基本操作擴充成了 vfork 和 clone 兩個基本操作。

當你使用 GCC 將一個最簡單的程式(比如 hello world 程式)編譯成 ELF 可執行檔後,在 shell 提示符號下輸入該可執行檔並且按 Enter 鍵,這個程式就開始執行了。其實,在這裡 shell 會透過呼叫 fork() 來創建一個新的處理程序,然後呼叫 execve() 來執行這個新的處理程序。Linux 處理程序的創建和執行通常是由兩個單獨的函數(即 fork() 和 execve())完成的。fork() 透過寫入時複製技術複製當前處理程序的相關資訊來創建一個全新

2　參考《Single UNIX® Specification, Version 4, 2018 Edition》。

的子處理程序。這時子處理程序和父處理程序執行在各自的處理程序位址空間中，但是共用相同的內容。另外，它們有各自的 PID。execve() 函數負責讀取可執行檔，將其載入子處理程序的位址空間並開始執行，這時父處理程序和子處理程序才開始分道揚鑣。

POSIX 標準中還規定了 posix_spawn() 函數，它把 fork() 和 exec() 的功能結合了起來，形成單一的 spawn 操作——創建一個新處理程序並且執行程式。Linux 的 glibc 函數程式庫實現了該函數。

我們最常見的一種場景是在 shell 介面中輸入命令，然後等待命令返回。若從處理程序創建和終止的角度看，經歷的過程如下。

shell 讀取命令、解析命令、創建子處理程序並執行命令，然後父處理程序等待子處理程序終止，如圖 8.6 所示。

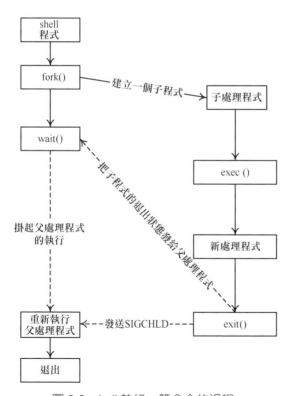

圖 8.6 shell 執行一筆命令的過程

Linux 核心提供了對應的系統呼叫，比如 sys_fork、sys_exec、sys_vfork 以及 sys_clone 等。另外，C 函數程式庫提供了這些系統呼叫的封裝函數。

在 Linux 核心中，fork()、vfork()、clone() 以及創建核心執行緒的函數介面都是透過呼叫 _do_fork () 函數來完成的，只是呼叫的參數不一樣。

<不同的呼叫參數>

fork實現：
```
    _do_fork(SIGCHLD, 0, 0, NULL, NULL, 0);
```

vfork實現：
```
    _do_fork(CLONE_VFORK | CLONE_VM | SIGCHLD, 0, 0, NULL, NULL, 0);
```

clone實現：
```
    _do_fork(clone_flags, newsp, 0, parent_tidptr, child_tidptr, tls);
```

核心執行緒：
```
    _do_fork(flags|CLONE_VM|CLONE_UNTRACED, (unsigned long)fn, (unsigned long)
arg, NULL, NULL, 0);
```

8.2.1 寫入時複製技術

在傳統的 UNIX 作業系統中，創建新處理程序時會複製父處理程序擁有的所有資源，這樣處理程序的創建就變得很低效。每次創建子處理程序時都要把父處理程序的處理程序位址空間的內容複製到子處理程序，但是子處理程序還不一定全盤接收，甚至完全不用父處理程序的資源。子處理程序執行 execve() 系統呼叫之後，完全有可能和父處理程序分道揚鑣。

現代作業系統都採用寫入時複製（Copy On Write，COW）技術進行最佳化。寫入時複製技術就是父處理程序在創建子處理程序時不需要複製處理程序位址空間的內容給子處理程序，只需要複製父處理程序的處理程序位址空間的頁表給子處理程序，這樣父子處理程序就可以共用相同的實體記憶體。當父子處理程序中有一方需要修改某個物理頁面的內容時，觸發防寫的缺頁異常，然後才把共用頁面的內容複製出來，從而讓父子處理程序擁有各自的備份。也就是説，處理程序位址空間以唯讀的方式共用，當需要寫入時才發生複製，如圖 8.7 所示。寫入時複製技術可以延後甚至避免複製資料，在現代作業系統中有廣泛的應用。

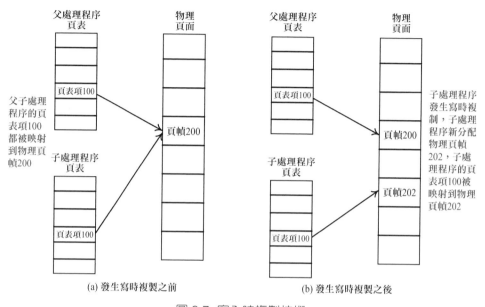

(a) 發生寫時複製之前   (b) 發生寫時複製之後

圖 8.7　寫入時複製技術

在採用了寫入時複製技術的 Linux 核心中，用 fork() 函數創建一個新處理程序的負擔變得很小，免去了複製父處理程序整個位址空間內容的巨大負擔，現在只需要複製父處理程序的頁表，負擔很小。

8.2.2　fork() 函數

正如前面所說的，fork 基本操作是 POSIX 標準中定義的最基本的處理程序創建函數。讀者可以透過 Linux 系統中的 man 命令來查看 Linux 程式設計手冊中關於 fork 基本操作的介紹，如圖 8.8 所示。

如果使用 fork() 函數來創建子處理程序，子處理程序和父處理程序將擁有各自獨立的處理程序位址空間，但是共用實體記憶體資源，包括處理程序上下文、處理程序堆疊、記憶體資訊、打開的檔案描述符號、處理程序優先順序、根目錄、資源限制、控制終端等。在創建期間，子處理程序和父處理程序共用實體記憶體空間，當它們開始執行各自的程式時，它們的處理程序位址空間開始分道揚鑣，這得益於寫入時複製技術的優勢。

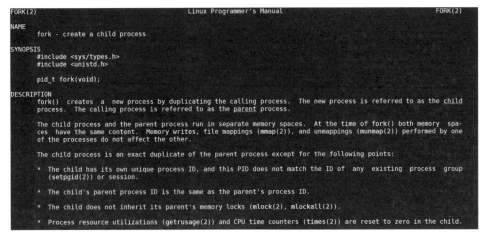

圖 8.8 Linux 程式設計手冊中關於 fork 基本操作的介紹

子處理程序和父處理程序有以下一些區別。

- 子處理程序和父處理程序的 ID 不一樣。
- 子處理程序不會繼承父處理程序的記憶體方面的鎖，比如 mlock()。
- 子處理程序不會繼承父處理程序的一些計時器，比如 setitimer()、alarm()、timer_create()。
- 子處理程序不會繼承父處理程序的號誌，比如 semop()。

fork() 函數在使用者空間的 C 函數程式庫中的定義如下。

```
#include <unistd.h>
#include <sys/types.h>

pid_t fork(void);
```

fork() 函數會返回兩次，一次是在父處理程序，另一次是在子處理程序。如果返回值為 0，說明這是子處理程序。如果返回值為正數，說明這是父處理程序，父處理程序會返回子處理程序的 ID。如果返回 −1，表示創建失敗。

fork() 函數透過系統呼叫進入 Linux 核心，然後透過 _do_fork() 函數來實現。

```
SYSCALL_DEFINE0(fork)
{
    return _do_fork(SIGCHLD, 0, 0, NULL, NULL, 0);
}
```

fork() 函 數 只 使 用 SIGCHLD 標 示 位 元，在 子 處 理 程 序 終 止 後 發 送 SIGCHLD 訊號通知父處理程序。fork() 是重量級呼叫，為子處理程序建立了一個基於父處理程序的完整備份，然後子處理程序基於此執行。為了減少工作量，子處理程序採用寫入時複製技術，只複製父處理程序的頁表，不複製頁面內容。當子處理程序需要寫入新內容時才觸發寫入時複製機制，並為子處理程序創建一個備份。

fork() 函數也有一些缺點，儘管使用了寫入時複製技術，但還是需要複製父處理程序的頁表，在某些場景下會比較慢，所以有了後來的 vfork 基本操作和 clone 基本操作。

8.2.3 vfork() 函數

vfork() 函數和 fork() 函數很類似，但是 vfork() 的父處理程序會一直阻塞，直到子處理程序呼叫 exit() 或 execve() 為止。在 fork() 還沒有實現寫入時複製之前，UNIX 系統的設計者很關心在 fork() 之後馬上執行 execve() 造成的位址空間浪費和效率低下問題，因此設計了 vfork() 這個系統呼叫。

```
#include <sys/types.h>
#include <unistd.h>

pid_t vfork(void);
```

vfork() 函數透過系統呼叫進入 Linux 核心，然後透過 _do_fork() 函數來實現。

```
SYSCALL_DEFINE0(vfork)
{
    return _do_fork(CLONE_VFORK | CLONE_VM | SIGCHLD, 0,
```

```
            0, NULL, NULL, 0);
}
```

vfork() 的實現比 fork() 多了兩個標示位元，分別是 CLONE_VFORK 和 CLONE_VM。CLONE_ VFORK 表示父處理程序會被暫停，直到子處理程序釋放虛擬記憶體資源。CLONE_VM 表示父子處理程序執行在相同的處理程序位址空間中。vfork() 的另一個優勢是連父處理程序的頁表項複製動作也被省去了。

8.2.4 clone() 函數

clone() 函數通常用來創建使用者執行緒。Linux 核心中沒有專門的執行緒，而是把執行緒當成普通處理程序來看待，在核心中還以 task_struct 資料結構來描述，而沒有用特殊的資料結構或排程演算法來描述執行緒。

clone() 函數功能強大，可以傳遞許多參數，可以有選擇地繼承父處理程序的資源，比如可以和 vfork() 一樣與父處理程序共用處理程序位址空間，從而創建執行緒；也可以不和父處理程序共用處理程序位址空間，甚至可以創建兄弟關係處理程序。

```
/* glibc函數庫的封裝*/
#include <sched.h>

int clone(int (*fn)(void *), void *child_stack,
        int flags, void *arg, ...);

/* 原始的系統呼叫*/
long clone(unsigned long flags, void *child_stack,
        void *ptid, void *ctid,
        struct pt_regs *regs);
```

以 glibc 封裝的 clone() 函數為例，fn 是子處理程序執行的函數指標；child_stack 用於為子處理程序分配堆疊；flags 用於設定 clone 標示位元，表示需要從父處理程序繼承哪些資源；arg 是傳遞給子處理程序的參數。

clone() 函數透過系統呼叫進入 Linux 核心，然後透過 _do_fork() 函數來實現。

```
SYSCALL_DEFINE5(clone, unsigned long, clone_flags,
        unsigned long, newsp,
        int __user *, parent_tidptr,
        int __user *, child_tidptr,
        unsigned long, tls)
{
    return _do_fork(clone_flags, newsp, 0, parent_tidptr, child_tidptr, tls);
}
```

8.2.5 核心執行緒

核心執行緒（kernel thread）其實就是執行在核心位址空間中的處理程
序，它和普通使用者處理程序的區別在於核心執行緒沒有獨立的處理程序
位址空間，也就是 task_struct 資料結構中的 mm 指標被設定為 NULL，因
而只能執行在核心位址空間中，和普通處理程序一樣參與系統排程。所有
的核心執行緒都共用核心位址空間。常見的核心執行緒有頁面回收執行緒
"kswapd" 等。

Linux 核心提供了多個介面函數來創建核心執行緒。

```
kthread_create(threadfn, data, namefmt, arg...)
kthread_run(threadfn, data, namefmt, ...)
```

kthread_create() 介面函數創建的核心執行緒被命名為 namefmt。namefmt
可以接受類似於 printk() 的格式化參數，新建的核心執行緒將執行
threadfn() 函數。新建的核心執行緒處於不可執行狀態，需要呼叫 wake_
up_process() 函數來將其喚醒並增加到就緒佇列中。

要創建一個馬上可以執行的核心執行緒，可以使用 kthread_run() 函數。

核心執行緒最終還是透過 _do_fork() 函數來實現。

```
pid_t kernel_thread(int (*fn)(void *), void *arg, unsigned long flags)
{
    return _do_fork(flags|CLONE_VM|CLONE_UNTRACED, (unsigned long)fn,
        (unsigned long)arg, NULL, NULL, 0);
}
```

8.2.6 do_fork() 函數

在核心中，fork()、vfork() 以及 clone() 這 3 個系統呼叫都透過呼叫同一個函數（即 _do_fork() 函數）來實現，該函數定義在 fork.c 檔案中。

```
<kernel/fork.c>

long _do_fork(unsigned long clone_flags,
      unsigned long stack_start,
      unsigned long stack_size,
      int __user *parent_tidptr,
      int __user *child_tidptr,
      unsigned long tls)
```

_do_fork() 函數有 6 個參數，具體含義如下。

■ clone_flags：創建處理程序的標示位元集合。

■ stack_start：使用者態堆疊的起始位址。

■ stack_size：使用者態堆疊的大小，通常設定為 0。

■ parent_tidptr：指向使用者空間中位址的指標，指向父處理程序的 ID。

■ child_tidprt：指向使用者空間中位址的指標，指向子處理程序的 ID。

■ tls：傳遞的 TLS 參數。

clone_flags 常見的標示位元如表 8.3 所示。

⬇ 表 8.3 clone_flags 常見的標示位元

標示位元	含　義
CLONE_VM	父子處理程序共用處理程序位址空間
CLONE_FS	父子處理程序共用檔案系統資訊
CLONE_FILES	父子處理程序共用打開的檔案
CLONE_SIGHAND	父子處理程序共用訊號處理函數以及被阻斷的訊號
CLONE_PTRACE	父處理程序被追蹤，子處理程序也會被追蹤
CLONE_VFORK	在創建子處理程序時啟用 Linux 核心的完成量機制。wait_for_completion() 會使父處理程序進入睡眠等待，直到子處理程序呼叫 execve() 或 exit() 釋放記憶體資源
CLONE_PARENT	指定子處理程序和父處理程序擁有同一個父處理程序
CLONE_THREAD	父子處理程序在同一個執行緒組裡

標示位元	含 義
CLONE_NEWNS	為子處理程序創建新的命名空間
CLONE_SYSVSEM	父子處理程序共用 System V 等語義
CLONE_SETTLS	為子處理程序創建新的 TLS（Thread Local Storage）
CLONE_PARENT_SETTID	設定父處理程序的 TID
CLONE_CHILD_CLEARTID	清除子處理程序的 TID
CLONE_UNTRACED	保證沒有處理程序可以追蹤這個新創建的處理程序
CLONE_CHILD_SETTID	設定子處理程序的 TID
CLONE_NEWUTS	為子處理程序創建新的 utsname 命名空間
CLONE_NEWIPC	為子處理程序創建新的 ipc 命名空間
CLONE_NEWUSER	為子處理程序創建新的 user 命名空間
CLONE_NEWPID	為子處理程序創建新的 pid 命名空間
CLONE_NEWNET	為子處理程序創建新的 network 命名空間
CLONE_IO	複製 I/O 上下文

_do_fork() 函數主要用於呼叫 copy_process() 函數以創建子處理程序的 task_struct 資料結構，以及從父處理程序複製必要的內容到子處理程序的 task_struct 資料結構中，從而完成子處理程序的創建，如圖 8.9 所示。

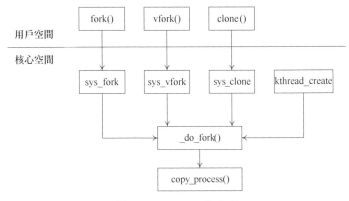

圖 8.9　_do_fork() 函數

8.2.7 終止處理程序

系統中主動來源不斷的處理程序誕生，當然，也有處理程序會終止。處理程序的終止有兩種方式：一種方式是主動終止，包括顯性地執行 exit() 系統呼叫或從某個程式的主函數返回；另一種方式是被動終止，在接收到終止的訊號或異常時終止。

處理程序的主動終止主要有以下兩條途徑。

- 從 main() 函數返回，連結程式會自動增加 exit() 系統呼叫。
- 主動執行 exit() 系統呼叫。

處理程序的被動終止主要有以下 3 條途徑。

- 處理程序收到一個自己不能處理的訊號。
- 處理程序在核心態執行時產生了一個異常。
- 處理程序收到 SIGKILL 等終止訊號。

當一個處理程序終止時，Linux 核心會釋放它所佔有的資源，並把這筆訊息告知父處理程序。一個處理程序的終止可能有兩種情況。

- 它有可能先於父處理程序終止，這時子處理程序會變成僵屍處理程序，直到父處理程序呼叫 wait() 才算最終銷毀。
- 它也有可能在父處理程序之後終止，這時 init 處理程序將成為子處理程序新的父處理程序。

exit() 系統呼叫會把退出碼轉換成核心要求的格式，並且呼叫 do_exit() 函數來處理。

```
SYSCALL_DEFINE1(exit, int, error_code)
{
    do_exit((error_code&0xff)<<8);
}
```

8.2.8 僵屍處理程序和托孤處理程序

當一個處理程序透過 exit() 系統呼叫被終止之後，該處理程序將處於僵屍狀態。在僵屍狀態中，除了處理程序描述符號依然保留之外，處理程序的所有資源都已經歸還給核心。Linux 核心這麼做是為了讓系統可以知道子處理程序的終止原因等資訊，因此處理程序終止時所需要做的清理工作和釋放處理程序描述符號是分開的。當父處理程序透過 wait() 系統呼叫獲取了已終止的子處理程序的資訊之後，核心才會釋放子處理程序的 task_struct 資料結構。

```
asmlinkage long sys_wait4(pid_t pid, int __user *stat_addr,
                int options, struct rusage __user *ru);
asmlinkage long sys_waitid(int which, pid_t pid,
                struct siginfo __user *infop,
                int options, struct rusage __user *ru);
asmlinkage long sys_waitpid(pid_t pid, int __user *stat_addr, int options);
```

Linux 核心實現了幾個與等待相關的系統呼叫，如 sys_wait4、sys_waitid 和 sys_waitpid 等，主要功能如下。

- 獲取處理程序終止的原因等資訊。
- 銷毀處理程序的 task_struct 資料結構等最後的資源。

所謂托孤處理程序，是指如果父處理程序先於子處理程序銷毀，那麼子處理程序就變成孤兒處理程序，這時 Linux 核心會讓它托孤給 init 處理程序（1 號處理程序），於是 init 處理程序就成了子處理程序的父處理程序。

8.2.9 處理程序 0 和處理程序 1

處理程序 0 是指 Linux 核心在初始化階段從無到有創建的核心執行緒，它是所有處理程序的祖先，有好幾個別名，比如處理程序 0、idle 處理程序或 swapper 處理程序。處理程序 0 的處理程序描述符號是在 init/init_task.c 檔案中靜態初始化的。

```
<init/init_task.c>

struct task_struct init_task
= {
    .state     = 0,
    .stack     = init_stack,
    .active_mm = &init_mm,
    ...
};
```

初始化函數 start_kernel() 在初始化完核心所需要的所有資料結構之後會創建另一個核心執行緒，這個核心執行緒就是處理程序 1 或 init 處理程序。處理程序 1 的 ID 為 1，並與處理程序 0 共用所有的資料結構。

```
static noinline void __init_refok rest_init(void)
{
    ...
    kernel_thread(kernel_init, NULL, CLONE_FS);
    ...
}
```

創建完 init 處理程序之後，處理程序 0 將執行 cpu_idle() 函數。當 CPU 上的就緒佇列中沒有其他可執行的處理程序時，排程器才會選擇執行處理程序 0，並讓 CPU 進入空閒（idle）狀態。在 SMP 中，每個 CPU 都有一個處理程序 0。

處理程序 1 會執行 kernel_init() 函數，它會透過 execve() 系統呼叫載入可執行程式 init，最後處理程序 1 變成一個普通處理程序。這些就是常見的 "/sbin/init"、"/bin/init" 或 "/bin/sh" 等可執行的 init 以及 systemd 程式。

處理程序 1 在從核心執行緒變成普通處理程序 init 之後，它的主要作用是根據 /etc/inittab 檔案的內容啟動所需要的任務，包括初始化系統組態、啟動一個登入對話等。下面是 /etc/inittab 檔案的範例。

```
::sysinit:/etc/init.d/rcS
::respawn:-/bin/sh
::askfirst:-/bin/sh
::ctrlaltdel:/bin/umount -a -r
```

8.3 處理程序排程

處理程序排程的概念比較簡單。假設在只有單核心處理器的系統中，同一時刻只有一個處理程序可以擁有處理器資源，那麼其他的處理程序只能在就緒佇列（runqueue）中等待，等到處理器空閒之後才有機會獲取處理器資源並執行。在這種場景下，作業系統就需要從許多的就緒處理程序中選擇一個最合適的處理程序來執行，這就是處理程序排程器（scheduler）。
處理程序排程器產生的最大原因是為了提高處理器的使用率。一個處理程
序在執行的過程中有可能需要等待某些資源，比如等待磁碟操作的完成、
等待鍵盤輸入、等待物理頁面的分配等。如果處理器和處理程序一起等
待，那麼明顯會浪費處理器資源，所以一個處理程序在睡眠等待時，排程
器可以排程其他處理程序來執行，這樣就提高了處理器的使用率。

8.3.1 處理程序的分類

站在處理器的角度看處理程序的行為，你會發現有的處理程序一直佔用處
理器，有的處理程序只需要處理器的一部分運算資源即可。所以處理程序
按照這個標準可以分成兩類：一類是 CPU 消耗型（CPU-Bound），另外一
類是 I/O 消耗型（I/O-Bound）。

CPU 消耗型的處理程序會把大部分時間用在執行程式上，也就是一直佔用
CPU。一個常見的例子就是執行 while 迴圈。實際上，常用的例子就是執
行大量數學計算的程式，比如 MATLAB 等。

I/O 消耗型的處理程序大部分時間在提交 I/O 請求或等待 I/O 請求，所以
這種類型的處理程序通常只需要很少的處理器運算資源即可，比如需要鍵
盤輸入的處理程序或等待網路 I/O 的處理程序。

有時候，鑑別一個處理程序是 CPU 消耗型還是 I/O 消耗型其實挺困難
的，一個典型的例子就是 Linux 圖形伺服器 X-window 處理程序，它既是
I/O 消耗型也是 CPU 消耗型。所以，排程器有必要在系統吞吐量和系統回
應性方面做出一些妥協和平衡。Linux 核心的排程器通常傾向於提高系統
的回應性，比如提高桌面系統的即時回應等。

8.3.2 處理程序的優先順序和權重

作業系統中最經典的處理程序排程演算法是基於優先順序排程。優先順序
排程的核心思想是把處理程序按照優先順序進行分類，緊急的處理程序優
先順序高，不緊急、不重要的處理程序優先順序低。排程器總是從就緒佇

列中選擇優先順序高的處理程序進行排程,而且優先順序高的處理程序分配的時間切片也會比優先順序低的處理程序多,這表現了一種等級制度。

Linux 系統最早採用 nice 值來調整處理程序的優先順序。nice 值的背後思想是要對其他處理程序友善(nice),透過降低優先順序來支持其他處理程序消耗更多的處理器時間。範圍是 −20 ～ +19,預設值是 0。nice 值越大,優先順序反而越低;nice 值越低,優先順序越高。值 −20 表示這個處理程序的任務是非常重要的,優先順序最高;而 nice 值為 19 的處理程序則允許其他所有處理程序都可以比自己優先享有寶貴的 CPU 時間,這也是 nice 這一名稱的由來。

核心使用 0 ～ 139 的數值表示處理程序的優先順序,數值越低優先順序越高。優先順序 0 ～ 99 供即時處理程序使用,優先順序 100 ～ 139 供普通處理程序使用。另外,在使用者空間中有一個傳統的 nice 變數,它用來映射到普通處理程序的優先順序,設定值範圍是 100 ～ 139。

優先順序在 Linux 中的劃分方式如下。

- 普通處理程序的優先順序:100 ～ 139。
- 即時處理程序的優先順序:0 ～ 99。
- deadline 處理程序的優先順序:−1。

task_struct 資料結構中有 4 個成員,用來描述處理程序的優先順序。

```
struct task_struct {
    ...
int prio;
int static_prio;
int normal_prio;
unsigned int rt_priority;
...
};
```

- static_prio 是靜態優先順序,在處理程序啟動時分配。核心不儲存 nice 值,取而代之的是 static_prio。NICE_TO_PRIO() 巨集可以把 nice 值轉換成 static_prio。之所以被稱為靜態優先順序,是因為它不會隨著時間

而改變，使用者可以透過 nice 或 sched_setscheduler 等系統呼叫來修改
該值。

- normal_prio 是基於 static_prio 和排程策略計算出來的優先順序，在
  創建處理程序時會繼承父處理程序的 normal_prio。對普通處理程序
  來說，normal_prio 等於 static_prio；對於即時處理程序，會根據 rt_
  priority 重新計算 normal_prio，詳見 effective_prio() 函數。
- prio 保存著處理程序的動態優先順序，也是排程類別考慮使用的優先順
  序。有些情況下需要暫時提高處理程序的優先順序，例如即時互斥量等。
- rt_priority 是即時處理程序的優先順序。

在 Linux 核心中，除了使用優先順序來表示處理程序的輕重緩急之外，在
實際的排程器中也可使用權重的概念來表示處理程序的優先順序。為了
計算方便，Linux 核心約定 nice 值 0 對應的權重值為 1024，其他 nice 值
對應的權重值可以透過查表的方式來獲取。核心預先計算好了表 sched_
prio_to_ weight[40]，表的索引對應 nice 值，即 −20 ～ 19 的整數。

```
<kernel/sched/core.c>

const int sched_prio_to_weight[40] = {
     88761,     71755,     56483,     46273,     36291,
     29154,     23254,     18705,     14949,     11916,
      9548,      7620,      6100,      4904,      3906,
      3121,      2501,      1991,      1586,      1277,
      1024,       820,       655,       526,       423,
       335,       272,       215,       172,       137,
       110,        87,        70,        56,        45,
        36,        29,        23,        18,        15,
};
```

使用者空間提供了 nice() 函數來調整處理程序的優先順序。

```
#include <unistd.h>

int nice(int inc);
```

另外，getpriority() 和 setpriority() 系統呼叫可以用來獲取和修改自身或其
他處理程序的 nice 值。

```
#include <sys/time.h>
#include <sys/resource.h>

int getpriority(int which, id_t who);
int setpriority(int which, id_t who, int prio);
```

8.3.3 排程策略

處理程序排程依賴於排程策略（schedule policy），Linux 核心把相同的排程策略抽象成了排程類別（schedule class）。不同類型的處理程序採用不同的排程策略，目前 Linux 核心中預設實現了 5 個排程類別，分別是 stop、deadline、realtime、CFS 和 idle，它們分別使用 sched_class 來定義，並且透過 next 指標串聯在一起，如圖 8.10 所示。

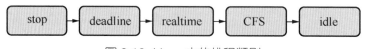

圖 8.10 Linux 中的排程類別

Linux 支持的 5 個排程類別的比較分析如表 8.4 所示。

▼ 表 8.4 排程類別的比較分析

排程類別	排程策略	使用範圍	說　明
stop	無	最高優先順序，比 deadline 處理程序的優先級高	可以先佔任何處理程序。 在每個 CPU 上實現一個名為 "migration/ N" 的核心執行緒，N 表示 CPU 的編號。該核心執行緒的優先順序最高，可以先佔任何處理程序的執行，一般用來執行特殊的功能。 用於負載平衡機制中的處理程序遷移、softlockup 檢測、CPU 熱抽換、RCU 等
deadline	SCHED_DEADLINE	最高優先順序的即時處理程序，優先順序為 −1	用於排程有嚴格時間要求的即時處理程序，比如視訊編解碼等

排程類別	排程策略	使用範圍	說　明
realtime	SCHED_FIFO SCHED_RR	普通即時處理程序，優先順序為 0 ～ 99	用於普通的即時處理程序，比如 IRQ 執行緒化
CFS	SCHED_NORMAL SCHED_BATCH SCHED_IDLE	普通處理程序，優先順序為 100 ～ 139	由 CFS 來排程
idle	無	最低優先順序的處理程序	當就緒佇列中沒有其他處理程序時進入 idle 排程類別，idle 排程類別會讓 CPU 進入低功耗模式

使用者空間程式可以使用排程策略 API 函數（比如 sched_setscheduler()）來設定使用者處理程序的排程策略。其中，SCHED_NORMAL、SCHED_BATCH 以及 SCHED_IDLE 使用完全公平排程器（CFS），SCHED_FIFO 和 SCHED_RR 使用 realtime 排程器，SCHED_DEADLINE 使用 deadline 排程器。

```
<include/uapi/linux/sched.h>

/*
 * 排程策略
 */
#define SCHED_NORMAL        0
#define SCHED_FIFO          1
#define SCHED_RR            2
#define SCHED_BATCH         3
/* SCHED_ISO: 保留的排程策略但尚未實現 */
#define SCHED_IDLE          5
#define SCHED_DEADLINE      6
```

SCHED_RR（迴圈）排程策略表示優先順序相同的處理程序以迴圈分享時間的方式執行。處理程序每次使用 CPU 的時間為一個固定長度的時間切片。處理程序會保持佔有 CPU，直到下面的某個條件得到滿足。

- 時間切片用完。
- 自願放棄 CPU。
- 處理程序終止。
- 被高優先順序處理程序先佔。

SCHED_FIFO（先進先出）排程策略與 SCHED_RR 排程策略類似，只不過沒有時間切片的概念。一旦處理程序獲取了 CPU 控制權，就會一直執行下去，直到下面的某個條件得到滿足。

- 自願放棄 CPU。
- 處理程序終止。
- 被更高優先順序處理程序先佔。

SCHED_BATCH（批次處理）排程策略是普通處理程序排程策略。這種排程策略會讓排程器認為處理程序是 CPU 密集型的。因此，排程器對這類處理程序的喚醒懲罰（wakeup penalty）比較小。在 Linux 核心裡，此類排程策略使用完全公平排程器。

SCHED_NORMAL（以前稱為 SCHED_OTHER）分時排程策略是非即時處理程序的預設排程策略。所有普通類型的處理程序的靜態優先順序都為 0，因此，任何使用 SCHED_FIFO 或 SCHED_RR 排程策略的就緒處理程序都會先佔它們。Linux 核心沒有實現這類排程策略。

SCHED_IDLE 空閒排程策略用於執行低優先順序的任務。

Linux 核心中提供了一些巨集來判斷屬於哪個排程策略，主要是透過優先順序來判斷。

```
<kernel/sched/sched.h>

static inline int idle_policy(int policy)
{
    return policy == SCHED_IDLE;
}
static inline int fair_policy(int policy)
{
    return policy == SCHED_NORMAL || policy == SCHED_BATCH;
}

static inline int rt_policy(int policy)
{
    return policy == SCHED_FIFO || policy == SCHED_RR;
}
```

```
static inline int dl_policy(int policy)
{
    return policy == SCHED_DEADLINE;
}
```

POSIX 標準裡還規定了一組介面函數，用來獲取和設定處理程序的排程策略及優先順序。

```
#include <sched.h>

int sched_setscheduler(pid_t pid, int policy,
        const struct sched_param *param);

int sched_getscheduler(pid_t pid);

int sched_setparam(pid_t pid, const struct sched_param *param);

int sched_getparam(pid_t pid, struct sched_param *param);
```

sched_setscheduler() 系統呼叫修改處理程序的排程策略和優先順序。sched_getscheduler() 系統呼叫獲取處理程序的排程策略。sched_getparam() 和 sched_setparam() 介面函數可以獲取和設定排程策略及優先順序參數。

struct sched_param 資料結構裡包含了排程參數，目前只有處理程序優先順序一個參數。

```
struct sched_param {
    int sched_priority;
};
```

8.3.4 時間切片

時間切片（time slice）是作業系統處理程序排程中一個很重要的術語，它表示處理程序被排程進來與被排程出去之間所能持續執行的時間長度。通常作業系統都會規定預設的時間切片，但是很難確定多長的時間切片是合適的。時間切片過長的話會導致互動型處理程序得不到及時回應，時間切片過短的話會增大處理程序切換帶來的處理器消耗。所以，I/O 消耗型和 CPU 消耗型處理程序之間的矛盾很難得到平衡。I/O 消耗型的處理程序不需要很長的時間切片,而 CPU 消耗型的處理程序則希望時間切片越長越好。

早期的 Linux 中的排程器採用的是固定時間切片,但是現在的 CFS 已經拋棄固定時間切片的做法,而是採用處理程序權重佔比的方法來公平地劃分 CPU 時間,這樣處理程序獲得的 CPU 時間就與處理程序的權重以及 CPU 上的總權重有了關係。權重和優先順序相關,優先順序高的處理程序權重也高,有機會佔用更多的 CPU 時間;而優先順序低的處理程序權重也低,那麼理應佔用較少的 CPU 時間。

8.3.5 經典排程演算法

1962 年,由 Corbato 等人提出的多級回饋佇列(Multi-Level Feedback Queue,MLFQ)演算法對作業系統處理程序排程器的設計產生了深遠的影響。很多作業系統處理程序排程器基於多級回饋佇列演算法,比如 Solaris、FreeBSD、Windows NT、Linux 的 $O(1)$ 排程器等,因此 Corbato 在 1990 年獲得了圖靈獎。

多級回饋佇列演算法的核心思想是把處理程序按照優先順序分成多個佇列,相同優先順序的處理程序在同一個佇列中。

如圖 8.11 所示,系統中有 5 個優先順序,每個優先順序有一個佇列,佇列 5 的優先順序最高,佇列 1 的優先順序最低。

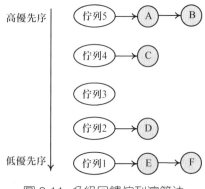

圖 8.11 多級回饋佇列演算法

多級回饋佇列演算法有以下幾個基本規則。

規則 1：如果處理程序 A 的優先順序大於處理程序 B 的優先順序，那麼排程器選擇處理程序 A。

規則 2：如果處理程序 A 和處理程序 B 的優先順序一樣，那麼它們同屬一個佇列，可使用輪轉排程演算法來選擇。

其實多級回饋佇列演算法的精髓在於「回饋」二字，也就是説，排程器可以動態地修改處理程序的優先順序。處理程序可以大致分成兩類：一類是 I/O 消耗型，這類處理程序很少會完全佔用時間切片，大部分的情況下在發送 I/O 請求或在等待 I/O 請求，比如等待滑鼠操作、等待鍵盤輸入等，這裡處理程序和系統的使用者體驗很相關；另一類是 CPU 消耗型，這類處理程序會完全佔用時間切片，比如計算密集型的應用程式、批次處理應用程式等。多級回饋佇列演算法需要區分處理程序屬於哪種類型，然後做出不同的回饋。

規則 3：當一個新處理程序進入排程器時，把它放入優先順序最高的佇列裡。

規則 4a：當一個處理程序吃滿時間切片時，説明這是一個 CPU 消耗型的處理程序，需要把優先順序降一級，從高優先順序佇列中遷移到低一級的佇列裡。

規則 4b：當一個處理程序在時間切片還沒有結束之前放棄 CPU 時，説明這是一個 I/O 消耗型的處理程序，優先順序保持不變，維持原來的高優先順序。

多級回饋佇列演算法看起來很不錯，可是在實際應用過程中還是有不少問題的。

第一個問題就是產生饑餓，當系統中有大量的 I/O 消耗型的處理程序時，這些 I/O 消耗型的處理程序會完全佔用 CPU，因為它們的優先順序最高，所以那些 CPU 消耗型的處理程序就得不到 CPU 時間切片，從而產生饑餓。

第二個問題是有些處理程序會欺騙排程器。比如，有的處理程序在時間切片快要結束時突然發起一個 I/O 請求並且放棄 CPU，那麼按照規則 4b，排程器會把這種處理程序判斷為 I/O 消耗型的處理程序，從而欺騙排程器，繼續保留在高優先順序的佇列裡面。這種處理程序 99% 的時間在佔用時間切片，到了最後時刻還會巧妙利用規則欺騙排程器。如果系統中有大量的這種處理程序，那麼系統的互動性就會變差。

第三個問題是，一個處理程序在生命週期裡，有可能一會兒是 I/O 消耗型的，一會兒是 CPU 消耗型的，所以很難判斷一個處理程序究竟是哪種類型。

針對第一個問題，多級回饋佇列演算法提出了一種改良方案，也就是在一定的時間週期後，把系統中的全部處理程序都提升到最高優先順序，相當於系統中的處理程序過了一段時間又重新開始一樣。

規則 5：每隔時間週期 S 之後，把系統中所有處理程序的優先順序都提到最高等級。

規則 5 可以解決處理程序饑餓的問題，因為系統每隔一段時間（S）就會把低優先順序的處理程序提高到最高優先順序，這樣低優先順序的 CPU 消耗型的處理程序就有機會和那些長期處於高優先順序的 I/O 消耗型的處理程序同場競技了。然而，將時間週期 S 設定為多少合適呢？如果 S 太長，那麼 CPU 消耗型的處理程序會饑餓；如果 S 太短，那麼會影響系統的互動性。

針對第二個問題，需要對規則 4 做一些改進。

新的規則 4：當一個處理程序使用完時間切片後，不管它是否在時間切片的最尾端發生 I/O 請求從而放棄 CPU，都把它的優先順序降一級。

經過改進後的規則 4 可以有效地避免處理程序的欺騙行為。

在介紹完多級回饋佇列演算法的核心實現後，在實際專案應用中還有很多問題需要思考和解決，其中一個最難的問題是參數如何確定和最佳化。比

如，系統需要設計多少個優先順序佇列？時間切片應該設定成多少？規則
5 中的時間間隔 S 又應該設定成多少，才能實現既不會讓處理程序饑餓，
也不會降低系統的互動性？這些問題很難回答，需要具體問題，具體分
析。

現在很多 UNIX 系統中採用了多級回饋佇列演算法的變種，它們允許動
態改變時間切片，也就是不同的優先順序佇列有不同的時間切片。舉例來
說，高優先順序佇列裡通常都是 I/O 消耗型的處理程序，因而設定的時間
切片比較短，比如 10ms。低優先順序佇列裡通常是 CPU 消耗型的處理程
序，可以將時間切片設定得長一些，比如 20ms。Sun 公司開發的 Solaris
作業系統也是基於多級回饋佇列演算法的，它提供了一個表（table）來
讓系統管理員最佳化這些參數；FreeBSD（4.3 版本）則使用了另一種變
種——名為 decay-usage 的變種演算法，該演算法使用公式來動態計算這
些參數。

Linux 2.6 裡使用的 $O(1)$ 排程器就是多級回饋佇列演算法的變種，但是由
於互動性能常常達不到令人滿意的程度，因此需要加入大量難以維護和閱
讀的程式來修復各種問題。該排程器在 Linux 2.6.23 之後被 CFS 取代。

8.3.6　Linux $O(n)$ 排程演算法

$O(n)$ 排程器是 Linux 核心最早採用的一種基於優先順序的排程演算法。
Linux 2.4 核心以及更早期的 Linux 核心都採用這種演算法。

就緒佇列是一個全域鏈結串列，從就緒佇列中尋找下一個最佳就緒處理程
序和就緒佇列裡處理程序的數目有關，因為耗費的時間為 $O(n)$，所以稱為
$O(n)$ 排程器。當就緒佇列裡的處理程序很多時，選擇下一個就緒處理程序
會變得很慢，從而導致系統整體性能下降。

每個處理程序在創建時都會被指定一個固定時間切片。當前處理程序的時
間切片使用完之後，排程器會選擇下一個處理程序來執行。當所有處理程
序的時間切片都用完之後，才會對所有處理程序重新分配時間切片。

8.3.7 Linux $O(1)$ 排程演算法

Linux 2.6 採用 Red Hat 公司 Ingo Molnar 設計的 $O(1)$ 排程演算法，該排程演算法的核心思想基於 Corbato 等人提出的多級回饋佇列演算法。

每個 CPU 維護一個自己的就緒佇列，從而減少了鎖的爭用。

就緒佇列由兩個優先順序陣列組成，分別是活躍優先順序陣列和過期優先順序陣列。每個優先順序陣列包含 MAX_PRIO（140）個優先順序佇列，也就是每個優先順序對應一個佇列，其中前 100 個對應即時處理程序，後 40 個對應普通處理程序。這樣設計的好處在於，排程器選擇下一個被排程處理程序就顯得高效和簡單多了，只需要在活躍優先順序陣列中選擇優先順序最高，並且佇列中有就緒處理程序的優先順序佇列即可。這裡使用點陣圖來定義指定優先順序佇列中是否有可執行的處理程序，如果有，則點陣圖中對應的位元會被置 1。

這樣選擇下一個被排程處理程序的時間就變成了查詢點陣圖操作，而且和系統中就緒處理程序的數量不相關，由於時間複雜度為 $O(1)$，因此稱為 $O(1)$ 排程器。

當活躍優先順序陣列中的所有處理程序用完時間切片之後，活躍優先順序陣列和過期優先順序陣列會進行互換。

8.3.8 Linux CFS 演算法

CFS 拋棄了以前使用固定時間切片和固定排程週期的演算法，而採用處理程序權重值的比重來量化和計算實際執行時間。另外，引入虛擬時間（vruntime）的概念，也稱為虛擬執行時間；作為對照，還引入真實時間（real runtime）的概念，也稱為真實執行時間，也就是處理程序在物理時鐘下實際執行的時間。每個處理程序的虛擬時間是實際執行時間與 nice 值 0 對應的權重的比值。處理程序按照各自不同的速率比在物理時鐘節拍內前進。nice 值小的處理程序優先順序高，權重大，由於虛擬時間比真實時間過得慢，因此可以獲得比較長的執行時間；nice 值大的處理程序優先順序低，權重小，虛擬時間比真實時間過得快，因此可以獲得比較短的執行時間。CFS 總是選擇虛擬時間最小的處理程序（即選擇 vruntime 最短的處理程序），它就像一個多級變速箱，nice 值為 0 的處理程序是基準齒輪，其他各個處理程序在不同的變速比下相互追趕，從而達到公正公平。

如圖 8.12 所示，假設系統中只有 3 個處理程序 A、B 和 C，它們的 nice 值都為 0，也就是權重值都是 1024。它們分配到的執行時間相同，都應該分配到 1/3 的執行時間。如果 A、B、C 三個處理程序的權重值不同呢？當處理程序的 nice 值不等於 0 時，它們的虛擬時間過得和真實時間就不一樣了。nice 值小的處理程序，優先順序高，虛擬時間比真實時間過得慢；反之，nice 值大的處理程序，優先順序低，虛擬時間比真實時間過得快。

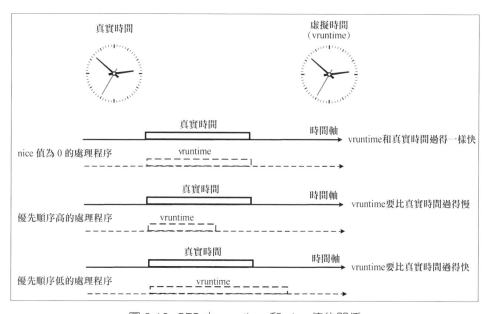

圖 8.12　CFS 中 vruntime 和 nice 值的關係

所以，CFS 的核心是計算處理程序的 vruntime 以及選擇下一個執行的處理程序。

1. vruntime 的計算

Linux 核心使用 load_weight 資料結構來記錄排程實體的權重資訊。

```
<include/linux/sched.h>

struct load_weight {
    unsigned long weight;
    u32 inv_weight;
};
```

其中，weight 是排程實體的權重；inv_weight 是 inverse weight 的縮寫，表示權重的中間計算結果，稍後會介紹如何使用。排程實體的資料結構中已經內嵌了 load_weight 資料結構，用於描述排程實體的權重。

```
<include/linux/sched.h>

struct sched_entity {
    struct load_weight load;
...
}
```

我們在程式中經常透過 p->se.load 來獲取處理程序 p 的權重資訊。nice 值的範圍是 −20 ～ 19，處理程序預設的 nice 值為 0。這些值的含義類似於等級，可以瞭解成 40 個等級，nice 值越高，優先順序越低，反之亦然。舉例來說，一個 CPU 密集型應用程式的 nice 值如果從 0 增加到 1，那麼它相對於其他 nice 值為 0 的應用程式將少獲得 10% 的 CPU 時間。因此，處理程序每降低一個 nice 等級，優先順序則提高一個等級，對應的處理程序多獲得 10% 的 CPU 時間；反之，處理程序每提升一個 nice 等級，優先順序則降低一個等級，對應的處理程序少獲得 10% 的 CPU 時間。為了計算方便，核心約定 nice 值為 0 的權重值為 1024，其他 nice 值對應的權重值可以透過查表的方式[3]來獲取。核心預先計算好了一個表 sched_prio_to_weight[40]，表的索引對應 nice 值 [−20 ～ 19]。

```
<kernel/sched/core.c>
```

---

[3]　查表是一種比較快的最佳化方法。比如，寫一個函數來計算 prio_to_weight 永遠也沒有查表來得快。再比如，程式中需要用到 100 以內的質數，預先定義好 100 以內的一個質數表，查表的方式要比使用函數的方式快很多。

```
const int sched_prio_to_weight[40] = {
     88761,      71755,      56483,      46273,      36291,
     29154,      23254,      18705,      14949,      11916,
      9548,       7620,       6100,       4904,       3906,
      3121,       2501,       1991,       1586,       1277,
      1024,        820,        655,        526,        423,
       335,        272,        215,        172,        137,
       110,         87,         70,         56,         45,
        36,         29,         23,         18,         15,
};
```

前文所述的 10% 的影響是相對及累加的。舉例來說，如果一個處理程序增加了 10% 的 CPU 時間，則另外一個處理程序減少 10%，那麼差距大約是 20%，因此這裡使用係數 1.25 來計算。舉個例子，處理程序 A 和處理程序 B 的 nice 值都為 0，那麼權重值都是 1024，它們獲得的 CPU 時間佔比都是 50%，計算公式為 1024/(1024+1024)=50%。假設處理程序 A 增大 nice 值為 1，處理程序 B 的 nice 值不變，那麼處理程序 B 應該獲得 55% 的 CPU 時間，處理程序 A 應該獲得 45%。我們利用 prio_to_ weight[] 表來計算，對於處理程序 A，820/(1024+820) ≈ 44.5%，而對於處理程序 B，1024/(1024+820) ≈ 55.5%。

Linux 核心還提供了另外一個表 sched_prio_to_wmult[40]，它也是預先計算好的。

```
<kernel/sched/core.c>

const u32 sched_prio_to_wmult[40] = {
         48388,      59856,      76040,      92818,     118348,
        147320,     184698,     229616,     287308,     360437,
        449829,     563644,     704093,     875809,    1099582,
       1376151,    1717300,    2157191,    2708050,    3363326,
       4194304,    5237765,    6557202,    8165337,   10153587,
      12820798,   15790321,   19976592,   24970740,   31350126,
      39045157,   49367440,   61356676,   76695844,   95443717,
     119304647,  148102320,  186737708,  238609294,  286331153,
};
```

sched_prio_to_wmult 表的計算方法如式（8.1）所示。

$$inv\_weight = \frac{2^{32}}{weight} \qquad\qquad (8.1)$$

其中，inv_weight 是 inverse weight 的縮寫，表示權重被倒轉了，這是為了後面計算方便。

Linux 核心提供了一個函數來查詢這兩個表，然後把值存放在 p->se.load 資料結構中，也就是存放在 load_weight 資料結構中。

```
static void set_load_weight(struct task_struct *p)
{
    int prio = p->static_prio - MAX_RT_PRIO;
    struct load_weight *load = &p->se.load;

    load->weight = scale_load(sched_prio_to_weight[prio]);
    load->inv_weight = sched_prio_to_wmult[prio];
}
```

sched_prio_to_wmult[] 表有什麼用途呢？

CFS 中有一個用來計算虛擬時間的核心函數 calc_delta_fair()，計算方法如式（8.2）所示。

$$vruntime = \frac{delta\_exec \times nice\_0\_weight}{weight} \qquad\qquad (8.2)$$

其中，vruntime 表示處理程序的虛擬執行時間，delta_exec 表示真實執行時間，nice_0_weight 表示 nice 值為 0 的權重值，weight 表示處理程序的權重值。

2. 排程類別

每個排程類別都定義了一套操作方法集，可呼叫 CFS 的 task_fork 方法以執行一些 fork() 相關的初始化工作。排程類別定義的操作方法集如下。

```
[kernel/sched/fair.c]

const struct sched_class fair_sched_class = {
    .next                    = &idle_sched_class,
```

```
    .enqueue_task          = enqueue_task_fair,
    .dequeue_task          = dequeue_task_fair,
    .yield_task            = yield_task_fair,
    .yield_to_task         = yield_to_task_fair,
    .check_preempt_curr    = check_preempt_wakeup,
    .pick_next_task        = pick_next_task_fair,
    .put_prev_task         = put_prev_task_fair,

#ifdef CONFIG_SMP
    .select_task_rq        = select_task_rq_fair,
    .migrate_task_rq       = migrate_task_rq_fair,
    .rq_online             = rq_online_fair,
    .rq_offline            = rq_offline_fair,
    .task_waking           = task_waking_fair,
#endif
    .set_curr_task         = set_curr_task_fair,
    .task_tick             = t ask_tick_fair,
    .task_fork             = task_fork_fair,
    .prio_changed          = prio_changed_fair,
    .switched_from         = switched_from_fair,
    .switched_to           = switched_to_fair,
    .get_rr_interval       = get_rr_interval_fair,
    .update_curr           = update_curr_fair,
#ifdef CONFIG_FAIR_GROUP_SCHED
    .task_move_group       = task_move_group_fair,
#endif
};
```

3. 選擇下一個處理程序

CFS 選擇下一個處理程序來執行的規則比較簡單，就是挑選 vruntime 值最小的處理程序。CFS 使用紅黑樹來組織就緒佇列，因此可以快速找到 vruntime 值最小的那個處理程序，只需要尋找樹中最左側的葉子節點即可。

CFS 透過 pick_next_task_fair() 函數來呼叫排程類別中的 pick_next_task() 方法。

8.3.9 處理程序切換

__schedule() 是排程器的核心函數,作用是讓排程器選擇和切換到一個合適的處理程序並執行。排程的時機可以分為以下 3 種。

- 阻塞操作:比如互斥量(mutex)、號誌(semaphore)、等待佇列(wait queue)等。
- 在中斷返回前和系統呼叫返回使用者空間時,檢查 TIF_NEED_ RESCHED 標示位元以判斷是否需要排程。
- 將要被喚醒的處理程序不會馬上呼叫 schedule(),而是會被增加到 CFS 就緒佇列中,並且設定 TIF_NEED_RESCHED 標示位元。那麼被喚醒的處理程序什麼時候被排程呢?這要根據核心是否具有可先佔功能(CONFIG_PREEMPT=y)分兩種情況。

如果核心可先佔,則根據以下情況進行處理。

- 如果喚醒動作發生在系統呼叫或異常處理上下文中,那麼在下一次呼叫 preempt_enable() 時會檢查是否需要先佔排程。
- 如果喚醒動作發生在硬體中斷處理上下文中,那麼在硬體中斷處理返回前會檢查是否要先佔當前處理程序。

如果核心不可先佔,則根據以下情況進行處理。

- 當前處理程序呼叫 cond_resched() 時會檢查是否需要排程。
- 主動呼叫 schedule()。
- 系統呼叫或異常處理完後返回使用者空間時。
- 中斷處理完成後返回使用者空間時。

前文提到的硬體中斷返回前和硬體中斷返回使用者空間前是兩個不同的概念。前者在每次硬體中斷返回前都會檢查是否有處理程序需要被先佔排程,而不管中斷發生點是在核心空間還是使用者空間;後者僅當中斷發生點在使用者空間時才會檢查。

1. 處理程序排程

在 Linux 核心裡，schedule() 是內部使用的介面函數，有不少其他函數會直接呼叫該函數。除此之外，schedule() 函數還有不少變種。

■ preempt_schedule() 用於可先佔核心的排程。

■ preempt_schedule_irq() 用於可先佔核心的排程，在中斷結束返回時會呼叫該函數。

■ schedule_timeout(signed long timeout)，處理程序睡眠到 timeout 指定的逾時為止。

schedule() 函數的核心程式片段如下。

```
static void sched schedule(void)
{
    next = pick_next_task(rq, prev);

    if (likely(prev != next)) {
        rq = context_switch(rq, prev, next);
    }
}
```

這裡主要實現了兩個功能：一個是選擇下一個要執行的處理程序，另一個是呼叫 context_ switch() 函數來進行上下文切換。

2. 處理程序切換

作業系統會把當前正在執行的處理程序暫停並且恢復以前暫停的某個處理程序的執行，這個過程稱為處理程序切換或上下文切換。Linux 核心實現處理程序切換的核心函數是 context_switch()。

每個處理程序可以擁有屬於自己的處理程序位址空間，但是所有處理程序都必須共用 CPU 的暫存器等資源。所以，在切換處理程序時必須把 next 處理程序在上一次暫停時保存的暫存器值重新載入到 CPU 裡。在處理程序恢復執行前必須載入 CPU 暫存器的資料，則稱為硬體上下文。處理程序的切換可以複習為以下兩步。

（1）切換處理程序的處理程序位址空間，也就是切換 next 處理程序的頁表到硬體頁表中，這是由 switch_mm() 函數實現的。

（2）切換到 next 處理程序的核心態堆疊和硬體上下文，這是由 switch_to() 函數實現的。硬體上下文提供了核心執行 next 處理程序所需要的所有硬體資訊。

3. switch_mm() 函數

switch_mm() 函數實質上是把新處理程序的頁表基底位址設定到頁表基底位址暫存器。對於 ARM64 處理器，switch_mm() 函數的主要作用是完成 ARM 架構相關的硬體設定，例如刷新 TLB 以及設定硬體頁表等。

在執行處理程序時，除了快取記憶體（cache）會快取處理程序的資料外，MMU 內部還有叫作 TLB（Translation Lookaside Buffer，快表）的硬體單元，TLB 會為了加快虛擬位址到物理位址的轉換速度而將部分頁記錄內容快取起來，避免頻繁存取頁表。當 prev 處理程序執行時期，CPU 內部的 TLB 和快取記憶體會快取 prev 處理程序的資料。如果在切換到 next 處理程序時沒有刷新 prev 處理程序的資料，那麼因為 TLB 和快取記憶體中快取了 prev 處理程序的資料，有可能導致 next 處理程序存取的虛擬位址被翻譯成 prev 處理程序快取的資料，造成資料不一致和系統不穩定，因此切換處理程序時需要對 TLB 執行刷新操作（在 ARM 架構中也稱為故障操作）。但是這種方法不合理，對整個 TLB 執行刷新操作後，next 處理程序將面對空白的 TLB，因此剛開始執行時會出現很嚴重的 TLB 未命中和快取記憶體未命中，導致系統性能下降。

如何提高 TLB 的性能？這是最近幾十年來晶片設計人員和作業系統設計人員共同努力的方向。從 Linux 核心角度看，位址空間可以劃分為核心位址空間和使用者空間；對 TLB 來説，可以劃分成全域（global）類型和處理程序獨有（process-specific）類型。

■ 全域類型的 TLB：核心空間是所有處理程序共用的空間，因此這部分空間的虛擬位址到物理位址的翻譯是不會變化的，可以視為全域的。

■ 處理程序獨有類型的 TLB：使用者位址空間是每個處理程序獨有的位址空間。將 prev 處理程序切換到 next 處理程序時，TLB 中快取的 prev 處理程序的相關資料對於 next 處理程序是無用的，因此可以刷新，這就是所謂的處理程序獨有類型的 TLB。

為了支持處理程序獨有類型的 TLB，ARM 架構提出了一種硬體解決方案，叫作 ASID（Address Space ID），這樣 TLB 就可以辨識哪些 TLB 項是屬於某個處理程序的。ASID 方案使得每個 TLB 項包含一個 ASID，ASID 用於標識每個處理程序的位址空間。TLB 命中查詢的標準，則在原來的虛擬位址判斷之上加上了 ASID 條件。因此，有了 ASID 硬體機制的支援，處理程序的切換就不需要刷新整個 TLB，即使 next 處理程序存取相同的虛擬位址，prev 處理程序快取的 TLB 項也不會影響到 next 處理程序，因為 ASID 機制從硬體上保證了 prev 處理程序和 next 處理程序的 TLB 不會產生衝突。

4. switch_to() 函數

處理完 TLB 和頁表基底位址後，還需要進行堆疊空間的切換，這樣 next 處理程序才能開始執行，這正是 switch_to() 函數的目的。

```
<include/asm-generic/switch_to.h>

#define switch_to(prev, next, last)                  \
    do {                                             \
        ((last) = __switch_to((prev), (next)));      \
    } while (0)
```

switch_to() 函數一共有 3 個參數，第一個表示將要被排程出去的處理程序 prev，第二個表示將要被排程進來的處理程序 next，第三個參數 last 是什麼意思呢？

處理程序切換還有一個比較神奇的地方，對此我們有不少疑惑。

■ 為什麼 switch_to() 函數有 3 個參數？ prev 和 next 就夠了，為何還需要 last ？

- switch_to() 函數後面的程式（如 finish_task_switch(prev)），該由誰來執行？什麼時候執行？

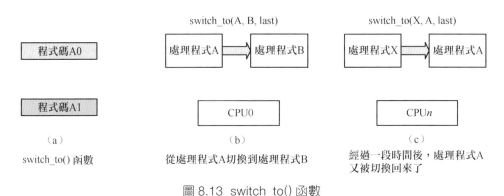

圖 8.13 switch_to() 函數

如圖 8.13（a）所示，switch_to() 函數被分成兩部分，前半部分是「程式A0」，後半部分是「程式 A1」，這兩部分程式其實都屬於同一個處理程序。

如圖 8.13（b）所示，假設現在處理程序 A 在 CPU0 上執行了 switch_to(A, B, last) 函數以主動切換到處理程序 B 來執行，於是處理程序 A 執行了「程式 A0」，然後執行了 switch_to() 函數。在 switch_to() 函數裡，CPU0 切換到了處理程序 B 的硬體上下文，讓處理程序 B 執行。注意，這時候處理程序 B 會直接從自己的處理程序程式中執行，而不會執行「程式 A1」。處理程序 A 則被換出，也就是説，處理程序 A 睡眠了。注意，在這個時間點，「程式 A1」暫時沒有執行；last 指向處理程序 A。

如圖 8.13（c）所示，經過一段時間後，某個 CPU 上的某個處理程序（這裡假設是處理程序 X）執行了 switch_to(X, A, last) 函數，要從處理程序 X 切換到處理程序 A 來執行。注意，這時候處理程序 A 相當於從 CPU0 切換到 CPUn。處理程序 X 睡眠了，處理程序 A 被載入到 CPUn 上執行，並且是從上次睡眠點開始執行，也就是開始執行「程式 A1」片段，這時 last 指向處理程序 X。「程式 A1」是 finish_task_switch(last) 函數，通常在這個場景下會對處理程序 X 進行一些清理工作，也就是説，處理程序 A 重新得到執行。但是在執行處理程序 A 自己的程式之前，需要對處理程序 X 做一些收尾工作，於是 switch_to() 的第三個參數有了妙用。

綜上所述，next 處理程序執行 finish_task_switch(last) 函數來對 last 處理程序進行清理工作，通常 last 處理程序指的是 prev 處理程序。需要注意的是，這裡執行的 finish_task_switch() 函數屬於 next 處理程序，只不過是把 last 處理程序的處理程序描述符號作為參數傳遞給 finish_task_switch() 函數。

task_struct 資料結構裡的 thread_struct 用來存放和具體架構相關的一些資訊。對 ARM64 架構來說，thread_struct 資料結構定義在 arch/ arm64/include/asm/processor.h 檔案中。

```
<arch/arm64/include/asm/processor.h>

struct thread_struct {
    struct cpu_context  cpu_context;
    struct {
        unsigned long tp_value;
        unsigned long tp2_value;
        struct user_fpsimd_state fpsimd_state;
    } uw;

    unsigned int        fpsimd_cpu;
    void                *sve_state;
    unsigned int        sve_vl;
    unsigned int        sve_vl_onexec;
    unsigned long       fault_address;
    unsigned long       fault_code;
    struct debug_info   debug;
};
```

- cpu_context：保存處理程序上下文相關的資訊到 CPU 相關的通用暫存器中。
- tp_value：TLS 暫存器。
- tp2_value：TLS 暫存器。
- fpsimd_state：與 FP 和 SMID 相關的狀態。
- fpsimd_cpu：FP 和 SMID 的相關資訊。
- sve_state：SVE 暫存器。

- sve_vl：SVE 向量的長度。
- sve_vl_onexec：下一次執行之後 SVE 向量的長度。
- fault_address：異常位址。
- fault_code：異常錯誤值，從 ESR_EL1 中讀出。

cpu_context 是一種非常重要的資料結構，它勾畫了在切換處理程序時，CPU 需要保存哪些暫存器，我們稱為處理程序硬體上下文。對 ARM64 處理器來說，在切換處理程序時，我們需要把 prev 處理程序的 x19 ～ x28 暫存器以及 fp、sp 和 pc 暫存器保存到 cpu_context 資料結構中，然後把 next 處理程序中上一次保存的 cpu_context 資料結構的值恢復到實際硬體的暫存器中，這樣就完成了處理程序的上下文切換。

cpu_context 資料結構的定義如下。

```
<arch/arm64/include/asm/processor.h>

struct cpu_context {
    unsigned long x19;
    unsigned long x20;
    unsigned long x21;
    unsigned long x22;
    unsigned long x23;
    unsigned long x24;
    unsigned long x25;
    unsigned long x26;
    unsigned long x27;
    unsigned long x28;
    unsigned long fp;
    unsigned long sp;
    unsigned long pc;
};
```

處理程序的上下文切換的流程如圖 8.14 所示。在處理程序切換過程中，處理程序硬體上下文中重要的暫存器已保存到 prev 處理程序的 cpu_context 資料結構中，處理程序硬體上下文包括 x19 ～ x28 暫存器、fp 暫存器、sp 暫存器以及 pc 暫存器，如圖 8.14（a）所示。然後，把 next 處理程序儲存的上下文恢復到 CPU 中，如圖 8.14（b）所示。

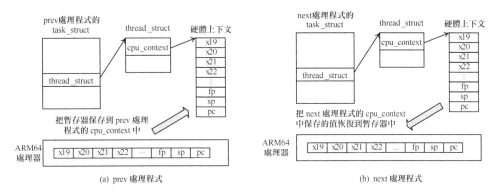

圖 8.14 在切換處理程序時保存硬體上下文

8.3.10 與排程相關的資料結構

本節介紹與排程相關的幾個重要資料結構的定義。

1. task_struct

處理程序可採用處理程序描述符號（Process Control Block，PCB）來抽象和描述，Linux 核心則使用 task_struct 資料結構來描述。處理程序描述符號 task_struct 用來描述處理程序執行狀況以及控制處理程序執行所需要的全部資訊，是 Linux 用來感知處理程序存在的一種非常重要的資料結構，其中與排程相關的常見成員如表 8.5 所示。

⬇ 表 8.5 處理程序描述符號中與排程相關的常見成員

成　員	類　型	說　明
state	volatile long	處理程序的當前狀態
on_cpu	int	處理程序處於執行（running）狀態
cpu	unsigned int	處理程序正在哪個 CPU 上執行
wake_cpu	int	處理程序上一次是在哪個 CPU 上執行
prio	int	處理程序動態優先順序
static_prio	int	處理程序靜態優先順序
normal_prio	int	基於 static_prio 和排程策略計算出來的優先順序
rt_priority	unsigned int	即時處理程序優先順序
sched_class	const struct sched_class *	排程類

成　員	類　型	說　明
se	struct sched_entity	普通處理程序排程實體
rt	struct sched_rt_entity	即時處理程序排程實體
dl	struct sched_dl_entity	deadline 處理程序排程實體

2. sched_entity

處理程序排程有一種非常重要的資料結構 sched_entity，稱為排程實體，這種資料結構描述了處理程序作為排程物理參與排程所需要的所有資訊，例如 load 表示排程實體的權重，run_node 表示排程實體在紅黑樹中的節點。sched_entity 資料結構定義在 include/ linux/sched.h 標頭檔中。

```
<include/linux/sched.h>

struct sched_entity {
    struct load_weight      load;
        ...
};
```

sched_entity 資料結構的重要成員如表 8.6 所示。

▼ 表 8.6 sched_entity 資料結構的重要成員

成　員	類　型	說　明
load	struct load_weight	排程實體的權重
runnable_weight	unsigned long	處理程序在可執行狀態（runnable）下的權重，這個值等於處理程序的權重
run_node	struct rb_node	排程實體作為節點被插入 CFS 的紅黑樹中
exec_start	u64	排程實體的虛擬時間的起始時間
sum_exec_runtime	u64	排程實體的總執行時間，這是真實時間
vruntime	u64	排程實體的虛擬時間
avg	struct sched_avg	負載相關資訊

3. rq

rq 資料結構是描述 CPU 的通用就緒佇列，rq 資料結構中記錄了一個就緒佇列所需要的全部資訊，不僅包括一個 CFS 的資料結構 cfs_rq、一個即時處理程序排程器的資料結構 rt_rq 和一個 deadline 排程器的資料結構 dl_rq，還包括就緒佇列的 load 權重等資訊。資料結構 rq 的定義如下。

```
struct rq {
    unsigned int nr_running;
    struct load_weight load;
    struct cfs_rq cfs;
    struct rt_rq rt;
    struct dl_rq dl;
    struct task_struct *curr, *idle, *stop;
    u64 clock;
    u64 clock_task;
    int cpu;
    int online;
    ...
};
```

資料結構 rq 的重要成員如表 8.7 所示。

⬇ 表 8.7 資料結構 rq 的重要成員

名　稱	類　型	說　明
nr_running	unsigned int	就緒佇列中可執行（runnable）處理程序的數量
cpu_load[]	unsigned long	每個就緒佇列維護一個 cpu_load[] 陣列，在每個排程滴答（scheduler tick）重新計算，讓 CPU 的負載顯得更加平滑
load	struct load_weight	就緒佇列的權重
nr_load_updates	unsigned long	記錄 cpu_load[] 更新的次數
nr_switches	u64	記錄處理程序切換的次數
cfs	struct cfs_rq	指向 CFS 的就緒佇列
rt	struct rt_rq	指向即時處理程序的就緒佇列
dl	struct dl_rq	指向 deadline 處理程序的就緒佇列
curr	struct task_struct *	指向正在執行的處理程序
idle	struct task_struct *	指向 idle 處理程序
stop	struct task_struct *	指向系統的 stop 處理程序

系統中的每個 CPU 都有一個就緒佇列,它是 Per-CPU 類型的,換言之, 每個 CPU 都有一個 rq 資料結構。使用 this_rq() 可以獲取當前 CPU 的資料結構 rq。

```
<kernel/sched/sched.h>

DECLARE_PER_CPU_SHARED_ALIGNED(struct rq, runqueues);

#define cpu_rq(cpu)            (&per_cpu(runqueues, (cpu)))
#define this_rq()         this_cpu_ptr(&runqueues)
#define task_rq(p)            cpu_rq(task_cpu(p))
#define cpu_curr(cpu)         (cpu_rq(cpu)->curr)
#define raw_rq()          raw_cpu_ptr(&runqueues)
```

4. cfs_rq

cfs_rq 資料結構表示 CFS 的就緒佇列,它的定義如下。

```
<kernel/sched/sched.h>

struct cfs_rq {
    struct load_weight load;
    unsigned int nr_running, h_nr_running;
    u64 exec_clock;
    u64 min_vruntime;
    struct sched_entity *curr, *next, *last, *skip;
    unsigned long runnable_load_avg, blocked_load_avg;
    ...
};
```

cfs_rq 資料結構的重要成員如表 8.8 所示。

⬇ 表 8.8 cfs_rq 資料結構的重要成員

名　　稱	類　　型	說　　明
load	struct load_weight	就緒佇列的總權重
runnable_weight	unsigned long	就緒佇列中可執行狀態的權重
nr_running	unsigned int	可執行狀態的處理程序數量
exec_clock	u64	統計就緒佇列的總執行時間
min_vruntime	u64	單步遞增,用於追蹤整個 CFS 就緒佇列中紅黑樹裡的 vruntime 最小值

名　稱	類　型	說　明
tasks_timeline	struct rb_root_cached	CFS 紅黑樹的根
curr	struct sched_entity*	指向當前正在執行的處理程序
next	struct sched_entity*	用於切換處理程序時下一個即將執行的處理程序
avg	struct sched_avg	基於 PELT 演算法的負載計算

使用 task_cfs_rq() 函數可以取出當前處理程序對應的 CFS 就緒佇列。

```
#define task_thread_info(task)    ((struct thread_info *)(task)->stack)

static inline unsigned int task_cpu(const struct task_struct *p)
{
    return p->cpu;
}


#define cpu_rq(cpu)          (&per_cpu(runqueues, (cpu)))
#define task_rq(p)           cpu_rq(task_cpu(p))

static inline struct cfs_rq *task_cfs_rq(struct task_struct *p)
{
    return &task_rq(p)->cfs;
}
```

5. 排程類別的操作方法

每個排程類別都定義了一套操作方法，如表 8.9 所示。

⬇ 表 8.9 排程類別的操作方法

操 作 方 法	說　明
enqueue_task	把處理程序加入就緒佇列中
dequeue_task	把處理程序移出就緒佇列
yield_task	用於 sched_yield() 系統呼叫
yield_to_task	用於 yield_to() 介面函數
check_preempt_curr	檢查是否需要先佔當前處理程序
pick_next_task	從就緒佇列中選擇一個最佳處理程序來運行
put_prev_task	把 prev 處理程序重新加入就緒佇列中
select_task_rq	為處理程序選擇一個最佳的 CPU 就緒佇列
migrate_task_rq	遷移處理程序到一個新的就緒佇列

操作方法	說　明
task_woken	處理處理程序被喚醒的情況
set_cpus_allowed	設定處理程序可執行的 CPU 範圍
rq_online	設定就緒佇列的狀態為 online
rq_offline	關閉就緒佇列
set_curr_task	設定當前正在執行的處理程序的相關資訊
task_tick	處理時鐘滴答
task_fork	處理 fork 新處理程序與排程相關的一些初始化資訊
task_dead	處理處理程序已經終止的情況
switched_from	用於切換了排程類別的情況
switched_to	切換到下一個處理程序來運行
prio_changed	改變處理程序優先順序
update_curr	更新就緒佇列的執行時間，對於 CFS 排程類別是更新虛擬時間

Linux 核心中排程器相關資料結構的關係如圖 8.15 所示，雖然看起來很複雜，但其實它們是有連結的。

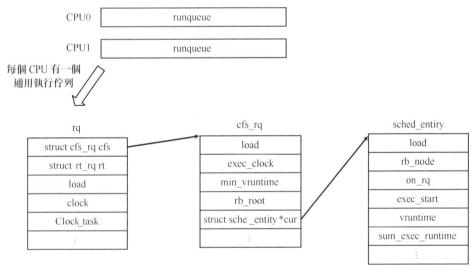

圖 8.15　排程器的資料結構關係圖

8.4 多核心排程

之前我們在介紹處理程序排程器時都假設系統只有一個 CPU，現在絕大部分的裝置是多核心處理器。在多核心處理器中，以 SMP 類型的多核心形態最常見。SMP（Symmetrical Multi- Processing）的全稱是「對稱多處理」技術，是指在一台電腦上匯集了一組處理器，這些處理器都是對等的，它們之間共用記憶體子系統和系統匯流排。

圖 8.16 所示為 4 核心的 SMP 處理器架構，在 4 核心處理器中，每個物理 CPU 核心擁有獨立的 L1 快取且不支援超執行緒技術，分成兩個簇（cluster）——簇 0 和簇 1，每個簇包含兩個物理 CPU 核心，簇中的 CPU 核心共用 L2 快取。

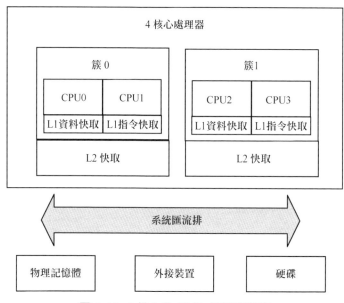

圖 8.16　4 核心的 SMP 處理器架構

8.4.1 排程域和排程組

根據處理器的實際物理屬性，CPU 和 Linux 核心的分類如表 8.10 所示。

▼ 表 8.10 CPU 和 Linux 核心的分類

CPU	Linux 核心	說　明
超執行緒（SMT, Simultaneous MultiThreading）	CONFIG_SCHED_SMT	一個物理核心可以有兩個或更多個執行緒，被稱為超執行緒技術。超執行緒使用相同的 CPU 資源且共用 L1 快取記憶體，遷移處理程序不會影響快取記憶體的使用率
多核心（MC, Multi-Core）	CONFIG_SCHED_MC	每個物理核心獨享 L1 快取記憶體，多個物理核心可以組成簇，簇裡的 CPU 共用 L2 快取記憶體
處理器（SoC）	核心稱為 DIE	SoC 等級

Linux 核心使用資料結構 sched_domain_topology_level 來描述 CPU 的層次關係，本節中簡稱為 SDTL。

```
<include/linux/sched/topology.h>

struct sched_domain_topology_level {
    sched_domain_mask_f mask;      //函數指標，用於指定某個SDTL的cpumask點陣圖。
    sched_domain_flags_f sd_flags; //函數指標，用於指定某個SDTL的標示位元。
    int           flags;
    struct sd_data      data;
};
```

另外，Linux 核心預設定義了陣列 default_topology[] 來概括 CPU 物理域的層次結構。

```
<kernel/sched/topology.c>

/*
 * CPU拓撲關係，從下往上
 */
static struct sched_domain_topology_level default_topology[] = {
#ifdef CONFIG_SCHED_SMT
    { cpu_smt_mask, cpu_smt_flags, SD_INIT_NAME(SMT) },
#endif
#ifdef CONFIG_SCHED_MC
    { cpu_coregroup_mask, cpu_core_flags, SD_INIT_NAME(MC) },
#endif
    { cpu_cpu_mask, SD_INIT_NAME(DIE) },
```

```
    { NULL, },
};

struct sched_domain_topology_level *sched_domain_topology = default_topology;
```

從 default_topology[] 陣列的角度看，DIE 類型是標準配備，SMT 和 MC 類型需要在設定核心時與實際硬體架構設定相匹配，這樣才能發揮硬體的性能和均衡效果。目前，ARM64 架構的設定檔裡支持 CONFIG_SCHED_MC 和 CONFIG_SCHED_SMT。

初始化排程層級時至少要包含 mask 函數指標、sd_flags 函數指標以及 flags 標示位元。比如，cpu_smt_mask() 函數描述了 SMT 層級的 CPU 點陣圖組成方式，cpu_coregroup_mask() 函數描述了 MC 層級的 CPU 點陣圖組成方式，cpu_cpu_mask() 函數描述了 DIE 層級的 CPU 點陣圖組成方式。

sd_flags 函數指標指定了排程層級的標示位元。比如，SMT 排程層級中的 sd_flags 函數指標 cpu_smt_flags() 指定了 SMT 排程層級包括 SD_SHARE_CPUCAPACITY 和 SD_SHARE_PKG_ RESOURCES 兩個標示位元。

```
static inline int cpu_smt_flags(void)
{
    return SD_SHARE_CPUCAPACITY | SD_SHARE_PKG_RESOURCES;
}
```

再比如，MC 排程層級的 sd_flags 函數指標 cpu_core_flags() 指定了 MC 排程層級只包括 SD_ SHARE_PKG_RESOURCES 標示位元。

```
static inline int cpu_core_flags(void)
{
    return SD_SHARE_PKG_RESOURCES;
}
```

排程域標示位元如表 8.11 所示。

⬇ 表 8.11 排程域標示位元

排程域標示位元	說　明
SD_LOAD_BALANCE	表示對排程域的執行做負載平衡排程
SD_BALANCE_NEWIDLE	表示當 CPU 空閒後對執行做負載平衡排程
SD_BALANCE_EXEC	表示一個處理程序在執行 exec 系統呼叫時會重新選擇一個最佳的 CPU 來執行,見 sched_exec() 函數
SD_BALANCE_FORK	表示在 fork 一個新處理程序後會選擇一個最佳的 CPU 來執行這個新的處理程序,見 wake_up_new_task() 函數
SD_BALANCE_WAKE	表示在喚醒一個處理程序時會選擇一個最佳的 CPU 來喚醒該處理程序,見 wake_up_process() 函數
SD_WAKE_AFFINE	支援 wake affine 特性
SD_ASYM_CPUCAPACITY	表示排程域有不同架構的 CPU,比如 ARM 公司的大小核心架構(big.LITTLE)
SD_SHARE_CPUCAPACITY	表示排程域中的 CPU 都是可以共用 CPU 資源的,主要用來描述 SMT 排程層級
SD_SHARE_POWERDOMAIN	表示排程域的 CPU 可以共用電源域。
SD_SHARE_PKG_RESOURCES	表示排程域的 CPU 可以共用快取記憶體
SD_ASYM_PACKING	用來描述與 SMT 排程層級相關的一些例外
SD_NUMA	用來描述 NUMA 排程層級
SD_PREFER_SIBLING	表示可以在兄弟排程域中遷移處理程序

Linux 核心使用 sched_domain 資料結構來描述排程層級,從 default_topology[] 陣列可知,系統預設支援 DIE 類型層級、SMT 類型層級以及 MC 類型層級。另外,可在排程域裡劃分排程組,然後使用 sched_group 資料結構來描述排程組,排程組是負載平衡排程的最小單位。在最低層級的排程域中,通常用排程組描述 CPU 核心。

在支援 NUMA 架構的處理器中,假設支援 SMT 技術,那麼整個系統的排程域和排程組的關係如圖 8.17 所示,可在預設的排程層級中新增 NUMA 層級的排程域。

在超大系統中,系統會頻繁存取排程域資料結構。為了提升系統的性能和可擴充性,排程域資料結構 sched_domain 採用 Per-CPU 變數來建構。

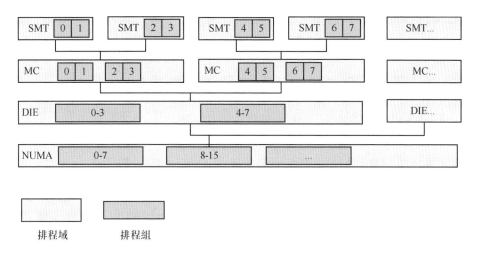

圖 8.17　排程域和排程組的關係

8.4.2　負載的計算

【例 8-1】

假設在如圖 8.18 所示的雙核心處理器裡，CPU0 的就緒佇列裡有 4 個處理程序，CPU1 的就緒佇列裡有兩個處理程序，那麼究竟哪個 CPU 上的負載重呢？

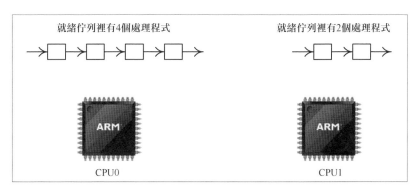

圖 8.18　CPU 上的負載比較（1）

假設上述 6 個處理程序的 nice 值是相同的，也就是優先順序和權重都相同，那麼明顯可以看出 CPU0 的就緒佇列裡有 4 個處理程序，相比 CPU1

的就緒佇列裡的處理程序數目要多,從而得出 CPU0 上的負載相比 CPU1 更重的結論。

$$CPU \text{ 上的負載} = \text{就緒佇列的總權重} \qquad (8.3)$$

為了計算 CPU 上的負載,最簡單的方法是計算 CPU 的就緒佇列中所有處理程序的權重,如式(8.3)所示。在 Linux 早期的實現中,採用就緒佇列中可執行狀態處理程序的總權重來衡量 CPU 上的負載的。

但是,僅考慮優先順序和權重是有問題的,因為沒有考慮處理程序的行為,有的處理程序使用的 CPU 是突發性的,有的是恒定的,有的是 CPU 密集型的,也有的是 I/O 密集型的。為處理程序排程考慮優先順序權重的方法雖然可行,但是如果延伸到多 CPU 之間的負載平衡,結果就顯得不準確了。

【例 8-2】

在如圖 8.19 所示的雙核心處理器裡,CPU0 和 CPU1 的就緒佇列裡都只有一個處理程序在執行,而且處理程序的優先順序和權重相同。但是,CPU0 上的處理程序一直在佔用 CPU,而 CPU1 上的處理程序走走停停,那麼究竟 CPU0 和 CPU1 上的負載是不是相同呢?

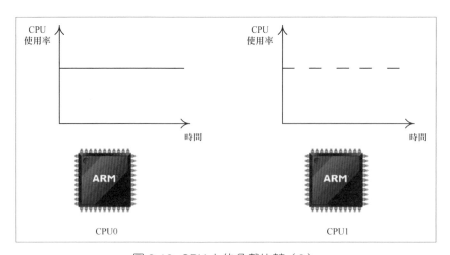

圖 8.19 CPU 上的負載比較(2)

從例 8-1 中的判斷條件看，兩個 CPU 上的負載是一樣的。但是，從我們的直觀感受看，CPU0 上的處理程序一直佔用 CPU，CPU0 是一直滿負荷執行的，而 CPU1 上的處理程序走走停停，CPU 使用率不高。為什麼會得出不一樣的結論呢？

這是因為例 8-1 使用的計算方法沒有考慮處理程序在時間因素下的作用，也就是沒有考慮歷史負載對當前負載的影響。對於那些長時間不活動而突然短時間存取 CPU 的處理程序或存取磁碟被阻塞等待的處理程序，它們的歷史負載要比 CPU 密集型處理程序的小很多，例如做矩陣乘法運算的處理程序。

那麼該如何計算歷史負載對 CPU 上的負載的影響呢？

下面用經典的電話亭例子來説明問題。假設現在有一個電話亭（好比是 CPU），有 4 個人要打電話（好比是處理程序），電話管理員（好比是核心排程器）按照最簡單的規則輪流給每個打電話的人分配 1 分鐘的時間，時間到了，就馬上把電話亭使用權轉給下一個人，還需要繼續打電話的人只能到後面排隊（好比是就緒佇列）。那麼管理員如何判斷哪個人是電話的重度使用者呢？可以使用式（8.4）。

$$電話使用率 = \sum \frac{active\_use\_time}{period} \qquad (8.4)$$

電話使用率的計算方式就是將每個使用者使用電話的時間除以分配時間。使用電話的時間和分配時間是不一樣的，例如在分配的 1min 裡，一個人查詢電話本用了 20s，打電話只用了 40s，那麼 active_use_time 是 40s，period 是 60s。因此，電話管理員透過計算一段統計時間裡每個人的電話平均使用率便可知道哪個人是電話的高頻使用者。

類似的情況有很多，例如現在很多人都是低頭族，是手機的高頻使用者，現在你要比較過去 24 小時內身邊的人誰是最嚴重的低頭族。那麼以 1 小時為 1 個週期，統計過去 24 個週期內的手機使用率，比較大小，即可知道哪個人是最嚴重的低頭族。

透過電話亭的例子，我們可以反推到 CPU 上的負載的計算上。CPU 上的負載的計算公式如下。

$$CPU\ 上的負載 = \left(\frac{執行時間}{總時間}\right) \times 就緒佇列總權重 \qquad (8.5)$$

其中，執行時間是指就緒佇列佔用 CPU 的總時間；總時間是指取樣的總時間，包括 CPU 處於空閒的時間以及 CPU 正在執行的時間；就緒佇列總權重是指就緒佇列裡所有處理程序的總權重。

式（8.5）相比式（8.4）考慮了執行時間對負載的影響，這就解決了例 8-2 中的問題。當執行時間無限接近於取樣的總時間時，我們認為 CPU 上的負載等於就緒佇列中所有處理程序的權重之和，執行時間越短，CPU 上的負載就越小。總之，式（8.5）把負載這個概念量化到了權重，這樣不同執行行為的處理程序就有了量化的標準來衡量負載，本書把這種用執行時間與總時間的比值來計算的權重，稱為量化負載。另外，我們把時間與權重的乘積稱為工作負載，類似電學中的功率，功率是電壓和電流的乘積。

式（8.5）並不完美，因為它把歷史工作負載和當前工作負載平等對待了。物理學知識讓我們知道，訊號在傳輸媒體中的傳播過程中，會有一部分能量轉化成熱能或被傳輸媒體吸收，從而造成訊號強度不斷減弱，這種現象稱為衰減（decay），如圖 8.20 所示。因此，歷史工作負載在時間軸的變化下也會有衰減效應。

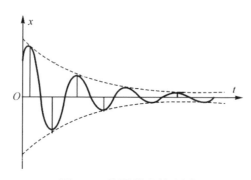

圖 8.20 物理學中的衰減

因此，自 Linux 3.8 核心以後，處理程序的負載計算不僅要考慮權重，而且要追蹤每個排程實體的歷史負載情況，因而稱為 PELT（Per-Entity Load Tracking）。PELT 演算法引入了 "accumulation of an infinite geometric series" 這個概念，英文字面意思是無窮幾何級數的累加，本書把這個概念簡單稱為歷史累計計算。

Linux 核心借鏡了電話使用率的計算方法，計算處理程序的可執行時間與總時間的比值，然後乘以處理程序的權重，作為量化負載。我們把前文提到的量化負載和歷史累計衰減這兩個概念合併起來，稱為歷史累計衰減量化負載，簡稱量化負載（decay_avg_ load）。Linux 核心使用量化負載這個概念來計算和比較處理程序以及就緒佇列的負載。

根據量化負載的定義，量化負載的計算如式（8.6）所示。

$$decay\_avg\_load = \left(\frac{decay\_sum\_runnable\_time}{decay\_sum\_period\_time} \right) weight \qquad （8.6）$$

其中，decay_avg_load 表示量化負載；decay_sum_runnable_time 指的是就緒佇列或排程實體在可執行狀態下的所有歷史累計衰減時間；decay_sum_period_time 指的是就緒佇列或排程實體在所有的取樣週期裡全部時間的累加衰減時間。通常從處理程序開始執行時就計算和累計這些值。weight 表示排程實體或就緒佇列的權重。

計算處理程序的量化負載的意義在於能夠把負載量化到權重裡。當一個處理程序的 decay_sum_ runnable_time 無限接近 decay_sum_period_time 時，它的量化負載就無限接近權重值，說明這個處理程序一直在佔用 CPU，滿負荷工作，CPU 佔用率很高。一個處理程序的 decay_sum_runnable_ time 越小，它的量化負載就越小，說明這個處理程序的工作負荷很小，佔用的 CPU 資源很少，CPU 佔用率很低。這樣，我們就對負載實現了統一和標準化的量化計算，不同行為的處理程序就可以進行標準化的負載計算和比較了。

8.4.3 負載平衡演算法

SMP 負載平衡機制從註冊軟體中斷開始，系統每次排程 tick 中斷時，都會檢查當前是否需要處理 SMP 負載平衡。rebalance_domains() 函數是負載平衡的核心入口。

load_balance() 函數中的主要流程如下。

- 負載平衡以當前 CPU 開始，由下至上地遍歷排程域，從最底層的排程域開始做負載平衡。
- 允許做負載平衡的首要條件是當前 CPU 是排程域中的第一個 CPU，或當前 CPU 是空閒 CPU。詳見 should_we_balance() 函數。
- 在排程域中尋找最繁忙的排程組，更新排程域和排程組的相關資訊，最後計算出排程域的不均衡負載值。
- 在最繁忙的排程組中找出最繁忙的 CPU，然後把繁忙 CPU 中的處理程序遷移到當前 CPU 上，遷移的負載量為不均衡負載值。

8.4.4 Per-CPU 變數

Per-CPU 變數是 Linux 核心中同步機制的一種。當系統中的所有 CPU 都存取共用的變數 v 時，如果 CPU0 修改了變數 v 的值，而 CPU1 也在同時修改變數 v 的值，就會導致變數 v 的值不正確。一種可行的辦法就是在 CPU0 存取變數 v 時使用原子加鎖指令，這樣 CPU1 存取變數 v 時就只能等待了，但這樣做有兩個比較明顯的缺點。

- 原子操作是比較耗時的。
- 在現代處理器中，每個 CPU 都有 L1 快取，因而多個 CPU 同時存取同一個變數就會導致快取一致性問題。當某個 CPU 對共用的資料變數 v 進行修改後，其他 CPU 上對應的快取行需要做無效操作，這對性能是有損耗的。

Per-CPU 變數是為了解決上述問題而出現的一種有趣的特性，它為系統中的每個處理器都分配自身的備份。這樣在多處理器系統中，當處理器只能存取屬於自己的那個變數備份時，不需要考慮與其他處理器的競爭問題，還能充分利用處理器本地的硬體快取來提升性能。

1. Per-CPU 變數的定義和宣告

Per-CPU 變數的定義和宣告有兩種方式。一種是靜態宣告，另一種是動態分配。

靜態的 Per-CPU 變數可透過 DEFINE_PER_CPU 和 DECLARE_PER_CPU 巨集來定義和宣告。這類變數與普通變數的主要區別在於它們存放在一個特殊的段中。

```
#define DECLARE_PER_CPU(type, name)                    \
    DECLARE_PER_CPU_SECTION(type, name, "")

#define DEFINE_PER_CPU(type, name)                     \
    DEFINE_PER_CPU_SECTION(type, name, "")
```

用於動態分配和釋放 per-cpu 變數的 API 函數如下。

```
#define alloc_percpu(type)                             \
    (typeof(type) __percpu *)__alloc_percpu(sizeof(type),  \
                        __alignof__(type))

void free_percpu(void __percpu *ptr)
```

2. 使用 Per-CPU 變數

對於靜態定義的 Per-CPU 變數，可以透過 get_cpu_var() 和 put_cpu_var() 函數來存取和修改，這兩個函數內建了關閉和打開核心先佔的功能。另外需要注意的是，這兩個函數需要配對使用。

```
#define get_cpu_var(var)                    \
(*({                                        \
    preempt_disable();                      \
    this_cpu_ptr(&var);                     \
}))

#define put_cpu_var(var)                    \
do {                                        \
    (void)&(var);                           \
```

```
    preempt_enable();                              \
} while (0)
```

動態分配的 Per-CPU 變數需要透過下面的介面函數來存取。

```
#define put_cpu_ptr(var)                           \
do {                                               \
    (void)(var);                                   \
    preempt_enable();                              \
} while (0)

#define get_cpu_ptr(var)                           \
({                                                 \
    preempt_disable();                             \
    this_cpu_ptr(var);                             \
})
```

8.5 實驗

8.5.1 實驗 8-1：fork 和 clone 系統呼叫

1. 實驗目的

了解和熟悉 Linux 核心中 fork 和 clone 系統呼叫的用法。

2. 實驗要求

（1）使用 fork() 函數創建一個子處理程序，然後在父處理程序和子處理程序中分別使用 printf 敘述來判斷誰是父處理程序和子處理程序。

（2）使用 clone() 函數創建一個子處理程序。如果父處理程序和子處理程序共同存取一個全域變數，結果會如何？如果父處理程序比子處理程序先銷毀，結果會如何？

（3）以下程式中會輸出幾個 "_"？

```
int main(void)
{
    int i;
```

```
  for(i=0; i<2; i++){
      fork();
      printf("_\n");
  }
  wait(NULL);
 wait(NULL);
 return 0;
}
```

8.5.2 實驗 8-2：核心執行緒

1. 實驗目的

了解和熟悉 Linux 核心中是如何創建核心執行緒的。

2. 實驗要求

（1）寫一個核心模組，創建一組核心執行緒，每個 CPU 一個核心執行緒。

（2）在每個核心執行緒中，輸出當前 CPU 的狀態，比如 ARM64 通用暫存器的值、SPSR_ EL1、當前異常等級等。

（3）在每個核心執行緒中，輸出當前處理程序的優先順序等資訊。

8.5.3 實驗 8-3：後台守護處理程序

1. 實驗目的

了解和熟悉 Linux 是如何創建和使用後台守護處理程序的。

2. 實驗要求

（1）寫一個使用者程式，創建一個守護處理程序。

（2）該守護處理程序每隔 5s 查看當前核心的記錄檔中是否有 Oops 錯誤。

8.5.4 實驗 8-4：處理程序許可權

1. 實驗目的

了解和熟悉 Linux 是如何進行處理程序的許可權管理的。

2. 實驗要求

寫一個使用者程式，限制該使用者程式的一些資源，比如處理程序的最大虛擬記憶體空間等。

8.5.5 實驗 8-5：設定優先順序

1. 實驗目的

了解和熟悉 Linux 中 getpriority() 和 setpriority() 系統呼叫的用法。

2. 實驗要求

（1）寫一個使用者處理程序，使用 setpriority() 函數修改處理程序的優先順序，然後使用 getpriority() 函數來驗證。

（2）可以透過一個 for 迴圈來依次修改處理程序的優先順序（−20 ～ 19）。

8.5.6 實驗 8-6：Per-CPU 變數

1. 實驗目的

學會 Linux 核心中 Per-CPU 變數的用法。

2. 實驗要求

寫一個簡單的核心模組，創建一個 Per-CPU 變數，並且初始化該 Per-CPU 變數，修改該 Per-CPU 變數的值，然後輸出這些值。

09

記憶體管理

記憶體管理是作業系統中最複雜的模組，它包含的內容相當豐富。從硬體角度看，作業系統中記憶體管理的大部分功能都是圍繞硬體展開的，如分段機制、分頁機制等。電腦硬體的發展，特別是從原始的記憶體管理到分段機制，再到現在廣泛使用的分頁機制，硬體的變化影響著軟體的實現。因此，在深入學習記憶體管理之前，有必要去了解一下記憶體管理的硬體方面的知識。

9.1 從硬體角度看記憶體管理

9.1.1 記憶體管理的「遠古時代」

在作業系統還沒有出來之前，程式被存放在卡片上，電腦每讀取一張卡片就執行一行指令，這種從外部儲存媒體上直接執行指令的方法效率很低。後來出現了記憶體記憶體，也就是說程式要執行，首先要載入，然後執行，這就是所謂的「儲存程式」。這一概念開啟了作業系統快速發展的道路，直到後來出現的分頁機制。在以上演變歷史中，出現了不少記憶體管理思想。

■ 單道程式設計的記憶體管理。所謂「單道」，就是整個系統只有一個使用者處理程序和一個作業系統，形式上有點類似於 Unikernel 系統。這種模型下，使用者程式總是載入到同一個記憶體位址並執行，所以記憶體管理很簡單。實際上不需要任何的記憶體管理單元，程式使用的位址就是物理位址，而且也不需要保護位址。但是缺點也很明顯：其一，無法執行比實際實體記憶體大的程式；其二，系統只執行一個程式，會造成資源浪費；其三，無法遷移到其他的電腦中執行。

■ 多道程式設計的記憶體管理。「多道」就是系統可以同時執行多個處理程序。記憶體管理中出現了固定分區和動態分區兩種技術。

固定分區，就是在系統編譯階段主記憶體被劃分成許多靜態分區，處理程序可以載入大於或等於自身大小的分區。固定分區實現簡單，作業系統管理負擔也比較小。但是缺點也很明顯：一是程式大小和分區的大小必須匹配；二是活動處理程序的數目比較固定；三是位址空間無法增長。

因為固定分區有缺點，人們自然想到了動態分區的方法。動態分區的思想也比較簡單，就是在一整塊記憶體中首先劃出一塊記憶體給作業系統本身使用，剩下的記憶體空間給使用者處理程序使用。當第一個處理程序 A 執行時期，先從這一大片記憶體中劃出一塊與處理程序 A 大小一樣的記憶體給處理程序 A 使用。當第二個處理程序 B 準備執行時期，可以從剩下的空閒記憶體中繼續劃出一塊和處理程序 B 大小相等的記憶體給處理程序 B 使用，依此類推。這樣處理程序 A 和處理程序 B 以及後面進來的處理程序就可以實現動態分區了。

如圖 9.1 所示，假設現在有一塊 32MB 大小的記憶體，一開始作業系統使用了最低的 4MB 大小，剩餘的記憶體要留給 4 個使用者處理程序使用（如圖 9.1（a）所示）。處理程序 A 使用了作業系統往上的 10MB 記憶體，處理程序 B 使用了處理程序 A 往上的 6MB 記憶體，處理程序 C 使用了處理程序 B 往上的 8MB 記憶體。剩餘的 4MB 記憶體不足以載入處理程序 D，因為處理程序 D 需要 5MB 記憶體（如圖 9.1（b）所示），於是這塊記憶體的尾端就形成了第一個空洞。假設在某個時刻作業系統需要執行處理程序 D，但系統中沒有足夠的記憶體，那麼需要選擇一個處理程序來換出，以便為處理程序 D 騰出足夠的空間。假設作業系統選擇處理程序 B 來換出，這樣處理程序 D 就載入到原來處理程序 B 的位址空間裡，於是產生了第二個空洞（如圖 9.1（c）所示）。假設作業系統在某個時刻需要執行處理程序 B，這也需要選擇一個處理程序來換出，假設處理程序 A 被換出，於是系統中又產生了第三個空洞（如圖 9.1（d）所示）。

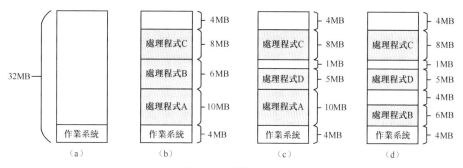

圖 9.1　動態分區

這種動態分區方法在開始時是很好的，但是隨著時間的演進會出現很多記憶體空洞，記憶體的使用率也隨之下降，這些記憶體空洞便是我們常說的記憶體碎片。為了解決記憶體碎片化的問題，作業系統需要動態地行動處理程序，使得處理程序佔用的空間是連續的，並且所有的空閒空間也是連續的。整個處理程序的遷移是一個非常耗時的過程。

總之，不管是固定分區還是動態分區，都存在很多問題。

■ 處理程序位址空間保護問題。所有的使用者處理程序都可以存取全部的實體記憶體，所以惡意程式可以修改其他程式的記憶體資料，這使得處理程序一直處於危險和擔驚受怕的狀態下。即使系統裡所有的處理程序都不是惡意處理程序，但是處理程序 A 依然可能不小心修改了處理程序 B 的資料，從而導致處理程序 B 執行崩潰。這明顯違背了「處理程序位址空間需要保護」的原則，也就是位址空間要相對獨立。因此，每個處理程序的位址空間都應該受到保護，以免被其他處理程序有意或無意地損害。

- 記憶體使用效率低。如果即將執行的處理程序所需要的記憶體空間不足，就需要選擇一個處理程序進行整體換出，這種機制導致大量的資料需要換出和換入，效率非常低下。
- 程式執行位址重定位問題。從圖 9.1 可以看出，處理程序在每次換出換入時執行的位址都是不固定的，這給程式的編寫帶來一定的麻煩，因為存取資料和指令跳躍時的目標位址通常是固定的，所以就需要使用重定位技術了。

由此可見，上述 3 個重大問題需要一個全新的解決方案，而且這個方案在作業系統層面已經無能為力，必須在處理器層面才能解決，因此產生了分段機制和分頁機制。

9.1.2 位址空間的抽象

如果站在記憶體使用的角度看，處理程序大概在 3 個地方需要用到記憶體。

- 處理程序本身會佔用記憶體，比如程式碼片段以及資料段用來儲存程式本身需要的資料。
- 堆疊空間。程式執行時期需要分配記憶體空間來保存函數呼叫關係、區域變數、函數參數以及函數返回值等內容，這些也是需要消耗記憶體空間的。
- 堆積空間。程式執行時期需要動態分配程式需要使用的記憶體，比如儲存程式需要使用的資料等。

不管是剛才提到的固定分區還是動態分區，對一個處理程序來說，都需要包含上述 3 種記憶體，如圖 9.2（a）所示。但是，如果我們直接使用實體記憶體，在編寫這樣一個程式時，就需要時刻關心分配的實體記憶體位址是多少、記憶體空間夠不夠等問題。

後來，設計人員對記憶體建立了抽象，把上述 3 種用到的記憶體抽象成處理程序位址空間或虛擬記憶體。對處理程序來說，它不用關心分配的記憶體在哪個位址，它只管分配使用。最終由處理器來處理處理程序對記憶體的請求，中間做轉換，把處理程序請求的虛擬位址轉換成物理位址。這個轉換過程稱為位址轉換（address translation），而處理程序請求的位址，我們可以視為虛擬位址（virtual address），如圖 9.2（b）所示。我們在處理器裡對處理程序位址空間做了抽象，讓處理程序感覺到自己可以擁有全部的實體記憶體。處理程序可以發出位址存取請求，至於這些請求能不能完全滿足，那就是處理器的事情了。總之，處理程序位址空間是對記憶體的重要抽象，讓記憶體虛擬化獲得了實現。處理程序位址空間、處理程序的 CPU 虛擬化以及檔案對儲存位址空間的抽象，共同組成了作業系統的 3 個元素。

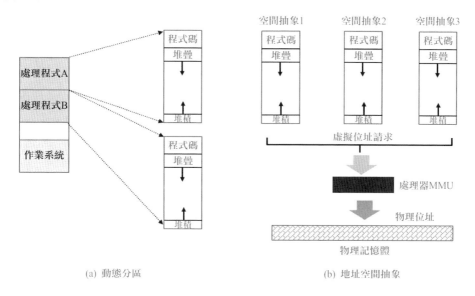

(a) 動態分區　　　　　　　　　　　(b) 地址空間抽象

圖 9.2　動態分區和位址空間抽象

處理程序位址空間的概念引入了虛擬記憶體，而這種思想可以解決剛才提到的 3 個問題。

■ 隔離性和安全性。虛擬記憶體機制可以提供這樣的隔離性，因為每個處理程序都感覺自己擁有了整個位址空間，可以隨意存取，然後由處理器轉換到實際的物理位址。所以，處理程序 A 沒法存取到處理程序 B 的實體記憶體，也沒辦法做破壞。

- 效率。後來出現的分頁機制可以解決動態分區出現的記憶體碎片化和效率問題。
- 重定位問題。處理程序換入和換出時存取的位址變成相同的虛擬位址。處理程序不用關心具體物理位址在什麼地方。

9.1.3 分段機制

基於處理程序位址空間這個概念，人們最早想到的一種機制叫作分段（segmentation）機制，其基本思想是把程式所需的記憶體空間的虛擬位址映射到某個物理位址空間。

分段機制可以解決位址空間保護問題，處理程序 A 和處理程序 B 會被映射到不同的物理位址空間中，它們在物理位址空間中是不會有重疊的。因為處理程序看的是虛擬位址空間，不關心實際映射到了哪個物理位址。如果一個處理程序存取了沒有映射的虛擬位址空間，或存取了不屬於該處理程序的虛擬位址空間，那麼 CPU 會捕捉到這次越界存取，並且拒絕此次存取。同時 CPU 會發送異常錯誤給作業系統，由作業系統去處理這些異常情況，這就是我們常說的缺頁異常。另外，對處理程序來說，它不再需要關心物理位址的佈局，它存取的位址是虛擬位址空間，只需要按照原來的位址編寫程式以及造訪網址，程式就可以無縫地遷移到不同的系統上了。

分段機制解決問題的想法可以複習為增加虛擬記憶體（virtual memory）。處理程序執行時期看到的位址是虛擬位址，然後需要透過 CPU 提供的位址映射方法，把虛擬位址轉換成實際的物理位址。這樣多個處理程序在同時執行時期，就可以保證每個處理程序的虛擬記憶體空間是相互隔離的，作業系統只需要維護虛擬位址到物理位址的映射關係。

分段機制雖然有了比較明顯的改進，但是記憶體使用效率依然比較低。分段機制對虛擬記憶體到實體記憶體的映射依然以處理程序為單位，也就是說，當實體記憶體不足時，換出到磁碟的依然是整個處理程序，因此會導致大量的磁碟存取，從而影響系統性能。站在處理程序的角度看，對整個處理程序進行換出和換入的方法還是不太合理。處理程序在執行時期，根據局部性原理，只有一部分資料一直在使用，若把那些不常用的資料交換出磁碟，就可以節省很多系統頻寬，而把那些常用的資料駐留在實體記憶體中也可以得到比較好的性能。因此，人們在分段機制之後又發明了一種新的機制，這就是分頁（paging）機制。

9.1.4 分頁機制

程式執行所需要的記憶體往往大於實際實體記憶體，採用傳統的動態分區方法會把整個程式交換到交換磁碟，這不僅費時費力，而且效率很低。後來出現了分頁機制，分頁機制引入了虛擬記憶體的概念，它的核心思想是讓程式的一部分不使用的記憶體可以交換到交換磁碟，而程式正在使用的記憶體繼續保留在實體記憶體中。因此，當一個程式執行在虛擬記憶體空間中時，它的大小由處理器的位元寬決定，比如 32 位元處理器，它的位元寬是 32 位元，它的位址範圍是 0 ～ 4GB。64 位元處理器的虛擬位址位元寬是 48 位元，因此它可以存取 0x0000000000000000 ～ 0x0000FFFFFFFFFFFF 以 及 0xFFFF000000000000 ～ 0xFFFFFFFFFFFFFFFF 這兩段空間。在啟動了分頁機制的處理器中，我們通常把處理器能定址的位址空間稱為虛擬位址空間（virtual address）。和虛擬記憶體對應的是物理記憶體（physical memory），它對應著系統中使用的物理存放裝置的位址空間，比如 DDR 記憶體粒度等。

在沒有啟動分頁機制的系統中，處理器直接定址物理位址，把物理位址發送到記憶體控制器；而在啟動了分頁機制的系統中，處理器直接定址虛擬位址，這個位址不會直接發給記憶體控制器，而是先發送給記憶體管理單元（Memory Management Unit，MMU）。MMU 負責虛擬位址到物理位址的轉換和翻譯工作。在虛擬位址空間裡可按照固定大小來分頁，典型的頁面粒度為 4KB，現代處理器都支援大粒度的頁面，比如 16KB、64KB 甚至 2MB 的大型記憶體分頁。而在實體記憶體中，空間也是分成和虛擬位址空間大小相同的區塊，稱為頁框（page frame）。程式可以在虛擬位址空間裡任意分配虛擬記憶體，但只有當程式需要存取或修改虛擬記憶體時作業系統才會為其分配物理頁面，這個過程叫作請求調頁（demand page）或缺頁異常（page fault）。

虛擬位址 va[31:0] 可以分成兩部分：一部分是虛擬頁面內的偏移量（page offset），以 4KB 頁為例，va[11:0] 是虛擬頁面偏移量；另一部分用來尋找屬於哪個頁，這稱為虛擬頁框號（Virtual Page Frame Number，VPN）。物理位址也基本類似，PA[11:0] 表示物理頁框的偏移量，剩餘部分表示物理頁框號（Physical Frame Number，PFN）。MMU 的工作內容就是把虛擬頁框號轉換成物理頁框號。處理器通常使用一張表來儲存 VPN 到 PFN 的映射關係，這張表稱為頁表（Page Table，PT）。頁表中的每一項稱為頁表項（Page Table Entry，PTE）。若將整張頁表存放在暫存器中，則會佔用很多硬體資源，因此通常的做法是把頁表放在主記憶體裡，透過頁表基底位址暫存器來指向這種頁表的起始位址。如圖 9.3 所示，處理器發出的位址是虛擬位址，透過 MMU 查詢頁表，處理器便獲得了物理位址，最後把物理位址發送給記憶體控制器。

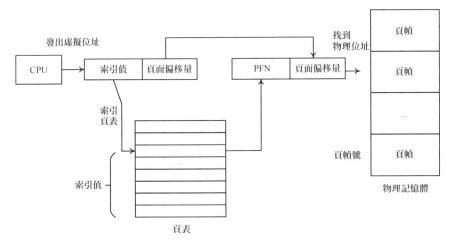

圖 9.3 頁表查詢過程

下面以最簡單的一級頁表為例，如圖 9.4 所示，處理器採用一級頁表，虛擬位址空間的位元寬是 32 位元，定址範圍是 4GB 大小，物理位址空間的位元寬也是 32 位元，最大支持 4GB 實體記憶體，另外頁面的大小是 4KB。為了能映射整個 4GB 位址空間，需要 4GB/4KB=2^{20} 個頁表項，每個頁表項佔用 4 位元組，需要 4MB 大小的實體記憶體來存放這張頁表。VA[11:0] 是頁面偏移，VA[31:12] 是 VPN，可作為索引值在頁表中查詢頁表項。頁表類似於陣列，VPN 類似於陣列的索引，用於尋找陣列中對應的成員。頁表項包含兩部分：一部分是 PFN，它代表頁面在實體記憶體中的框號（即頁框號），頁框號加上 VA[11:0] 頁內偏移量就組成了最終物理位址 PA；另一部分是頁表項的屬性，比如圖 9.4 中的 v 表示有效位元。若有效位元為 1，表示這個頁表項對應的物理頁面在實體記憶體中，處理器可以存取這個頁面的內容；若有效位元為 0，表示這個頁表項對應的物理頁面不在記憶體中，可能在交換磁碟中。如果存取該頁面，那麼作業系統會觸發缺頁異常，可在缺頁異常中處理這種情況。當然，實際的處理器中還有很多其他的屬性位元，比如描述這個頁面是否為髒、是否讀取寫入等。

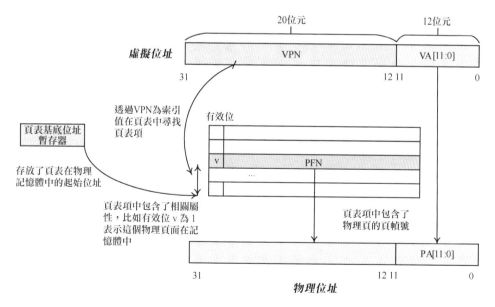

圖9.4　一級頁表

通常作業系統支援多處理程序，處理程序排程器會在合適的時間切換處理程序 A 到處理程序 B 來執行，比如當處理程序 A 使用完時間切片時。

另外,分頁機制也讓每個處理程序都感覺到自己擁有了全部的虛擬位址空間。為此,每個處理程序擁有一套屬於自己的頁表,在切換處理程序時需要切換頁表基底位址。比如上面的一級頁表,每個處理程序需要為其分配 4MB 的連續實體記憶體來儲存頁表,這是無法接受的,因為這樣太浪費記憶體了。為此,人們設計了多級頁表來減少頁表佔用的記憶體空間。如圖 9.5 所示,把頁表分成一級頁表和二級頁表,頁表基底位址暫存器指向一級頁表的基底位址,一級頁表的頁表項裡存放了一個指標,指向二級頁表的基底位址。當處理器執行程式時,只需要把一級頁表載入到記憶體中,並不需要把所有的二級頁表都載入到記憶體中,而是根據實體記憶體的分配和映射情況逐步創建和分配二級頁表。這樣做有兩個原因:一是程式不會馬上使用完所有的實體記憶體;二是對 32 位元系統來説,通常系統組態的實體記憶體小於 4GB,比如 512MB 記憶體等。

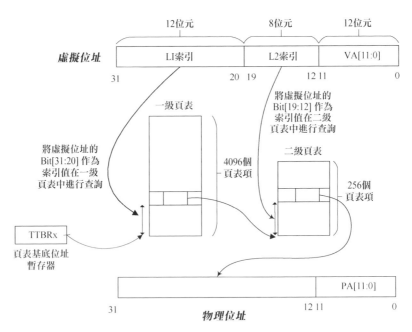

圖 9.5 ARMv7-A 二級頁表查詢過程

圖 9.5 展示了 ARMv7-A 二級頁表查詢過程,VA[31:20] 被用作一級頁表的索引值,一共有 12 位元,最多可以索引 4096 個頁表項;VA[19:12] 被

用作二級頁表的索引值，一共有 8 位元，最多可以索引 256 個頁表項。當作業系統複製一個新的處理程序時，首先會創建一級頁表，分配 16 KB 頁面。在本場景中，一級頁表有 4096 個頁表項，每個頁表項佔 4 位元組，因此一級頁表一共是 16 KB。當作業系統準備讓處理程序執行時，會設定一級頁表在實體記憶體中的起始位址到頁表基底位址暫存器中。處理程序在執行過程中需要存取實體記憶體，因為一級頁表的頁表項是空的，觸發缺頁異常。在缺頁異常裡分配一個二級頁表，並且把二級頁表的起始位址填充到一級頁表的對應頁表項中。接著，分配一個物理頁面，然後把這個物理頁面的 PFN 填充到二級頁表的對應頁表項中，從而完成頁表的填充。隨著處理程序的執行，需要存取越來越多的實體記憶體，於是作業系統逐步地把頁表填充並建立起來。

當 TLB 未命中時，處理器的 MMU 頁表查詢過程如下。

- 處理器根據頁表基底位址控制暫存器（TTBCR）和虛擬位址來判斷使用哪個頁表基底位址暫存器，是 TTBR0 還是 TTBR1。頁表基底位址暫存器中存放著一級頁表的基底位址。

- 處理器根據虛擬位址的 Bit[31:20] 作為索引值，在一級頁表中找到頁表項，一級頁表一共有 4096 個頁表項。

- 一級頁表的頁表項中存放有二級頁表的物理基底位址。處理器使用虛擬位址的 Bit[19:12] 作為索引值，在二級頁表中找到對應的頁表項，二級頁表有 256 個頁表項。

- 二級頁表的頁表項裡存放了 4KB 頁的物理基底位址。這樣，處理器就完成了頁表的查詢和翻譯工作。

參見圖 9.6 所示的 4KB 映射的一級頁表的頁表項，Bit[31:10] 指向二級頁表的物理基底位址。

| 下一級頁表基底位址 | 屬性 | 0 | 1 |

31　　　　　　　　　　　　　　　　10 9　　　　　3 2　1　0

圖 9.6　4KB 映射的一級頁表的頁表項

參見圖 9.7 所示的 4KB 映射的二級頁表的頁表項，Bit[31:12] 指向 4KB 大小頁面的物理基底位址。

頁幀號	屬性
31　　　　　　　　　　　　　　　12 11	0

圖 9.7　4KB 映射的二級頁表的頁表項

對 ARM64 處理器來說，通常會使用 4 級頁表，但是原理和 2 級頁表是一樣的。關於 4 級頁表的介紹，可以參考 3.6 節的內容。

9.2 從軟體角度看記憶體管理

若站在 Linux 使用者的角度看記憶體管理，經常使用的命令是 free。若站在 Linux 應用程式設計角度看記憶體管理，經常使用的分配函數是 malloc() 和 mmap()（分配大區塊虛擬記憶體時通常使用 mmap() 函數）。若站在 Linux 核心的角度看記憶體管理，看到的內容就會豐富很多。可以從系統模組的角度看記憶體管理，也可以從處理程序的角度看記憶體管理。

9.2.1 free 命令

free 命令是 Linux 使用者最常用的查看系統記憶體的命令，它可以顯示當前系統已使用的和空閒的記憶體情況，包括實體記憶體、交換記憶體和核心快取區記憶體等資訊。

■ free 命令的選項比較簡單，常用的選項如下。
■ -b：以位元組為單位顯示記憶體使用情況。
■ -k：以千位元組為單位顯示記憶體使用情況。
■ -m：以百萬位元組為單位顯示記憶體使用情況。
■ -g：以吉位元組為單位顯示記憶體使用情況。
■ -o：不顯示緩衝區調節列。
■ -s< 間隔秒數 >：持續觀察記憶體使用狀況。

- -t：顯示記憶體總和列。
- -V：顯示版本資訊。

下面是在一台 Linux 機器中使用 free -m 命令看到的記憶體情況。

```
$ free -m
total      used      free      shared    buff/cache    available
Mem:       7763      5507       907           0            1348       1609
Swap:     16197      2940     13257
```

可以看到，這台 Linux 機器上一共有 7763MB 實體記憶體。

- total：系統中整體記憶體。這裡有兩種記憶體：一種是 "Mem"，指的是實體記憶體；另一種是 "Swap"，指的是交換磁碟。
- used：程式使用的記憶體。
- free：未被分配的實體記憶體大小。
- shared：共用記憶體大小，主要用於處理程序間通訊。
- buff/cache：buff 指的是 buffers，用來給區塊裝置做快取；而 cache 指的是 page cache，用來給打開的檔案做快取，以提高存取檔案的速度。
- available：這是 free 命令新增加的選項。當記憶體短缺時，系統可以回收 buffers 和 page cache。那麼公式 available = free + buffers + page cache 對不對呢？其實在現在的 Linux 核心中，這個公式不完全正確，因為 buffers 和 page cache 裡並不是所有的記憶體都可以回收，比如共用記憶體段、tmpfs 和 ramfs 等就屬於不可回收部分。所以這個公式應該變成 available = free + buffers + page cache − 不可回收部分。

9.2.2 從應用程式設計角度看記憶體管理

相信學習過 C 的讀者都不會對 malloc() 函數感到陌生。malloc() 函數是 Linux 應用程式設計中最常用的虛擬記憶體分配函數。在 C 標準函數庫裡，常用的記憶體管理程式設計函數如下。

```
void *malloc(size_t size);
void free(void *ptr);
```

```
void *mmap(void *addr, size_t length, int prot, int flags,
          int fd, off_t offset);
int munmap(void *addr, size_t length);

int getpagesize(void);

int mprotect(const void *addr, size_t len, int prot);

int mlock(const void *addr, size_t len);
int munlock(const void *addr, size_t len);

int madvise(void *addr, size_t length, int advice);
void *mremap(void *old_address, size_t old_size,
          size_t new_size, int flags, ... /* void *new_address */);

int remap_file_pages(void *addr, size_t size, int prot,
          ssize_t pgoff, int flags);
```

在實際編寫 Linux 應用程式時，除了需要了解這些函數的實際含義和用
法外，還需要了解這些 API 內部實現的基本原理。舉例來説，我們都知
道 malloc() 函數分配出來的是處理程序位址空間裡的虛擬記憶體，可是什
麼時候分配實體記憶體呢？如果使用 malloc() 函數分配 100 位元組的緩衝
區，那麼核心中究竟會給它分配多大的實體記憶體呢？參考以下程式片段
中的 func1() 和 func2() 函數，它們的分配行為會有哪些不一樣呢？

```
#include <stdio.h>

int func1()
{
    char *p = malloc(100);
    ...
}

int func2()
{
    char *p = malloc(100);
    memset(p, 0x55, 100);
    ...
}
```

我們可以從上述角度進一步思考記憶體管理。

9.2.3 從記憶體分配圖角度看記憶體管理

要了解一個系統的記憶體管理，首先必須了解這個系統的記憶體是如何佈局的。就好比我們到了一個陌生的風景區，首先看到的是這個風景區的地圖，上面會列出風景區都有哪些景點和推薦的遊樂場。對 Linux 系統來說，繪製出對應的記憶體分配圖有助我們對記憶體管理的瞭解。

ARM64 架構處理器採用 48 位元物理定址機制，最多可以尋找 256TB 的物理位址空間。對目前的應用來說已經足夠了，不需要擴充到 64 位元的物理定址。虛擬位址同樣最多支援 48 位元定址，所以在處理器架構的設計上，把虛擬位址空間劃分為兩個空間，每個空間最多支援 256TB。Linux 核心在大多數架構中把虛擬位址空間劃分為使用者空間和核心空間。

- 使用者空間：0x0000000000000000 ～ 0x0000ffffffffffff。
- 核心空間：0xffff000000000000 ～ 0xffffffffffffffff。

64 位元的 Linux 核心中沒有高端記憶體這個概念，因為 48 位元的定址空間已經足夠大了。在 QEMU Virt 實驗平台上，ARM64 架構的 Linux 5.4 核心的記憶體分配圖如圖 9.8 所示。

```
Virtual kernel memory layout:
    modules : 0xffff000008000000 - 0xffff000010000000   (    128 MB)
    vmalloc : 0xffff000010000000 - 0xffff7dffbfff0000   (129022 GB)
      .text : 0xffff000010080000 - 0xffff000011730000   (  23232 KB)
      .init : 0xffff000011a60000 - 0xffff000011ee0000   (   4608 KB)
    .rodata : 0xffff000011730000 - 0xffff000011a53000   (   3212 KB)
      .data : 0xffff000011ee0000 - 0xffff000011ff8a00   (   1123 KB)
       .bss : 0xffff000011ff8a00 - 0xffff000012076970   (    504 KB)
    fixed   : 0xffff7dfffe7f9000 - 0xffff7dfffec00000   (   4124 KB)
    PCI I/O : 0xffff7dfffee00000 - 0xffff7dffffe00000   (     16 MB)
    vmemmap : 0xffff7e0000000000 - 0xffff800000000000   (   2048 GB maximum)
              0xffff7e0000000000 - 0xffff7e0001000000   (     16 MB actual)
    memory  : 0xffff800000000000 - 0xffff800040000000   (   1024 MB)
PAGE_OFFSET  : 0xffff800000000000
kimage_voffset : 0xffffefffffd0000000
PHYS_OFFSET  : 0x40000000
start memory : 0x40000000
```

圖 9.8 Linux 5.4 核心在 ARM64 架構下的記憶體分配圖 [1]

1　此記憶體分配圖中的 .text 段、.init 段、.rodata 段、.data 段以及 .bss 段的位址和大小可能會有變化，它們和核心配置以及編譯有關。

從圖 9.8 可以看出 Linux 5.4 核心在 ARM64 架構下的佈局。

- modules 區域：0xffff000008000000 ～ 0xffff000010000000，大小為 128 MB。

- vmalloc 區域：0xffff000010000000 ～ 0xffff7dffbfff0000，大小為 129022 GB。

- 固定映射（fixed）區域：0xffff7dfffe7f9000 ～ 0xffff7dfffec00000，大小為 4124 KB。

- PCI I/O 區域：0xffff7dfffee00000 ～ 0xffff7dffffe00000，大小為 16 MB。

- vmemmap 區域：0xffff7e0000000000 ～ 0xffff800000000000，大小為 2048 GB。

- 線性映射區：0xffff800000000000 ～ 0xffffffffffffffff，大小為 128 TB。

- vmemmap 區域：0xffffffdffffe00000 ～ 0xfffffffffffe00000，大小為 2048 GB。

- 記憶體線性映射區域：0xffff000000000000 ～ 0xffff000040000000，大小為 1024 MB[2]。

  這裡是實體記憶體線性映射區域。

- PAGE_OFFSET 表示實體記憶體在核心空間裡做線性映射（linear mapping）的起始位址，在 ARM64 架構下的 Linux 中該值被定義為 0xffff000000000000。Linux 核心在初始化時會對實體記憶體全部做一次線性映射，將它們映射到核心空間的虛擬位址。該值定義在 arch/arm64/include/asm/memory.h 標頭檔中。

- KIMAGE_VADDR 表示將核心映射檔案映射到核心空間的起始虛擬位址。該值等於 MODULES_END 的值，MODULES_END 表示模組區域的虛擬位址的結束位址。

- kimage_voffset 表示核心映射虛擬位址和物理位址之間的偏移量。

---

2 我們使用的 QEMU Virt 平台指定了 1GB 實體記憶體，實際上這裡的記憶體線性映射區域最大可以支援 128TB。

- PHYS_OFFSET 表示實體記憶體在位址空間中的偏移量，有不少 SoC 在設計時就沒有把實體記憶體的起始位址固定在 0x0 位址處，比如在 QEMU Virt 平台上，實體記憶體的偏移量是 0x40000000，即實體記憶體的起始位址為 0x40000000。

編譯器在編譯目的檔案並且連結完之後，即可知道核心映射檔案最終的大小，接下來打包成二進位檔案，該操作由 arch/arm64/kernel/vmlinux.ld.S 控制，其中也劃定了核心的記憶體分配。

核心映射本身佔據的記憶體空間位於 _text 段到 _end 段，並且可分為以下幾個段。

- 程式碼片段：_text 和 _etext 分別為程式碼片段的起始與結束位址，其中包含了編譯後的核心程式。
- init 段：__init_begin 和 __init_end 分別為 init 段的起始與結束位址，其中包含了大部分模組的初始化資料。
- 資料段：_sdata 和 _edata 為資料段的起始和結束位址，其中保存了大部分核心變數。
- BSS 段：__bss_start 和 __bss_stop 分別為 BSS 段的起始與結束位址，其中包含了初始化為零的資料以及未初始化的全域變數和靜態變數。

上述幾個段的大小在編譯和連結時可根據核心設定來確定，因為每種設定的程式碼片段的和資料段的長度都不相同，這取決於要編譯哪些核心模組，但是起始位址 _text 總是相同的。核心編譯完之後，會生成 System.map 檔案，查詢這個檔案就可以找到這些位址的具體值。讀者需要注意，這些段的起始和結束位址都是連結位址，也就是核心空間的虛擬位址。

```
<System.map檔案>

ffff000010080000 t _head
ffff000010080000 T _text
...
ffff000011a60000 T stext
ffff000011a60000 T __init_begin
```

```
...
ffff000011730000 R _etext
ffff000011730000 R __start_rodata
...
ffff000011a53000 R __end_rodata

ffff000011ee0000 D __init_end
ffff000011ee0000 D _sdata
...
ffff000011ff8a00 D _edata
```

綜上所述，Linux 5.0 核心在 ARM64 架構下的記憶體分配如圖 9.9 所示。

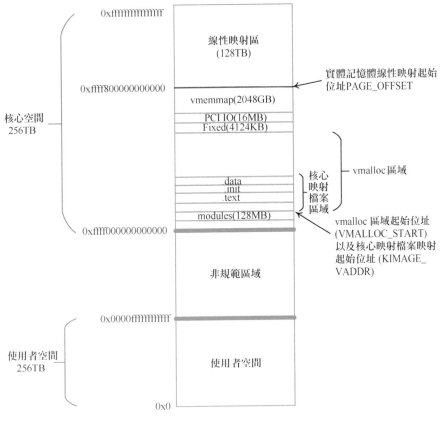

圖 9.9 ARM64 架構下的 Linux 系統記憶體佈局

9.2.4 從處理程序角度看記憶體管理

作業系統是為處理程序服務的，從處理程序的角度看記憶體管理是一個不錯的選擇。在 Linux 系統中，應用程式最流行的可執行檔格式是 ELF（Executable Linkable Format），這是一種目的檔格式，用來定義不同類型的目的檔中都存放了什麼東西以及以什麼格式存放這些東西。ELF 的結構如圖 9.10 所示。ELF 最開始的部分是 ELF 檔案表頭（ELF header），其中包含了用於描述整個檔案的基本屬性，如 ELF 檔案版本、目的機器型號、程式入口位址等資訊。ELF 檔案表頭的後面是程式的各個段（section），包括程式碼片段、資料段、BSS 段等。後面是段頭表，用來描述 ELF 檔案中包含的所有段的資訊，如每個段的名字、段的長度、在檔案中的偏移量、讀寫許可權以及段的其他屬性等，後面緊接著的是字串表和符號表等。

ELF檔案表頭
程式碼片段
資料段
BSS 段
其他段
段頭表
字串表
符號表
⋮

圖 9.10 ELF 的結構

下面介紹常見的幾個段，這些段與核心映射中的段的含義基本類似。

- 程式（.text）段：程式原始程式碼編譯後的機器指令存放在程式碼片段裡。
- 資料（.data）段：存放已初始化的全域變數和局部靜態變數。
- BSS（.bss）段：用來存放未初始化的全域變數和局部靜態變數。

下面編寫一個簡單的 C 語言程式。

```
#include <stdio.h>
#include <string.h>
#include <stdlib.h>
#include <unistd.h>

#define SIZE (100*1024)

int main()
{
```

```
        char * buf = malloc(SIZE);
        memset(buf, 0x58, SIZE);
        printf("malloc buffer 0x%p\n", buf);
        while (1)
                sleep(10000);
}
```

這個 C 語言程式很簡單，它首先透過 malloc() 函數來分配 100KB 的記憶體，然後透過 memset() 函數來寫入這塊記憶體，最後的 while 迴圈是為了不讓這個程式退出。我們可透過以下命令把它編譯成 ELF 檔案。

```
$aarch64-linux-gnu-gcc -static test.c -o test.elf
```

可以使用 objdump 或 readelf 工具來查看 ELF 檔案包含哪些段。

```
$ aarch64-linux-gnu-readelf -S test.elf
There are 32 section headers, starting at offset 0x86078:

Section Headers:
  [Nr] Name              Type             Address           Offset
       Size              EntSize          Flags  Link  Info  Align
  [ 4] .init             PROGBITS         0000000000400220  00000220
       0000000000000014  0000000000000000  AX     0          0     4
  [10] .rodata           PROGBITS         000000000044ff20  0004ff20
       0000000000019a38  0000000000000000  A      0          0     16
  [25] .data             PROGBITS         000000000047f018  0006f018
       0000000000001a00  0000000000000000  WA     0          0     8
  [26] .bss              NOBITS           0000000000480a18  00070a18
       00000000000015e0  0000000000000000  WA     0          0     8
W (write), A (alloc), X (execute), M (merge), S (strings), I (info),
L (link order), O (extra OS processing required), G (group), T (TLS),
C (compressed), x (unknown), o (OS specific), E (exclude),
p (processor specific)
```

可以看到，剛才編譯的 test.elf 可執行檔一共有 32 個段，除了常見的程式碼片段、資料段之外，還有一些其他的段，這些段在處理程序載入時起輔助作用，暫時先不用關注它們。程式在編譯和連結時會儘量把相同許可權屬性的段分配在同一個記憶體空間裡。舉例來說，把讀取、可執行的段放在一起，包括程式碼片段、init 段等；把讀取、寫入的段放在一起，包括 .data 段和 .bss 段等。ELF 把這些屬性相似並且連結在一起的段叫作分段，處理程序在載入時是按照這些分段來映射可執行檔的。描述這些分段的結構叫作程式表頭（program header），程式表頭描述了 ELF 檔案是如何映射到處理程序位址空間的，這是我們比較關心的要點。我們可以透過 "readelf -l" 命令來查看這些程式表頭。

```
$ aarch64-linux-gnu-readelf -l test.elf

Elf file type is EXEC (Executable file)
Entry point 0x4002b4
There are 6 program headers, starting at offset 64

Program Headers:
  Type           Offset             VirtAddr           PhysAddr
                 FileSiz            MemSiz              Flags  Align
  LOAD           0x0000000000000000 0x0000000000400000 0x0000000000400000
                 0x000000000006e2bf 0x000000000006e2bf RE     0x10000
  LOAD           0x000000000006e9f8 0x000000000047e9f8 0x000000000047e9f8
                 0x0000000000002020 0x0000000000003628 RW     0x10000
  NOTE           0x0000000000000190 0x0000000000400190 0x0000000000400190
                 0x0000000000000044 0x0000000000000044 R      0x4
  TLS            0x000000000006e9f8 0x000000000047e9f8 0x000000000047e9f8
                 0x0000000000000020 0x0000000000000060 R      0x8
  GNU_STACK      0x0000000000000000 0x0000000000000000 0x0000000000000000
                 0x0000000000000000 0x0000000000000000 RW     0x10
  GNU_RELRO      0x000000000006e9f8 0x000000000047e9f8 0x000000000047e9f8
                 0x0000000000000608 0x0000000000000608 R      0x1

 Section to Segment mapping:
  Segment Sections...
   00     .note.ABI-tag .note.gnu.build-id .rela.plt .init .plt .text __libc
_freeres_fn __libc_thread_freeres_fn .fini .rodata __libc_subfreeres __libc
_IO_vtables __libc_atexit __libc_thread_subfreeres .eh_frame .gcc_except_table
   01     .tdata .init_array .fini_array .jcr .data.rel.ro .got .got.plt .data
.bss __libc_freeres_ptrs
   02     .note.ABI-tag .note.gnu.build-id
   03     .tdata .tbss
   04
   05     .tdata .init_array .fini_array .jcr .data.rel.ro .got
```

從上面可以看到，之前的 32 個段被分成了 6 個分段，我們只關注其中兩個 "LOAD" 類型的分段。因為它們在載入時需要被映射，其他的分段只是在載入時起輔助作用。第一個 LOAD 類型的分段具有唯讀和可執行許可權，包含 .init 段、.text 段、.rodata 段等常見的段，映射的虛擬位址是 0x400000，長度是 0x6e2bf。第二個 LOAD 類型的分段具有讀取寫入許可權，包含 .data 段和 .bss 段等常見的段，映射的虛擬位址是 0x47e9f8，長度是 0x2020。

上面是從靜態的角度，我們也可以從動態的角度看處理程序的記憶體管理。Linux 系統提供了 "proc" 檔案系統來窺探 Linux 核心的執行情況，每個處理程序執行之後，在 /proc/pid/maps 節點會列出當前處理程序的位址映射情況。

```
# cat /proc/721/maps
00400000-0046f000 r-xp 00000000 00:26 52559883        test.elf
0047e000-00481000 rw-p 0006e000 00:26 52559883        test.elf
272dd000-272ff000 rw-p 00000000 00:00 0               [heap]
ffffa97ea000-ffffa97eb000 r--p 00000000 00:00 0       [vvar]
ffffa97eb000-ffffa97ec000 r-xp 00000000 00:00 0       [vdso]
ffffcb6c6000-ffffcb6e7000 rw-p 00000000 00:00 0       [stack]
```

第 1 行顯示了 0x400000 ～ 0x46f000 這段處理程序位址空間，屬性是唯讀並且可執行的，也就是我們之前看到的程式碼片段的程式表頭。

第 2 行顯示了 0x47e000 ～ 0x48100 這段處理程序位址空間，屬性是讀取寫入的，也就是我們之前看到的資料段的程式表頭。

第 3 行顯示了 0x272dd000 ～ 0x272ff000 這段處理程序位址空間，，這段處理程序位址空間也叫作堆積（heap）空間，也就是我們通常使用 malloc() 函數分配的記憶體，大小是 140KB。test 處理程序使用 malloc() 函數分配了 100KB 的記憶體，Linux 核心會分配比 100KB 稍微大一點的記憶體空間。

第 4 行顯示了名為 vvar 的特殊映射。

第 5 行顯示了 VDSO 的特殊映射，VDSO 的英文全稱是 Virtual Dynamic Shared Object，它用於解決核心和 libc 之間的版本問題。

第 6 行顯示了 test 處理程序的堆疊（stack）空間。

這裡所說的處理程序位址空間，在 Linux 核心中可使用名為 VMA 的術語來描述，VMA 是 vm_area_struct 資料結構的簡稱，我們在 9.4 節會詳細介紹。

另外，/proc/pid/smaps 節點會提供位址映射的更多細節，以程式碼片段的 VMA 和堆積的 VMA 為例。

```
# cat /proc/721/smaps
# 程式碼片段的VMA的詳細資訊
00400000-0046f000 r-xp 00000000 00:26 52559883     test.elf
Size:                 444 KB
KernelPageSize:         4 KB
MMUPageSize:            4 KB
Rss:                  180 KB
Pss:                  180 KB
Shared_Clean:           0 KB
Shared_Dirty:           0 KB
Private_Clean:        180 KB
Private_Dirty:          0 KB
Referenced:           180 KB
Anonymous:              0 KB
LazyFree:               0 KB
AnonHugePages:          0 KB
ShmemPmdMapped:         0 KB
Shared_Hugetlb:         0 KB
Private_Hugetlb:        0 KB
Swap:                   0 KB
SwapPss:                0 KB
Locked:                 0 KB
THPeligible:     0
VmFlags: rd ex mr mw me dw
...
272dd000-272ff000 rw-p 00000000 00:00 0                        [heap]
Size:                 136 KB
KernelPageSize:         4 KB
MMUPageSize:            4 KB
Rss:                  112 KB
Pss:                  112 KB
Shared_Clean:           0 KB
Shared_Dirty:           0 KB
Private_Clean:          0 KB
Private_Dirty:        112 KB
```

```
Referenced:            112 KB
Anonymous:             112 KB
LazyFree:                0 KB
AnonHugePages:           0 KB
ShmemPmdMapped:          0 KB
Shared_Hugetlb:          0 KB
Private_Hugetlb:         0 KB
Swap:                    0 KB
SwapPss:                 0 KB
Locked:                  0 KB
THPeligible:      1
VmFlags: rd wr mr mw me ac
...
```

下面我們就可以根據上面獲得的資訊繪製一張從 test 處理程序角度看記憶體管理的概覽圖,如圖 9.11 所示。

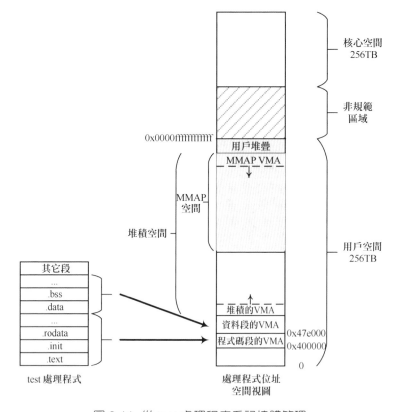

圖 9.11 從 test 處理程序看記憶體管理

9.2.5 從核心角度看記憶體管理

記憶體管理很複雜，涉及的內容很多。如果用分層來描述，記憶體空間可以分成 3 個層次，分別是使用者空間層、核心空間層和硬體層，如圖 9.12 所示。

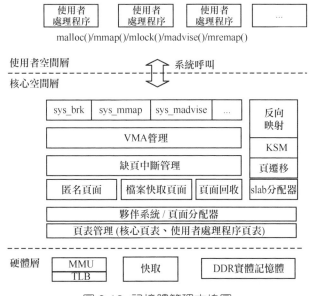

圖 9.12 記憶體管理方塊圖

使用者空間層可以視為 Linux 核心記憶體管理為使用者空間曝露的系統呼叫介面，例如 brk、mmap 等系統呼叫。通常 libc 函數庫會封裝成常見的 C 語言函數，例如 malloc() 和 mmap() 等。

核心空間層包含的模組相當豐富。使用者空間和核心空間的介面是系統呼叫，因此核心空間層首先需要處理這些記憶體管理相關的系統呼叫，例如 sys_brk、sys_mmap、sys_madvise 等。接下來包括的就是 VMA 管理、缺頁中斷管理、匿名頁面、檔案快取頁面、頁面回收、反向映射、slab 分配器、頁表管理等模組了。

最下面的是硬體層，包括處理器的 MMU、TLB 和快取記憶體部件，以及板載的 DDR 實體記憶體。

9.3 實體記憶體管理

在大多數人眼裡，實體記憶體是記憶體條或焊接在板子上的記憶體粒度。而在作業系統眼裡，實體記憶體是一大區塊或好幾大區塊連續的記憶體。那麼，究竟怎麼管理和妥善使用這些實體記憶體呢？這是一門學問，好比現在投資領域中流行的資產管理和設定。在作業系統眼裡，實體記憶體是很珍貴的資源，容不得半點馬虎。本節討論實體記憶體的管理，包括實體記憶體的分配和釋放。在核心中分配實體記憶體沒有在處理程序中分配虛擬記憶體那麼容易，需要思考的問題比較多，列舉如下。

- 當記憶體不足時，該如何分配？
- 系統執行時間長了會產生很多記憶體碎片，該怎麼辦？
- 如何分配幾十位元組的小區塊記憶體？
- 如何提高系統分配實體記憶體的效率？

9.3.1 物理頁面

32 位元的處理器是按照資料位元寬定址的，也就是術語「字」（word），但是處理器在處理實體記憶體時不是按照字來分配的，因為現在的處理器都採用分頁機制來管理記憶體。因此，處理器內部有名為 MMU 的硬體單元，MMU 會處理虛擬記憶體到實體記憶體的映射關係，也就是做頁表的翻譯（walk through）工作。站在處理器的角度，管理實體記憶體的最小單位是頁。Linux 核心使用 page 資料結構來描述物理頁面。

物理頁面的大小通常是 4KB，但是有些架構下的處理器可以支援大於 4KB 的頁面，比如支援 8KB、16KB 或 64KB 的頁面。目前 Linux 核心預設使用 4KB 的頁面。

Linux 核心記憶體管理的實現以 page 資料結構為核心，類似於城市的地標（如上海的東方明珠），其他的記憶體管理設施為之服務，例如 VMA 管理、缺頁中斷、反向映射、頁面的分配與回收等。page 資料結構定義在 include/linux/mm_types.h 標頭檔中，可大量使用 C 語言的聯合體

（union）來最佳化資料結構的大小，由於每個物理頁面都需要用 page 資料結構來追蹤和管理它的使用情況，因此管理成本很高。

page 資料結構可以分成 4 部分，如圖 9.13 所示。

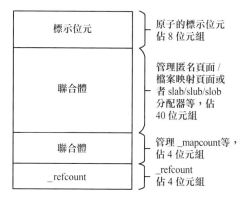

圖 9.13 struct page 資料結構

- 8 位元組的標示位元。
- 5 個字（5 個字在 32 位元處理器上是 20 位元組，在 64 位元處理器上是 40 位元組）的聯合體，用於匿名頁面和檔案映射頁面、slab/slub/slob 分配器以及混合頁面等。
- 4 位元組的聯合體，用來管理 _mapcount 等引用計數。
- 4 位元組的 _refcount。

下面對 page 資料結構的重要成員做一些介紹。

1. flags 成員

flags 成員是頁面的標示位元集合，標示位元是記憶體管理中非常重要的部分，具體定義在 include/linux/page-flags.h 檔案中，一些重要的標示位元如下。

```
0 enum pageflags {
1   PG_locked,        /*頁面已經上鎖，不要存取 */
2   PG_error,         /*表示頁面發生了I/O錯誤*/
3   PG_referenced,    /*用來實現LRU演算法中的第二次機會演算法*/
```

```
4    PG_uptodate,        /*表示頁面內容是有效的，當頁面上的讀取操作完成後，設定
                           該標示位元*/
5    PG_dirty,           /*表示頁面內容被修改過，為髒頁*/
6    PG_lru,             /*表示該頁在LRU鏈結串列中*/
7    PG_active,          /*表示該頁在活躍的LRU鏈結串列中*/
8    PG_slab,            /*表示該頁屬於由slab分配器創建的slab*/
9    PG_owner_priv_1,    /*由頁面的所有者使用，如果是檔案快取記憶體分頁，那麼
                           可由檔案系統使用*/
10   PG_arch_1,          /*與架構相關的頁面狀態位元*/
11   PG_reserved,        /*表示該頁不可換出*/
12   PG_private,         /* 表示該頁是有效的，當page->private包含有效值時會設定
                           該標示位元。如果頁面是檔案快取頁面，那麼可能包含一
                           些檔案系統相關的資料資訊*/
13   PG_private_2,       /* 如果是檔案快取頁面, 那麼可能包含fs aux data */
14   PG_writeback,       /* 頁面正在回寫 */
15   PG_compound,        /* 這是混合頁面*/
16   PG_swapcache,       /* 這是交換頁面 */
17   PG_mappedtodisk,    /* 在磁碟中分配了blocks */
18   PG_reclaim,         /* 馬上要被回收了 */
19   PG_swapbacked,      /* 頁面支援RAM/swap */
20   PG_unevictable,     /* 頁面是不可收回的*/
21   #ifdef CONFIG_MMU
22   PG_mlocked,         /* VMA處於mlocked狀態 */
23   #endif
24   __NR_PAGEFLAGS,
25};
```

- PG_locked 表示頁面已經上鎖了。如果設定了該標示位元，則說明頁面已經被鎖定，記憶體管理的其他模組不能存取這個頁面，以防發生競爭。
- PG_error 表示頁面操作過程中發生了錯誤。
- PG_referenced 和 PG_active 用於控制頁面的活躍程度，在 kswapd 頁面回收中使用。
- PG_uptodate 表示頁面資料已經從區塊裝置中成功讀取。
- PG_dirty 表示頁面內容發生改變，頁面為髒頁，也就是頁面的內容被改寫後還沒有和外部記憶體進行過同步操作。

- PG_lru 表示頁面已加入 LRU 鏈結串列中。Linux 核心使用 LRU 鏈結串列來管理活躍和不活躍頁面。
- PG_slab 表示頁面用於 slab 分配器。
- PG_writeback 表示頁面的內容正在向區塊裝置進行回寫。
- PG_swapcache 表示頁面處於交換快取。
- PG_swapbacked 表示頁面具有 swap 快取功能，通常匿名頁面才可以寫回 swap 分區。
- PG_reclaim 表示頁面馬上要被回收。
- PG_unevictable 表示頁面不可以被回收。
- PG_mlocked 表示頁面對應的 VMA 處於 mlocked 狀態。

Linux 核心定義了一些標準巨集，用於檢查頁面是否設定了某個特定的標示位元或用於操作某些標示位元。這些巨集的名稱都有一定的模式，具體如下。

- PageXXX() 用於檢查頁面是否設定了 PG_XXX 標示位元。舉例來說，PageLRU(page) 檢查 PG_lru 標示位元是否置位，PageDirty(page) 檢查 PG_dirty 標示位元是否置位。
- SetPageXXX() 用於設定頁面的 PG_XXX 標示位元。舉例來說，SetPageLRU(page) 用於設定 PG_lru 標示位元，SetPageDirty(page) 用於設定 PG_dirty 標示位元。
- ClearPageXXX() 用於無條件地清除某個特定的標示位元。

這些巨集實現在 include/linux/page-flags.h 檔案中。

```
#define TESTPAGEFLAG(uname, lname)                        \
static inline int Page##uname(const struct page *page)    \
            { return test_bit(PG_##lname, &page->flags); }
#define SETPAGEFLAG(uname, lname)                          \
static inline void SetPage##uname(struct page *page)      \
              { set_bit(PG_##lname, &page->flags); }


#define CLEARPAGEFLAG(uname, lname)                        \
static inline void ClearPage##uname(struct page *page)    \
              { clear_bit(PG_##lname, &page->flags); }
```

flags 標示成員除了存放上述重要的標示位元之外，還有另一個很重要的作用，就是存放 SECTION 編號、NODE 編號、ZONE 編號和 LAST_CPUPID 等。flags 標示成員具體存放的內容與核心設定相關，例如 SECTION 編號和 NODE 編號與 CONFIG_SPARSEMEM/ CONFIG_SPARSEMEM_VMEMMAP 設定相關，LAST_CPUPID 與 CONFIG_NUMA_ BALANCING 設定相關。

圖 9.14 是 ARM64 QEMU Virt 平台上的 page->flags 佈局。其中，Bit[43:0] 用於存放頁面標示位元，Bit[59:44] 用於 NUMA 平衡演算法中的 LAST_CPUID，Bit[61:60] 用於存放 zone 編號，Bit[63:62] 用於存放記憶體節點編號。

圖 9.14 ARM64 QEMU Virt 平台上的 page->flags 佈局

2. _refcount 和 _mapcount 成員

_refcount 和 _mapcount 是 struct page 資料結構中非常重要的兩個引用計數，並且都是 atomic_t 類型的變數。

_refcount 表示核心中引用頁面的次數。

- 當 _refcount 的值為 0 時，表示空閒或即將要被釋放的頁面。
- 當 _refcount 的值大於 0 時，表示頁面已經被分配且核心正在使用，暫時不會被釋放。

Linux 核心提供了用於加減 _refcount 的介面函數，讀者應該透過這些介面函數來使用 _refcount。

- get_page()：將 _refcount 加 1。
- put_page()：將 _refcount 減 1。若 _refcount 減 1 後等於 0，就會釋放頁面。

這兩個介面函數實現在 include/linux/mm.h 檔案中。

```
<include/linux/mm.h>

static inline void get_page(struct page *page)
{
    page_ref_inc(page);
}

static inline void put_page(struct page *page)
{
    if (put_page_testzero(page))
        __put_page(page);
}
```

get_page() 函數呼叫 page_ref_inc() 來增加引用計數，然後使用 atomic_inc() 函數原子地增加引用計數。

put_page() 函數首先使用 put_page_testzero() 函數將引用計數 1 並且判斷引用計數是否為 0。如果 _refcount 減 1 之後等於 0，就會呼叫 __put_page() 來釋放頁面。

_mapcount 表示頁面被處理程序映射的個數，即已經映射了多少個 PTE。每個使用者處理程序都擁有各自獨立的虛擬空間（256TB）和一份獨立的頁表，所以有可能出現多個使用者處理程序位址空間同時映射到一個物理頁面的情況，RMAP 系統就是利用這個特性實現的。_mapcount 主要用於 RMAP 系統。

- 若 _mapcount 等於 −1，表示沒有 pte 頁表映射到頁面中。
- 若 _mapcount 等於 0，表示只有父處理程序映射了頁面。匿名頁面剛分配時，_mapcount 初始化為 0。

核心程式不會直接去檢查 _refcount 和 _mapcount，而是採用核心提供的兩個巨集來統計某個頁面的 _count 和 _mapcount。

```
static inline int page_mapcount(struct page *page)
static inline int page_count(struct page *page)
```

在 Linux 核心記憶體管理中，很多複雜的程式邏輯都依靠這兩個引用計數來進行，比如頁面分配機制、反向映射機制、頁面回收機制等，因此這是管理物理頁面的核心機制。

3. mapping 欄位

mapping 欄位很有意思，當頁面被用於檔案快取時，mapping 指向一個與檔案快取連結的 address_space 物件。這個 address_space 物件是屬於記憶體物件（比如索引節點）的頁面集合。

當用於匿名頁面（anonymous page）時，mapping 指向 anon_vma 資料結構，主要用於反向映射（reverse mapping）。

4. lru 欄位

lru 欄位主要用在頁面回收的 LRU 鏈結串列演算法中。LRU 鏈結串列演算法定義了多個鏈結串列，比如活躍鏈結串列（active list）和非活躍鏈結串列（inactive list）等。在 slab 機制中，lru 欄位還被用來把一個 slab 增加到 slab 滿鏈結串列、slab 空閒鏈結串列和 slab 部分滿鏈結串列中。

5. virtual 欄位

virtual 欄位是指向頁面對應的虛擬位址的指標。在高端記憶體情況下，高端記憶體不會線性映射到核心位址空間。在這種情況下，這個欄位的值為NULL，只有當需要時才動態映射這些高端記憶體分頁。

核心使用 page 資料結構來描述物理頁面，我們可以看到管理這些頁面時需要以下資訊。

- 核心知道當前頁面的狀態（透過 flags 欄位）。
- 核心需要知道一個頁面是否空閒，即有沒有被分配出去，也要知道有多少個處理程序或記憶體路徑使用了這個頁面（使用 _count 和 _mapcount）。
- 核心需要知道誰在使用這個頁面，比如使用者是使用者空間處理程序的匿名頁面還是內容快取（透過 mapping 欄位）。

- 核心需要知道這個頁面是否被 slab 機制使用（透過 lru、s_mem 等欄位）。
- 核心需要知道這個頁面是否屬於線性映射（透過 virtual 欄位）。

核心可以透過 page 資料結構中的欄位知道很多東西，但是我們發現其中並沒有描述具體是哪個物理頁面，比如頁面的物理位址。

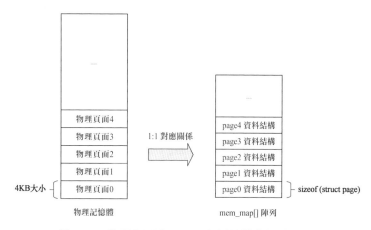

圖 9.15　物理頁面和 page 資料結構的對應關係

其實 Linux 核心為每個物理頁面都分配了一個 page 資料結構，並採用 mem_map[] 陣列的形式來存放這些 page 資料結構，它們和物理頁面是一對一的映射關係，如圖 9.15 所示。因此，page 資料結構不需要用成員來描述物理頁面的起始物理位址。page 資料結構的 mem_map[] 陣列定義在 mm/memory.c 檔案中，而初始化是在 free_area_init_node()->alloc_ node_ mem_map() 函數中完成的。

```
struct page *mem_map;
EXPORT_SYMBOL(mem_map);
```

每個物理頁面都對應一個 page 資料結構，因此 Linux 核心社區對 page 資料結構的大小控管相當嚴格。page 資料結構通常只有幾十位元組，而一個物理頁面有 4096 位元組。假設 page 資料結構佔用 40 位元組，那麼相當於需要浪費 1/100 的記憶體來存放這些 page 資料結構。因此，當在 page 資料結構中新增一個變數或指標時，系統相當於需要 1/1000 的記憶體來存放新增的這個變數或指標。假設系統有 10GB 記憶體，於是就要浪費其中的 10MB 空間，這種情況挺可怕的。

9.3.2 記憶體管理區

出於位址資料線位元寬的原因，32 位元處理器通常最多支援 4GB 的實體記憶體。當然，如果啟動 ARM 的 LPAE（Large Physical Address Extension）特性，就可以支援更大的實體記憶體。在 4GB 的位址空間中，通常核心空間只有 1GB 大小，這對於大小為 4GB 的實體記憶體是無法進行一一線性映射的。因此，Linux 核心的做法是把實體記憶體分成兩部分，其中一部分是線性映射的實體記憶體。如果用記憶體管理區（zone）的概念來描述，那就是 ZONE_NORMAL。剩餘的另一部分叫作高端記憶體（high memory），也同樣用記憶體管理區的概念來描述，稱為 ZONE_HIGHMEM。記憶體管理區的分佈和架構相關，比如在 x86 架構中，ISA 裝置就不能在整個 32 位元的位址空間中執行 DMA 操作，因為 ISA 裝置只能存取實體記憶體的前 16MB，所以在 x86 架構中會有 ZONE_DMA 管理區。在 x86_64 和 ARM64 架構中，由於有足夠大的核心空間可以線性映射實體記憶體，因此不需要 ZONE_HIGHMEM 這個記憶體管理區了。

- ZONE_DMA：用於執行 DMA 操作，只適用於 Intel x86 架構，ARM 架構沒有這個記憶體管理區。
- ZONE_NORMAL：用於線性映射實體記憶體。
- ZONE_HIGHMEM：用於管理高端記憶體，這些高端記憶體是不能線性映射到核心位址空間的。注意，在 64 位元的處理器中不需要這個記憶體管理區。

1. 記憶體管理區描述符號

Linux 核心抽象了一種資料結構來描述這些記憶體管理區，稱為記憶體管理區描述符號。使用的資料結構是 zone，它定義在 include/linux/mmzone.h 檔案中。

zone 資料結構的主要成員如下。

```
[include/linux/mmzone.h]

struct zone {
    /* 記憶體管理區的唯讀域 */
    unsigned long watermark[NR_WMARK];
    long lowmem_reserve[MAX_NR_ZONES];
    struct pglist_data   *zone_pgdat;
    struct per_cpu_pageset __percpu *pageset;
    unsigned long        zone_start_pfn;
    unsigned long        managed_pages;
    unsigned long        spanned_pages;
    unsigned long        present_pages;
    const char           *name;

    /* 記憶體管理區的寫入敏感域 */
    ZONE_PADDING(_pad1_)
    struct free_area     free_area[MAX_ORDER];
    unsigned long        flags;
    spinlock_t           lock;

    /* 記憶體管理區的統計資訊 */
    ZONE_PADDING(_pad3_)
    atomic_long_t        vm_stat[NR_VM_ZONE_STAT_ITEMS];
} ____cacheline_internodealigned_in_smp;
```

首先，zone 資料結構經常會被存取到，因此該資料結構要求以 L1 快取記憶體對齊，見 ____cacheline_internodealigned_in_smp 屬性。Zone 資料結構整體來說可以分成以下 3 部分。

- 唯讀域。
- 寫入敏感域。
- 統計資訊。

這裡採用 ZONE_PADDING() 使後面的變數與 L1 快取行對齊，以提高欄位的併發存取性能，避免發生快取偽共用（cache false sharing），這是一種透過填充方式解決快取偽共用的方法。

另外，一個記憶體節點最多有幾個記憶體管理區，因此記憶體管理區資料結構不像 page 資料結構那樣對資料結構的大小特別敏感，這裡可以為了性能而浪費空間。

- watermark：每個記憶體管理區在系統啟動時會計算出 3 個水位，分別是 WMARK_MIN、WMARK_LOW 和 WMARK_HIGH 水位，這在頁面分配器和 kswapd 頁面回收中會用到。
- lowmem_reserve：記憶體管理區中預留的記憶體。
- zone_pgdat：指向記憶體節點。
- pageset：用於維護 Per-CPU 變數上的一系列頁面，以減少迴旋栓鎖的爭用。
- zone_start_pfn：記憶體管理區中開始頁面的頁框號。
- managed_pages：記憶體管理區中被夥伴系統管理的頁面數量。
- spanned_pages：記憶體管理區包含的頁面數量。
- present_pages：記憶體管理區中實際管理的頁面數量。對一些架構來說，值和 spanned_pages 相等。
- free_area：管理空閒區域的陣列，包含管理鏈結串列等。
- lock：平行存取時用於對記憶體管理區進行保護的迴旋栓鎖。注意，迴旋栓鎖保護的是 zone 資料結構本身，而非保護記憶體管理區描述的記憶體位址空間。
- vm_stat：記憶體管理區計數。

2. 輔助操作函數

Linux 核心提供了幾個常用的記憶體管理區的輔助操作函數，它們定義在 include/linux/ mmzone.h 檔案中。

```
#define for_each_zone(zone)                    \
    for (zone = (first_online_pgdat())->node_zones; \
        zone;                          \
        zone = next_zone(zone))

static inline int is_highmem(struct zone *zone);

#define zone_idx(zone)          ((zone) - (zone)->zone_pgdat->node_zones)
```

其中，for_each_zone() 用來遍歷系統中所有的記憶體管理區，is_highmem() 函數用來檢測記憶體管理區是否屬於 ZONE_HIGHMEM，zone_idx() 巨集用來返回當前記憶體管理區所在的記憶體節點的編號。

9.3.3 分配和釋放頁面

分配物理頁面是記憶體管理中最核心的事情之一，也許讀者聽說過 Linux 核心的記憶體分頁基於夥伴系統（buddy system）演算法來管理，但夥伴系統演算法不是 Linux 核心獨創的。

夥伴系統是作業系統中最常用的動態儲存裝置管理方法之一。當使用者提出申請時，夥伴系統分配一塊大小合適的記憶體給使用者；在使用者釋放時，回收區塊。在夥伴系統中，區塊的大小是 2 的 order 次冪個頁面。在 Linux 核心中，order 的最大值用 MAX_ORDER 來表示，通常是 11，也就是把所有的空閒頁面分組成 11 個區塊鏈結串列，這些區塊鏈結串列分別包含 1 個、2 個、4 個、8 個、16 個、32 個、64 個、128 個、256 個、524 個、1024 個連續的頁面。1024 個頁面對應著一塊 4MB 大小的連續實體記憶體。

在早期的夥伴系統中，空閒頁面區塊的管理實現比較簡單，如圖 9.16 所示。記憶體管理區資料結構中有一個 free_area 陣列，它的大小是 MAX_ORDER，這個陣列中有一個鏈結串列，鏈結串列的成員是 2 的 order 次冪個頁面大小的空閒區塊。

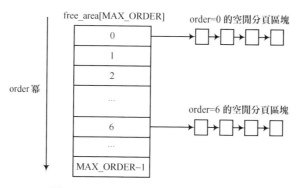

圖 9.16　早期 Linux 核心的夥伴系統

1. 頁面分配函數

Linux 核心提供了幾個常用的頁面分配的介面函數，它們都是以頁為單位進行分配的，其中最核心的介面函數如下。

```
static inline struct page * alloc_pages(gfp_t gfp_mask, unsigned int order)
```

alloc_pages() 函數用來分配 2 的 order 次冪個連續的物理頁面，返回值是第一個物理頁面的 page 資料結構。第一個參數是 gfp_mask 分配隱藏；第二個參數是 order，請求的 order 不能大於 MAX_ORDER，MAX_ORDER 通常是 11。

另一個很常見的介面函數是 __get_free_pages()，定義如下。

```
unsigned long __get_free_pages(gfp_t gfp_mask, unsigned int order)
```

__get_free_pages() 函數返回的是所分配記憶體的核心空間虛擬位址，如果是線性映射的實體記憶體，則直接返回線性映射區域的核心空間虛擬位址。__get_free_pages() 函數不會使用高端記憶體，如果一定要使用高端記憶體，最佳的辦法是使用 alloc_pages() 函數以及 kmap() 函數的搭配。注意，在 64 位元處理器的 Linux 核心中沒有高端記憶體這個概念，它只實現在 32 位元處理器的 Linux 核心中。注意，這裡使用 page_address() 函數來轉換。

```
void *page_address(const struct page *page)
```

如果需要分配一個物理頁面，可以使用以下兩個封裝好的介面函數，它們最後還是呼叫了 alloc_pages() 函數，只是 order 的值為 0。

```
#define alloc_page(gfp_mask) alloc_pages(gfp_mask, 0)

#define __get_free_page(gfp_mask) \
        __get_free_pages((gfp_mask), 0)
```

如果需要返回一個全部填充為 0 的頁面，可以使用以下這個介面函數。

```
unsigned long get_zeroed_page(gfp_t gfp_mask)
```

使用 alloc_page() 分配的物理頁面，理論上講有可能被隨機填充了某些垃圾資訊，因此在有些敏感的場合中需要把分配的記憶體歸零，然後再使用，這樣可以減少不必要的麻煩。

2. 頁面釋放函數

頁面釋放函數主要有以下幾個。

```
void __free_pages(struct page *page, unsigned int order);
#define __free_page(page) __free_pages((page), 0)
#define free_page(addr) free_pages((addr), 0)
```

釋放頁面時需要特別注意參數，傳遞錯誤的 page 指標或 order 值會引起系統崩潰。__free_pages() 函數的第一個參數是待釋放頁面的 page 指標，第二個參數是 order 值。__free_page() 函數用來釋放單一頁面。

3. 分配隱藏 gfp_mask

分配隱藏是很重要的參數，它影響著頁面分配的整個流程。因為 Linux 是一種通用的作業系統，所以頁面分配器被設計得比較複雜。它既要高效，又要兼顧很多種情況，特別是在記憶體緊張的情況下。gfp_mask 其實已被定義成一個 unsigned 類型的變數。

```
typedef unsigned __bitwise__ gfp_t;
```

gfp_mask 分配隱藏定義在 include/linux/gfp.h 檔案中，其中的標示位元在 Linux 4.4 核心中被重新歸類，大致可以分成以下幾類。

- 記憶體管理區修飾符號（zone modifier）。
- 移動修飾符號（mobility and placement modifier）。
- 水位修飾符號（watermark modifier）。
- 頁面回收修飾符號（page reclaim modifier）。
- 行動修飾符號（action modifier）。

下面詳細介紹各種修飾符號。

記憶體管理區修飾符號主要用來表示應當從哪些記憶體管理區中分配實體記憶體。記憶體管理區修飾符號使用 gfp_mask 的最低 4 位元來表示。記憶體管理區修飾符號的標示位元如表 9.1 所示。

⬇ 表 9.1 記憶體管理區修飾符號的標示位元

標示位元	描　述
__GFP_DMA	從 ZONE_DMA 中分配記憶體
__GFP_DMA32	從 ZONE_DMA32 中分配記憶體
__GFP_HIGHMEM	優先從 ZONE_HIGHMEM 中分配記憶體
__GFP_MOVABLE	頁面可以被遷移或回收，比如用於記憶體規整機制

移動修飾符號主要用來指示分配出來的頁面具有的遷移屬性，移動修飾符號的標示位元如表 9.2 所示。在 Linux 2.6.24 核心中，為了解決外碎片化的問題，引入了遷移類型，因此在分配記憶體時也需要指定所分配的頁面具有哪些移動屬性。

⬇ 表 9.2 移動修飾符號的標示位元

標示位元	描　述
__GFP_RECLAIMABLE	在 slab 分配器中指定 SLAB_RECLAIM_ACCOUNT 標示位元，表示 slab 分配器中使用的頁面可以透過 shrinkers 來回收
__GFP_HARDWALL	啟動 cpuset 記憶體分配策略
__GFP_THISNODE	從指定的記憶體節點中分配記憶體，並且沒有回復機制
__GFP_ACCOUNT	分配過程會被 kmemcg 記錄

水位修飾符號用來控制是否可以存取系統緊急預留的記憶體，水位修飾符號的標示位元如表 9.3 所示。

⬇ 表 9.3 水位修飾符號的標示位元

標示位元	描　述
__GFP_HIGH	表示記憶體分配具有高優先順序，並且分配請求是很有必要的，分配器可以使用緊急的記憶體池
__GFP_ATOMIC	表示在分配記憶體的過程中不能執行頁面回收或睡眠動作，並且記憶體分配具有很高的優先順序。常見的使用場景是在中斷上下文中分配記憶體
__GFP_MEMALLOC	在分配過程中允許存取所有的記憶體，包括系統預留的緊急記憶體。記憶體分配處理程序通常要保證在分配記憶體的過程中很快會有記憶體被釋放，比如處理程序退出或頁面被回收
__GFP_NOMEMALLOC	在分配過程中不允許存取系統緊急預留的記憶體

常用的頁面回收修飾符號的標示位元如表 9.4 所示。

表 9.4 頁面回收修飾符號的標示位元

標示位元	描　述
__GFP_IO	允許開啟 I/O 傳輸
__GFP_FS	允許呼叫底層的檔案系統。清除這個標示位元通常是為了避免鎖死的發生，如果對應的檔案系統操作路徑已經持有鎖，而記憶體分配過程又遞迴地呼叫到檔案系統的對應操作路徑，則可能會產生鎖死
__GFP_DIRECT_RECLAIM	在分配記憶體的過程中會呼叫直接頁面回收機制
__GFP_KSWAPD_RECLAIM	表示當到達記憶體管理區的低水位時會喚醒 kswapd 核心執行緒去非同步地回收記憶體，直到記憶體管理區恢復到高水位為止
__GFP_RECLAIM	用來允許或禁止直接頁面回收和 kswapd 核心執行緒
__GFP_REPEAT	當分配失敗時會繼續嘗試
__GFP_NOFAIL	當分配失敗時會無限嘗試下去，直到分配成功為止。當分配者希望分配記憶體不失敗時，應該使用這個標示位元，而非自己寫一個 while 迴圈來不斷地呼叫頁面分配介面函數
__GFP_NORETRY	當直接頁面回收和記憶體規整等機制都使用了但還是無法分配記憶體時，就不用重複嘗試分配了，直接返回 NULL

常見的行動修飾符號的標示位元如表 9.5 所示。

表 9.5 行動修飾符號的標示位元

標示位元	描　述
__GFP_COLD	分配的記憶體不會馬上被使用，通常會返回一個 cache-cold 頁面
__GFP_NOWARN	關閉分配過程中的一些錯誤報告
__GFP_ZERO	返回一個全部填充為 0 的頁面
__GFP_NOTRACK	不被 kmemcheck 機制追蹤
__GFP_OTHER_NODE	在遠端的記憶體節點上分配，通常會在 khugepaged 核心執行緒中使用

表 9.1 ～表 9.5 列出了 5 大類的分配隱藏，對核心開發者或驅動開發者來說，要正確使用這些標示位元是一件很困難的事情，因此人們定義了一些常用的分配隱藏的組合，叫作類型標示位元（type flag），如表 9.6 所示。

類型標示位元提供了核心開發中常用的分配隱藏的組合，我們推薦開發者使用這些類型標示位元。

↓ 表 9.6 類型標示位元

類型標示位元	描　述
GFP_ATOMIC	呼叫者不能睡眠，但可以存取系統預留的記憶體，這個標示位元通常用在中斷處理常式、持有迴旋栓鎖或其他不能睡眠的地方
GFP_KERNEL	分配記憶體時最常用的標示位元之一。操作可能會被阻塞，分配過程可能會引起睡眠
GFP_NOWAIT	分配不允許睡眠等待
GFP_NOIO	不需要啟動任何 I/O 操作，比如使用直接回收機制去捨棄乾淨的頁面或為 slab 分配的頁面
GFP_NOFS	不會存取任何檔案系統的介面和操作
GFP_USER	使用者空間的處理程序被用來分配記憶體，這些記憶體可以被核心或硬體使用。常見的場景是硬體使用的 DMA 緩衝區要映射到使用者空間，比如顯示卡的緩衝區
GFP_DMA/ GFP_DMA32	使用 ZONE_DMA 或 ZONE_DMA32 來分配記憶體
GFP_HIGHUSER	使用者空間的處理程序被用來分配記憶體，優先使用 ZONE_HIGHMEM，這些記憶體可以被映射到使用者空間，核心空間不會直接存取這些記憶體，另外這些記憶體不能被遷移
GFP_HIGHUSER_MOVABLE	類似 GFP_HIGHUSER，但是頁面可以被遷移
GFP_TRANSHUGE/ GFP_TRANSHUGE_LIGHT	通常用於 THP 頁面分配

上面這些都是常用的類型標示位元，但在實際使用過程中還需要注意以下事項。

- GFP_KERNEL 是最常見的類型標示位元之一，主要用於分配核心使用的記憶體。需要注意的是分配過程會引起睡眠，當在中斷上下文以及不能睡眠的核心路徑裡呼叫該分配隱藏時需要特別警惕，因為會引起鎖死或其他系統異常。

- GFP_ATOMIC 這個標示位元正好和 GFP_KERNEL 相反，前者可以用在不能睡眠的記憶體分配路徑中，比如中斷處理常式、軟體中斷以及 tasklet 等。GFP_KERNEL 可以讓呼叫者睡眠等待系統回收頁面以釋放一些記憶體，但 GFP_ATOMIC 不可以，所以有可能會分配失敗。

- GFP_USER、GFP_HIGHUSER 和 GFP_HIGHUSER_MOVABLE 這幾個標示位元都是用來為使用者空間處理程序分配記憶體的。不同之處在於，GFP_HIGHUSER 首先使用高端記憶體，GFP_HIGHUSER_MOVABLE 優先使用高端記憶體並且分配的記憶體具有可遷移屬性。

- GFP_NOIO 和 GFP_NOFS 都會產生阻塞，它們用來避免某些其他的操作。GFP_ NOIO 表示在分配過程中絕不會啟動任何磁碟 I/O 操作。GFP_NOFS 表示可以啟動磁碟 I/O 操作，但是不會開機檔案系統的相關操作。舉個例子，假設處理程序 A 在執行打開檔案的操作中需要分配記憶體，這時記憶體短缺，那麼處理程序 A 會睡眠等待，系統的 OOM Killer 機制會選擇其他處理程序來終止。假設選擇了處理程序 B，而處理程序 B 退出時需要執行一些檔案系統操作，這些操作可能會去申請一個鎖，而恰巧處理程序 A 持有這個鎖，所以鎖死就發生了。

- 使用這些類型標示位元時需要注意頁面的遷移類型，透過 GFP_KERNEL 分配的頁面通常是不可遷移的，透過 GFP_HIGHUSER_MOVABLE 分配的頁面是可遷移的。

9.3.4 關於記憶體碎片化

記憶體碎片化是記憶體管理中的比較難以解決的問題。Linux 核心在採用夥伴系統演算法時考慮了如何減少記憶體碎片化。在夥伴系統演算法中，兩個什麼樣的區塊可以成為夥伴呢？其實夥伴系統演算法有以下 3 個基本條件需要滿足。

- 兩個區塊的大小相同。
- 兩個區塊的位址連續。
- 兩個區塊必須是從同一個大的區塊中分離出來的。

如圖 9.17 所示，8 個頁面大小的大區塊 $A0$ 可以劃分成兩個小區塊 $B0$ 和 $B1$，它們都只有 4 個頁面大小。$B0$ 還可以繼續劃分成 $C0$ 和 $C1$，它們是只有兩個頁面大小的區塊。$C0$ 可以繼續劃分成 $P0$ 和 $P1$ 兩個小區塊，它們只有一個物理頁面大小。

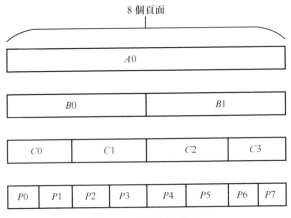

圖 9.17 區塊的劃分

第一個條件是說兩個區塊必須大小相同，如圖 9.17 所示，$B0$ 區塊和 $B1$ 區塊就是大小相同的。第二個條件是說兩個區塊的位址必須連續，夥伴就是鄰居的意思。第三個條件是說兩個區塊必須是從同一個大的區塊中分離出來的，下面進行具體解釋。

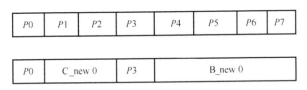

圖 9.18 合併夥伴區塊

如圖 9.18 所示，$P0$ 和 $P1$ 為夥伴，它們都是從 $C0$ 分離出來的；$P2$ 和 $P3$ 為夥伴，它們是從 $C1$ 分離出來的。把 $P1$ 和 $P2$ 合併成新的區塊 C_new0，然後把 $P4$、$P5$、$P6$ 和 $P7$ 合併成大的區塊 B_new0，你會發現即使 $P0$ 和 $P3$ 變成空閒頁面，這 8 個頁面的區塊也無法繼續合併成一個新的大區塊。$P0$ 和 C_new0 無法合併成一個大的區塊，因為它們兩個大小不一樣，同樣 C_new0 和 P3 也不能繼續合併。因此，*P*0 和 P3 就變成了空洞，這就產生了外碎片化（external fragmentation）。隨著時間的演進，外碎片化會變得越來越嚴重，記憶體使用率也隨之下降。

外碎片化導致的比較嚴重的後果是明明系統有足夠的記憶體，但是無法分配出一大段連續的實體記憶體供頁面分配器使用。因此，夥伴系統演算法在設計時就考慮了如何避免外碎片化問題。

學術上常用的解決外碎片化問題的技術叫作記憶體規整（memory compaction），也就是利用行動頁面的位置讓空閒頁面連成一片。但是在早期的 Linux 核心中，這種方法不一定有效。核心分配的實體記憶體有很多種用途，比如核心本身使用的記憶體、硬體需要使用的記憶體（如 DMA 緩衝區）、使用者處理程序分配的記憶體（如匿名頁面）等。如果從頁面的遷移屬性看，使用者處理程序分配使用的記憶體是可以遷移的，但是核心本身使用的記憶體分頁是不能隨便遷移的。假設在一大區塊實體記憶體中有一小區塊記憶體被核心本身使用，但是因為這一小區塊記憶體不能被遷移，導致這一大區塊記憶體不能變成連續的實體記憶體。如圖 9.19 所示，*C*1 是分配給核心使用的記憶體，即使 *C*0、*C*2 和 *C*3 都是空閒區塊，它們也不能被合併成一大區塊連續的實體記憶體。

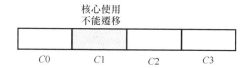

圖 9.19 不能合併成大區塊連續記憶體

為什麼核心本身使用的頁面不能被遷移呢？因為要遷移這種頁面，首先需要把物理頁面的映射關係斷開，然後重新去建立映射關係。

在斷開映射關係的過程中，如果核心繼續存取這個頁面，就會存取不正確的指標和記憶體，導致核心出現 Oops 錯誤，甚至導致系統崩潰（crash）。核心作為敏感區域，必須保證使用的記憶體是安全的。這和使用者處理程序不太一樣，使用者處理程序使用的頁面在斷開映射關係之後，如果使用者處理程序繼續存取這個頁面，就會產生缺頁異常。在缺頁異常處理中，可以重新分配物理頁面，然後和虛擬記憶體建立映射關係。這個過程對使用者處理程序來說是安全的。

在 Linux 2.6.24 的開發階段，社區專家就引入了防止碎片的功能，叫作反碎片法（anti- fragmentation）。這裡説的反碎片法，其實就是利用遷移類型來實現的。遷移類型是按照頁面區塊（page block）來劃分的，一個頁面區塊的大小正好是頁面分配器所能分配的最大記憶體大小，即 2 的 MAX_ ORDER-1 次冪位元組，通常是 4 MB。

頁面的類型如下。

- 不可移動類型 UNMOVABLE：特點就是在記憶體中有固定的位置，不能移動到其他地方，比如核心本身需要使用的記憶體就屬於此類。使用 GFP_KERNEL 標示位元分配的記憶體就不能遷移。簡單來説，核心使用的記憶體都屬於此類，包括 DMA 緩衝區等。
- 可移動類型 MOVABLE：表示可以隨意移動的頁面，這裡通常是指屬於應用程式的頁面，比如透過 malloc 分配的記憶體、透過 mmap 分配的匿名頁面等。這些頁面是可以安全遷移的。
- 可回收的頁面：這些頁面不能直接移動，但是可以回收。頁面的內容可以重新讀回或取回，最典型的例子就是使用 slab 機制分配的物件。

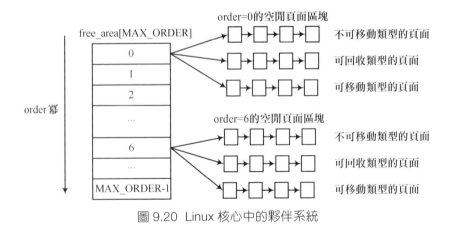

圖 9.20 Linux 核心中的夥伴系統

因此，夥伴系統中的 free_area 資料結構中包含了 MIGRATE_TYPES 個鏈結串列，這裡相當於記憶體管理區中根據 order 的大小有 0 ～ MAX_ORDER−1 個 free_area。每個 free_area 根據 MIGRATE_TYPES 類型又有幾個對應的鏈結串列，如圖 9.20 所示，讀者可以比較圖 9.20 和圖 9.16 之間的區別。

在運用了這種技術的 Linux 核心中，所有頁面區塊裡面的頁面都是同一種遷移類型，中間不會再摻雜其他類型的頁面。

9.3.5 分配小區塊記憶體

當核心需要分配幾十位元組的小區塊記憶體時，若使用頁面分配器分配頁面，就顯得有些浪費資源了，因此必須有一種用來管理小區塊記憶體的新的分配機制。slab 機制最早是由 Sun 公司的工程師在 Solaris 作業系統中開發的，後來被移植到 Linux 核心中。slab 這個名字來自內部使用的資料結構，可以視為記憶體池。

slab 後來有兩個變種：一個是 slob 機制，另一個是 slub 機制。slab 在大型伺服器上的表現不是特別好，主要有兩個缺點：一個是 slab 分配器使用的中繼資料負擔比較大，所謂的中繼資料負擔可以視為管理成本；另一個是在嵌入式系統中，slab 分配器的程式量和複雜度都很高，所以出現了 slob 機制。考慮到 slab 機制相當經典，我們以 slab 機制為例來說明。

核心中經常會對一些常用的資料結構反覆地進行分配和釋放，例如核心中的 mm_struct 資料結構、task_struct 資料結構，那麼核心該怎麼應對呢？

有的讀者也許認為可以在核心中建立一種類似夥伴系統的演算法，但需要基於 2 的 order 次冪位元組，對於幾十位元組的小區塊，就不用分配頁面了。這表現了 kmalloc 機制的實現思想，kmalloc 機制的確也是基於 2 的 order 次冪位元組來實現的。

如果我們把這個想法延伸一下，例如現在需要經常分配 mm_struct 資料結構，為何不把 mm_struct 資料結構作為物件來看待呢？在記憶體不緊張時，我們可以創建基於 mm_struct 資料結構的物件快取池，並預先分配許多空閒物件，這樣當核心需要時就可以慷慨地把空閒物件拿出來了。速度是相當快的，比從夥伴系統中急急忙忙地分配頁面，然後劃分成小區塊的方式快了好幾個數量級。夥伴系統基於 2 的 order 次冪個頁面來管理，但是我們常用的一些資料結構，比如 mm_struct 不可能正好是頁面的整數倍，一定會有記憶體浪費。另外，從 Linux 的頁面分配器中申請物理頁面，有可能會被阻塞，也就是發生睡眠等待，所以有時很快，有時很慢，特別是在記憶體緊張時。

1. slab 分配介面

slab 分配器提供了以下介面來創建、釋放 slab 描述符號和分配快取物件。

```
#創建slab描述符號
struct kmem_cache *
kmem_cache_create(const char *name, size_t size, size_t align,
    unsigned long flags, void (*ctor)(void *))

#釋放slab描述符號
void kmem_cache_destroy(struct kmem_cache *s)

#分配快取物件
void *kmem_cache_alloc(struct kmem_cache *, gfp_t flags);

#釋放快取物件
void kmem_cache_free(struct kmem_cache *, void *);
```

kmem_cache_create() 函數有以下參數。

- name：slab 描述符號的名稱。
- size：快取物件的大小。
- align：快取物件需要對齊的位元組數。
- flags：分配隱藏。
- ctor：物件的建構元數。

舉例來説，在 ext4 檔案系統中就可以使用 kmem_cache_create() 創建自己的 slab 描述符號。

[fs/ext4/extens_status.c]

```
#創建名為"ext4_pending_reservation"的slab描述符號
int __init ext4_init_pending(void)
{
    ext4_pending_cachep = kmem_cache_create("ext4_pending_reservation",
                    sizeof(struct pending_reservation),
                    0, (SLAB_RECLAIM_ACCOUNT), NULL);
    if (ext4_pending_cachep == NULL)
        return -ENOMEM;
    return 0;
}

#銷毀名為"ext4_pending_reservation"的slab描述符號
void ext4_exit_pending(void)
{
    kmem_cache_destroy(ext4_pending_cachep);
}
```

2. slab 分配思想

前文提到，核心常常需要分配幾十位元組的小區塊記憶體，僅為此就分配物理頁面顯得非常浪費記憶體。早期的 Linux 核心實現了以 2 的 n 次冪位元組為大小的區塊大小分配演算法，這種演算法非常類似夥伴系統演算法。這種簡單的演算法雖然減少了記憶體浪費，但是並不高效。

更好的選擇是來自 Sun 公司的 slab 演算法，這種演算法最早實現在 Solaris 2.4 系統中。slab 演算法有以下新特性。

- 把分配的區塊當作物件（object）來看待。可以自訂建構元數（constructor）和解構函數（destructor）來初始化和釋放物件的內容。
- slab 物件釋放之後不會馬上被捨棄，而是繼續保留在記憶體中，有可能稍後會馬上被用到，這樣就不需要重新向夥伴系統申請記憶體。
- slab 演算法不僅可以根據特定大小的區塊來創建 slab 描述符號，比如記憶體中常見的資料結構、打開檔案物件等，這樣可以有效避免記憶體碎片的產生，還可以快速獲得頻繁存取的資料結構。slab 演算法也支援基於 2 的 n 次冪位元組大小的分配模式。

- slab 演算法創建了多層的緩衝集區，充分利用了空間換時間的思想，未雨綢繆，有效解決了效率問題。
- 每個 CPU 都有本地物件緩衝集區，避免了多核心之間的鎖爭用問題。
- 每個記憶體節點都有共用物件緩衝集區。

如圖 9.21 所示，每個 slab 描述符號都會建立共用緩衝集區和本地物件緩衝集區。

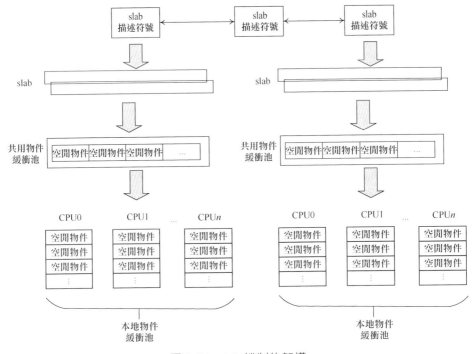

圖 9.21 slab 機制的架構

slab 機制最核心的分配思想是在空閒時建立快取物件集區，包括本地物件緩衝集區和共用物件緩衝集區。

所謂的本地物件緩衝集區，就是在創建每個 slab 描述符號時為每個 CPU 創建一個本地快取池，這樣當需要從 slab 描述符號中分配空閒物件時，就可以優先從當前 CPU 的本地快取池中分配記憶體。所謂的本地快取池，就是本地 CPU 可以存取的緩衝集區。給每個 CPU 創建一個本地緩衝集區是一個很棒的主意，這樣可以減少多核心 CPU 之間的鎖的競爭，本地緩衝集區只屬於本地的 CPU，其他 CPU 不能使用。

共用物件緩衝集區由所有 CPU 共用。當本地物件快取池裡沒有空閒物件時，就會從共用物件緩衝集區中取一批空閒物件搬移到本地物件緩衝集區中。

1）slab 描述符號

kmem_cache 是 slab 分配器中的核心資料結構，我們把它稱為 slab 描述符號。kmem_cache 資料結構的定義如下。

```
[include/linux/slab_def.h]
0  /*
1   * kmem_cache資料結構的核心成員
2   */
3  struct kmem_cache {
4      struct array_cache __percpu *cpu_cache;
5
6
7      unsigned int batchcount;
8      unsigned int limit;
9      unsigned int shared;
10
11     unsigned int size;
12     struct reciprocal_value reciprocal_buffer_size;
13
14
15     unsigned int flags;
16     unsigned int num;
17
18
19
20     unsigned int gfporder;
21
22
23     gfp_t allocflags;
24
25     size_t colour;
26     unsigned int colour_off;
27     struct kmem_cache *freelist_cache;
28     unsigned int freelist_size;
29
```

```
30
31  void (*ctor)(void *obj);
32
33
34  const char *name;
35   struct list_head list;
36  int refcount;
37  int object_size;
38  int align;
39
40
41  struct kmem_cache_node *node[MAX_NUMNODES];
42  };
43
```

每個 slab 描述符號都用一個 kmem_cache 資料結構來抽象描述。

- cpu_cache：Per-CPU 變數的 array_cache 資料結構，每個 CPU 一個，表示本地 CPU 的物件緩衝集區。

- batchcount：表示在當前 CPU 的本地物件緩衝集區 array_cache 為空時，從共用物件緩衝集區或 slabs_partial/slabs_free 列表中獲取的物件的數目。

- limit：當本地物件緩衝集區中的空閒物件的數目大於 limit 時，會主動釋放 batchcount 個物件，便於核心回收和銷毀 slab。

- shared：用於多核心系統。

- size：物件的長度，這個長度要加上 align 對齊位元組。

- flags：物件的分配隱藏。

- num：一個 slab 中最多可以有多少個物件。

- gfporder：一個 slab 中佔用 $2^{gfporder}$ 個頁面。

- colour：一個 slab 中可以有多少個不同的快取行。

- colour_off：著色區的長度，和 L1 快取行大小相同。

- freelist_size：每個物件要佔用 1 位元組來存放 freelist。

- name：slab 描述符號的名稱。

- object_size：物件的實際大小。

- align：對齊的長度。

- node：slab 節點。在 NUMA 系統中，每個節點有一個 kmem_cache_node 資料結構。但在 ARM Vexpress 平台上，只有一個節點。

array_cache 資料結構的定義如下。

```
struct array_cache {
    unsigned int avail;
    unsigned int limit;
    unsigned int batchcount;
    unsigned int touched;
    void *entry[];
};
```

slab 描述符號會給每個 CPU 提供一個物件緩衝集區（array_cache）。

- batchcount/limit：和 struct kmem_cache 資料結構中的語義一樣。
- avail：物件緩衝集區中可用物件的數目。
- touched：從緩衝集區中移除一個物件時，將 touched 置 1；而當收縮緩衝集區時，將 touched 置 0。
- entry：保存物件的實體。

2）slab 的記憶體分配

slab 的記憶體分配通常由三部分組成。

- 著色區（cache color）。
- *n* 個 slab 物件。
- freelist 管理區（Slab Management Array）。freelist 管理區是一個陣列，其中的每個成員佔用一位元組，每個成員代表一個 slab 物件。

Linux 5.0 核心支援 3 種 slab 記憶體分配模式：

- 傳統模式。傳統的佈局模式如圖 9.21 所示。
- OFF_SLAB 模式。slab 的管理資料不在 slab 中，可額外分配記憶體用於管理。
- OBJFREELIST_SLAB 模式。這是 Linux 4.6 核心新增的一種模式，目的是高效利用 slab 中的記憶體。可將最後一個 slab 物件的空間作為 freelist 管理區。

傳統模式下的 slab 記憶體分配如圖 9.22 所示，這種佈局由一個或多個（2
的 order 次冪）連續的物理頁面組成。注意，這是連續的物理頁面。

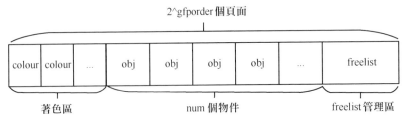

圖 9.22 傳統模式下的 slab 記憶體分配

那麼一個 slab 究竟可以有多少個頁面呢？一般可根據快取物件（object）
大小、align 大小等參數來統一計算，這種方式最經濟、最合適。最後你
會計算出來一個 slab 裡面最多可以有多少個著色區。這是 slab 機制所特
有的，但是在 slub 機制裡已經去掉了。著色區後面緊接著物件，最後是
freelist 管理區。

3）slab 機制

圖 9.23 是 slab 機制的系統架構。

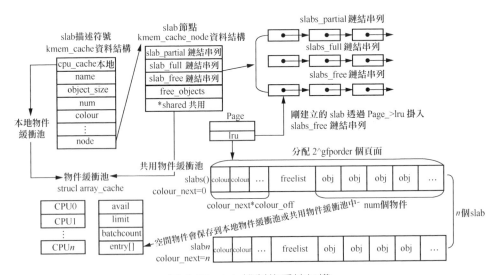

圖 9.23 slab 機制的系統架構

下面來看看 slab 機制是如何運作的。

slab 機制分兩步完成。第一步是使用 kmem_cache_create() 函數創建一個 slab 描述符號，可使用 kmem_cache 資料結構來描述。kmem_cache 資料結構裡有兩個主要成員，一個是指向本地物件緩衝集區的指標，另一個是指向 slab 節點的 node 指標。每個記憶體節點都有一個 slab 節點，但通常 ARM 只有一個記憶體節點，這裡就假設系統只有一個 slab 節點。剩下的資訊用來描述這個 slab 描述符號，比如這個 slab 物件的大小、名字以及 align 等資訊。

這個 slab 節點裡有 3 個鏈結串列，分別是 slab 空閒鏈結串列、slab 滿鏈結串列和 slab partial 鏈結串列。這些鏈結串列的成員是 slab 而非物件。另外，這個 slab 節點裡還有一個指標指向一個共用緩衝集區，共用緩衝集區和本地緩衝集區是相對的。

第二步是從這個 slab 描述符號中分配空閒物件。CPU 要從這個 slab 描述符號中分配空閒物件，首先就要存取當前 CPU 對應的這個 slab 描述符號裡的本地緩衝集區。如果本地緩衝集區裡有空閒物件，就直接獲取，不會有其他 CPU 過來競爭。如果本地緩衝集區裡沒有空閒物件，那麼需要到共用緩衝集區裡查詢是否有空閒物件。如果有，就從共用緩衝集區裡搬移幾個空閒物件到自己的緩衝集區中。

可是剛才創建 slab 描述符號時，本地緩衝集區和共用緩衝集區裡都是空的，沒有空閒物件，那麼 slab 是怎麼建立的呢？

為了建立 slab 使用的物理頁面，需要在頁面分配器申請，這個過程可能會睡眠。如圖 9.22 所示，建好一個 slab 之後，就把這個 slab 增加到 slab 節點的 slab 空閒鏈結串列裡，所以 slab 中的 3 個鏈結串列的成員是 slab 而非物件。這裡是透過 slab 的第一個頁面的 lru 成員掛入鏈結串列的。另外，空閒物件會被搬移到共用緩衝集區和本地緩衝集區，供分配器使用。

4）slab 回收

slab 回收就是 slab 的執行機制。當然，slab 不能只分配，不用的 slab 還是會被回收的。如果一個 slab 描述符號中有很多空閒物件，那麼系統是否要回收一些空閒物件，從而釋放記憶體歸還系統呢？這是必須考慮的問題，否則系統會有大量的 slab 描述符號，每個 slab 描述符號還有大量不用的、空閒的 slab 物件。

slab 系統以兩種方式來回收記憶體。

■ 使用 kmem_cache_free 釋放一個物件。當發現本地物件緩衝集區和共用物件緩衝集區中的空閒物件數目 ac->avail 大於或等於緩衝集區的極限值 ac->limit 時，系統會主動釋放 bacthcount 個物件。當系統中的所有空閒物件的數目大於極限值，並且這個 slab 沒有活躍物件時，系統就會銷毀這個 slab，從而回收記憶體。

■ slab 系統還註冊了一個計時器，以定時掃描所有的 slab 描述符號，回收一部分空閒物件。達到條件的 slab 也會被銷毀，實現函數為 cache_reap()。

3. kmalloc 機制

核心中常用的 kmalloc() 函數的核心是 slab 機制。類似於夥伴系統機制，kmalloc 機制按照區塊的大小（2 的 order 次冪位元組）創建多個 slab 描述符號，例如 16 位元組、32 位元組、64 位元組、128 位元組等大小，系統會分別創建名為 kmalloc-16、kmalloc-32、kmalloc-64 等的 slab 描述符號。當系統啟動時，以上操作在 create_kmalloc_caches() 函數中完成。舉例來說，要分配 30 位元組的小區塊，可以使用 "kmalloc(30, GFP_KERNEL)"。接下來，系統會從名為 "kmalloc-32" 的 slab 描述符號中分配一個物件。

```
void *kmalloc(size_t size, gfp_t flags)
void kfree(const void *);
```

9.4 虛擬記憶體管理

編寫過應用程式的讀者應該知道如何使用 C 語言標準函數庫的 API 函數來動態分配虛擬記憶體。在 64 位元系統中，每個使用者處理程序最多可以擁有 256TB 大小的虛擬位址空間，通常要遠大於實體記憶體，那麼如何管理這些虛擬位址空間呢？使用者處理程序通常會多次呼叫 malloc() 或使用 mmap() 的介面映射檔案到使用者空間來進行讀寫等操作，這些操作都會要求在虛擬位址空間中分配區塊，區塊基本上是離散的。malloc() 是使用者態常用的用於分配記憶體的介面函數，mmap() 是使用者態常用的用於建立檔案映射或匿名映射的函數。

這些處理程序位址空間在核心中使用 vm_area_struct（簡稱 VMA，也稱為處理程序位址空間或處理程序線性區）資料結構來描述。由於這些位址空間歸屬於各個使用者處理程序，因此在使用者處理程序的 mm_struct 資料結構中也有對應的成員，用於對這些 VMA 進行管理。

9.4.1 處理程序位址空間

處理程序位址空間（process address space）是指處理程序可定址的虛擬位址空間。在 64 位元的處理器中，處理程序可以定址 256TB 的使用者態位址空間，但是處理程序沒有許可權去定址核心空間的虛擬位址，只能透過系統呼叫的方式間接存取。而使用者空間的處理程序位址空間則可以被合法存取，位址空間又稱為記憶體區域（memory area）。處理程序可以透過核心的記憶體管理機制動態地增加和刪除這些記憶體區域，這些記憶體區域在 Linux 核心中採用 VMA 資料結構來抽象描述。

每個記憶體區域具有相關的許可權，比如讀取、寫入或可執行許可權。如果一個處理程序存取了不在有效範圍內的記憶體區域，或非法存取了記憶體區域，或以不正確的方式存取了記憶體區域，那麼處理器會報告缺頁異常。可在 Linux 核心的缺頁異常處理中處理這些情況，嚴重的會報告 "Segment Fault" 段錯誤並終止處理程序。

記憶體區域包含以下內容。

■ 程式碼片段映射，可執行檔中包含唯讀並可執行的程式表頭，如程式碼片段和 .init 段等。

■ 資料段映射，可執行檔中包含讀取寫入的程式表頭，如資料段和 .bss 段等。

■ 使用者處理程序堆疊。通常是在使用者空間的最高位址，從上往下延伸。它包含堆疊框，裡面包含了區域變數和函數呼叫參數等。注意不要和核心堆疊混淆，處理程序的核心堆疊獨立存在並由核心維護，主要用於上下文切換。

■ MMAP 映射區域。位於使用者處理程序堆疊的下面，主要用於 mmap 系統呼叫，比如映射一個檔案的內容到處理程序位址空間等。

■ 堆積映射區域。malloc() 函數分配的處理程序虛擬位址就在這段區域。

處理程序位址空間裡的每個記憶體區域相互不能重疊。如果兩個處理程序都使用 malloc() 函數來分配記憶體，並且分配的虛擬記憶體的位址是一樣的，那麼是不是說明這兩個記憶體區域重疊了呢？

如果瞭解了處理程序位址空間的本質，就不難回答這個問題了。處理程序位址空間是每個處理程序可以定址的虛擬位址空間，每個處理程序在執行時期都仿佛擁有了整個 CPU 資源，這就是所謂的「CPU 虛擬化」。因此，每個處理程序都有一套頁表，這樣每個處理程序位址空間就是相互隔離的。即使處理程序位址空間的虛擬位址是相同的，但是經過兩套不同頁表的轉換之後，它們也會對應不同的物理位址。

9.4.2 記憶體描述符號 mm_struct

Linux 核心需要管理每個處理程序的所有記憶體區域以及它們對應的頁表映射，所以必須抽象出一個資料結構，這就是 mm_struct 資料結構。處理程序的處理程序控制區塊（PCB）——資料結構 task_struct 中有一個指標 mm 指向這個 mm_struct 資料結構。

mm_struct 資料結構定義在 include/linux/mm_types.h 檔案中,下面是它的
主要成員。

```
struct mm_struct {
    struct vm_area_struct *mmap;
    struct rb_root mm_rb;
    unsigned long (*get_unmapped_area) (struct file *filp,
                unsigned long addr, unsigned long len,
                unsigned long pgoff, unsigned long flags);
    unsigned long mmap_base;
    pgd_t * pgd;
    atomic_t mm_users;
    atomic_t mm_count;
    spinlock_t page_table_lock;
    struct rw_semaphore mmap_sem;
    struct list_head mmlist;
    unsigned long total_vm;
    unsigned long start_code, end_code, start_data, end_data;
    unsigned long start_brk, brk, start_stack;
        ...
};
```

- mmap:處理程序裡所有的 VMA 將形成一個單鏈結串列,mmap 是這
  個單鏈結串列的頭。
- mm_rb:VMA 紅黑樹的根節點。
- get_unmapped_area:用來判斷虛擬記憶體是否有足夠的空間,返回一
  段沒有映射過的空間的起始位址。這個函數會用到具體的處理器架構
  的實現,比如對於 ARM 架構,Linux 核心就有對應的函數實現。
- mmap_base:指向 mmap 區域的起始位址。在 32 位元處理器中,mmap
  映射的起始位址是 0x40000000。
- pgd:指向使用者處理程序的 PGD(一級頁表)。
- mm_users:記錄正在使用該處理程序位址空間的處理程序數目,如果
  兩個執行緒共用該處理程序位址空間,那麼 mm_users 的值等於 2。
- mm_count:mm_struct 結構的主引用計數。
- mmap_sem:用來保護處理程序位址空間 VMA 的讀寫訊號量。

- mmlist：所有的 mm_struct 資料結構都會連接到一個雙向鏈結串列，該雙向鏈結串列的鏈頭是 init_mm 記憶體描述符號，也就是 init 處理程序的位址空間。
- start_code 和 end_code：分別表示程式碼片段的起始位址和結束位址。
- start_data 和 end_data：分別表示資料段的起始位址和結束位址。
- start_brk：堆積空間的起始位址。
- brk：表示當前堆積中的 VMA 的結束位址。
- total_vm：已經使用的處理程序位址空間的總和。

從處理程序的角度觀察記憶體管理，可以沿著 mm_struct 資料結構進行延伸和思考，如圖 9.24 所示。

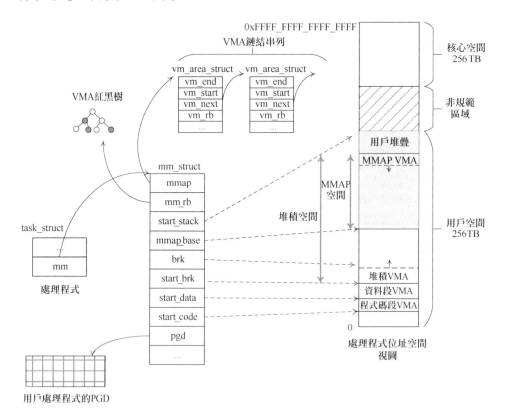

圖 9.24　mm_struct 資料結構

9.4.3 VMA 管理

VMA 資料結構定義在 mm_types.h 檔案中，它的主要成員如下。

```
<include/linux/mm_types.h>

struct vm_area_struct {
    unsigned long vm_start;
    unsigned long vm_end;
    struct vm_area_struct *vm_next, *vm_prev;
    struct rb_node vm_rb;
    unsigned long rb_subtree_gap;
    struct mm_struct *vm_mm;
    pgprot_t vm_page_prot;
    unsigned long vm_flags;
    struct {
        struct rb_node rb;
        unsigned long rb_subtree_last;
    } shared;
    struct list_head anon_vma_chain;
    struct anon_vma *anon_vma;
    const struct vm_operations_struct *vm_ops;
    unsigned long vm_pgoff;
    struct file * vm_file;
    void * vm_private_data;
    struct mempolicy *vm_policy;
};
```

struct vm_area_struct 資料結構的各個成員的含義如下。

- vm_start 和 vm_end：指定 VMA 在處理程序位址空間中的起始位址和結束位址。
- vm_next 和 vm_prev：處理程序的 VMA 被連結成一個鏈結串列。
- vm_rb：VMA 作為一個節點加入紅黑樹中，每個處理程序的 mm_struct 資料結構中都有這樣一棵紅黑樹 mm->mm_rb。
- vm_mm：指向 VMA 所屬處理程序的 mm_struct 資料結構。
- vm_page_prot：VMA 的存取權限。
- vm_flags：用於描述 VMA 的一組標示位元。
- anon_vma_chain 和 anon_vma：用於管理 RMAP。

- vm_ops：指向許多方法的集合，這些方法用於在 VMA 中執行各種操作，通常用於檔案映射。
- vm_pgoff：指定檔案映射的偏移量，這個變數的單位不是位元組，而是頁面的大小（PAGE_SIZE）。對匿名頁面來説，這個變數的值可以是 0 或 vm_addr/PAGE_SIZE。
- vm_file：指向 File 實例，描述一個被映射的檔案。

mm_struct 資料結構是描述處理程序記憶體管理的核心資料結構，並且提供了管理 VMA 所需的資訊，這些資訊的概況如下。

```
<include/linux/mm_types.h>

struct mm_struct {
    struct vm_area_struct *mmap;
    struct rb_root mm_rb;
    ...
};
```

每個 VMA 都要連接到 mm_struct 中的鏈結串列和紅黑樹，以方便尋找。

- mmap 形成了一個單鏈結串列，處理程序中所有的 VMA 都連接到這個鏈結串列，鏈結串列頭是 mm_struct->mmap。
- mm_rb 是紅黑樹的根節點，每個處理程序都有一棵 VMA 的紅黑樹。

VMA 按照起始位址以遞增的方式插入 mm_struct->mmap 鏈結串列。當處理程序擁有大量的 VMA 時，掃描鏈結串列和尋找特定的 VMA 是非常低效的操作，例如在進行雲端運算的機器中，所以核心通常要靠紅黑樹來協助，以便提高尋找速度。

從處理程序的角度看 VMA，我們可以從處理程序的 task_struct 資料結構裡循序漸進找到處理程序所有的 VMA，如圖 9.25 所示。

- task_struct 資料結構中有一個 mm 成員指向處理程序的 mm_struct 資料結構。
- 可以透過 mm_struct 資料結構中的 mmap 成員來遍歷所有的 VMA。
- 也可以透過 mm_struct 資料結構中的 mm_rb 成員來遍歷和尋找 VMA。

■ mm_struct 資料結構的 pgd 成員指向處理程序的頁表,每個處理程序都有一份獨立的頁表。

■ 當 CPU 第一次存取 VMA 虛擬位址空間時會觸發缺頁異常。在缺頁異常處理中,可以分配物理頁面,然後利用分配的物理頁面來創建 PTE 並且填充頁表,完成虛擬位址到物理位址的映射關係的建立。

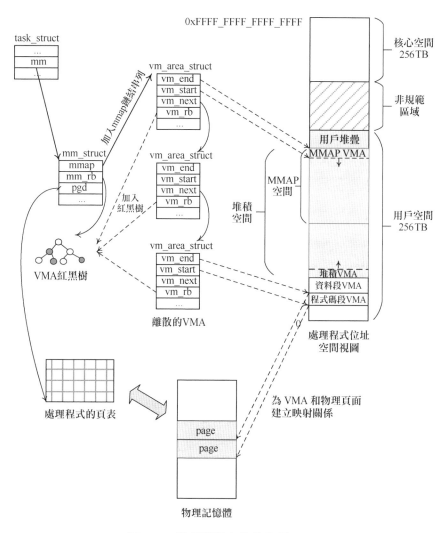

圖 9.25 從處理程序的角度看 VMA

9.4.4 VMA 屬性

作為處理程序位址空間中的區間，VMA 是有屬性的，比如讀取寫入、共用等屬性。vm_flags 成員描述了這些屬性，涉及 VMA 的全部頁面資訊，包括如何映射頁面、如何存取每個頁面的許可權等資訊，VMA 屬性標示位元如表 9.7 所示。

⬇ 表 9.7 VMA 屬性標示位元

VMA 屬性標示位元	描　　述
VM_READ	讀取屬性
VM_WRITE	寫入屬性
VM_EXEC	可執行
VM_SHARED	允許被多個處理程序共用
VM_MAYREAD	允許設定 VM_READ 屬性
VM_MAYWRITE	允許設定 VM_WRITE 屬性
VM_MAYEXEC	允許設定 VM_EXEC 屬性
VM_MAYSHARE	允許設定 VM_SHARED 屬性
VM_GROWSDOWN	允許向低位址增長
VM_UFFD_MISSING	表示適用於使用者態的缺頁異常處理
VM_PFNMAP	表示使用純正的頁框號，不需要使用核心的 page 資料結構來管理物理頁面
VM_DENYWRITE	表示不允許寫入
VM_UFFD_WP	用於頁面的防寫追蹤
VM_LOCKED	表示這段 VMA 的記憶體會立刻分配實體記憶體，並且頁面被鎖定，不會交換到交換磁碟
VM_IO	表示 I/O 記憶體映射（memory mapped I/O）
VM_SEQ_READ	表示應用程式會順序讀取這段 VMA 的內容
VM_RAND_READ	表示應用程式會隨機讀取這段 VMA 的內容
VM_DONTCOPY	表示在進行 fork 時不要複製這段 VMA
VM_DONTEXPAND	透過 mremap() 系統呼叫禁止 VMA 擴充
VM_ACCOUNT	在創建 IPC 共用 VMA 時檢測是否有足夠的空閒記憶體用於映射
VM_HUGETLB	用於大型記憶體分頁的映射
VM_SYNC	表示同步的缺頁異常

VMA 屬性標示位元	描　　述
VM_ARCH_1	與架構相關的標示位元
VM_WIPEONFORK	表示不會從父處理程序對應的 VMA 中複製頁表到子處理程序的 VMA 中
VM_DONTDUMP	表示 VMA 不包含在核心轉儲檔案裡
VM_SOFTDIRTY	軟體模擬實現的髒位元，用於一些特殊的架構，需要打開 CONFIG_MEM_SOFT_DIRTY 設定
VM_MIXEDMAP	表示混合使用了純正的頁框號以及 page 資料結構的頁面，比如使用 vm_insert_page() 函數插入 VMA 中
VM_HUGEPAGE	表示在 madvise 系統呼叫中使用 MADV_HUGEPAGE 標示位元來標記 VMA
VM_NOHUGEPAGE	表示在 madvise 系統呼叫中使用 MADV_NOHUGEPAGE 標示位元來標記 VMA
VM_MERGEABLE	表示 VMA 是可以合併的，可用於 KSM 機制
VM_SPECIAL	表示 VMA 既不能合併，也不能鎖定，它是 VM_IO | VM_DONTEXPAND | VM_PFNMAP | VM_MIXEDMAP 的集合

上述 VMA 屬性可以任意組合，但是最終仍要落實到硬體機制上，即落實到頁表項的屬性中，如圖 9.26 所示。vm_area_struct 資料結構中有兩個成員與此相關：一個是 vm_flags 成員，用於描述 VMA 的屬性；另一個是 vm_page_prot 成員，用於把 VMA 屬性標示位元轉換成處理器相關的頁表項的屬性，這和具體架構相關。

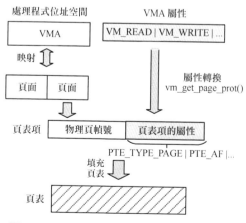

圖 9.26　將 VMA 屬性轉換成頁表項的屬性

在創建新的 VMA 時，使用 vm_get_page_ prot() 函數可以把 vm_flags 標示位元轉換成具體的頁表項的硬體標示位元。

```
<mm/mmap.c>

pgprot_t vm_get_page_prot(unsigned long vm_flags)
{
    pgprot_t ret = __pgprot(pgprot_val(protection_map[vm_flags &
            (VM_READ|VM_WRITE|VM_EXEC|VM_SHARED)]) );

    return ret;
}
```

這個轉換過程得益於核心預先定義好了一個記憶體屬性陣列 protection_map[]，我們只需要根據 vm_flags 標示位元來查詢這個陣列即可。在這裡，透過查詢 protection_map[] 陣列可以得到頁表項的屬性。

```
<mm/mmap.c>

pgprot_t protection_map[16] = {
    __P000, __P001, __P010, __P011, __P100, __P101, __P110, __P111,
    __S000, __S001, __S010, __S011, __S100, __S101, __S110, __S111
};
```

protection_map[] 陣列的每個成員代表屬性的組合，比如 __P000 表示無效的頁表項屬性，__P001 表示唯讀屬性，__P100 表示可執行屬性（PAGE_EXECONLY）等。

```
#define __P000    PAGE_NONE
#define __P001    PAGE_READONLY
#define __P010    PAGE_READONLY
#define __P011    PAGE_READONLY
#define __P100    PAGE_EXECONLY
#define __P101    PAGE_READONLY_EXEC
#define __P110    PAGE_READONLY_EXEC
#define __P111    PAGE_READONLY_EXEC

#define __S000    PAGE_NONE
#define __S001    PAGE_READONLY
#define __S010    PAGE_SHARED
```

```
#define __S011   PAGE_SHARED
#define __S100   PAGE_EXECONLY
#define __S101   PAGE_READONLY_EXEC
#define __S110   PAGE_SHARED_EXEC
#define __S111   PAGE_SHARED_EXEC
```

下面以唯讀屬性（PAGE_READONLY）為例來看看其中究竟包含哪些頁表項的標示位元。

```
#define PAGE_READONLY    __pgprot(_PAGE_DEFAULT | PTE_USER | PTE_RDONLY |
PTE_NG | PTE_PXN | PTE_UXN)

#define _PAGE_DEFAULT      (_PROT_DEFAULT | PTE_ATTRINDX(MT_NORMAL))

#define _PROT_DEFAULT      (PTE_TYPE_PAGE | PTE_AF | PTE_SHARED)
```

把上面的巨集全部展開，我們可以得到頁表項的如索引標示位元。

- PTE_TYPE_PAGE：表示這是一個基於頁面的頁表項，只設定頁表項的 Bit[1:0] 兩位元。
- PTE_AF：設定存取位元。
- PTE_SHARED：設定記憶體快取共用屬性。
- MT_NORMAL：設定記憶體屬性為 normal。
- PTE_USER：設定 AP 存取位元，允許以使用者許可權來存取該記憶體。
- PTE_NG：設定該記憶體對應的 TLB 只屬於該處理程序。
- PTE_PXN：表示該記憶體不能在特權模式下執行。
- PTE_UXN：表示該記憶體不能在使用者模式下執行。
- PTE_RDONLY：表示唯讀屬性。

9.4.5 VMA 尋找操作

1. 尋找 VMA

透過虛擬位址來尋找 VMA 是核心中的常用操作。核心提供了一個介面函數來實現這種尋找操作。

```
struct vm_area_struct *find_vma(struct mm_struct *mm, unsigned long addr)

struct vm_area_struct *
    find_vma_prev(struct mm_struct *mm, unsigned long addr,
            struct vm_area_struct **pprev)

static inline struct vm_area_struct * find_vma_intersection(struct mm_struct *
    mm, unsigned long start_addr, unsigned long end_addr)
```

find_vma() 函數可根據指定位址（addr）尋找滿足以下條件之一的 VMA，
其工作屬性如圖 9.27 所示。

- addr 在 VMA 空間範圍內，即 vma->vm_start ≤ addr < vma->vm_end。
- 距離 addr 最近並且結束位址大於 addr。

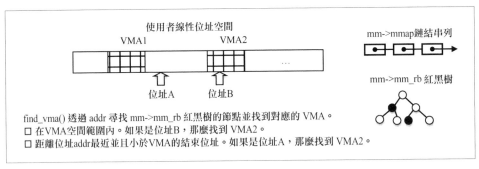

圖 9.27　find_vma() 的工作屬性

因此，該函數定址第一個包含 addr 或 vma->vm_start 大於 addr 的 VMA，
若沒有找到這樣的 VMA，則返回 NULL。由於返回的 VMA 的啟始位址
可能大於 addr，因此 addr 有可能不包含在返回的 VMA 範圍裡。

find_vma_intersection() 是另一個介面函數，用於尋找 start_addr、end_
addr 和現存的 VMA 有重疊的 VMA，可基於 find_vma() 來實現。

find_vma_prev() 函數的邏輯和 find_vma() 一樣，但是返回 VMA 的前繼成
員 vma->vm_prev。

2. 插入 VMA

insert_vm_struct() 是核心提供的用於插入 VMA 的核心介面函數。

```
int insert_vm_struct(struct mm_struct *mm, struct vm_area_struct *vma)
```

insert_vm_struct() 函數會向 VMA 鏈結串列和紅黑樹插入一個新的 VMA。參數 mm 是處理程序的記憶體描述符號，vma 是要插入的線性區 VMA。

3. 合併 VMA

在新的 VMA 被加入處理程序的位址空間時，核心會檢查它是否可以與一個或多個現存的 VMA 合併。vma_merge() 函數用於將一個新的 VMA 和附近的 VMA 合併。

```
struct vm_area_struct *vma_merge(struct mm_struct *mm,
    struct vm_area_struct *prev, unsigned long addr,
    unsigned long end, unsigned long vm_flags,
    struct anon_vma *anon_vma, struct file *file,
    pgoff_t pgoff, struct mempolicy *policy)
```

vma_merge() 函數的參數多達 9 個。其中，mm 是相關處理程序的 mm_struct 資料結構。prev 是緊接著新 VMA 的前繼節點的 VMA，一般透過 find_vma_links() 函數來獲取。addr 與 end 是新 VMA 的起始位址和結束位址。vm_flags 是新 VMA 的標示位元。如果新的 VMA 屬於一個檔案映射，則參數 file 指向 file 資料結構。參數 proff 指定檔案映射偏移量。參數 anon_vma 是匿名映射的 anon_vma 資料結構。

9.4.6 malloc() 函數

malloc() 函數是 C 語言中的記憶體分配函數。

假設系統中有處理程序 A 和處理程序 B，它們分別使用 testA() 和 testB() 函數來分配記憶體。

```
//為處理程序A分配記憶體
void testA(void)
{
    char * bufA = malloc(100);
    ...
    *bufA = 100;
```

```
    ...
}

//為處理程序B分配記憶體
void testB(void)
{
    char * bufB = malloc(100);
    mlock(bufB, 100);
    ...
}
```

C 語言初學者經常會有以下困擾。

■ malloc() 函數是否馬上就分配實體記憶體？ testA() 和 testB() 分別在何時分配實體記憶體？

■ 假設不考慮 libc 的因素，如果 malloc() 函數分配 100 位元組，那麼實際上核心會分配 100 位元組嗎？

■ 假設使用 printf() 輸出的指標 bufA 和 bufB 指向的位址是一樣的，那麼在核心中這兩塊虛擬記憶體是否會「打架」呢？

malloc() 是 C 語言標準函數庫裡封裝的核心函數。C 語言標準函數庫在做一些處理後會呼叫 Linux 核心系統，進而使用系統呼叫 brk。也許讀者還不太熟悉 brk 系統呼叫，原因在於很少有人會直接使用系統呼叫 brk 向系統申請記憶體。如果把 malloc() 想像成零售商，那麼 brk 就是代理商。malloc() 函數會為使用者處理程序維護一個本地的小倉庫，當處理程序需要使用更多的記憶體時就向這個小倉庫「要貨」，小倉庫存量不足時就透過代理商 brk 向核心「批發」。brk 系統呼叫的定義如下。

```
SYSCALL_DEFINE1(brk, unsigned long, brk)
```

在 32 位元 Linux 核心中，每個使用者處理程序擁有 3GB 的使用者態的虛擬空間；而在 64 位元 Linux 核心中，每個處理程序可以擁有 256TB 的使用者態的虛擬空間。那麼這些虛擬空間是如何劃分的呢？

使用者處理程序的可執行檔由程式碼片段和資料段組成，資料段包括所有的靜態設定的資料空間，例如全域變數和靜態區域變數等。在可執行檔載入時，核心就已分配好空間，包括虛擬位址和物理頁面，並建立好二者的映射關係。使用者處理程序的使用者堆疊從 TASK_SIZE（0x1_0000_0000_0000）指定的虛擬空間的頂部開始，由頂向下延伸，而 brk 分配的空間是從資料段的頂部 end_data 到使用者堆疊的底部。所以動態分配空間時會從處理程序的 end_data 開始，每分配一塊空間，就把這個邊界往上推進一段，同時核心和處理程序都會記錄當前邊界的位置。

TASK_SIZE 的大小和處理器支援的最大虛擬位址位元寬有關，以 48 位元寬為例，TASK_SIZE 為 0x1_0000_0000_0000。

ARM64 處理程序的位址空間佈局如圖 9.28 所示。

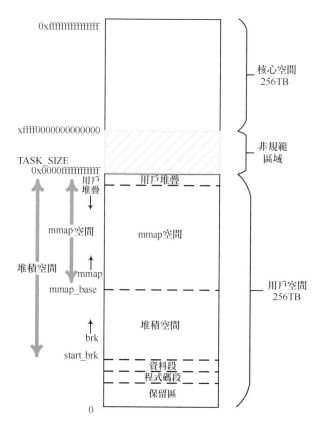

圖 9.28 ARM64 處理程序的位址空間佈局

使用 C 語言的讀者知道，malloc() 函數很經典，使用起來也很簡單、便捷，可是核心實現並不簡單。回到本章開頭的問題，malloc() 函數其實就是用來為使用者空間分配處理程序位址空間的，用核心的術語來講就是分配一塊 VMA，相當於一個空的紙箱子。那麼什麼時候才往紙箱子裡裝東西呢？一是到了真正使用箱子時才往裡面裝東西，二是分配箱子時就已經裝了想要的東西。

處理程序 A 中的 testA() 函數就是第一種情況。當使用這段記憶體時，CPU 去查詢頁表，發現頁表為空，CPU 觸發缺頁異常，然後在缺頁異常裡一頁一頁地分配記憶體，需要一頁就給一頁。

處理程序 B 中的 testB() 函數是第二種情況——直接分配已裝滿的紙箱子，你需要的虛擬記憶體都已經分配了實體記憶體並建立了頁表映射。

假設不考慮 C 語言標準函數庫這個因素，malloc() 分配 100 位元組，那麼核心會分配多少位元組呢？處理器的 MMU 處理的最小單元是頁，所以核心在分配記憶體以及建立虛擬位址和物理位址間映射關係時都以頁為單位。PAGE_ALIGN(addr) 巨集會讓位址按頁面大小對齊。

這兩個處理程序的 malloc() 分配的虛擬位址是一樣的，那麼在核心中這兩個虛擬位址空間會「打架」嗎？其實每個使用者處理程序都有自己的一份頁表，mm_struct 資料結構中的 pgd 成員則指向這份頁表的基底位址，在使用 fork() 函數創建新處理程序時也會初始化一份頁表。每個處理程序都有一個 mm_struct 資料結構，裡面包含一份屬於處理程序自己的頁表、一棵管理 VMA 的紅黑樹以及鏈結串列。處理程序本身的 VMA 會掛入屬於自己的紅黑樹和鏈結串列，所以即使處理程序 A 和處理程序 B 使用 malloc() 分配記憶體後返回相同的虛擬位址，它們也是兩個不同的 VMA，分別由兩份不同的頁表來管理。

圖 9.29 展示了 malloc() 函數在使用者空間和核心空間的實現流程。

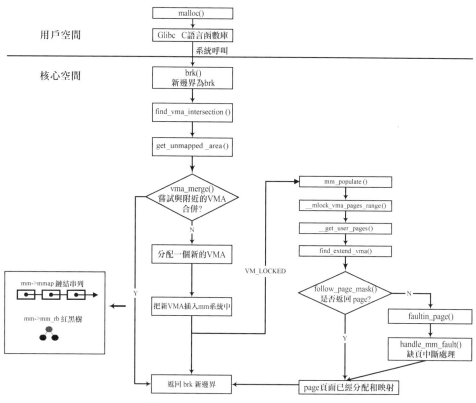

圖 9.29　malloc() 函數的實現流程

9.4.7 mmap()/munmap() 函數

mmap()/munmap() 函數是使用者空間中最常用的兩個系統呼叫介面函數，無論是在使用者程式中分配記憶體、讀寫大檔案、連結動態函數庫檔案，還是在多處理程序間共用記憶體，都可以看到 mmap()/ munmap() 函數的身影。mmap()/munmap() 的函數宣告如下。

```
#include <sys/mman.h>

void *mmap(void *addr, size_t length, int prot, int flags,
        int fd, off_t offset);
int munmap(void *addr, size_t length);
```

- addr：用於指定映射到處理程序位址空間的起始位址。為了保持應用程式的可攜性，一般設定為 NULL，讓核心來選擇合適的位址。
- length：表示映射到處理程序位址空間的大小。
- prot：用於設定記憶體映射區域的讀寫屬性等。
- flags：用於設定記憶體映射的屬性，例如共用映射、私有映射等。
- fd：表示這是檔案映射，fd 是打開檔案的控制碼。
- offset：在進行檔案映射時，表示檔案的偏移量。

prot 參數通常表示映射頁面的讀寫許可權，設定值如下。

- PROT_EXEC：表示映射的頁面是可以執行的。
- PROT_READ：表示映射的頁面是可以讀取的。
- PROT_WRITE：表示映射的頁面是可以寫入的。
- PROT_NONE：表示映射的頁面是不可以存取的。

flags 參數也很重要，設定值如下。

- MAP_SHARED：創建共用映射的區域。多個處理程序可以透過共用映射的方式來映射檔案，這樣其他處理程序就可以看到映射內容的改變，修改後的內容會同步到磁碟檔案中。
- MAP_PRIVATE：創建私有的寫入時複製的映射。多個處理程序可以透過私有映射的方式來映射檔案，這樣其他處理程序就不會看到映射內容的改變，修改後的內容也不會同步到磁碟檔案中。
- MAP_ANONYMOUS：創建匿名映射，也就是沒有連結到檔案的映射。
- MAP_FIXED：使用參數 addr 創建映射，如果在核心中無法映射指定的位址，那麼 mmap() 返回創建失敗的訊息，參數 addr 要求按頁對齊。如果 addr 與 length 指定的處理程序位址空間和已有的 VMA 區域重疊，那麼核心會呼叫 do_munmap() 函數把這段重疊區域銷毀，然後重新映射新的內容。
- MAP_POPULATE：對檔案映射來說，預讀取檔案內容到映射區域，該特性只支援私有映射。

從參數 fd 可以看出映射是否和檔案相連結,因此在 Linux 核心中映射可以分成匿名映射和檔案映射。

■ 匿名映射:沒有對應的相關檔案,這種映射的記憶體區域的內容會被初始化為 0。

■ 檔案映射:映射和實際檔案相連結,通常是把檔案的內容映射到處理程序位址空間,這樣應用程式就可以像操作處理程序位址空間一樣讀寫檔案,如圖 9.30 所示。

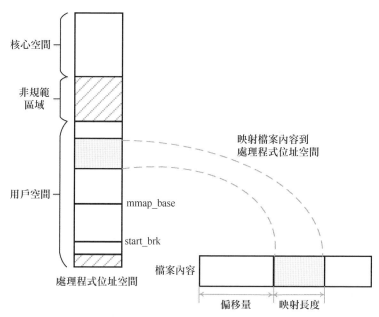

圖 9.30 映射檔案內容到處理程序位址空間

最後,根據檔案連結性和映射區域是否共用等屬性,映射又可以分成以下4 種情況。

■ 私有匿名映射,通常用於記憶體分配。

■ 私有檔案映射,通常用於載入動態函數庫。

■ 共用匿名映射,通常用於處理程序間共用記憶體。

■ 共用檔案映射,通常用於記憶體映射 I/O 和處理程序間通訊。

1. 私有匿名映射

當參數 fd=-1 且 flags= MAP_ANONYMOUS | MAP_PRIVATE 時，創建的 mmap 映射是私有匿名映射。私有匿名映射最常見的用途是，當需要分配的記憶體大於 MMAP_THREASHOLD（128KB）時，glibc 會預設使用 mmap 代替 brk 來分配記憶體。

2. 共用匿名映射

當參數 fd=-1 且 flags= MAP_ANONYMOUS | MAP_SHARED 時，創建的 mmap 映射是共用匿名映射。共用匿名映射讓相關處理程序共用一塊記憶體區域，通常用於父子處理程序之間通訊。

創建共用匿名映射的方式有以下兩種。

- 參數 fd=-1 且 flags= MAP_ANONYMOUS | MAP_SHARED。在這種情況下，do_mmap_ pgoff()->mmap_region() 函數最終會呼叫 shmem_zero_setup() 以打開 "/dev/zero" 這個特殊的裝置檔案。
- 直接打開 "/dev/zero" 裝置檔案，然後使用這個檔案控制代碼來創建 mmap 映射。

上述兩種方式最終都會呼叫 shmem 模組來創建共用匿名映射。

3. 私有檔案映射

創建檔案映射時，如果把 flags 標示位元設定為 MAP_PRIVATE，就會創建私有檔案映射。私有檔案映射最常用的場景是載入動態共用函數庫。

4. 共用檔案映射

創建檔案映射時，如果把 flags 標示位元被設定為 MAP_SHARED，就會創建共用檔案映射。如果為 prot 參數指定了 PROT_WRITE，那麼打開檔案時需要指定 O_RDWR 標示位元。共用檔案映射通常有以下兩個應用場景。

■ 讀寫檔案。把檔案內容映射到處理程序位址空間，同時對映射的內容做修改，核心的回寫機制最終會把修改的內容同步到磁碟中。

■ 處理程序間通訊。處理程序之間的處理程序位址空間相互隔離，一個處理程序不能存取另一個處理程序的位址空間。如果多個處理程序同時映射到某個相同的檔案，就實現了多處理程序間的共用記憶體通訊。如果一個處理程序對映射內容做了修改，那麼另一個處理程序可以看到所做的修改。

mmap 機制在 Linux 核心中實現的程式框架和 brk 機制非常類似，mmap 機制如圖 9.31 所示，其中有很多關於 VMA 的操作。另外，mmap 機制和缺頁異常機制結合在一起會變得複雜很多。

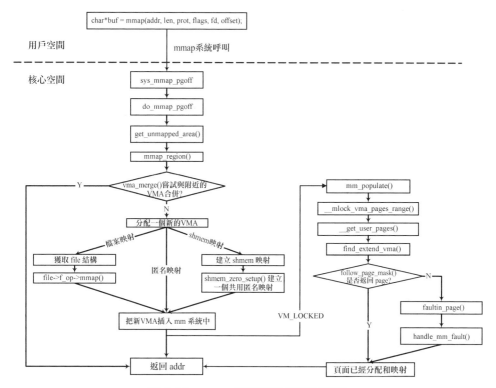

圖 9.31 mmap 系統呼叫的實現流程

9.5 缺頁異常

在之前介紹 malloc() 和 mmap() 這兩個使用者態介面函數的核心實現時，它們只建立了處理程序位址空間，在使用者空間裡可以看到虛擬記憶體，但沒有建立虛擬記憶體和實體記憶體之間的映射關係。當處理程序存取這些還沒有建立映射關係的虛擬記憶體時，處理器自動觸發缺頁異常（有些書中也稱為「缺頁中斷」），Linux 核心必須處理此異常。缺頁異常是記憶體管理中最複雜和重要的一部分，需要考慮很多的細節，包括匿名頁面、KSM 頁面、檔案快取頁面、寫入時複製、私有映射和共用映射等。

缺頁異常處理依賴於處理器的架構，因此缺頁異常的底層處理流程實現在核心程式中特定架構的部分。下面以 ARM64 為例來介紹底層缺頁異常處理的過程。

ARMv8 架構把異常分成同步異常和非同步異常兩種。通常非同步異常指的是中斷，而同步異常指的是異常。

當處理器有異常發生時，處理器會首先跳躍到 ARM64 的異常向量表中。Linux 5.4 核心中關於異常向量表的描述保存在 arch/arm64/kernel/entry.S 組合語言檔案中。

```
<arch/arm64/kernel/entry.S>

/*
 * 異常向量表
 */
    .pushsection ".entry.text", "ax"

    .align  11
ENTRY(vectors)
    # SP0類型的當前異常等級的異常向量表
    kernel_ventry 1, sync_invalid
    kernel_ventry 1, irq_invalid
    kernel_ventry 1, fiq_invalid
    kernel_ventry 1, error_invalid

    # SPx類型的當前異常等級的異常向量表
    kernel_ventry 1, sync
```

```
    kernel_ventry 1, ir
    kernel_ventry 1, fiq_invalid
    kernel_ventry 1, error

    # AArch64類型的低異常等級的異常向量表
    kernel_ventry 0, sync
    kernel_ventry 0, ir
    kernel_ventry 0, fiq_invalid
    kernel_ventry 0, error

    # AArch32類型的低異常等級的異常向量表
    kernel_ventry 0, sync_compat, 32        // Synchronous 32-bit EL0
    kernel_ventry 0, irq_compat, 32         // IRQ 32-bit EL0
    kernel_ventry 0, fiq_invalid_compat, 32 // FIQ 32-bit EL0
    kernel_ventry 0, error_compat, 32       // Error 32-bit EL0
END(vectors)
```

ARMv8 架構中有一個與儲存存取故障相關的暫存器，即異常綜合資訊暫存器（Exception Syndrome Register，ESR）[3]。

ESR 的格式如圖 9.32 所示。

保留		異常類型	IL	ISS
63	32 31	26	25 24	0

圖 9.32 ESR

ESR 一共包含 4 個欄位。

- 第 32 ～ 63 位元是保留的位元。
- 第 26 ～ 31 位元是異常類型（Exception Class，EC），這個欄位指示發生異常的類型，同時用來索引 ISS 域（第 0 ～ 24 位元）。
- 第 25 位元（IL）表示同步異常的指令長度。
- 第 0 ～ 24 位元（ISS，Instruction Specific Syndrome）表示具體的異常指令編碼。異常指令編碼依賴於不同的異常類型，不同的異常類型有不同的編碼格式。

除了 ESR 之外，ARMv8 架構還提供了另外一個暫存器──故障位址暫存器（Fault Address Register，FAR）。這個暫存器保存了發生異常時的虛擬位址。

---

3 詳見《ARM Architecture Reference Manual, ARMv8, for ARMv8-A architecture profile》v8.4 版本的 D12.2.36 節。

以發生在 EL1 下的資料異常為例，當異常發生後，處理器會首先跳躍到 ARM64 的異常向量表中。在查詢異常向量表後跳躍到 el1_sync() 函數裡，並使用 el1_sync() 函數讀取 ESR 的值以判斷異常類型。根據異常類型，跳躍到不同的處理函數裡。對於發生在 EL1 下的資料異常，會跳躍到 el1_da() 組合語言函數裡。在 el1_da() 組合語言函數裡讀取故障位址暫存器的值，直接呼叫 C 的 do_mem_abort() 函數。系統透過異常狀態表預先列出常見的位址故障處理方案，以頁面轉換故障和頁面存取權限故障為例，do_mem_abort() 函數最終的解決方案是呼叫 do_page_fault() 來修復。

9.5.1 do_page_fault() 函數

缺頁異常處理的核心函數是 do_page_fault()，該函數的實現和具體的架構相關。do_page_ fault() 函數的實現流程如圖 9.33 所示。

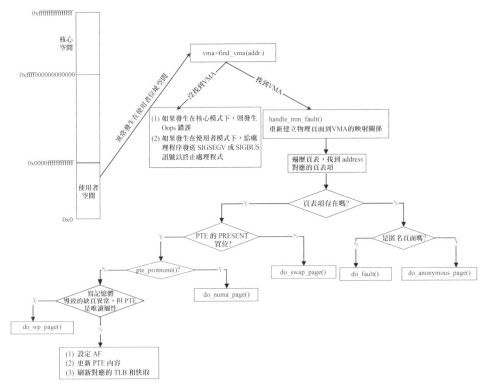

圖 9.33 do_page_fault() 函數的實現流程

9.5.2 匿名頁面缺頁異常

在 Linux 核心中，沒有連結到檔案映射的頁面稱為匿名頁面，例如採用 malloc() 函數分配的記憶體或採用 mmap 機制分配的匿名映射的記憶體等。在缺頁異常處理中，匿名頁面處理的核心函數是 do_anonymous_page()，程式實現在 mm/memory.c 檔案中。

9.5.3 檔案映射缺頁中斷

在 Linux 核心中，連結具體檔案的記憶體映射稱為檔案映射，產生的實體記憶體叫作頁快取記憶體。當頁面是檔案映射時，通常會定義 VMA 的 fault() 方法。

```
struct vm_operations_struct {
    void (*open)(struct vm_area_struct * area);
    void (*close)(struct vm_area_struct * area);
    int (**fault**)(struct vm_area_struct *vma, struct vm_fault *vmf);
    void (*map_pages)(struct vm_area_struct *vma, struct vm_fault *vmf);
    int (*page_mkwrite)(struct vm_area_struct *vma, struct vm_fault *vmf);
    int (*access)(struct vm_area_struct *vma, unsigned long addr,
            void *buf, int len, int write);
    const char *(*name)(struct vm_area_struct *vma);
    struct page *(*find_special_page)(struct vm_area_struct *vma,
                    unsigned long addr);
};
```

fault() 方法表示當想要存取的物理頁面不在記憶體中時，該方法會被缺頁中斷處理函數呼叫。

9.5.4 寫入時複製缺頁異常

寫入時複製（Copy-On-Write，COW）是一種可以延後甚至避免複製資料的技術，在 Linux 核心中主要用在 fork 系統呼叫裡。當執行 fork 系統呼叫以創建一個新的子處理程序時，核心不需要複製父處理程序的整個處理程序位址空間給子處理程序，而是讓父處理程序和子處理程序共用同一個備份。只有當需要寫入時，資料才會被複製，從而使父處理程序和子處理程序擁有各自的備份。於是，資源的複製只有在需要寫入時才進行，在此之前可透過唯讀的方式來共用。

當一方需要寫入原本父子處理程序共用的頁面時，缺頁異常就會產生，do_wp_page() 函數就會處理那些使用者試圖修改 PTE 沒有寫入屬性的頁面，重新分配一個頁面並且複製舊頁面的內容到這個新的頁面中。

9.6 記憶體短缺

在 Linux 系統中，當記憶體有盈餘時，核心會儘量多地使用記憶體作為檔案快取，從而提高系統的性能。檔案快取頁面會加入檔案類型的 LRU 鏈結串列中，當系統記憶體緊張時，檔案快取頁面會被捨棄，被修改的檔案快取會被回寫到存放裝置中，與區塊裝置同步之後便可釋放出實體記憶體。現在的應用程式越來越轉向記憶體密集型，無論系統中有多少實體記憶體都是不夠用的，因此 Linux 系統會使用存放裝置當作交換分區，核心將很少使用的記憶體換出到交換分區，以便釋放出實體記憶體，這個過程稱為頁交換（swapping），這種處理機制統稱為頁面回收（page reclaim）。

9.6.1 頁面回收演算法

在作業系統的發展過程中，有很多頁面回收演算法，其中每個演算法都有各自的優點和缺點。Linux 核心中採用的頁面回收演算法主要是 LRU 演算法和第二次機會演算法。

1. LRU 演算法

LRU 是 Least Recently Used（最近最少使用）的英文縮寫。LRU 演算法假設最近不使用的頁面在較短的時間內也不會頻繁使用。在記憶體不足時，這些頁面將成為被換出的候選者。核心使用雙向鏈結串列來定義 LRU 鏈結串列，並且根據頁面的類型分為 LRU_ANON 和 LRU_FILE。每種類型根據頁面的活躍性分為活躍 LRU 和不活躍 LRU，所以核心中一共有以下 5 種 LRU 鏈結串列。

- 不活躍的匿名頁面鏈結串列（LRU_INACTIVE_ANON）。
- 活躍的匿名頁面鏈結串列（LRU_ACTIVE_ANON）。
- 不活躍的檔案映射頁面鏈結串列（LRU_INACTIVE_FILE）。
- 活躍的檔案映射頁面鏈結串列（LRU_ACTIVE_FILE）。
- 不可回收的頁面鏈結串列（LRU_UNEVICTABLE）。

LRU 鏈結串列之所以要分成這樣，是因為當記憶體緊缺時總是優先換出檔案快取頁面而非匿名頁面。大多數情況下，檔案快取頁面不需要回寫入磁碟，除非頁面內容被修改了，而匿名頁面總是要被寫入交換分區才能被換出。LRU 鏈結串列按照記憶體管理區來設定，也就是每個記憶體管理區中都有一整套 LRU 鏈結串列，因此記憶體管理區資料結構中有一個成員 lruvec 指向這些鏈結串列。列舉類型 lru_list 列出了上述各種 LRU 鏈結串列類型，lruvec 資料結構中則定義了上述各種 LRU 鏈結串列。

經典 LRU 演算法如圖 9.34 所示。

圖 9.34 經典 LRU 演算法

2. 第二次機會演算法

第二次機會演算法在經典 LRU 演算法的基礎上做了一些改進。在經典 LRU 鏈結串列（FIFO 鏈結串列）中，新產生的頁面加入 LRU 鏈結串列的開頭，並將 LRU 鏈結串列中現存的頁針對後移動一個位置。當系統記憶體短缺時，LRU 鏈結串列尾部的頁面將離開並被換出。當系統再次需要這些頁面時，這些頁面會重新置於 LRU 鏈結串列的開頭。顯然，這種設計不是很巧妙，在換出頁面時，沒有考慮頁面是頻繁使用還是很少使用。也就是說，頻繁使用的頁面依然會因為在 LRU 鏈結串列的尾端而被換出。

第二次機會演算法的改進是為了避免把經常使用的頁面置換出去。當選擇置換頁面時，依然和 LRU 演算法一樣，選擇最早置入鏈結串列的頁面，即鏈結串列尾端的頁面。第二次機會演算法設定了一個存取位元（硬體控制的位元）[4]。檢查頁面的存取位元，如果存取位元是 0，就淘汰此頁面；如果存取位元是 1，就給它第二次機會，並選擇下一個頁面來換出。當頁面得到第二次機會時，它的存取位元被清 0，如果該頁面在此期間再次被存取過，則存取位置為 1。這樣，給了第二次機會的頁面將不會被淘汰，直到所有其他頁面被淘汰過（或也給了第二次機會）為止。因此，如果一個頁面經常被使用，那麼其存取位元總保持為 1，因而一直不會被淘汰。

Linux 核心使用 PG_active 和 PG_referenced 這兩個標示位元來實現第二次機會演算法。PG_active 表示該頁是否活躍，PG_referenced 表示該頁是否被引用過，主要函數如下。

- mark_page_accessed()。
- page_referenced()。
- page_check_references()。

9.6.2 OOM Killer 機制

當頁面回收機制也不能滿足頁面分配器的需求時，OOM Killer 就是最後一個可以借助的重要工具了。它會選擇佔用記憶體比較高的處理程序來終止，從而釋放出記憶體。

OOM Killer 機制提供了幾個參數來調整處理程序在 OOM Killer 中的行為。

- /proc/<pid>/oom_score_adj：可以設定為 −1000 ～ 1000 的數值，當設定為 −1000 時，表示不會被 OOM Killer 選中。

---

4 對於 Linux 核心來說，PTE_YOUNG 標示位元是硬體控制的位元，PG_active 和 PG_referenced 是軟體控制的位元。

- /proc/<pid>/oom_adj：值 介 於 −17 ～ 15，值 越 大，越 容 易 被 OOM Killer 選中；值越小，被選中的可能性越小。當值為 −17 時，表示處理程序永遠不會被選中。oom_adj 是要被 oom_score_adj 替代的，這裡只是為了相容舊的核心版本而暫時保留，以後會被廢棄。
- /proc/<pid>/oom_score：表示當前處理程序的 OOM 分數。

9.7 記憶體管理記錄檔資訊以及偵錯資訊

記憶體管理是一個相對複雜的核心模組，錯綜複雜的資料結構讓人摸不著頭腦。Linux 核心為了幫助大家從巨觀上把握系統記憶體的使用情況，在幾大核心資料結構中有對應的統計計數，比如物理頁面使用情況、夥伴系統分配情況、記憶體管理區的物理頁面使用情況等。

9.7.1 vm_stat 計數

記憶體管理模組定義了 3 個全域的 vm_stat 計數，其中 vm_zone_stat 是與 zone 相關的計數，vm_numa_stat 是與 NUMA 相關的計數，vm_node_stat 則是與記憶體節點相關的計數。

```
<mm/vmstat.c>

atomic_long_t vm_zone_stat[NR_VM_ZONE_STAT_ITEMS]__cacheline_aligned_in_smp;

atomic_long_t vm_numa_stat[NR_VM_NUMA_STAT_ITEMS]__cacheline_aligned_in_smp;

atomic_long_t vm_node_stat[NR_VM_NODE_STAT_ITEMS]__cacheline_aligned_in_smp;
```

另外，zone 資料結構中也包含了與頁面相關的統計計數。

```
<include/linux/mmzone.h>

struct zone {
    ...
    atomic_long_t vm_stat[NR_VM_ZONE_STAT_ITEMS];
    ...
}
```

資料結構 pglist_data 包含了與頁面相關的統計計數。

```
<include/linux/mmzone.h>

typedef struct pglist_data {
    ...
    atomic_long_t vm_stat[NR_VM_NODE_STAT_ITEMS];
    ...
}
```

核心提供了幾個介面函數來統計頁面計數,包括獲取計數、增加計數和遞減計數等。

```
static inline void zone_page_state_add(long x, struct zone *zone,
            enum zone_stat_item item)

static inline void node_page_state_add(long x, struct pglist_data *pgdat,
            enum node_stat_item item)

static inline unsigned long global_zone_page_state(enum zone_stat_item item)

static inline unsigned long global_node_page_state(enum node_stat_item item)

void inc_zone_page_state(struct page *page, enum zone_stat_item item)

void dec_zone_page_state(struct page *page, enum zone_stat_item item)
```

- zone_page_state_add() 函數的作用是增加 x 個 item 類型的頁面計數到記憶體管理區的 vm_stat 陣列和全域的 vm_zone_stat 陣列中。
- node_page_state_add() 函數的作用是增加 x 個 item 類型的頁面計數到記憶體節點的 vm_stat 陣列和全域的 vm_node_stat 陣列中。
- global_zone_page_state() 函數的作用是讀取全域的 vm_zone_stat 陣列中的 item 類型頁面的計數。
- global_node_page_state() 函數的作用是讀取全域的 vm_node_stat 陣列中的 item 類型頁面的計數。
- inc_zone_page_state() 函數的作用是增加記憶體管理區中的 item 類型頁面的計數。
- dec_zone_page_state() 函數的作用是遞減記憶體管理區中的 item 類型頁面的計數。

9.7.2 meminfo 分析

在 Linux 系統中，查看系統記憶體最準確的方法是展開 "/proc/meminfo" 這個節點，從而顯示當前時刻系統中所有物理頁面的資訊。

```
rlk@ubuntu:~# cat /proc/meminfo
MemTotal:        737696 KB
MemFree:         574684 KB
MemAvailable:    611380 KB
Buffers:           4616 KB
Cached:           91284 KB
SwapCached:           0 KB
Active:           42676 KB
Inactive:         68768 KB
Active(anon):     15668 KB
Inactive(anon):    4704 KB
Active(file):     27008 KB
Inactive(file):   64064 KB
Unevictable:          0 KB
Mlocked:              0 KB
SwapTotal:            0 KB
SwapFree:             0 KB
...
```

meminfo 節點實現在 meminfo_proc_show() 函數中，保存在 fs/proc/ meminfo.c 檔案中。meminfo 節點顯示的項目如表 9.8 所示。

⬇ 表 9.8 meminfo 節點顯示的項目

項　　目	描述（實現）
MemTotal	系統當前可用實體記憶體總量，可透過讀取全域變數 _totalram_pages 來獲得
MemFree	系統當前剩餘空閒實體記憶體，可透過讀取全域變數 vm_zone_stat[] 陣列中的 NR_FREE_PAGES 類型來獲得
MemAvailable	系統中可使用頁面的數量，可使用 si_mem_available() 函數來計算。公式為 MemAvailable = memfree + page cache + reclaimable − totalreserve_pages 這裡包括了活躍的檔案映射頁面（LRU_ACTIVE_FILE）、不活躍的檔案映射頁面（LRU_INACTIVE_FILE）、可回收的 slab 頁面（NR_SLAB_RECLAIMABLE）以及其他可回收的核心頁面（NR_KERNEL_MISC_RECLAIMABLE）等，最後減去系統保留的頁面

項　目	描述（實現）
Buffers	用於 block 層的快取，可透過 nr_blockdev_pages() 函數來計算
Cached	用於檔案快取的頁面 計算公式為 Cached = NR_FILE_PAGES － 交換快取 － Buffers
SwapCached	用於統計交換快取的數量，交換快取類似於檔案快取頁面，只不過前者對應的是交換分區，而檔案快取頁面對應的是檔案。這裡表示匿名頁面曾經被交換出去，現在又被交換回來，但是頁面內容還在交換快取中
Active	包括活躍的匿名頁面與活躍的檔案映射頁面
Inactive	包括不活躍的匿名頁面與不活躍的檔案映射頁面
Active(anon)	活躍的匿名頁面
Inactive(anon)	不活躍的匿名頁面
Active(file)	活躍的檔案映射頁面
Inactive(file)	不活躍的檔案映射頁面
Unevictable	不能回收的頁面
Mlocked	不會被交換到交換磁碟的頁面，可透過全域的 vm_zone_stat[] 陣列中的 NR_MLOCK 類型來統計
SwapTotal	交換分區的大小
SwapFree	交換分區的空閒空間大小
Dirty	髒頁的數量，可透過全域的 vm_node_stat[] 陣列中的 NR_FILE_DIRTY 類型來統計
Writeback	正在回寫的頁面數量，可透過全域的 vm_node_stat[] 陣列中的 NR_WRITEBACK 類型來統計
AnonPages	統計有反向映射（RMAP）的頁面，通常這些頁面都是匿名頁面並且都被映射到了使用者空間，但並不是所有匿名頁面都設定了反向映射，比如部分的 shmem 以及 tmpfs 頁面就沒有設定反向映射。可透過全域的 vm_node_stat[] 陣列中的 NR_ANON_MAPPED 類型來統計
Mapped	統計所有映射到使用者位址空間的內容快取頁面，可透過全域的 vm_node_stat[] 陣列中的 NR_FILE_MAPPED 類型來統計
Shmem	共用記憶體（基於 tmpfs 實現的 shmem、devtmfs 等）頁面的數量，可透過全域的 vm_node_stat[] 陣列中的 NR_SHMEM 類型來統計
KReclaimable	核心可回收的記憶體，包括可回收的 slab 頁面以及其他可回收的核心頁面
Slab	所有 slab 頁面，包括可回收的 slab 頁面和不可回收的 slab 頁面

1）顯示當前記憶體節點的記憶體統計資訊

下面是 "/proc/zoneinfo" 節點的第一部分資訊。

```
<zoneinfo節點資訊1>

benshushu:~# cat /proc/zoneinfo
Node 0, zone      DMA32 /*行A*/
  per-node stats /*行B*/
      nr_inactive_anon 1177
      nr_active_anon 4516
      nr_inactive_file 15937
      nr_active_file 6548
      ...
      nr_kernel_misc_reclaimable 0
```

在行 A 中，表示當前是第 0 個記憶體節點，當前 zone 為 DMA32 類型。

在行 B 中，表示下面要顯示記憶體節點的整體資訊。如果當前 zone 是記憶體節點的第一個 zone，那麼會顯示記憶體節點的總資訊。可透過 node_page_state() 函數來讀取記憶體節點的資料結構 pglist_data 中的 vm_stat 計數。

上述記錄檔是在 zoneinfo_show_print() 函數裡輸出的。

```
<mm/vmstat.c>

static void zoneinfo_show_print(struct seq_file *m, pg_data_t *pgdat,
          struct zone *zone)
```

2）顯示當前 zone 的總資訊

下面繼續查看 zoneinfo 節點資訊。

```
<zoneinfo節點資訊2>

pages free       143627
       min         5632
       low         7040
       high        8448
       spanned   262144
       present   262144
       managed   184424
       protection: (0, 0, 0)
```

- pages free：表示這個 zone 的空閒頁面的數量。
- min：表示這個 zone 的最低警戒水位的頁面數量。
- low：表示這個 zone 的低水位的頁面數量。
- high：表示這個 zone 的高水位的頁面數量。
- spanned：表示這個 zone 包含的頁面數量。
- present：表示這個 zone 中實際管理的頁面數量。
- managed：表示這個 zone 中被夥伴系統管理的頁面數量。
- protection：表示這個 zone 預留的記憶體（lowmem_reserve）。

3）顯示 zone 的詳細頁面資訊

接下來顯示 zone 的詳細頁面資訊。

```
<zoneinfo節點資訊3>

     nr_free_pages 143627
     nr_zone_inactive_anon 1177
     nr_zone_active_anon 4516
     nr_zone_inactive_file 15937
     numa_local    81554
     numa_other    0
     ...
```

可透過 zone_page_state() 函數來讀取 zone 資料結構中的 vm_stat 計數。

4）顯示每個 CPU 記憶體分配器的資訊

最後顯示每個 CPU 記憶體分配器（percpu memory allocator）的資訊。

```
<zoneinfo節點資訊4>

pagesets
    cpu: 0
             count:        57
             high:        186
             batch:        31
    vm stats threshold:    24
    ...
    node_unreclaimable:     0
    start_pfn:         262144
```

- pagesets：表示每個 CPU 記憶體分配器中每個 CPU 快取的頁面資訊。
- node_unreclaimable：表示頁面回收失敗的次數。
- start_pfn：表示這個 zone 的起始頁框號。

9.7.5 查看處理程序相關的記憶體資訊

處理程序的資料結構 mm_struct 中有一個 rss_stat 成員，用來記錄處理程序的記憶體使用情況。

```
<include/linux/mm_types.h>

enum {
    MM_FILEPAGES,      /* 檔案映射頁面*/
    MM_ANONPAGES,      /* 匿名頁面*/
    MM_SWAPENTS,       /* 匿名交換頁面*/
    MM_SHMEMPAGES,     /* 共用記憶體分頁 */
    NR_MM_COUNTERS
};

struct mm_rss_stat {
    atomic_long_t count[NR_MM_COUNTERS];
};

struct mm_struct {
    ...
    struct mm_rss_stat rss_stat;
    ...
}
```

處理程序的資料結構 mm_struct 會記錄下面 4 種頁面的數量。

- MM_FILEPAGES：處理程序使用的檔案映射頁面數量。
- MM_ANONPAGES：處理程序使用的匿名頁面數量。
- MM_SWAPENTS：處理程序使用的交換頁面數量。
- MM_SHMEMPAGES：處理程序使用的共用記憶體分頁數量。

用於增加和遞減處理程序記憶體計數的介面函數有以下 6 個。

- unsigned long get_mm_counter(struct mm_struct *mm, int member)：獲取 member 類型計數。

- void add_mm_counter(struct mm_struct *mm, int member, long value)：給 member 類型計數增加 value。
- void inc_mm_counter(struct mm_struct *mm, int member)： 給 member 類型計數加 1。
- void dec_mm_counter(struct mm_struct *mm, int member)： 給 member 類型計數減 1。
- nt mm_counter_file(struct page *page)：當 page 不是匿名頁面時，如果設定了 PageSwapBacked，那麼返回 MM_SHMEMPAGES；不然返回 MM_FILEPAGES。
- int mm_counter(struct page *page)：返回 page 對應的統計類型。

proc 檔案系統的下面是每個處理程序的相關資訊，其中 "/proc/PID/status" 節點顯示了不少和具體處理程序的記憶體相關的資訊。下面是 sshd 執行緒的 status 資訊，這裡只截取了和記憶體相關的資訊。

```
rlk@benshushu:/proc# cat /proc/585/status | grep -E 'Name|Pid|Vm*|Rss*|Vm*|Hu*'

Name:        sshd
Pid:         585
VmPeak:     11796 KB
VmSize:     11796 KB
VmLck:          0 KB
VmPin:          0 KB
VmHWM:       5120 KB
VmRSS:       5120 KB
RssAnon:      700 KB
RssFile:     4420 KB
RssShmem:       0 KB
VmData:       664 KB
VmStk:        132 KB
VmExe:        764 KB
VmLib:       8204 KB
VmPTE:         60 KB
VmSwap:         0 KB
HugetlbPages:   0 KB
```

- Name：處理程序的名稱。

- Pid：處理程序的 ID。
- VmPeak：處理程序使用的最大虛擬記憶體，大部分的情況下等於處理程序的記憶體描述符號 mm 中的 total_vm 欄位。
- VmSize：處理程序使用的虛擬記憶體，等於 mm->total_vm。
- VmLck：處理程序鎖住的記憶體，等於 mm->locked_vm。
- VmPin：處理程序 pin 住的記憶體，等於 mm->pinned_vm。
- VmHWM：處理程序使用的最大實體記憶體，通常等於處理程序使用的匿名頁面加上檔案映射以及 shmem 共用記憶體的總和。
- VmRSS：處理程序使用的最大實體記憶體，常常等於 VmHWM，計算公式為 VmRSS = RssAnon + RssFile + RssShmem
- RssAnon：處理程序使用的匿名頁面，可透過 get_mm_counter(mm, MM_ANONPAGES) 來獲取。
- RssFile：處理程序使用的檔案映射頁面，可透過 get_mm_counter(mm, MM_FILEPAGES) 來獲取。
- RssShmem：處理程序使用的共用記憶體分頁，可透過 get_mm_counter(mm, MM_SHMEMPAGES) 來獲取。
- VmData：處理程序私有資料段的大小，等於 mm->data_vm。
- VmStk：處理程序使用者堆疊的大小，等於 mm->stack_vm。
- VmExe：處理程序程式碼片段的大小，可透過記憶體描述符號 mm 中的 start_code 和 end_code 兩個成員來計算。
- VmLib：處理程序共用函數庫的大小，可透過記憶體描述符號 mm 中的 exec_vm 和 VmExe 來計算。
- VmPTE：處理程序頁表的大小，可透過記憶體描述符號 mm 中的 pgtables_bytes 成員來獲取。
- VmSwap：處理程序使用的交換分區的大小，可透過 get_mm_counter (mm, MM_SWAPENTS) 來獲取。
- HugetlbPages：處理程序使用的 hugetlb 頁面的大小，可透過記憶體描述符號中的 hugetlb_usage 成員來獲取。

9.7.6 查看系統記憶體資訊的工具

下面介紹兩個常見的用於查看系統記憶體資訊的工具——top 命令和 vmstat 命令。

1. top 命令

top 命令是最常用的查看 Linux 系統資訊的命令之一，可以即時顯示系統中各個處理程序的資源佔用情況。

```
Tasks: 585 total,   1 running, 285 sleeping, 298 stopped,   1 zombie
%Cpu(s):  0.3 us,  0.1 sy,  0.0 ni, 99.5 id,  0.0 wa,  0.0 hi,  0.0 si,  0.0 st
KiB Mem :  7949596 total,   640464 free,  5042036 used,   2267096 buff/cache
KiB Swap: 16586748 total, 13447420 free,  3139328 used.   2226976 avail Mem

  PID USER      PR  NI    VIRT    RES    SHR S  %CPU %MEM     TIME+ COMMAND
 3958 figo      20   0  453988 117044  77620 S   3.0  1.5  20:27.13 Xvnc4
 4052 figo      20   0  668728  44504  11264 S   2.3  0.6  11:13.86 gnome-terminal-server
    8 root      20   0       0      0      0 S   0.3  0.0  15:07.14 [rcu_sched]
 2850 figo      20   0 1508396 288632  32944 S   0.3  3.6 404:23.96 compiz
 6851 figo      20   0   44116   4156   3004 R   0.3  0.1   0:00.32 top
    2 root      20   0       0      0      0 S   0.0  0.0   0:00.89 [kthreadd]
    4 root       0 -20       0      0      0 S   0.0  0.0   0:00.00 [kworker/0:0H]
    6 root       0 -20       0      0      0 S   0.0  0.0   0:00.00 [mm_percpu_wq]
    7 root      20   0       0      0      0 S   0.0  0.0   0:07.72 [ksoftirqd/0]
    9 root      20   0       0      0      0 S   0.0  0.0   0:00.00 [rcu_bh]
   10 root      rt   0       0      0      0 S   0.0  0.0   0:00.31 [migration/0]
   11 root      rt   0       0      0      0 S   0.0  0.0   0:11.32 [watchdog/0]
```

第 3 行和第 4 行不僅顯示了主記憶體（Mem）與交換分區（Swap）的總量、空閒量以及使用量，還顯示了緩衝區以及頁快取大小（buff/cache）。

第 5 行顯示了處理程序資訊區的統計資料。

- PID：處理程序的 ID。
- USER：處理程序所有者的用戶名。
- PR：處理程序優先順序。
- NI：處理程序的 nice 值。
- VIRT：處理程序使用的虛擬記憶體總量，單位是千位元組。

- RES：處理程序使用的並且未被換出的實體記憶體大小，單位是千位元組。
- SHR：共用記憶體大小，單位是千位元組。
- S：處理程序的狀態（D 表示不可中斷的睡眠狀態，R 表示執行狀態，S 表示睡眠狀態，T 表示追蹤 / 停止狀態，Z 表示僵屍狀態）。
- %CPU：上一次更新到現在的 CPU 時間佔用百分比。
- %MEM：處理程序使用的實體記憶體百分比。
- TIME+：處理程序使用的 CPU 時間總計，單位是 10ms。
- COMMAND：命令名或命令列。

上面列出了人們常用的統計資訊，但還有一些隱藏的統計資訊，比如 CODE（可執行程式大小）、SWAP（交換出去的記憶體大小）、nMaj/nMin（產生缺頁異常的次數）等，可以透過 f 鍵來選擇要顯示的內容。

除此之外，top 命令還可以在執行過程中使用一些互動命令，比如 "M" 可以讓處理程序按使用的記憶體大小排序。

2. vmstat 命令

vmstat 命令也是常見的 Linux 系統監控工具，可以顯示系統的 CPU、記憶體以及 I/O 使用情況。

vmstat 命令通常帶有兩個參數：第一個參數是時間間隔，單位是秒；第二個參數是取樣次數。比如 "vmstat 2 5" 表示每 2s 取樣一次資料，並且連續取樣 5 次。

```
figo@figo-OptiPlex-9020:~$ vmstat
procs ----------memory---------- ---swap-- -----io---- -system-- ------cpu-----
 r  b   swpd   free   buff  cache   si   so    bi    bo   in   cs us sy id wa st
 0  0 3139328 645744 1242708 1016716    0    0     4     2    0    1  0  0 99  0  0
```

vmstat 命令顯示的記憶體單位是千位元組。在大型伺服器中，可以使用 -S 選項按 MB 或 GB 來顯示。

```
figo@figo-OptiPlex-9020:~$ vmstat -S M
procs ----------memory---------- ---swap-- -----io---- -system-- ------cpu-----
```

```
r  b   swpd   free   buff   cache   si  so   bi   bo    in   cs us sy id wa st
0  0   3065   630    1213   992     0   0    4    2     0    1  0  0 99 0  0
```

下面簡單介紹 vmstat 命令中各個參數的含義。

- r：表示在執行佇列中正在執行和等待的處理程序數。
- b：表示阻塞的處理程序。
- swap：表示交換到交換分區的記憶體大小。
- free：空閒的實體記憶體大小。
- buff：用作磁碟快取的大小。
- cache：用於頁面快取的記憶體大小。
- si：每秒從交換分區讀回到記憶體的大小。
- so: 每秒寫入交換分區的大小。
- bi：每秒讀取磁碟（區塊裝置）的區塊數量。
- bo：每秒寫入磁碟（區塊裝置）的區塊數量。
- in：每秒中斷數，包括時鐘中斷。
- cs：每秒上下文切換數量。
- us: 使用者處理程序執行時間百分比。
- sy：核心系統處理程序執行時間百分比。
- wa：I/O 等待時間百分比。
- id：閒置時間百分比。

9.8 記憶體管理實驗

Linux 核心的記憶體管理非常複雜，下面透過幾個有趣的實驗來加深讀者對記憶體管理的瞭解。

9.8.1 實驗 9-1：查看系統記憶體資訊

1. 實驗目的

（1）透過熟悉 Linux 系統中常用的記憶體監測工具來感性地認識和了解記憶體管理。

（2）在 Ubuntu Linux 下查看系統記憶體資訊。

2. 實驗要求

（1）熟悉 top 和 vmstat 命令的使用。

（2）Linux 系統中是否還有其他的查看系統記憶體資訊的工具，請下載並
嘗試使用。

9.8.2 實驗 9-2：獲取系統的實體記憶體資訊

1. 實驗目的

了解和熟悉 Linux 核心的實體記憶體管理方法，比如 page 資料結構的使
用，以及 flags 標示位元的使用。

2. 實驗要求

Linux 核心對每個物理頁面都透過 page 資料結構來描述，核心為每一個物
理頁面都分配了這樣的 page 資料結構，並且儲存到全域陣列 mem_map[]
中。它們之間是 1:1 的線性映射關係，即 mem_map[] 陣列的第 0 個元素
指向頁框號為 0 的物理頁面的 page 資料結構。請寫一個簡單的核心模組
程式，透過遍歷 mem_map[] 陣列來統計當前系統有多少個空閒頁面、保
留頁面、交換快取頁面、slab 頁面、髒頁面、活躍頁面、正在回寫的頁面
等。

9.8.3 實驗 9-3：分配記憶體

1. 實驗目的

瞭解 Linux 核心中分配記憶體的常用介面函數的使用方法和實現原理等。

2. 實驗要求

（1）分配頁面。

寫一個核心模組，然後在樹莓派或 QEMU 實驗平台上做實驗。使用 alloc_
page() 函數分配一個物理頁面，然後輸出該物理頁面的物理位址，同時輸

出該物理頁面在核心空間中的虛擬位址，最後把這個物理頁面全部填充為 0x55。

思考一下，如果使用 GFP_KERNEL 或 GFP_HIGHUSER_MOVABLE 作為分配隱藏，會有什麼不一樣？

（2）嘗試分配最大的記憶體。

寫一個核心模組，然後在樹莓派或 QEMU 實驗平台上做實驗。測試可以動態分配多大的實體記憶體區塊，可使用 __get_free_pages() 函數來分配。你可以從分配一個物理頁面開始，一直加大分配的頁面數量，然後看看當前系統最大可以分配多少個連續的物理頁面。

注意，請使用 GFP_ATOMIC 作為分配隱藏，並思考如何使用該分配隱藏。

同樣，請使用 kmalloc() 函數去測試可以分配多大的記憶體。

9.8.4 實驗 9-4：slab

1. 實驗目的

了解和熟悉使用 slab 機制分配記憶體，並瞭解 slab 機制的原理。

2. 實驗要求

（1）編寫一個核心模組。創建名為 "test_object" 的 slab 描述符號，大小為 20 位元組，align 為 8 位元組，flags 為 0。然後從這個 slab 描述符號中分配一個空閒物件。

（2）查看系統當前所有的 slab。

9.8.5 實驗 9-5：VMA

1. 實驗目的

瞭解處理程序位址空間的管理，特別是瞭解 VMA 的相關操作。

2. 實驗要求

編寫一個核心模組。遍歷一個使用者處理程序中的所有 VMA，並且輸出這些 VMA 的屬性資訊，比如 VMA 的大小、起始位址等。然後透過比較 /proc/pid/maps 節點中顯示的資訊看看編寫的核心模組是否正確。

9.8.6 實驗 9-6：mmap

1. 實驗目的

瞭解 mmap 系統呼叫的使用方法以及實現原理。

2. 實驗要求

（1）編寫一個簡單的字元裝置程式。分配一段實體記憶體，然後使用 mmap 系統呼叫把這段實體記憶體映射到處理程序位址空間，使用者處理程序在打開這個驅動之後就可以讀寫這段實體記憶體了。你需要實現 mmap()、read() 和 write() 方法。

（2）在使用者空間中寫一個簡單的測試程式來測試這個字元裝置驅動，比如測試 open()、mmap()、read() 和 write() 方法。

9.8.7 實驗 9-7：映射使用者記憶體

1. 實驗目的

映射使用者記憶體用於把使用者空間中的虛擬記憶體空間傳到核心空間。核心空間為其分配實體記憶體並建立對應的映射關係，然後鎖住這些實體記憶體。這種方法在很多驅動程式中非常常見，比如在 camera 驅動的 V4L2 核心架構中可以使用使用者空間記憶體類型（V4L2_MEMORY_USERPTR）來分配實體記憶體，camera 驅動的實現使用的是 get_user_pages() 函數。

本實驗嘗試使用 get_user_pages() 函數來分配和鎖住實體記憶體。

2. 實驗要求

（1）編寫一個簡單的字元裝置程式。使用 get_user_pages() 函數為使用者空間傳遞下來的虛擬位址空間分配和鎖住實體記憶體。

（2）在使用者空間中寫一個簡單的測試程式來測試這個字元裝置驅動。在使用者空間中分配記憶體，初始化一段資料。透過 write() 函數把資料寫入裝置快取中，然後透過 read() 函數把資料從裝置快取中讀回來，然後比較內容是否一致。

（3）請讀者思考，若在測試程式中使用 malloc() 介面函數來分配記憶體，並且把記憶體的虛擬位址傳遞給核心空間的 get_user_pages() 函數，會發生什麼情況。

9.8.8 實驗 9-8：OOM

1. 實驗目的

了解 OOM 機制的實現原理。

2. 實驗要求

（1）編寫一個簡單的應用程式，這個應用程式只分配記憶體，不釋放記憶體。然後不斷地重複執行這個應用程式，直到系統的 OOM Killer 機制起作用。

（2）分析 OOM Killer 輸出的記錄檔資訊。

10

同步管理

編寫核心程式或驅動程式時需要留意共用資源的保護，防止共用資源被併發存取。所謂併發存取，是指多個核心路徑同時存取和操作資料，有可能發生相互覆蓋共用資料的情況，造成被存取資料的不一致。核心路徑可以是核心執行路徑、中斷處理常式或核心執行緒等。併發存取可能會造成系統不穩定或產生錯誤，且很難追蹤和偵錯。

在早期不支援對稱多處理器（SMP）的 Linux 核心中，導致併發存取的因素是中斷服務程式，只有在中斷發生時，或核心程式路徑顯性地要求重新排程並且執行另一個處理程序時，才有可能發生併發存取。在支持 SMP 的 Linux 核心中，併發執行在不同 CPU 中的核心執行緒完全有可能在同一時刻併發存取共用資料，併發存取隨時可能發生。特別是現在的 Linux 核心已經支持核心先佔，排程器可以先佔正在執行的處理程序，重新排程其他處理程序來執行。

在電腦術語中，臨界區是指存取和操作共用資料的程式碼片段，這些資源無法同時被多個執行執行緒存取，存取臨界區的執行執行緒或程式路徑稱為並發源。為了避免臨界區中的併發存取，開發者必須保證存取臨界區的原子性，也就是說，在臨界區內不能有多個並發源同時執行，整個臨界區就像一個不可分割的整體。

在核心中產生併發存取的並發源主要有以下 4 種。

■ 中斷和異常：中斷發生後，中斷處理常式和被中斷的處理程序之間有可能產生併發存取。

■ 軟體中斷和 tasklet：軟體中斷或 tasklet 可能隨時被排程執行，從而打斷當前正在執行的處理程序上下文。

■ 核心先佔：排程器支持可先佔特性，這會導致處理程序之間的併發存取。

■ 多處理器併發執行：在多處理器上可以同時執行多個處理程序。

上述情況需要將單核心和多核心系統區別對待。對於單核心系統，主要有以下並發源。

■ 中斷處理常式可以打斷軟體中斷、tasklet 和處理程序上下文的執行。

■ 軟體中斷和 tasklet 之間不會併發，但是可以打斷處理程序上下文的執行。

■ 在支持先佔的核心中，處理程序上下文之間會產生併發。

■ 在不支持先佔的核心中，處理程序上下文之間不會產生併發。

對於 SMP 系統，情況會更為複雜。

■ 同一類型的中斷處理常式不會併發，但是不同類型的中斷有可能被送到不同的 CPU，因此不同類型的中斷處理常式可能存在併發執行。

■ 同一類型的軟體中斷會在不同的 CPU 上併發執行。

■ 同一類型的 tasklet 是串列執行的，不會在多個 CPU 上併發執行。

■ 不同 CPU 上的處理程序上下文會併發執行。

舉例來說，處理程序上下文在操作某個臨界資源時發生了中斷，恰巧某個中斷處理常式也存取了這個資源。

在以下情況下，可能會產生併發存取的漏洞。

■ 未使用核心同步機制保護資源。

■ 處理程序上下文在存取和修改臨界區資源時發生了先佔排程。

- 在迴旋栓鎖的臨界區中主動睡眠並讓出 CPU。
- 兩個 CPU 同時修改某個臨界區資源。

在實際專案中，真正困難的是如何發現核心程式存在併發存取的可能性並採取有效的保護措施。在編寫程式時，應該考慮哪些資源是臨界區以及應採取哪些保護機制。如果在設計完程式之後再回溯尋找哪些資源需要保護，將非常困難。

在複雜的核心程式中，找出需要保護的地方是一件不容易的事情，任何可能被併發存取的資料都需要保護。究竟什麼樣的資料需要保護呢？如果有多個核心程式路徑可能存取到該資料，那就應該對該資料加以保護。但有一個原則要記住，是保護資源或資料，而非保護程式，包括靜態區域變數、全域變數、共用的資料結構、快取、鏈結串列、紅黑樹等各種形式中隱含的資源資料。在核心程式以及驅動的實際編寫過程中，對資源資料需要做以下一些思考。

- 除了當前核心程式路徑外，是否還有其他核心程式路徑會存取資源資料？例如中斷處理常式、工作者（worker）處理常式、tasklet 處理常式、軟體中斷處理常式等。
- 當前核心程式路徑存取資源資料時被先佔，被排程執行的處理程序會不會存取該資源資料？
- 處理程序會不會睡眠阻塞等待資源資料？

Linux 核心提供了多種併發存取的保護機制，例如原子操作、迴旋栓鎖、號誌、互斥鎖、讀寫鎖、RCU 等，本章將詳細分析這些保護機制的實現。了解 Linux 核心中各種鎖的實現機制只是第一步，重要的是要想清楚哪些地方是臨界區，以及該用什麼機制來保護這些臨界區。

10.1 原子操作與記憶體屏障

10.1.1 原子操作

原子操作是指保證指令以原子的方式執行，執行過程不會被打斷。在以下程式片段中，假設執行緒 A 和執行緒 B 都嘗試進行 i++ 操作，執行緒 A 函數和執行緒 B 函數執行完畢後，i 的值是多少？

```
static int i =0;

//執行緒A函數
void thread_A_func()
{
    i++;
}

//執行緒B函數
void thread_B_func()
{
    i++;
}
```

有的讀者可能認為是 2，但也有可能不是 2。

```
        CPU0                              CPU1
--------------------------------------------------------------
  thread_A_func
    load i= 0
                                    thread_B_func
                                      Load i=0

    i++
                                        i++

    store i (i=1)
                                      store i (i=1)
```

從上面的程式執行情況看，最終結果也有可能等於 1。因為變數 i 是臨界資源，所以 CPU0 和 CPU1 都有可能同時存取，從而發生併發存取。從 CPU 角度看，變數 i 是靜態全域變數，儲存在資料段中，首先讀取變數的值到通用暫存器中，然後在通用暫存器裡做 i++ 運算，最後把暫存器的數值寫回變數 i 所在的記憶體。在多處理器架構中，上述動作有可能同時進行。如果執行緒 B 函數在某個中斷處理函數中執行，那麼在單一處理器架構上依然可能會發生併發存取。

針對上述例子，有的讀者認為可以使用加鎖的方式，例如使用迴旋栓鎖來保證 i++ 操作的原子性，但是加鎖操作會導致比較大的負擔，用在這裡有些浪費。Linux 核心提供了 atomic_t 類型的原子變數，它的實現依賴於不同的架構。atomic_t 類型的具體定義如下。

```
<include/linux/types.h>

typedef struct {
    int counter;
} atomic_t;
```

atomic_t 類型的原子操作函數實現了操作的原子性和完整性，在核心看來，原子操作函數就像一筆組合語言敘述，保證了操作不會被打斷，比如上述 i++ 敘述就可能被打斷。要保證操作的完整性和原子性，通常需要原子地完成「讀取 - 修改 - 回寫」機制，中間不能被打斷。在下述過程中，如果有其他 CPU 同時對原子變數進行寫入操作，就會發生資料完整性問題。

- 讀取原子變數的值。
- 修改原子變數的值。
- 把新值寫回記憶體。

因此，處理器必須提供原子操作的組合語言指令來完成上述操作，比如 ARM64 處理器提供 cas 指令，x86 處理器提供 cmpxchg 指令。

Linux 核心提供了很多操作原子變數的函數。

1. 基本原子操作函數

Linux 核心提供的基本原子操作函數包括 atomic_read() 和 atomic_set() 函數。

```
<include/asm-generic/atomic.h>
```

```
#define ATOMIC_INIT(i)   //宣告一個原子變數並初始化為i
#define atomic_read(v)    //讀取原子變數v的值
#define atomic_set(v,i)  //設定原子變數v的值為i
```

上述兩個函數可直接呼叫 READ_ONCE() 或 WRITE_ONCE() 巨集來實現，不包括「讀取 - 修改 - 回寫」機制，直接使用上述函數容易引發併發問題。

2. 不帶返回值的原子操作函數

不帶返回值的原子操作函數主要包括以下函數。

```
atomic_inc(v)       //原子地給v加1
atomic_dec(v)       //原子地給v減1
atomic_add(i,v)     //原子地給v增加i
atomic_and(i,v)     //原子地對v和i做與操作
atomic_or(i,v)      //原子地對v和i做或操作
atomic_xor(i,v)     //原子地對v和i做互斥操作
```

上述函數會實現「讀取 - 修改 - 回寫」機制，可以避免多處理器併發存取同一個原子變數帶來的併發問題。在不考慮具體架構最佳化問題的情況下，上述函數會呼叫比較並交換指令（cmpxchg 指令）來實現。以atomic_{add,sub,inc,dec}() 函數為例，它被實現在 include/asm- generic/atomic.h 檔案中。

```
<include/asm-generic/atomic.h>

#define ATOMIC_OP(op, c_op)                              \
static inline void atomic_##op(int i, atomic_t *v)       \
{                                                        \
    int c, old;                                          \
                                                         \
    c = v->counter;                                      \
    while ((old = cmpxchg(&v->counter, c, c c_op i)) != c)  \
        c = old;                                         \
}
```

3. 帶返回值的原子操作函數

Linux 核心提供兩類帶返回值的原子操作函數，一類返回原子變數的舊值，另一類返回原子變數的新值。

返回原子變數新值的介面函數如下。

```
atomic_add_return(int i, atomic_t *v)    //原子地給v加i並且返回最新的v值
atomic_sub_return(int i, atomic_t *v)    //原子地給v減i並且返回最新的v值
atomic_inc_return(v)                     //原子地給v加1並且返回最新的v值
atomic_dec_return(v)                     //原子地給v減1並且返回最新的v值
```

返回原子變數舊值的介面函數如下。

```
atomic_fetch_add(int i, atomic_t *v)    //原子地給v加i並且返回v的舊值
atomic_fetch_sub(int i, atomic_t *v)    //原子地給v減i並且返回v的舊值
atomic_fetch_and(int i, atomic_t *v)    //原子地對v和i做與操作並且返回v的舊值
atomic_fetch_or(int i, atomic_t *v)     //原子地對v和i做或操作並且返回v的舊值
atomic_fetch_xor(int i, atomic_t *v)    //原子地對v和i做互斥操作並且返回v的舊值
```

上述兩類介面函數都使用比較並交換指令（cmpxchg 指令）來實現「讀取 - 修改 - 回寫」機制。

4. 原子交換函數

Linux 核心還提供了一類原子交換函數。

```
atomic_cmpxchg(ptr, old, new)       //原子地比較ptr的值是否與old的值相等，若相
                                    //等，就把new的值設定到ptr位址中，返回old的值
atomic_xchg(ptr, new)               //原子地把new的值設定到ptr位址中
atomic_try_cmpxchg(ptr, old, new)   //與atomic_cmpxchg()函數類似，但是返回值發生
                                    //變化，返回一個布林值，判斷cmpxchg()函數的返
                                    //回值是否和old的值相等
```

5. 引用計數原子函數

Linux 核心還提供了一組用於引用計數的介面函數。

```
atomic_add_unless(atomic_t *v, int a, int u) //比較v的值是否等於u，若不相等，
                                             //則原子地把a+u設定到原子變數v中。
atomic_inc_not_zero(v) //比較v的值是否等於0，若不相等，則原子地給v加1
atomic_inc_and_test(v) //原子地給v加1，然後判斷v的新值是否等於0，返回true表示
                       //新值為0
atomic_dec_and_test(v) //原子地給v減1，然後判斷v的新值是否等於0，返回true表示
                       //新值為0
```

上述原子操作函數在核心程式中很常見，特別是在對一些引用計數操作時，例如 page 資料結構的 _refcount 和 _mapcount。

6. 內嵌記憶體屏障基本操作

Linux 核心還提供了一組用於內嵌記憶體屏障基本操作的原子函數。

- {}_relaxed: 不內嵌記憶體屏障基本操作。
- {}_acquire: 內建了載入 - 獲取記憶體屏障基本操作。
- {}_release: 內建了儲存 - 釋放記憶體屏障基本操作。

以 atomic_cmpxchg() 函數為例，內嵌記憶體屏障基本操作的變種如下。

```
atomic_cmpxchg_relaxed(v, old, new)
atomic_cmpxchg_acquire(v, old, new)
atomic_cmpxchg_release(v, old, new)
```

10.1.2 記憶體屏障

ARM 架構中有以下 3 類記憶體屏障指令。

- 資料儲存屏障（Data Memory Barrier，DMB）指令。
- 資料同步屏障（Data Synchronization Barrier，DSB）指令。
- 指令同步屏障（Instruction Synchronization Barrier，ISB）指令。

下面介紹 Linux 核心中的記憶體屏障介面函數，如表 10.1 所示。

表 10.1 Linux 核心中的記憶體屏障介面函數

記憶體隱藏介面函數	描　述
barrier()	編譯最佳化屏障，阻止編譯器為了性能最佳化而進行指令重排
mb()	記憶體屏障（包括讀和寫），用於 SMP 和 UP
rmb()	讀記憶體屏障，用於 SMP 和 UP
wmb()	寫記憶體屏障，用於 SMP 和 UP
smp_mb()	用於 SMP 場合的記憶體屏障。對於 UP 場合不存在記憶體順序的問題，在 UP 場合中就是最佳化屏障，確保組合語言和 C 程式的記憶體順序一致

記憶體隱藏介面函數	描　述
smp_rmb()	用於 SMP 場合的讀取記憶體屏障
smp_wmb()	用於 SMP 場合的寫入記憶體屏障
smp_read_barrier_depends()	讀依賴屏障

在 ARM Linux 核心中，記憶體屏障函數的實現程式如下。

```
<arch/arm64/include/asm/barrier.h>

#define mb()      dsb(sy)
#define rmb()     dsb(ld)
#define wmb()     dsb(st)

#define dma_rmb() dmb(oshld)
#define dma_wmb() dmb(oshst)
```

10.2 迴旋栓鎖機制

如果臨界區只是一個變數，那麼原子變數可以解決問題。但臨界區大多是資料操作的集合，例如先從一個資料結構中移出資料，進行資料解析，再寫回該資料結構或其他資料結構，類似於 "read-modify-write" 操作；再比如臨界區是操作鏈結串列的地方等。整個執行過程需要保證原子性，在資料更新完畢前，不能有其他核心程式路徑存取和改寫這些資料。這個過程中使用原子變數不合適，需要使用鎖機制來完成。迴旋栓鎖（spinlock）是 Linux 核心中最常見的鎖機制。

迴旋栓鎖同一時刻只能被一個核心程式路徑持有，如果有另一個核心程式路徑試圖獲取一個已經被持有的迴旋栓鎖，那麼該核心程式路徑需要一直忙等待，直到鎖的持有者釋放該鎖為止。如果該鎖沒有被別人持有（或爭用），那麼可以立即獲得該鎖。迴旋栓鎖的特性如下。

■ 忙等待的鎖機制。在作業系統中，鎖的機制分為兩類：一類是忙等待，另一類是睡眠等待。迴旋栓鎖屬於前者，當無法獲取迴旋栓鎖時會不斷嘗試，直到獲取鎖為止。

■ 同一時刻只能有一個核心程式路徑可以獲得該鎖。

■ 要求迴旋栓鎖的持有者儘快完成臨界區的執行任務。如果臨界區執行時間過長，鎖外面忙等待的 CPU 會比較浪費，特別是在迴旋栓鎖的臨界區裡不能睡眠。

■ 迴旋栓鎖可以在中斷上下文中使用。

10.2.1 迴旋栓鎖的定義

先看 spinlock 資料結構的定義。

[include/linux/spinlock_types.h]

```
typedef struct spinlock {
    struct raw_spinlock rlock;
} spinlock_t;

typedef struct raw_spinlock {
    arch_spinlock_t raw_lock;
} raw_spinlock_t;

<早期Linux核心中的定義>

typedef struct {
    union {
            u32 slock;
            struct __raw_tickets {
            u16 owner;
            u16 next;
        } tickets;
    };
} arch_spinlock_t;
```

spinlock 資料結構的定義考慮了不同處理器架構的支持和即時性核心（RT-patch）的要求，定義了 raw_spinlock 和 arch_spinlock_t 資料結構，其中 arch_spinlock_t 資料結構和架構有關。在 Linux 2.6.25 之前，spinlock 資料結構就是一個簡單的無號類型變數，若 slock 的值為 1，表示鎖未被持有；若為 0 表示，鎖被持有。之前，迴旋栓鎖機制的實現比較簡潔，特別是在沒有鎖爭用的情況下，但是也存在很多問題，特別是在很多 CPU 爭用同一個迴旋栓鎖時，會導致嚴重的不公平及性能下降。當該鎖釋放時，事實上有可能剛剛釋放該鎖的 CPU 馬上又獲得該鎖的使用權，或説同一個 NUMA 節點上的 CPU 有可能搶先獲取了該鎖，而沒有考慮那些已經在鎖外面等待了很久的 CPU。因為剛剛釋放鎖的 CPU 的 L1 快取記憶體中儲存了該鎖，所以能比別的 CPU 更快地獲得鎖，這對於那些已經等待很久的 CPU 是不公平的。在 NUMA 處理器中，鎖爭用的情況會嚴重影響系統的性能。有測試表明，在雙 CPU 插槽的 8 核心處理器中，迴旋栓鎖爭用情況愈發明顯，有些執行緒甚至需要嘗試 1000000 次才能獲取鎖。為此，在 Linux 2.6.25 核心後，迴旋栓鎖實現了一套名為基於排隊的 FIFO 演算法的迴旋栓鎖機制，本書簡稱為排隊迴旋栓鎖。

基於排隊的 FIFO 演算法中的迴旋栓鎖仍然使用原來的資料結構，但 slock 被拆分成兩部分，如圖 10.1 所示，owner 表示鎖持有者的號碼牌，next 表示外面排隊佇列中尾端者的號碼牌。類似於排隊吃飯的場景，在用餐高峰時段，各大餐廳人滿為患，顧客來晚了都需要排隊。為了簡化模型，假設某間餐廳只有一張餐桌，剛營業時，next 和 owner 都是 0。

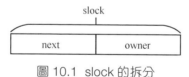

圖 10.1　slock 的拆分

第一個客戶 A 來時，因為 next 和 owner 都是 0，所以鎖沒有人持有。此時因為餐廳還沒有顧客，所以客戶 A 的編號是 0，直接進餐，這時 next++。

第二個客戶 B 來時，因為 next 為 1，owner 為 0，所以鎖被人持有。這時服務生給他 1 號的號碼牌，讓他在餐廳門口等待，next++。

第三個客戶 C 來時，因為 next 為 2，owner 為 0，所以服務生給他 2 號的號碼牌，讓他在餐廳門口排隊等待，next++。

這時第一個客戶 A 吃完結帳了，owner++，owner 的值變為 1。服務生會讓編號和 owner 值相等的客戶用餐，客戶 B 的編號是 1，所以現在客戶 B 用餐。又有新客戶來時 next++，服務生分配號碼牌；客戶結帳時 owner++，服務生叫號，owner 值和編號相等的客戶用餐。

10.2.2 Qspinlock 的實現

迴旋栓鎖是 Linux 核心使用最廣泛的一種鎖機制，長期以來，核心社區一直關注迴旋栓鎖的高效性和可擴充性。在 Linux 2.6.25 核心中，迴旋栓鎖已經採用排隊自旋演算法進行最佳化，以解決早期迴旋栓鎖爭用不公平的問題。但是在多處理器和 NUMA 系統中，排隊迴旋栓鎖仍然存在一個比較嚴重的問題。假設在一個鎖爭用激烈的系統中，所有自旋等待鎖的執行緒都在同一個共用變數上自旋，申請和釋放鎖都在同一個變數上修改，由快取一致性原理（例如 MESI 協定）導致參與自旋的 CPU 中的快取行無效。在激烈爭用鎖的過程中，會導致嚴重的 CPU 快取記憶體行顛簸（CPU cacheline bouncing）現象，即多個 CPU 上的快取行反覆故障，大大降低系統整體性能。

MCS 演算法可以解決迴旋栓鎖遇到的問題，顯著減少 CPU 快取行顛簸問題。MCS 演算法的核心思想是讓每個鎖的申請者只在本地 CPU 的變數上自旋，而非在全域變數上自旋。雖然 MCS 演算法的設計是針對迴旋栓鎖的，但是早期的 MCS 演算法只用在讀寫訊號量和互斥鎖的自旋等待機制中。Linux 核心版本的 MCS 鎖最早是由社區專家 Waiman Long 在 Linux 3.10 中實現的，後來經其他的社區專家不斷最佳化後成為現在的 osq_lock。OSQ 鎖是 MCS 鎖機制的具體實現。核心社區並沒有放棄對迴旋栓鎖的持續最佳化，Linux 4.2 核心中引入了基於 MCS 演算法的 Queued spinlock 機制（簡稱 Qspinlock）。

10.2.3 迴旋栓鎖的變種

在驅動程式的編寫過程中我們常常會遇到這樣一個問題：假設某個驅動中有一個鏈結串列 a_driver_list，驅動中的很多操作需要存取和更新該鏈結串列，例如 open、ioctl 等。操作鏈結串列的地方就是臨界區，需要用迴旋栓鎖來保護。當處於臨界區時，如果發生了外部硬體中斷，系統將暫停當前處理程序的執行而轉去處理該中斷。假設中斷處理常式恰巧也要操作該鏈結串列，鏈結串列的操作是在臨界區，那麼在操作之前需要呼叫 spin_lock() 函數對該鏈結串列進行保護。中斷處理函數試圖獲取該迴旋栓鎖，但因為它已經被別人持有了，導致中斷處理函數進入忙等候狀態或睡眠狀態。在中斷上下文中出現忙等候狀態或睡眠狀態是致命的，中斷處理常式要求「短」和「快」，鎖的持有者因為被中斷打斷而不能儘快釋放鎖，而中斷處理常式一直在忙等待鎖，從而導致鎖死的發生。Linux 核心中迴旋栓鎖的變種 spin_lock_irq() 函數在獲取迴旋栓鎖時會關閉本地 CPU 中斷，從而可以解決該問題。

```
[include/linux/spinlock.h]

static inline void spin_lock_irq(spinlock_t *lock)
{
    raw_spin_lock_irq(&lock->rlock);
}

static inline void __raw_spin_lock_irq(raw_spinlock_t *lock)
{
    local_irq_disable();
    preempt_disable();
    do_raw_spin_lock();
}
```

spin_lock_irq() 函數的實現比 spin_lock() 函數多了 local_irq_disable() 函數，local_irq_disable() 函數用於關閉本地處理器中斷，這樣在獲取迴旋栓鎖時可以確保不會發生中斷，從而避免發生鎖死問題。spin_lock_irq() 主要用於防止本地中斷處理常式和鎖持有者之間發生鎖的爭用。可能有的讀者會有疑問，既然關閉了本地 CPU 中斷，那麼別的 CPU 依然可以回應外部中斷，會不會也有可能鎖死呢？鎖持有者在 CPU0 上，CPU1 回應了外部中斷且中斷處理函數同樣試圖獲取該鎖，因為 CPU0 上的鎖持有者也在繼續執行，所以很快會離開臨界區並釋放鎖，這樣 CPU1 上的中斷處理函數就可以很快獲得該鎖。

在上述場景中，如果 CPU0 在臨界區中發生了處理程序切換，會是什麼情況？注意，進入迴旋栓鎖之前已經顯性地呼叫 preempt_disable() 關閉了先佔，因此核心不會主動發生先佔。但令人擔心的是，驅動編寫者主動呼叫睡眠函數，從而發生了排程。使用迴旋栓鎖的重要原則是：擁有迴旋栓鎖的臨界區程式必須原子執行，不能休眠和主動排程。但在實際專案中，驅動編寫者常常容易犯錯誤。例如呼叫記憶體分配函數 kmalloc() 時，就有可能因為系統空閒記憶體不足而睡眠等待，除非顯性地使用 GFP_ATOMIC 分配隱藏。

spin_lock_irqsave() 函數會保存本地 CPU 當前的 irq 狀態並且關閉本地 CPU 中斷，然後獲取迴旋栓鎖。local_irq_save() 函數會在關閉本地 CPU 中斷前把 CPU 當前的中斷狀態保存到 flags 變數中；在呼叫 local_irq_restore() 函數時再把 flags 變數的值恢復到相關暫存器中，例如 ARM 的 CPSR，這樣做的目的是防止破壞中斷回應的狀態。

迴旋栓鎖還有另一個常用的變種 spin_lock_bh() 函數，用於處理處理程序和延遲處理機制導致的併發存取的互斥問題。

10.2.4 迴旋栓鎖和 raw_spin_lock

在專案中，如果有的程式使用 spin_lock()，而有的程式使用 raw_spin_lock()，並且發現 spin_lock() 直接呼叫 raw_spin_lock()，讀者可能會產生困惑。

這要從 Linux 核心的即時更新（RT-patch）說起。即時更新旨在提升 Linux 核心的即時性，允許在迴旋栓鎖的臨界區內被先佔，並且在臨界區內允許處理程序睡眠等待，這會導致迴旋栓鎖的語義被修改。當時核心中大約有 10000 多處使用了迴旋栓鎖，直接修改迴旋栓鎖的工作量巨大，但是可以修改那些真正不允許先佔和休眠的地方，大概有 100 多處，因此改為使用 raw_spin_lock()。迴旋栓鎖和 raw_spin_lock() 的區別在於：在絕對不允許被先佔和睡眠的臨界區，應該使用 raw_spin_lock()；不然使用迴旋栓鎖。

因此，對沒有打上即時更新的 Linux 核心來説，spin_lock() 直接呼叫 raw_spin_lock()；對於打上了即時更新的 Linux 核心，迴旋栓鎖變成可先佔和睡眠的鎖，這一點需要特別注意。

10.3 號誌

號誌（semaphore）是作業系統中最常用的同步基本操作之一。迴旋栓鎖是一種實現忙等待的鎖，號誌則允許處理程序進入睡眠狀態。簡單來説，號誌是一個計數器，它支持兩個基本操作 ── P 和 V 操作。P 和 V 取自荷蘭語中的兩個單字，分別表示減少和增加，後來美國人把它們改成了 down 和 up。

號誌中最經典的例子莫過於生產者和消費者問題，這是一個在作業系統發展史上最經典的處理程序同步問題，最早由 Dijkstra 提出。假設生產者生產商品，消費者購買商品，通常消費者需要到實體商店或線上購物購買。可用電腦來模擬這種場景：一個執行緒代表生產者，另一個執行緒代表消費者，記憶體代表商店。生產者執行緒生產的商品被放置到記憶體中供消費者執行緒消費；消費者執行緒從記憶體中獲取商品，然後釋放記憶體。如果生產者執行緒生產商品時發現沒有空閒記憶體可用，那麼生產者執行緒必須等待消費者執行緒釋放空閒記憶體。當消費者執行緒購買商品時發現商店沒貨了，那麼消費者執行緒必須等待，直到新的商品生產出來。如果採用迴旋栓鎖，當消費者發現商品沒貨，那就搬個凳子坐在商店門口一直等送貨員送貨過來；如果採用號誌，店員會記錄消費者的電話，等到貨了通知消費者來購買。顯然，在現實生活中，對於麵包等可以很快做好的商品，大家願意在商店裡等；對於家電等商品，大家肯定不會在商店裡等。

semaphore 資料結構的定義如下。

```
[include/linux/semaphore.h]
```

```
struct semaphore {
    raw_spinlock_t      lock;
    unsigned int        count;
    struct list_head    wait_list;
};
```

- lock 是迴旋栓鎖變數,用於對號誌資料結構中的 count 和 wait_list 成員提供保護。
- count 表示允許進入臨界區的核心執行路徑個數。
- wait_list 鏈結串列用於管理所有在該號誌上睡眠的處理程序,沒有成功獲取鎖的處理程序會睡眠在這個鏈結串列上。

號誌的初始化函數如下。

```
void sema_init(struct semaphore *sem, int val)
```

下面來看 down() 操作函數,down() 函數有以下一些變種。其中 down() 和 down_interruptible() 的區別在於:down_interruptible() 在爭用號誌失敗時會進入可中斷的睡眠狀態,而 down() 進入不可中斷的睡眠狀態。若 down_trylock() 函數返回 0,表示成功獲取了鎖;若返回 1,表示獲取鎖失敗。

```
void down(struct semaphore *sem);
int down_interruptible(struct semaphore *sem);
int down_killable(struct semaphore *sem);
int down_trylock(struct semaphore *sem);
int down_timeout(struct semaphore *sem, long jiffies);
```

與 down() 對應的 up() 操作函數如下。

```
void up(struct semaphore *sem)
```

號誌有一個有趣的特點,它可以同時允許任意數量的鎖持有者。號誌的初始化函數為 sema_init(struct semaphore *sem, int count),其中 count 的值可以大於或等於 1。當 count 大於 1 時,表示允許在同一時刻至多有 count 個鎖持有者,作業系統把這種號誌叫作計數號誌;當 count 等於 1 時,同一時刻僅允許一個鎖持有者,作業系統把這種號誌稱為互斥號誌或二進位號誌。在 Linux 核心中，大多使用 count 為 1 的號誌。相比迴旋栓鎖，號誌是允許睡眠的鎖。號誌適用於一些情況複雜、加鎖時間比較長的應用場景，例如核心與使用者空間的複雜互動行為等。

10.4 互斥鎖

在 Linux 核心中，還有一種類似號誌的實現叫作互斥鎖（mutex）。號誌是在平行處理環境中對多個處理器存取某個公共資源進行保護的機制，互斥鎖則用於互斥操作。

號誌根據 count 的初始化大小，可以分為計數號誌和互斥號誌。根據作業系統中著名的「洗手間理論」，號誌相當於一個可以同時容納 N 個人的洗手間，只要人不滿就可以進去，如果人滿了就要在外面等待。互斥鎖類似於路旁的移動洗手間，每次只能一個人進去，裡面的人出來後才能讓排隊中的下一個人使用。既然互斥鎖類似於 count 計數等於 1 的號誌，為什麼核心社區要重新開發互斥鎖，而非重複使用號誌機制呢？

互斥鎖最早是在 Linux 2.6.16 中由 Red Hat 公司的資源核心專家 Ingo Molnar 設計和實現的。號誌的 count 成員可以初始化為 1，並且 down 和 up 操作也實現了類似於互斥鎖的作用，為什麼要單獨實現互斥鎖機制呢？在設計之初，Ingo Molnar 解釋號誌在 Linux 核心中的實現沒有任何問題，但是互斥鎖的語義相對於號誌要簡單、輕便一些。在鎖爭用激烈的測試場景中，互斥鎖比號誌執行速度更快，可擴充性更好。另外，互斥鎖資料結構的定義比號誌小，這些都是在互斥鎖設計之初 Ingo Molnar 提到的優點。互斥鎖中的一些最佳化方案已經被移植到了讀寫訊號量中，例如樂觀自旋（optimistic spinning）等待機制已被應用到讀寫訊號量上。

下面來看看 mutex 資料結構的定義。

[include/linux/mutex.h]

```
struct mutex {
```

```
    atomic_t            count;
    spinlock_t          wait_lock;
    struct list_head    wait_list;
#if defined(CONFIG_MUTEX_SPIN_ON_OWNER)
    struct task_struct *owner;
#endif
#ifdef CONFIG_MUTEX_SPIN_ON_OWNER
    struct optimistic_spin_queue osq; /* Spinner MCS lock */
#endif
};
```

- count：原子計數，1 表示沒處理程序持有鎖；0 表示鎖被持有；負數表示鎖被持有且有處理程序在等待佇列中等待。
- wait_lock：迴旋栓鎖，用於保護 wait_list 睡眠等待佇列。
- wait_list：用於管理在互斥鎖上睡眠的所有處理程序，沒有成功獲取鎖的處理程序會睡眠在此鏈結串列上。
- owner： 打 開 CONFIG_MUTEX_SPIN_ON_OWNER 選 項 才 會 有 owner，用於指向鎖持有者的 task_struct 資料結構。
- osq：用於實現 MCS 鎖機制。

互斥鎖實現了自旋等待機制，準確地說，應該是互斥鎖比讀寫訊號量更早實現了自旋等待機制。自旋等待機制的核心原理如下。

當發現鎖持有者正在臨界區執行並且沒有其他優先順序高的處理程序要被排程時，當前處理程序堅信鎖持有者會很快離開臨界區並釋放鎖，因此與其睡眠等待不如樂觀地自旋等待，以減少睡眠喚醒的負擔。

在實現自旋等待機制時，核心實現了一套 MCS 鎖機制來保證只有一個人自旋等待鎖持有者釋放鎖。

互斥鎖的初始化有兩種方式：一種是靜態使用 DEFINE_MUTEX 巨集，另一種是在核心程式中動態使用 mutex_init() 函數。

[include/linux/mutex.h]

```
#define DEFINE_MUTEX(mutexname) \
    struct mutex mutexname = __MUTEX_INITIALIZER(mutexname)
```

互斥鎖的介面函數比較簡單。

```
void __sched mutex_lock(struct mutex *lock)
void __sched mutex_unlock(struct mutex *lock)
```

整體來說，互斥鎖比號誌的實現要高效很多。

- 互斥鎖最先實現自旋等待機制。
- 互斥鎖在睡眠之前嘗試獲取鎖。
- 互斥鎖實現了 MCS 鎖來避免因多個 CPU 爭用鎖而導致 CPU 快取記憶體行顛簸現象。

正是因為互斥鎖的簡潔性和高效性，互斥鎖的使用場景比號誌要更嚴格，使用互斥鎖需要注意的限制條件如下。

- 同一時刻只有一個執行緒可以持有互斥鎖。
- 只有鎖持有者可以解鎖。不能在一個處理程序中持有互斥鎖，而在另一個處理程序中釋放它。互斥鎖不適合核心空間與使用者空間的複雜同步場景，號誌和讀寫訊號量比較適合。
- 不允許遞迴地加鎖和解鎖。
- 當處理程序持有互斥鎖時，處理程序不可以退出。
- 互斥鎖必須使用官方 API 來初始化。
- 互斥鎖可以睡眠，所以不允許在中斷處理常式或中斷下半部中使用，例如 tasklet、計時器等。

在實際工程專案中，該如何選擇迴旋栓鎖、號誌和互斥鎖呢？在中斷上下文中毫不猶豫地使用迴旋栓鎖，如果臨界區有睡眠、隱含睡眠的動作及核心 API，應避免選擇迴旋栓鎖。在號誌和互斥鎖中該如何選擇呢？除非程式場景不符合上述互斥鎖約束中的某一筆，否則都優先使用互斥鎖。

10.5 讀寫鎖

10.5.1 讀寫鎖的定義

上述介紹的號誌有一個明顯的缺點——沒有區分臨界區的讀寫屬性。讀寫鎖通常允許多個執行緒併發地讀取存取臨界區，但是寫入存取只限於一個執行緒。讀寫鎖能有效地提高併發性，在多處理器系統中允許同時有多個讀者存取共用資源，但寫者是排他的，讀寫鎖具有以下特性。

- 允許多個讀者同時進入臨界區，但同一時刻寫者不能進入。
- 同一時刻只允許一個寫者進入臨界區。
- 讀者和寫者不能同時進入臨界區。

讀寫鎖有兩種，分別是迴旋栓鎖類型和號誌類型。迴旋栓鎖類型的讀寫鎖資料結構定義在 include/linux/rwlock_types.h 標頭檔中。

```
[include/linux/rwlock_types.h]

typedef struct {
    arch_rwlock_t raw_lock;
} rwlock_t;
```

```
[arch/arm/include/asm/spinlock_types.h]
typedef struct {
    u32 lock;
} arch_rwlock_t;
```

常用的函數如下。

- rwlock_init()：初始化 rwlock。
- write_lock()：申請寫者鎖。
- write_unlock()：釋放寫者鎖。
- read_lock()：申請讀者鎖。
- read_unlock()：釋放讀者鎖。
- read_lock_irq()：關閉中斷並且申請讀者鎖。

- write_lock_irq()：關閉中斷並且申請寫者鎖。
- write_unlock_irq()：打開中斷並且釋放寫者鎖。
- …

和迴旋栓鎖一樣，讀寫鎖也有關閉中斷和下半部的版本。

10.5.2 讀寫訊號量

讀寫訊號量的定義如下。

```
[include/linux/rwsem.h]

struct rw_semaphore {
    long count;
    struct list_head wait_list;
    raw_spinlock_t wait_lock;
#ifdef CONFIG_RWSEM_SPIN_ON_OWNER
    struct optimistic_spin_queue osq; /* MCS鎖 */
    struct task_struct *owner;
#endif
};
```

- wait_lock 是一個迴旋栓鎖變數，用於實現對 rw_semaphore 資料結構中 count 成員的原子操作和保護。
- count 用於表示讀寫訊號量的計數。以前，讀寫訊號量的實現用 activity 來表示。若 activity=0，表示沒有讀者和寫者；若 activity=−1，表示有寫者；若 activity>0，表示有讀者。現在 count 的計數方法已經發生了變化。
- wait_list 鏈結串列用於管理所有在號誌上睡眠的處理程序，沒有成功獲取鎖的處理程序會睡眠在這個鏈結串列上。
- osq 表示 MCS 鎖。
- owner 表示當寫者成功獲取鎖時，owner 指向鎖持有者的 task_struct 資料結構。

count 成員的語義定義如下。

```
[include/asm-generic/rwsem.h]

#ifdef CONFIG_64BIT
# define RWSEM_ACTIVE_MASK          0xffffffffL
#else
# define RWSEM_ACTIVE_MASK          0x0000ffffL
#endif


#define RWSEM_UNLOCKED_VALUE        0x00000000L
#define RWSEM_ACTIVE_BIAS           0x00000001L
#define RWSEM_WAITING_BIAS          (-RWSEM_ACTIVE_MASK-1)
#define RWSEM_ACTIVE_READ_BIAS      RWSEM_ACTIVE_BIAS
#define RWSEM_ACTIVE_WRITE_BIAS     (RWSEM_WAITING_BIAS + RWSEM_ACTIVE_BIAS)
```

把 count 值當作十六進位或十進位數字來看待不是程式作者的原本設計意圖，其實應該把 count 值分成兩個域。Bit[0：15] 為低欄位域，表示正在持有鎖的讀者或寫者的個數；Bit[16：31] 為高欄位域，通常為負數，表示有一個正在持有鎖或處於等候狀態的寫者，以及睡眠等待佇列中有人在睡眠等待。count 值可以看作二元數，舉例如下。

- 若 RWSEM_ACTIVE_READ_BIAS = 0x00000001，即二元數 [0, 1]，表示有一個讀者。

- 若 RWSEM_ACTIVE_WRITE_BIAS = 0xffff0001，即二元數 [−1, 1]，表示當前只有一個活躍的寫者。

- 若 RWSEM_WAITING_BIAS = 0xffff0000，即二元數 [−1, 0]，表示睡眠等待佇列中有人在睡眠等待。

讀寫訊號量的 API 函數的定義如下。

```
init_rwsem(struct rw_semaphore *sem);
void __sched down_read(struct rw_semaphore *sem)
void up_read(struct rw_semaphore *sem)
void __sched down_write(struct rw_semaphore *sem)
void up_write(struct rw_semaphore *sem)
int down_read_trylock(struct rw_semaphore *sem)
int down_write_trylock(struct rw_semaphore *sem)
```

讀寫鎖在核心中應用廣泛，特別是在記憶體管理中，除了前面介紹的 mm->mmap_sem 讀寫訊號量外，還有 RMAP 系統中的 anon_vma->rwsem、address_space 資料結構中的 i_mmap_ rwsem 等。

下面再次複習讀寫鎖的重要特性。

- down_read()：如果一個處理程序持有了讀者鎖，那麼允許繼續申請多個讀者鎖，申請寫者鎖則要睡眠等待。
- down_write()：如果一個處理程序持有了寫者鎖，那麼另一個處理程序申請寫者鎖時需要自旋等待，申請讀者鎖則要睡眠等待。
- up_write()/up_read()：如果等待佇列中的第一個成員是寫者，那麼喚醒它；不然喚醒排在等待佇列中最前面的連續幾個讀者。

10.6 RCU

讀取 - 複製 - 更新（Read-Copy Update，RCU）是 Linux 核心中一種重要的同步機制。Linux 核心中已經有了原子操作、迴旋栓鎖、讀寫鎖、讀寫訊號量、互斥鎖等鎖機制，為什麼還要單獨設計一種比它們的實現複雜得多的新機制呢？回憶迴旋栓鎖、讀寫訊號量和互斥鎖的實現，它們都使用了原子操作指令，即原子地存取記憶體，多 CPU 爭用共用的變數會讓快取一致性變得很糟，導致性能下降。以讀寫訊號量為例，除了上述缺點外，讀寫訊號量還有一個致命弱點，就是只允許多個讀者同時存在，但是讀者和寫者不能同時存在。RCU 機制要實現的目標是希望讀者執行緒沒有同步負擔，或說同步負擔變得很小，甚至可以忽略不計，不需要額外的鎖，不需要使用原子操作指令和記憶體屏障，即可暢通無阻地存取；而把需要同步的任務交給寫者執行緒，寫者執行緒等待所有讀者執行緒完成後才會把舊資料銷毀。在 RCU 中，如果有多個寫者同時存在，那麼需要額外的保護機制。

RCU 機制的原理如下。

RCU 記錄了所有指向共用資料的指標的使用者，當要修改共用資料時，首先創建備份，並在備份中修改。所有讀取存取執行緒都離開讀取臨界區之後，使用者的指標指向新修改後的備份，並且刪除舊資料。

RCU 的一種重要應用場景是鏈結串列，可有效地提高遍歷讀取資料的效率。讀取鏈結串列成員資料時通常只需要 rcu_read_lock()，允許多個執行緒同時讀取鏈結串列，並且允許同時修改鏈結串列。為什麼這個過程能保證鏈結串列存取的正確性呢？

在讀者執行緒遍歷鏈結串列時，假設另一個執行緒刪除了一個節點。刪除執行緒會把這個節點從鏈結串列中移出，但不會直接銷毀。RCU 會等到所有讀取執行緒讀取完之後，才銷毀這個節點。

RCU 提供的介面函數如下。

- rcu_read_lock()/ rcu_read_unlock()：組成一個 RCU 讀取臨界區。
- rcu_dereference()：用於獲取被 RCU 保護的指標。讀者執行緒為了存取 RCU 保護的共用資料，需要使用該介面函數創建一個新指標，並且指向 RCU 被保護的指標。
- rcu_assign_pointer()：通常用於寫者執行緒。在寫者執行緒完成新資料的修改後，呼叫該介面函數可以讓被 RCU 保護的指標指向新建的資料，用 RCU 術語講就是發佈了更新後的資料。
- synchronize_rcu()：同步等待所有現存的讀取存取完成。
- call_rcu()：註冊一個回呼函數，當所有現存的讀取存取完成後，呼叫這個回呼函數銷毀舊資料。

下面透過一個簡單的 RCU 例子來幫助你瞭解上述介面函數的含義，該例來自核心原始程式碼中的 Documents/RCU/whatisRCU.txt，並且省略了一些異常處理情況。

[RCU的簡單例子]

```
0 #include <linux/kernel.h>
1 #include <linux/module.h>
```

```
2 #include <linux/init.h>
3 #include <linux/slab.h>
4 #include <linux/spinlock.h>
5 #include <linux/rcupdate.h>
6 #include <linux/kthread.h>
7 #include <linux/delay.h>
8
9 struct foo {
10    int a;
11    struct rcu_head rcu;
12 };
13
14 static struct foo *g_ptr;
15 static void myrcu_reader_thread(void *data)    //讀者執行緒
16 {
17    struct foo *p = NULL;
18
19    while (1) {
20        msleep(200);
21        rcu_read_lock();
22        p = rcu_dereference(g_ptr);
23        if (p)
24            printk("%s: read a=%d\n", __func__, p->a);
25        rcu_read_unlock();
26    }
27 }
28
29 static void myrcu_del(struct rcu_head *rh)
30 {
31    struct foo *p = container_of(rh, struct foo, rcu);
32    printk("%s: a=%d\n", __func__, p->a);
33    kfree(p);
34 }
35
36 static void myrcu_writer_thread(void *p)        //寫者執行緒
37 {
38    struct foo *new;
39    struct foo *old;
40    int value = (unsigned long)p;
41
42    while (1) {
43        msleep(400);
44        struct foo *new_ptr = kmalloc(sizeof (struct foo), GFP_KERNEL);
```

```
45          old = g_ptr;
46          printk("%s: write to new %d\n", __func__, value);
47          *new_ptr = *old;
48          new_ptr->a = value;
49          rcu_assign_pointer(g_ptr, new_ptr);
50          call_rcu(&old->rcu, myrcu_del);
51          value++;
52      }
53 }
54
55 static int __init my_test_init(void)
56 {
57      struct task_struct *reader_thread;
58      struct task_struct *writer_thread;
59      int value = 5;
60
61      printk("figo: my module init\n");
62      g_ptr = kzalloc(sizeof (struct foo), GFP_KERNEL);
63
64      reader_thread = kthread_run(myrcu_reader_thread, NULL, "rcu_reader");
65      writer_thread = kthread_run(myrcu_writer_thread, (void *)(unsigned
            long)value, "rcu_writer");
66
67      return 0;
68 }
69 static void __exit my_test_exit(void)
70 {
71      printk("goodbye\n");
72      if (g_ptr)
73          kfree(g_ptr);
74 }
75 MODULE_LICENSE("GPL");
76 module_init(my_test_init);
```

該例的目的是透過 RCU 機制保護 my_test_init() 分配的共用資料結構 g_ptr，另外還創建一個讀者執行緒和一個寫者執行緒來模擬同步場景。

對於讀者執行緒 myrcu_reader_thread：

■ 透過 rcu_read_lock() 和 rcu_read_unlock() 來建構一個讀取臨界區。
■ 呼叫 rcu_dereference()，獲取被保護指標 g_ptr 的備份指標 p，這時指標 p 和 g_ptr 都指向舊的被保護資料。

■ 讀者執行緒每隔 200ms 讀取一次被保護資料。

對於寫者執行緒 myrcu_writer_thread：

■ 分配新的保護資料 new_ptr，並修改對應資料。
■ 透過 rcu_assign_pointer() 讓 g_ptr 指標指向新資料。
■ 透過 call_rcu() 註冊一個回呼函數，確保對舊資料的所有引用都執行完
  之後，才呼叫這個回呼函數來刪除舊資料。
■ 寫者執行緒每隔 400ms 修改一次被保護資料。

上述過程如圖 10.2 所示。

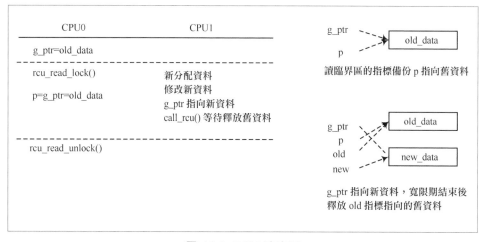

圖 10.2　RCU 時序圖

在所有的讀取存取完成之後，核心可以釋放舊資料。對於何時釋放舊資
料，核心提供了兩個 API 函數——synchronize_rcu() 和 call_rcu()。

10.7　等待佇列

等待佇列本質上是一個雙向鏈結串列，當執行中的處理程序需要獲取一個
資源而該資源暫時不能提供時，可以把處理程序掛入等待佇列中等待該資
源的釋放，處理程序會進入睡眠狀態。

10.7.1 等待佇列頭

等待佇列頭的定義如下。

```
<include/linux/wait.h>

struct __wait_queue_head {
    spinlock_t          lock;
    struct list_head    task_list;
};
typedef struct __wait_queue_head wait_queue_head_t;
```

其中，lock 為等待佇列的迴旋栓鎖，用來保護等待佇列的併發存取；task_list 為等待佇列的雙向鏈結串列。

等待佇列的初始化有兩種方式：一種是透過 DECLARE_WAIT_QUEUE_HEAD 巨集來靜態初始化，另一種是透過 init_waitqueue_head() 函數在程式執行期間動態初始化。

```
//靜態初始化
#define DECLARE_WAIT_QUEUE_HEAD(name) \
    wait_queue_head_t name = __WAIT_QUEUE_HEAD_INITIALIZER(name)

//動態初始化
init_waitqueue_head(q)
```

10.7.2 等待佇列節點

等待佇列節點的定義如下。

```
<include/linux/wait.h>

struct __wait_queue {
    unsigned int        flags;
    void                *private;
    wait_queue_func_t   func;
    struct list_head    task_list;
};
```

■ flags 為等待佇列上的操作行為。

- private 為等待佇列的私有資料，通常用來指向處理程序的 task_struct 資料結構。
- func 為處理程序被喚醒時執行的喚醒函數。
- task_list 為鏈結串列的節點。

等待佇列節點的初始化同樣有兩種方式。

```
//靜態初始化一個等待佇列節點
#define DECLARE_WAITQUEUE(name, tsk)                    \
    wait_queue_t name = __WAITQUEUE_INITIALIZER(name, tsk)

//動態初始化一個等待佇列節點
void init_waitqueue_entry(wait_queue_t *q, struct task_struct *p)
```

10.8 實驗

10.8.1 實驗 10-1：迴旋栓鎖

1. 實驗目的

了解和熟悉迴旋栓鎖的使用。

2. 實驗要求

寫一個簡單的核心模組，然後測試以下功能。

- 在迴旋栓鎖裡面，呼叫 alloc_page(GFP_KERNEL) 函數來分配記憶體，觀察會發生什麼情況。
- 手動創造遞迴鎖死，觀察會發生什麼情況。
- 手動創造 AB-BA 鎖死，觀察會發生什麼情況。

10.8.2 實驗 10-2：互斥鎖

1. 實驗目的

了解和熟悉互斥鎖的使用。

2. 實驗要求

在第 5 章的虛擬 FIFO 裝置中，我們並沒有考慮多個處理程序同時存取裝置驅動的情況，請使用互斥鎖對虛擬 FIFO 裝置驅動進行併發保護。

我們首先要思考在虛擬 FIFO 裝置驅動中有哪些資源是共用資源或臨界資源。

10.8.3 實驗 10-3：RCU 鎖

1. 實驗目的

了解和熟悉 RCU 鎖的使用。

2. 實驗要求

寫一個簡單的核心模組，創建一個讀者核心執行緒和一個寫者核心執行緒來模擬同步存取共用變數的情景。

11

中斷管理

除了前面介紹的記憶體管理、處理程序管理、併發與同步之外，作業系統的另一個很重要的功能就是管理許多的外接裝置，例如鍵盤、滑鼠、顯示器、無線網路卡、音效卡等。但是，處理器和外接裝置之間的運算能力及處理速度通常不在一個數量級上。假設現在處理器需要獲取一個鍵盤事件，處理器在發出請求訊號之後一直輪詢鍵盤的回應，但是鍵盤的回應速度比處理器慢得多並且需要等待使用者輸入，這種回應速度慢且需要等待人機互動的處理非常浪費處理器資源。與其這樣，不如當鍵盤有事件發生時發送一個訊號給處理器，讓處理器暫停當前的工作來處理這個回應，這比讓處理器一直輪詢效率要高，這就是中斷管理機制產生的背景。

輪詢機制也不完全比中斷機制差。舉例來說，在網路吞吐量大的應用場景下，網路卡驅動採用輪詢機制比中斷機制效率要高，比如開放原始碼元件 DPDK（Data Plane Development Kit）。

本章介紹 ARM64 架構下中斷是如何管理的、Linux 核心中的中斷管理機制是如何設計與實現的以及常用的下半部機制，例如軟體中斷、tasklet、工作佇列機制等。

11.1 Linux 中斷管理機制

Linux 核心支援許多的處理器架構，從系統角度看，Linux 核心中的中斷管理可以分成以下 4 層。

- 硬體層，例如 CPU 和中斷控制器的連接。
- 處理器架構管理層，例如 CPU 中斷異常處理。
- 中斷控制器管理層，例如 IRQ 中斷號的映射。
- Linux 核心通用中斷處理器層，例如中斷註冊和中斷處理。

不同的架構對中斷控制器具有不同的設計理念，例如 ARM 公司提供了通用中斷控制器（Generic Interrupt Controller，GIC），x86 架構則採用進階可程式中斷控制卡（Advanced Programmable Interrupt Controller，APIC）。本書使用版本的 GIC 技術規範是 Version 3/4，Version 2 通常用在 ARMv7 架構的處理器中，例如 Cortex-A7 和 Cortex-A9 等，最多可以支援 8 核心；Version 3 和 Version 4 則支持 ARMv8 架構，例如 Cortex-A53 等。本書以 ARM Vexpress 平台[1] 為例介紹中斷管理的實現，該平台支援 GIC Version 2 技術規範。

11.1.1 ARM 中斷控制器

ARM Vexpress V2P-CA15_CA7 平台支援 Cortex A15 和 Cortex-A7 兩個 CPU（GIC-V2）叢集，中斷控制器採用 GIC-400 中斷控制器，支援 GIC Version 2（GIC-V2）技術規範，該平台的中斷管理方塊圖如圖 11.1 所示。GIC-V2 技術規範支援以下中斷類型。

- 軟體觸發中斷（Software Generated Interrupt，SGI），通常用於多核心之間通訊。最多支援 16 個 SGI 中斷，硬體中斷號為 ID0 ～ ID15。SGI 通常在 Linux 核心中被用作 IPI（Inter-Process Interrupt），IPI 會被送達指定的 CPU。

1　詳見《ARM CoreTile Express A15×2 A7×3 Technical Reference Manual》。

■ 私有外接裝置中斷（Private Peripheral Interrupt，PPI），這是每個處理核心私有的中斷。最多支援 16 個 PPI 中斷，硬體中斷號為 ID16 ～ ID31。PPI 通常會被送達指定的 CPU，應用場景有 CPU 本地時鐘。

■ 共用外接裝置中斷（Shared Peripheral Interrupt，SPI），最多可以支援 988 個外接裝置中斷，硬體中斷號為 ID32 ～ ID1019[2]。

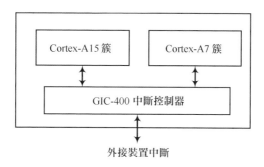

圖 11.1 ARM Vexpress V2P-CA15_CA7 平臺的中斷管理方塊圖

GIC 中斷控制器主要由兩部分組成，分別是仲裁單元和 CPU 介面（interface）模組。仲裁單元為每一個中斷來源維護一個狀態機，支援的狀態如下。

■ 不活躍狀態（inactive）。
■ 等候狀態（pending）。
■ 活躍狀態（active）。
■ 活躍並等候狀態（active and pending）[3]。

11.1.2 關於 ARM Vexpress V2P 開發板的例子

在晶片設計階段，對每一款 ARM SoC，各種中斷和外接裝置的分配情況就要固定下來，因此對於底層開發者來說，需要查詢 SoC 的資料手冊來確定外接裝置的硬體中斷號。以 ARM Vexpress V2P 開發板中的

---

2 GIC-400 中斷控制器只支持 480 個 SPI 中斷。

3 關於 GIC 中斷控制器的狀態機，可以閱讀《GIC V2 手 》中 3.2.4 節的內容。

Cortex-A15_A7 MPCore 測試晶片為例,該晶片支援 32 個內部中斷和 160 個外部中斷。

32 個內部中斷用於連接 CPU 核心和 GIC 中斷控制器。

外部中斷的使用情況如下。

- 30 個外部中斷連接到主機板的 IOFPGA。
- Cortex-A15 簇連接 8 個外部中斷。
- Cortex-A7 簇連接 12 個外部中斷。
- 晶片外部連接 21 個外接裝置中斷。
- 還有一些保留的中斷。

如表 11.1 所示,我們簡單列舉了 Vexpress V2P-CA15_CA7 平台的插斷排程表,具體情況可查看《ARM CoreTile Express A15×2 A7×3 Technical Reference Manual》文件中的表 2.11。透過 QEMU 虛擬機器執行該平台後,在 "/proc/interrupts" 節點中可以看到系統支援的外接裝置中斷資訊。

▼ 表 11.1 Vexpress V2P-CA15_CA7 平台的插斷排程表

GIC 中斷號	主機板中斷序號	中斷源	訊 號	描 述
0:31	—	MPCore cluster	—	CPU 核心和 GIC 的內部私有中斷
32	0	IOFPGA	WDOG0INT	看門狗計時器
33	1	IOFPGA	SWINT	軟體插斷
34	2	IOFPGA	TIM01INT	雙計時器 0/1 中斷
35	3	IOFPGA	TIM23INT	雙計時器 2/3 中斷
36	4	IOFPGA	RTCINTR	即時鐘中斷
37	5	IOFPGA	UART0INTR	序列埠 0 中斷
38	6	IOFPGA	UART1INTR	序列埠 1 中斷
39	7	IOFPGA	UART2INTR	序列埠 2 中斷
40	8	IOFPGA	UART3INTR	序列埠 3 中斷
42:41	10	IOFPGA	MCI_INTR[1:0]	多媒體卡中斷 [1:0]
47	15	IOFPGA	ETH_INTR	乙太網中斷

```
$ qemu-system-arm -nographic -M vexpress-a15  -m 1024M -kernel arch/arm/boot/
zImage  -append "rdinit=/linuxrc console=ttyAMA0 loglevel=8" -dtb arch/arm/
boot/dts/vexpress-v2p-ca15_a7.dtb
...
/ # cat /proc/interrupts
           CPU0
  18:      6205308      GIC  27  arch_timer
  20:            0      GIC  34  timer
  21:            0      GIC 127  vexpress-spc
  38:            0      GIC  47  eth0
  41:            0      GIC  41  mmci-pl18x (cmd)
  42:            0      GIC  42  mmci-pl18x (pio)
  43:            8      GIC  44  kmi-pl050
  44:          100      GIC  45  kmi-pl050
  45:           76      GIC  37  uart-pl011
  51:            0      GIC  36  rtc-pl031
IPI0:            0  CPU wakeup interrupts
IPI1:            0  Timer broadcast interrupts
IPI2:            0  Rescheduling interrupts
IPI3:            0  Function call interrupts
IPI4:            0  Single function call interrupts
IPI5:            0  CPU stop interrupts
IPI6:            0  IRQ work interrupts
IPI7:            0  completion interrupts
```

以序列埠 0 裝置為例,裝置名稱為 "uart-pl011",從 "/proc/interrupts" 節點中可以看到該裝置的硬體中斷是 GIC-37,硬體中斷號為 37,Linux 核心分配的中斷號是 45,76 表示已經發生了 76 次中斷。

11.1.3 關於 Virt 開發板的例子

QEMU 虛擬機器除了支援多款 ARM 開發板外,還支援 Virt 開發板。Virt 開發板模擬的是一款通用的 ARM 開發板,包括記憶體分配、中斷分配、CPU 設定、時鐘設定等資訊,這些資訊目前都在 QEMU 虛擬機器的原始程式碼中設定,具體檔案是 hw/arm/virt.c。Virt 開發板的中斷分配如表 11.2 所示。

⬇ 表 11.2 Virt 開發板的中斷分配

GIC 中斷號	主機板中斷序號	訊號	描述
0 ～ 31	—	—	CPU 核心和 GIC 的內部私有中斷
32	0	—	—
33	1	VIRT_UART	序列埠
34	2	VIRT_RTC	RTC
35	3	VIRT_PCIE	PCIE
39	7	VIRT_GPIO	GPIO
40	8	VIRT_SECURE_UART	安全模式的序列埠
48	16	VIRT_MMIO	MMIO
80	48	VIRT_SMMU	SMMU
106	74	VIRT_PLATFROM_BUS	平台匯流排

執行 Linux 5.0 核心的 QEMU 虛擬機器後，我們可以透過 /proc/interrupt 節點來查看中斷分配情況。

```
root@benshushu:~# cat /proc/interrupts
          CPU0
   3:     24588     GIC-0  27 Level     arch_timer
  35:         6     GIC-0  78 Edge      virtio0
  36:      2712     GIC-0  79 Edge      virtio1
  38:         0     GIC-0  34 Level     rtc-pl031
  39:        44     GIC-0  33 Level     uart-pl011
  40:         0     GIC-0  23 Level     arm-pmu
  42:         0     MSI 16384 Edge      virtio2-config
  43:         8     MSI 16385 Edge      virtio2-input.0
  44:         1     MSI 16386 Edge      virtio2-output.0
 IPI0:         0     Rescheduling interrupts
 IPI1:         0     Function call interrupts
 IPI2:         0     CPU stop interrupts
 IPI3:         0     CPU stop (for crash dump) interrupts
 IPI4:         0     Timer broadcast interrupts
 IPI5:         0     IRQ work interrupts
 IPI6:         0     CPU wake-up interrupts
  Err:         0
```

以序列埠 0 裝置為例，裝置名稱為 "uart-pl011"，從 "/proc/interrupts" 節點中可以看到該裝置的硬體中斷是 GIC-33，硬體中斷號為 33，Linux 核心分配的中斷號是 39，44 表示已經發生了 44 次中斷。

11.1.4 硬體中斷號和 Linux 中斷號的映射

寫過 Linux 驅動的讀者應該知道，中斷註冊 API 函數 request_irq()/request_threaded_irq() 使用的是 Linux 核心的軟體插斷號（或 IRQ 號）而非硬體中斷號。

```
int request_threaded_irq(unsigned int irq, irq_handler_t handler,
            irq_handler_t thread_fn, unsigned long irqflags,
            const char *devname, void *dev_id)
```

其中，參數 irq 在 Linux 核心中稱為 IRQ 號或中斷線，這是由 Linux 核心管理的虛擬中斷號而非硬體中斷號。

核心提供了兩種方式來儲存 struct irq_desc 資料結構：一是採用基數樹的方式，因為核心設定了 CONFIG_SPARSE_ IRQ 選項；二是採用陣列的方式，這是核心在早期採用的方法，即定義一個全域陣列，每個中斷對應一個 irq_desc 資料結構。本節以後者為例，核心提供了 NR_IRQS 巨集來表示系統支援的中斷數量的最大值，NR_IRQS 和平台相關，例如 Vexpress V2P-CA15_CA7 平台的定義。

[arch/arm/mach-versatile/include/mach/irqs.h]

```
#define IRQ_SIC_END        95
#define NR_IRQS            (IRQ_GPIO3_END + 1)
```

此外，Linux 核心還定義了點陣圖來管理這些中斷號。

[kernel/irq/irqdesc.c]

```
# define IRQ_BITMAP_BITS    NR_IRQS
static DECLARE_BITMAP(allocated_irqs, IRQ_BITMAP_BITS);
```

點陣圖變數 allocated_irqs 分配了 NR_IRQS 位元，每位元表示一個中斷號。

另外，還有一個硬體中斷號的概念，例如 Virt 開發板中的「序列埠 0」，它的硬體中斷號是 33。33 的由來是 GIC 把 0 ～ 31 的硬體中斷號預留給了 SGI 和 PPI，外接裝置中斷號從 32 開始計算，「序列埠 0」在主機板上的序號是 1，因此它的硬體中斷號為 33。

硬體中斷號和軟體插斷號的映射過程如圖 11.2 所示。

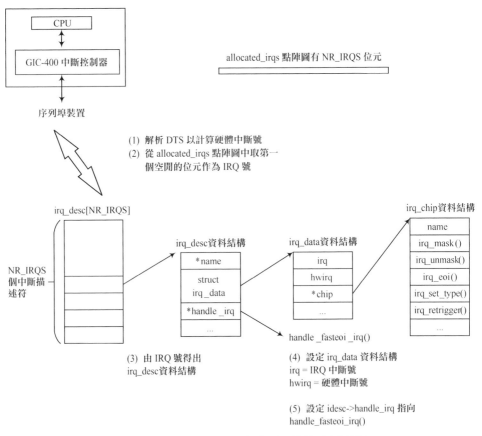

圖 11.2 硬體中斷號和軟體插斷號的映射過程

11.1.5 註冊中斷

當一個外接裝置中斷發生後，核心會執行一個函數來回應該中斷，這個函數通常稱為中斷處理常式或插斷服務常式。中斷處理常式是核心用於回應

中斷的程式 [4]，並且執行在中斷上下文中（和處理程序上下文不同）。中斷處理常式最基本的工作是通知硬體裝置中斷已經被接收，不同硬體裝置的中斷處理常式是不同的，有的常常需要做很多的處理工作，這也是 Linux 核心把中斷處理常式分成上半部和下半部的原因。中斷處理常式要求快速完成並且退出中斷，但是如果中斷處理常式需要完成的任務比較繁重，這兩個需求就會有衝突，因此上下半部機制就產生了。

在編寫外接裝置驅動時通常需要註冊中斷，註冊中斷的 API 函數如下。

```
static inline int request_irq(unsigned int irq, irq_handler_t handler,
unsigned long flags, const char *name, void *dev)
```

request_irq() 是比較舊的 API 函數，Linux 2.6.30 中新增了執行緒化的中斷註冊函數 request_threaded_irq()[5]。中斷執行緒化是即時 Linux 專案開發的新特性，目的是降低中斷處理對系統即時延遲的影響。Linux 核心已經把中斷處理分成了上下兩部分，為什麼還需要引入中斷執行緒化機制呢？

在 Linux 核心中，中斷具有最高的優先順序，只要有中斷發生，核心就會暫停手頭的工作轉向中斷處理，等到所有暫停等待的中斷和軟體中斷處理完畢後才會執行處理程序排程，因此這個過程會造成即時任務得不到及時處理。中斷上下文總是先佔處理程序上下文，中斷上下文不僅指中斷處理常式，還包括 softirq、tasklet 等。中斷上下文是最佳化 Linux 即時性的最大挑戰之一。假設一個高優先順序任務和一個中斷同時觸發，那麼核心首先執行中斷處理常式，中斷處理常式完成之後有可能觸發軟體中斷，也可能有一些 tasklet 任務要執行或有新的中斷發生，這樣高優先順序任務的延遲變得不可預測。中斷執行緒化的目的是把中斷處理中一些繁重的任務作為核心執行緒來執行，即時處理程序可以有比中斷執行緒更高的優先順序。這樣高優先順序的即時處理程序可以得到優先處理，即時處理程序的

4　中斷處理常式包括硬體中斷處理常式和下半部處理機制，比如中斷執行緒化、軟中斷和工作佇列等，這裡特指硬體中斷處理常式。

5　Linux 2.6.30 的更新，提交了 3aa551c9b, genirq: add threaded interrupt handler support，作者為 Thomas Gleixner。

延遲粒度變得小了很多。當然，並不是所有的中斷都可以執行緒化，例如時鐘中斷。

```
int request_threaded_irq(unsigned int irq, irq_handler_t handler,
            irq_handler_t thread_fn, unsigned long irqflags,
            const char *devname, void *dev_id)
```

- irq：IRQ 號，注意，這裡使用的是軟體插斷號，而非硬體中斷號。
- handler：指主處理常式，有些類似於舊版本 API 函數 request_irq() 的中斷處理常式，中斷發生時會優先執行主處理常式。如果主處理常式為 NULL 且 thread_fn 不為 NULL，那麼會執行系統預設的主處理常式——irq_default_primary_handler()。
- thread_fn：中斷執行緒化的處理常式。如果 thread_fn 不為 NULL，那麼會創建一個核心執行緒。主處理常式和 thread_fn 不能同時為 NULL。
- irqflags：中斷標示位元，如表 11.3 所示。
- devname：中斷名稱。
- dev_id：傳遞給中斷處理常式的參數。

⬇ 表 11.3 中斷標示位元

中斷標示位元	描　　述
IRQF_TRIGGER_*	中斷觸發的類型，有上昇緣觸發、下降緣觸發、高電位觸發和低電位觸發
IRQF_DISABLED	此標示位元已廢棄，不建議繼續使用 [6]
IRQF_SHARED	多個裝置共用一個中斷號。需要外接裝置硬體的支援，因為在中斷處理常式中要查詢的是哪個外接裝置發生了中斷，這會給中斷處理帶來一定的延遲，不推薦使用 [7]
IRQF_PROBE_SHARED	中斷處理常式允許共用失配發生
IRQF_TIMER	標記時鐘中斷
IRQF_PERCPU	屬於某個特定 CPU 的中斷

6　參見 Linux 2.6.35 的補丁。

7　如果中斷控制器可以支援足夠多的中斷來源，那麼不推薦使用共用中斷。共用中斷需要一些額外負擔，例如發生中斷時需要遍歷 irqaction 鏈結串列，然後 irqaction 鏈結串列的主處理程式需要判斷是否屬於自己的中斷。大部分的 ARM SoC 能提供足夠多的中斷來源。

中斷標示位元	描　述
IRQF_NOBALANCING	禁止多 CPU 之間的中斷均衡
IRQF_IRQPOLL	中斷被用作輪詢
IRQF_ONESHOT	ONESHOT 表示一次性觸發的中斷，不能巢狀結構。 • 在硬體中斷處理完成之後才能打開中斷。 • 在中斷執行緒化中保持中斷關閉狀態，直到中斷來源的所有 thread_fn 完成之後才能打開中斷。 • 如果在執行 request_threaded_irq() 時主處理常式為 NULL 且中斷控制器不支援硬體 ONESHOT 功能，那麼應該顯性地設定該標示位元
IRQF_NO_SUSPEND	在系統暫停（suspend）過程中不要關閉中斷
IRQF_FORCE_RESUME	在系統喚醒過程中必須強制打開中斷
IRQF_NO_THREAD	表示中斷不會被執行緒化

11.2 軟體中斷和 tasklet

中斷管理中有一個很重要的設計理念——上下半部機制。5.1 節介紹的硬體中斷管理基本屬於上半部的範圍，中斷執行緒化屬於下半部的範圍。在中斷執行緒化機制合併到 Linux 核心之前，早已經有一些其他的下半部機制，例如 softirq、tasklet 和工作佇列（workqueue）等。中斷上半部有一個很重要的原則：硬體中斷處理常式應該執行得越快越好。也就是説，希望它儘快離開並從硬體中斷返回，這麼做的原因如下。

- 硬體中斷處理常式以非同步方式執行，它會打斷其他重要程式的執行，為了避免被打斷的程式停止時間太長，硬體中斷處理常式必須儘快執行完。

- 硬體中斷處理常式通常在關中斷的情況下執行。所謂的「關中斷」，是指關閉本地 CPU 的所有中斷回應。關中斷之後，本地 CPU 不能再回應中斷，因此硬體中斷處理常式必須儘快執行完。以 ARM 處理器為例，中斷發生時，ARM 處理器會自動關閉本地 CPU 的 IRQ/FIQ，直到從中斷處理常式退出時才打開本地中斷，整個過程都處於關中斷狀態。

上半部通常完成整個中斷處理任務中的一小部分，例如回應中斷表明中斷已經被軟體接收，在簡單的資料處理（如 DMA 操作）以及硬體中斷處理完成時發送 EOI 訊號給中斷控制器等，這些工作對時間比較敏感。此外中斷處理還有一些計算任務，例如資料複製、資料封包的封裝和轉發、計算時間比較長的資料處理等，這些任務可以放到中斷下半部來執行。Linux 核心並沒有用嚴格的規則約束究竟什麼樣的任務應該放到下半部來執行，這由驅動開發者決定。中斷任務的劃分對系統性能會有比較大的影響。

那麼下半部具體在什麼時候執行呢？這沒有確切的時間點，一般是從硬體中斷返回後的某一個時間點開始執行。下半部執行的關鍵點是允許回應所有的中斷，處於打開中斷的環境。

11.2.1 軟體中斷

軟體中斷是 Linux 核心很早引入的機制，最早可以追溯到 Linux 2.3 開發期間。軟體中斷是預留給系統中對時間要求最嚴格和最重要的下半部使用的，而且目前驅動中只有區塊裝置和網路子系統使用了軟體中斷。系統靜態定義了許多軟體中斷類型，並且 Linux 核心開發者不希望使用者再擴充新的軟體中斷類型，如有需要，建議使用 tasklet 機制。已經定義好的軟體中斷類型如下。

[include/linux/interrupt.h]

```
enum
{
    HI_SOFTIRQ=0,
    TIMER_SOFTIRQ,
    NET_TX_SOFTIRQ,
    NET_RX_SOFTIRQ,
    BLOCK_SOFTIRQ,
    BLOCK_IOPOLL_SOFTIRQ,
    TASKLET_SOFTIRQ,
    SCHED_SOFTIRQ,
    HRTIMER_SOFTIRQ,
    RCU_SOFTIRQ,

};
```

可透過列舉類型來靜態宣告軟體中斷，並且每一種軟體中斷都使用索引來表示一種相對的優先順序，索引號越小，軟體中斷的優先順序越高，從而在一輪軟體中斷處理中得到優先執行。

- HI_SOFTIRQ，優先順序為 0，是優先順序最高的軟體中斷類型。
- TIMER_SOFTIRQ，優先順序為 1，是用於計時器的軟體中斷。
- NET_TX_SOFTIRQ，優先順序為 2，是用於發送網路資料封包的軟體中斷。
- NET_RX_SOFTIRQ，優先順序為 3，是用於接收網路資料封包的軟體中斷。
- BLOCK_SOFTIRQ 和 BLOCK_IOPOLL_SOFTIRQ，優先順序分別是 4 和 5，是用於區塊裝置的軟體中斷。
- TASKLET_SOFTIRQ，優先順序為 6，是專門為 tasklet 機制準備的軟體中斷。
- SCHED_SOFTIRQ，優先順序為 7，用於處理程序排程以及負載平衡。
- HRTIMER_SOFTIRQ，優先順序為 8，是一種高精度計時器。
- RCU_SOFTIRQ，優先順序為 9，是專門為 RCU 服務的軟體中斷。

softirq 的介面函數如下。

```
void open_softirq(int nr, void (*action)(struct softirq_action *))

void raise_softirq(unsigned int nr)
```

open_softirq() 介面函數可以註冊軟體中斷，其中參數 nr 是軟體中斷的序號。

raise_softirq() 介面函數用於主動觸發軟體中斷。

11.2.2　tasklet

tasklet 是利用軟體中斷實現的一種下半部機制，本質上是軟體中斷的變種，執行在軟體中斷上下文中。Tasklet 可用 tasklet_struct 資料結構來描述。

[include/linux/interrupt.h]

```
struct tasklet_struct
{
    struct tasklet_struct *next;
    unsigned long state;
    atomic_t count;
    void (*func)(unsigned long);
    unsigned long data;
};
```

- next：多個 tasklet 可串成一個鏈結串列。

- state：TASKLET_STATE_SCHED 表示 tasklet 已經被排程，正準備執行。TASKLET_STATE_RUN 表示 tasklet 正在執行中。

- count：若為 0，表示 tasklet 處於啟動狀態；若不為 0，表示 tasklet 被禁止，不允許執行。

- func：tasklet 處理常式，類似於軟體中斷中的 action 函數指標。

- data：傳遞參數給 tasklet 處理常式。

每個 CPU 維護兩個 tasklet 鏈結串列：一個用於普通優先順序的 tasklet_vec，另一個用於高優先順序的 tasklet_hi_vec，它們都是 Per-CPU 變數。鏈結串列中的每個 tasklet_struct 代表一個 tasklet。

[kernel/softirq.c]

```
struct tasklet_head {
    struct tasklet_struct *head;
    struct tasklet_struct **tail;
};

static DEFINE_PER_CPU(struct tasklet_head, tasklet_vec);
static DEFINE_PER_CPU(struct tasklet_head, tasklet_hi_vec);
```

其中，tasklet_vec 使用軟體中斷中的 TASKLET_SOFTIRQ 類型，優先順序是 6；而 tasklet_hi_vec 使用軟體中斷中的 HI_SOFTIRQ，優先順序是 0，它是所有軟體中斷中優先順序最高的。

要在驅動中使用 tasklet 機制，需要首先定義一個 tasklet。tasklet 可以靜態宣告，也可以動態初始化。

```
[include/linux/interrupt.h]

#define DECLARE_TASKLET(name, func, data) \
struct tasklet_struct name = { NULL, 0, ATOMIC_INIT(0), func, data }

#define DECLARE_TASKLET_DISABLED(name, func, data) \
struct tasklet_struct name = { NULL, 0, ATOMIC_INIT(1), func, data }
```

上述兩個巨集都會靜態地宣告一個 tasklet 資料結構,它們的唯一區別在於 count 成員的初值不同。DECLARE_TASKLET 巨集把 count 初始化為 0, 表示 tasklet 處於啟動狀態;而 DECLARE_TASKLET_DISABLED 巨集把 count 成員初始化為 1,表示 tasklet 處於關閉狀態。

當然,也可以在驅動程式中呼叫 tasklet_init() 函數來動態初始化 tasklet。

```
void tasklet_init(struct tasklet_struct *t,
          void (*func)(unsigned long), unsigned long data)
```

要在驅動程式中排程 tasklet,可以使用 tasklet_schedule() 函數。

```
[include/linux/interrupt.h]

static inline void tasklet_schedule(struct tasklet_struct *t)
```

11.2.3 local_bh_disable()/local_bh_enable()

local_bh_disable() 和 local_bh_enable() 是核心中提供的關閉軟體中斷的鎖機制,它們組成的臨界區可禁止本地 CPU 在中斷返回前執行軟體中斷,簡稱 BH 臨界區。local_bh_disable()/ local_bh_enable() 是關於 BH 的介面函數,執行在處理程序上下文中,核心的網路子系統中有大量使用它們的例子。

11.2.4 小結

軟體中斷是 Linux 核心中最常見的一種下半部機制,適合系統對性能和即時回應要求很高的場合,例如網路子系統、區塊裝置、高精度計時器、RCU 等。

- 軟體中斷類型是靜態定義的，Linux 核心不希望驅動開發者新增軟體中斷類型。
- 軟體中斷的回呼函數在開中斷的環境下執行。
- 同一類型的軟體中斷可以在多個 CPU 上並存執行。以 TASKLET_SOFTIRQ 類型的軟體中斷為例，多個 CPU 可以同時執行 tasklet_schedule()，並且多個 CPU 可能同時從中斷處理返回，然後同時觸發和執行 TASKLET_SOFTIRQ 類型的軟體中斷。
- 假如有驅動開發者要新增軟體中斷類型，那麼軟體中斷的處理常式需要考慮同步問題。
- 軟體中斷的回呼函數不能睡眠。
- 軟體中斷的執行時間點是在硬體中斷返回前，即退出硬體中斷上下文時，首先檢查是否有等待的軟體中斷，然後才檢查是否需要先佔當前處理程序。因此，軟體中斷上下文總是先佔處理程序上下文。

tasklet 是基於軟體中斷的一種下半部機制。

- tasklet 可以靜態定義，也可以動態初始化。
- tasklet 是串列執行的。一個 tasklet 在執行 tasklet_schedule() 時會綁定某個 CPU 的 tasklet_vec 鏈結串列，它必須在該 CPU 上執行完 tasklet 的回呼函數後才會和該 CPU 解綁。
- TASKLET_STATE_SCHED 和 TASKLET_STATE_RUN 標示位元巧妙地組成了串列執行。

11.3 工作佇列機制

工作佇列機制是除了軟體中斷和 tasklet 以外最常用的下半部機制之一。工作佇列的基本原理是把 work（需要延後執行的函數）交由一個核心執行緒執行，並且總是在處理程序上下文中執行。工作佇列的優點是利用處理程序上下文來執行中斷下半部操作，因此工作佇列允許重新排程和睡眠，是非同步執行的處理程序上下文，另外還能解決因軟體中斷和 tasklet 執行時間過長而導致系統即時性下降等問題。

當驅動程式或核心子系統在處理程序上下文中有非同步執行的工作任務時，可以使用工作項來描述工作任務。把工作項增加到一個佇列中，然後由一個核心執行緒執行工作任務的回呼函數。這裡核心執行緒稱為 worker。

工作佇列是在 Linux 2.5.x 核心開發期間被引入的機制。早期工作佇列的設計比較簡單，由多執行緒（multi-threaded，每個 CPU 預設一個工作執行緒）和單執行緒（single threaded，使用者可以自行創建工作執行緒）組成，在長期測試中人們發現以下問題。

- 核心執行緒數量太多。雖然系統中有預設的一套工作執行緒，但是很多驅動和子系統喜歡自行創建工作執行緒，例如呼叫 create_workqueue() 函數，這導致在大型系統（CPU 數量比較多）中，在核心啟動結束之後可能就已經耗盡了系統的 PID 資源。
- 併發性比較差。多執行緒的工作執行緒和 CPU 是一一綁定的，假設 CPU0 上的工作執行緒有 A、B 和 C，執行 A 上的回呼函數時 A 進入了睡眠狀態，CPU0 把 A 排程出去，執行其他的處理程序。對 B 和 C 來說，它們只能等待 CPU0 重新排程，儘管其他 CPU 比較空閒，但沒有辦法遷移到其他 CPU 上。
- 鎖死問題。系統有一個預設的工作佇列 kevents，如果有很多工作執行緒執行在預設的 kevents 上，並且它們有一些資料上的依賴關係，那麼很有可能會產生鎖死。解決辦法是為每一個有可能產生鎖死的工作執行緒創建專職的工作執行緒，這樣又回到上述第一個問題了。

因此，社區專家 Tejun Heo 在 Linux 2.6.36 中提出了一套解決方案——併發託管工作佇列（Concurrency-Managed WorkQueue，CMWQ）。執行工作任務的執行緒稱為 worker 或工作執行緒。工作執行緒會序列化地執行掛入佇列中的所有工作。如果佇列中沒有工作，那麼工作執行緒就會變成空閒（idle）狀態。為了管理許多工作執行緒，CMWQ 提出了工作執行緒池的概念，工作執行緒池有兩種：一種是 BOUND 類型的，可以視為 Per-CPU 類型，每個 CPU 都有工作執行緒池；另一種是 UNBOUND 類型的，不和具體的 CPU 綁定。這兩種工作執行緒池都會定義兩個執行緒池，一個給普通優先順序的工作執行緒使用，另一個給高優先順序的工作執行緒使用。這些工作執行緒池中的執行緒數量是動態分配和管理的，而非固定的。當工作執行緒睡眠時，會檢查是否需要喚醒更多的工作執行緒，如有需要，就喚醒同一工作執行緒池中空閒狀態的工作執行緒。

11.3.1 工作佇列的類型

用於創建工作佇列的介面函數有很多，並且基本上和舊版本的工作佇列相容。

```
[include/linux/workqueue.h]

#define alloc_workqueue(fmt, flags, max_active, args…)    \
    __alloc_workqueue_key((fmt), (flags), (max_active),    \
              NULL, NULL, ##args)
```

最常見的介面函數是 alloc_workqueue()，它有 3 個參數，分別是 name、flags 和 max_active。其他的介面函數都和該介面函數類似，只是呼叫的 flags 不相同。

- WQ_UNBOUND：工作任務會加入 UNBOUND 工作佇列，UNBOUND 工作佇列中的工作執行緒沒有綁定到具體的 CPU。UNBOUND 類型的工作不需要進行額外的同步管理，UNBOUND 工作執行緒池會嘗試儘快執行自己的工作。這類工作會犧牲一部分性能（局部原理帶來的性能提升），但是比較適用於以下場景。
- 一些應用會在不同的 CPU 上跳躍，如果創建 BOUND 類型的工作佇列，就會創建很多沒用的工作執行緒。
- 長時間執行的 CPU 消耗類型的應用（標記為 WQ_CPU_INTENSIVE）通常會創建 UNBOUND 類型的工作佇列，處理程序排程器會管理這類工作執行緒在哪個 CPU 上執行。

- WQ_FREEZABLE：標記為 WQ_FREEZABLE 的工作佇列會參與系統暫停過程，這會讓工作執行緒在處理完當前所有的工作之後才完成處理程序的凍結，並且這個過程中不會開始新工作，直到處理程序被解凍。

- WQ_MEM_RECLAIM：當記憶體緊張時，創建新的工作執行緒可能會失敗，系統還有救助者核心執行緒（用於接管這種情況）。

- WQ_HIGHPRI：屬於高優先順序的執行緒池，擁有比較低的 nice 值。

- WQ_CPU_INTENSIVE：屬於特別消耗 CPU 資源的一類工作，這類工作的執行會得到系統處理程序排程器的監管。排在這類工作後面的 non-CPU-intensive 類型的工作可能會延後執行。

- __WQ_ORDERED：表示在同一時間只能執行一個工作。

系統在初始化時會創建系統預設的工作佇列，這裡使用了用於創建工作佇列的介面函數 alloc_workqueue()。

```
<kernel/workqueue.c>

static int __init init_workqueues(void)
{
    ...

    system_wq = alloc_workqueue("events", 0, 0);
    system_highpri_wq = alloc_workqueue("events_highpri", WQ_HIGHPRI, 0);
    system_long_wq = alloc_workqueue("events_long", 0, 0);
    system_unbound_wq = alloc_workqueue("events_unbound", WQ_UNBOUND,
                    WQ_UNBOUND_MAX_ACTIVE);
    system_freezable_wq = alloc_workqueue("events_freezable",
                    WQ_FREEZABLE, 0);
    system_power_efficient_wq = alloc_workqueue("events_power_efficient",
                    WQ_POWER_EFFICIENT, 0);
    system_freezable_power_efficient_wq = alloc_workqueue("events_freezable_
                    power_efficient", WQ_FREEZABLE | WQ_POWER_EFFICIENT,
                    0);
    ...
}
early_initcall(init_workqueues);
```

- 普通優先順序的 BOUND 類型的工作佇列 system_wq，名稱為 "events"，可以視為預設工作佇列。
- 高優先順序的 BOUND 類型的工作佇列 system_highpri_wq，名稱為 "events_highpri"。
- UNBOUND 類型的工作佇列 system_unbound_wq，名稱為 "system_unbound"。
- freezable 類型的工作佇列 system_freezable_wq，名稱為 "events_freezable"。
- 省電類型的工作佇列 system_power_efficient_wq，名稱為 "events_power_efficient"。

11.3.2 使用工作佇列

Linux 核心推薦驅動開發者使用預設的工作佇列，而非新建工作佇列。要使用系統預設的工作佇列，首先需要初始化工作，核心提供了對應的巨集 INIT_WORK()。

```
[include/linux/workqueue.h]

#define INIT_WORK(_work, _func)                         \
    __INIT_WORK((_work), (_func), 0)

#define __INIT_WORK(_work, _func, _onstack)             \
    do {                                                \
        __init_work((_work), _onstack);                 \
        (_work)->data = (atomic_long_t) WORK_DATA_INIT();  \
        INIT_LIST_HEAD(&(_work)->entry);                \
        (_work)->func = (_func);                        \
    } while (0)

#define WORK_DATA_INIT()    ATOMIC_LONG_INIT(WORK_STRUCT_NO_POOL)
```

初始化工作後，就可以呼叫 schedule_work() 函數把工作掛入系統預設的工作佇列。

```
[include/linux/workqueue.h]

static inline bool schedule_work(struct work_struct *work)
```

```
{
    return queue_work(system_wq, work);
}
```

schedule_work() 函數會把工作掛入系統預設的 BOUND 類型的工作佇列 system_wq，該工作佇列是在執行 init_workqueues() 時創建的。

11.3.3 小結

在驅動開發中使用 workqueue 是比較簡單的，特別是使用系統預設的工作佇列 system_wq，步驟如下。

（1）使用 INIT_WORK() 巨集宣告工作及其回呼函數。

（2）透過 schedule_work() 排程工作。

（3）透過 cancel_work_sync() 取消工作。

此外，有的驅動會自己創建工作佇列，特別是網路子系統、區塊裝置子系統等，步驟如下。

（1）使用 alloc_workqueue() 創建新的工作佇列。

（2）使用 INIT_WORK() 巨集宣告工作及其回呼函數。

（3）在新的工作佇列上排程工作，即呼叫 queue_work()。

（4）刷新工作佇列中的所有工作，即呼叫 flush_workqueue()。

Linux 核心還提供了一種將工作佇列機制和計時器機制相結合的延遲時間機制——delayed_ work。

11.4 實驗

11.4.1 實驗 11-1：tasklet

1. 實驗目的

了解和熟悉 Linux 核心的 tasklet 機制的使用。

2. 實驗要求

（1）寫一個簡單的核心模組，初始化一個 tasklet，在 write() 函數裡呼叫 tasklet 回呼函數，在 tasklet 回呼函數中輸出使用者程式寫入的字串。

（2）寫一個應用程式，測試以上功能。

11.4.2　實驗 11-2：工作佇列

1. 實驗目的

了解和熟悉 Linux 核心的工作佇列機制的使用。

2. 實驗要求

（1）寫一個簡單的核心模組，初始化一個工作佇列，在 write() 函數裡呼叫工作佇列回呼函數，在工作佇列回呼函數中輸出使用者程式寫入的字串。

（2）寫一個應用程式，測試以上功能。

11.4.3　實驗 11-3：計時器和核心執行緒

1. 實驗目的

了解和熟悉 Linux 核心的計時器與核心執行緒機制的使用。

2. 實驗要求

寫一個簡單的核心模組，首先定義一個計時器來模擬中斷，再新建一個核心執行緒。當計時器到來時，喚醒核心執行緒，然後在核心執行緒的主程式中輸出該核心執行緒的相關資訊，如 PID、當前 jiffies 等資訊。

12 偵錯和性能最佳化

本章透過實驗的方式介紹 Linux 核心中常用的偵錯和最佳化技巧。本章的實驗可以在 QEMU 虛擬機器或 Ubuntu Linux 20.04 系統中進行。

性能最佳化是電腦中永恆的話題,可讓程式盡可能執行得更高效。在電腦的發展歷史中,人們複習出性能最佳化的一些相關理論,主要的理論如下。

- 二八定律:對於大部分事物,80% 的結果是由 20% 的原因引起的。這是最佳化可行的理論基礎,也啟發了程式邏輯最佳化的側重點。
- 木桶定律:木桶的容量取決於最短的那根木板。這個原理直接指明了最佳化方向,即先找到缺陷(熱點)再最佳化。

實際專案中的性能最佳化主要分為 5 個部分,也就是經典的 PAROT 模型,如圖 12.1 所示。

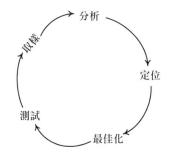

圖 12.1 性能最佳化中經典的 PAROT 模型

- 取樣（profile）：對要進行最佳化的程式進行取樣。不同的應用場景有不同的取樣工具，比如 Linux 核心裡有 perf 工具、Intel 公司有 Vturn 工具。
- 分析（analyze）：分析性能的瓶頸和熱點。
- 定位問題（root）：找出問題的根本原因。
- 最佳化（optimize）：最佳化性能瓶頸。
- 測試（test）：性能測試。

本章將介紹 Linux 核心和應用程式開發中常用的性能分析與偵錯工具，還將介紹相關技巧。

12.1 printk() 輸出函數和動態輸出

12.1.1 printk() 輸出函數

很多核心開發者最喜歡的偵錯工具之一是 printk()。printk() 是核心提供的格式化輸出函數，它和 C 標準函數庫提供的 printf() 函數類似。printk() 函數和 printf() 函數的重要區別是前者提供了輸出等級，核心根據這個等級來判斷是否在終端或序列埠中輸出結果。從作者多年的專案實踐經驗來看，使用 printk() 是最簡單有效的偵錯方法。

```
[include/linux/kern_levels.h]

#define KERN_EMERG KERN_SOH "0"      /* 最高等級，系統可能處於工作不正常狀態 */
#define KERN_ALERT   KERN_SOH "1"    /* 非常緊急 */
#define KERN_CRIT    KERN_SOH "2"    /* 緊急 */
#define KERN_ERR     KERN_SOH "3"    /* 錯誤等級*/
#define KERN_WARNING KERN_SOH "4"    /* 警告等級*/
#define KERN_NOTICE  KERN_SOH "5"    /* 提示等級 */
#define KERN_INFO    KERN_SOH "6"    /* 資訊等級 */
#define KERN_DEBUG   KERN_SOH "7"    /* 偵錯等級 */
```

Linux 核心為 printk() 定義了 8 個輸出等級，KERN_EMERG 等級最高，KERN_DEBUG 等級最低。在設定核心時，有一個巨集用來設定系統預設的輸出等級 CONFIG_MESSAGE_ LOGLEVEL_DEFAULT，通常設定為 4。只有當輸出等級高於 4 時才會輸出到終端或序列埠。通常在產品開發階段，會把系統的預設等級設定到最低，以便在開發測試階段曝露更多的問題和偵錯資訊，在產品發佈時再把輸出等級設定為 0 或 4。

```
<arch/arm64/configs/debian_defconfig>

CONFIG_MESSAGE_LOGLEVEL_DEFAULT=8 //將預設輸出等級設定為8，表示打開所有的輸出
                                  //資訊
```

此外，還可以透過在啟動核心時傳遞命令列給核心的方法來修改系統預設的輸出等級，例如傳遞 "loglevel=8" 給核心的啟動參數。

```
# $ qemu-system-aarch64 -m 1024 -cpu cortex-a57 -M virt -nographic -kernel
arch/arm64/boot/Image -append "noinintrd sched_debug root=/dev/vda rootfstype
=ext4 rw crashkernel=256M loglevel=8" -drive if=none,file=rootfs_debian_arm64.
ext4,id=hd0 -device virtio-blk-device,drive=hd0
```

在系統執行時期，也可以修改系統的輸出等級。

```
# cat /proc/sys/kernel/printk          //printk()預設有4個等級
7    4    1    7

# echo 8 > /proc/sys/kernel/printk    //打開所有的輸出資訊
```

上述內容分別表示主控台輸出等級、預設訊息輸出等級、最低輸出等級和預設主控台輸出等級。

在實際偵錯中，輸出函數名稱（__func__）和程式行號（__LINE__）也是一個很好的小技巧。

```
printk(KERN_EMERG "figo: %s, %d", __func__, __LINE__);
```

讀者需要注意 printk() 輸出格式，如表 12.1 所示，否則在編譯時會出現很多的警告。

⬇ 表 12.1 printk() 輸出格式

資 料 類 型	printk 格式符
int	%d 或 %x
unsigned int	%u 或 %x
long	%ld 或 %lx
long long	%lld 或 %llx
unsigned long long	%llu 或 %llx
size_t	%zu 或 %zx
ssize_t	%zd 或 %zx
函數指標	%pf

核心還提供了一些在實際專案中會用到的有趣的輸出函數。

■ 記憶體資料的輸出函數 print_hex_dump()。
■ 堆疊輸出函數 dump_stack()。

12.1.2 動態輸出

動態輸出（dynamic print）是核心子系統開發者最喜歡的輸出手段之一。在系統執行時期，可以由系統維護者動態地打開和關閉指定的 printk() 輸出，也可以有選擇地打開某些模組的輸出，而 printk() 是全域的，只能設定輸出等級。要使用動態輸出，必須在設定核心時打開 CONFIG_DYNAMIC_DEBUG 巨集。核心程式裡使用了大量的 pr_debug()/dev_dbg() 函數來輸出資訊，這裡就使用了動態輸出技術。另外，還需要系統掛載 debugfs 檔案系統。

動態輸出在 debugfs 檔案系統中對應的是 control 檔案節點。control 檔案節點記錄了系統中所有使用動態輸出技術的檔案名稱路徑、輸出敘述所在的行號、模組名稱和將要輸出的敘述等。

```
# cat /sys/kernel/debug/dynamic_debug/control

[…]
mm/cma.c:372 [cma]cma_alloc =_ "%s(cma %p, count %d, align %d)\012"
mm/cma.c:413 [cma]cma_alloc =_ "%s(): memory range at %p is busy, retrying\012"
```

```
mm/cma.c:418 [cma]cma_alloc =_ "%s(): returned %p\012"
mm/cma.c:439 [cma]cma_release =_ "%s(page %p)\012"
[…]
```

舉例來說，對於上面的 cma 模組，檔案名稱路徑是 mm/cma.c，輸出敘述所在的行號是 372，所在函數是 cma_alloc()，將要輸出的敘述是 "%s(cma %p, count %d, align %d)\012"。在使用動態輸出技術之前，可以先透過查詢 control 檔案節點獲知系統有哪些動態輸出敘述，例如 "cat control | grep xxx"。

下面舉例說明如何使用動態輸出技術。

```
// 打開svcsock.c檔案中的所有動態輸出敘述
# echo 'file svcsock.c +p' > /sys/kernel/debug/dynamic_debug/control

// 打開usbcore模組中的所有動態輸出敘述
# echo  'module usbcore +p' >  /sys/kernel/debug/dynamic_debug/control

// 打開svc_process()函數中的所有動態輸出敘述
# echo 'func svc_process +p' >  /sys/kernel/debug/dynamic_debug/control

// 關閉svc_process()函數中的所有動態輸出敘述
# echo 'func svc_process -p' > /sys/kernel/debug/dynamic_debug/control

// 打開檔案路徑中包含usb的檔案裡的所有動態輸出敘述
# echo -n '*usb* +p' > /sys/kernel/debug/dynamic_debug/control

// 打開系統所有的動態輸出敘述
# echo -n '+p' >  /sys/kernel/debug/dynamic_debug/control
```

上面是打開動態輸出敘述的例子，除了能輸出 pr_debug()/dev_dbg() 函數中定義的輸出敘述外，還能輸出一些額外資訊，例如函數名稱、行號、模組名稱和執行緒 ID 等。

- p：打開動態輸出敘述。
- f：輸出函數名稱。
- l：輸出行號。
- m：輸出模組名稱。
- t：輸出執行緒 ID。

對一些偵錯系統啟動方面的程式，例如 SMP 初始化、USB 核心初始化等，這些程式在系統進入 shell 終端時就已經初始化完畢，因此無法及時打開動態輸出敘述。這時可以在核心啟動時傳遞參數給核心，在系統初始化時動態打開它們，這是實際專案中非常好用的技巧。舉例來說，用於偵錯 SMP 初始化的程式查詢到 topology 模組中有一些動態輸出敘述。

```
/ # cat /sys/kernel/debug/dynamic_debug/control | grep topology
arch/arm64/kernel/topology.c:54 [topology]store_cpu_topology "CPU%u: cluster
%d core %d thread %d mpidr %#016llx\012"
```

在核心的命令列中增加 "topology.dyndbg=+plft" 字串。

```
$ qemu-system-aarch64 -m 1024 -cpu cortex-a57 -M virt -smp 4 -nographic
-kernel arch/arm64/boot/Image -append "noinintrd sched_debug root=/dev/vda
rootfstype=ext4 rw crashkernel=256M loglevel=8 topology.dyndbg=+plft "
-drive if=none,file=rootfs_debian_arm64.ext4,id=hd0 -device virtio-blk-
device,drive=hd0 -fsdev local,id=kmod_dev,path=./kmodules,security_model=none
-device virtio-9p-pci,fsdev=kmod_dev,mount_tag=kmod_mount

[…]
root@ubuntu:~# dmesg | grep "cluster"
[    0.159395] [0] store_cpu_topology:54: CPU1: cluster 0 core 1 thread -1
mpidr 0x00000080000001
[    0.173522] [0] store_cpu_topology:54: CPU2: cluster 0 core 2 thread -1
mpidr 0x00000080000002
[    0.181006] [0] store_cpu_topology:54: CPU3: cluster 0 core 3 thread -1
mpidr 0x00000080000003
root@ubuntu:~#
```

還可以在各個子系統的 Makefile 中增加 ccflags 來打開動態輸出功能。

```
[…/Makefile]

ccflags-y       := -DDEBUG
ccflags-y       += -DVERBOSE_DEBUG
```

12.1.3 實驗 12-1：使用 printk() 輸出函數

1. 實驗目的

了解如何使用核心的 printk() 輸出函數進行輸出偵錯。

2. 實驗要求

（1）寫一個簡單的核心模組，使用 printk() 函數進行輸出。

（2）在核心中選擇驅動程式或核心程式，使用 printk() 函數進行輸出偵錯。

12.1.4 實驗 12-2：使用動態輸出

1. 實驗目的

學會使用動態輸出的方式來輔助偵錯。

2. 實驗要求

（1）選擇熟悉的核心模組或驅動模組，打開動態輸出功能以觀察記錄檔資訊。

（2）寫一個簡單的核心模組，使用 pr_debug()/dev_dbg() 函數來增加輸出資訊，並且在 QEMU 或 Ubuntu Linux 中進行實驗。

12.2 proc 和 debugfs

12.2.1 proc 檔案系統

Linux 系統中的 proc 和 sys 兩個目錄提供了一些核心偵錯參數，為什麼這兩個不同的目錄會同時存在呢？早期的 Linux 核心中是沒有 proc 和 sys 這兩個目錄的，偵錯參數時顯得特別麻煩，只能靠個人對程式的瞭解程度。後來社區開發了一套虛擬的檔案系統，也就是核心和核心模組用來向處理程序發送訊息的機制，這種機制名為 proc。這套虛擬的檔案系統可以讓使用者和核心的內部資料結構進行互動，比如獲取處理程序的有用資訊、系統的有用資訊等。可以查看某個處理程序的相關資訊，也可以查看系統的資訊，比如 /proc/meminfo 用來查看記憶體的管理資訊、/proc/cpuinfo 用來觀察 CPU 的資訊。

proc 檔案系統並不是真正意義上的檔案系統，雖然在記憶體中，卻不佔用磁碟空間。proc 檔案系統包含一些結構化的目錄和虛擬檔案，既可以向使用者呈現核心中的一些資訊，也可以用作一種從使用者空間向核心發送資訊的手段。這些虛擬檔案在使用查看命令查看時會返回大量資訊，但檔案本身顯示為 0 位元組。此外，在這些特殊檔案中，大多數檔案的時間及日期屬性通常為當前系統時間和日期。事實上，ps、top 等 shell 命令就是從 proc 檔案系統中讀取資訊的，且更具可讀性。

在 QEMU 虛擬機器中執行 ARM64 Linux 的以下 proc 檔案系統。

```
/ # cd /proc/
/proc # ls
1            282          7            fb           partitions
10           283          703          filesystems  self
11           285          704          fs           slabinfo
12           293          8            interrupts   softirqs
13           3            9            iomem        stat
14           4            asound       ioports      swaps
15           407          buddyinfo    irq          sys
16           408          bus          kallsyms     sysrq-trigger
17           409          cgroups      kmsg         sysvipc
18           410          cmdline      kpagecount   thread-self
19           427          config.gz    kpageflags   timer_list
2            475          consoles     loadavg      tty
20           490          cpu          locks        uptime
21           5            cpuinfo      meminfo      version
22           592          crypto       misc         vmallocinfo
23           6            device-tree  modules      vmstat
24           603          devices      mounts       zoneinfo
25           604          diskstats    mtd
279          618          driver       net
280          684          execdomains  pagetypeinfo
```

proc 檔案系統常用的一些節點如下。

- /proc/cpuinfo：CPU 資訊（型號、家族、快取大小等）。
- /proc/meminfo：實體記憶體、交換空間等資訊。
- /proc/mounts：已載入的檔案系統的列表。
- /proc/filesystems：被支持的檔案系統。
- /proc/modules：已載入的模組。
- /proc/version：核心版本。

- /proc/cmdline：系統啟動時輸入的核心命令列參數。
- /proc/<pid>/：<pid> 表示處理程序的 PID，這些子目錄中包含的檔案可以提供有關處理程序的狀態和環境的重要細節資訊。
- /proc/interrupts：中斷使用情況。
- /proc/kmsg：核心記錄檔資訊。
- /proc/devices：可用的裝置，如字元裝置和區塊裝置。
- /proc/slabinfo：slab 系統的統計資訊。
- /proc/uptime：系統正常執行時間。

舉例來説，透過 cat/proc/cpuinfo 可查看當前系統的 CPU 資訊。

```
root@ubuntu:~# cat /proc/cpuinfo
processor        : 0
BogoMIPS         : 125.00
Features         : fp asimd evtstrm aes pmull sha1 sha2 crc32 cpuid
CPU implementer  : 0x41
CPU architecture : 8
CPU variant      : 0x1
CPU part         : 0xd07
CPU revision     : 0
```

再如，查看 PID 為 718 的處理程序相關資訊。

```
/proc/718 # ls -l
total 0
-r--------    1 0          0                0 Apr 28 09:42 auxv
-r--r--r--    1 0          0                0 Apr 28 09:42 cgroup
--w-------    1 0          0                0 Apr 28 09:42 clear_refs
-r--r--r--    1 0          0                0 Apr 28 09:42 cmdline
-rw-r--r--    1 0          0                0 Apr 28 09:42 comm
-rw-r--r--    1 0          0                0 Apr 28 09:42 coredump_filter
-r--r--r--    1 0          0                0 Apr 28 09:42 cpuset
lrwxrwxrwx    1 0          0                0 Apr 28 09:42 cwd -> /proc
-r--------    1 0          0                0 Apr 28 09:42 environ
lrwxrwxrwx    1 0          0                0 Apr 28 09:42 exe -> /bin/busybox
dr-x------    2 0          0                0 Apr 28 09:42 fd
dr-x------    2 0          0                0 Apr 28 09:42 fdinfo
-r--r--r--    1 0          0                0 Apr 28 09:42 limits
-r--r--r--    1 0          0                0 Apr 28 09:42 maps
-rw-------    1 0          0                0 Apr 28 09:42 mem
```

```
-r--r--r--    1 0         0              0 Apr 28 09:42 mountinfo
-r--r--r--    1 0         0              0 Apr 28 09:42 mounts
-r--------    1 0         0              0 Apr 28 09:42 mountstats
dr-xr-xr-x    5 0         0              0 Apr 28 09:42 net
dr-x--x--x    2 0         0              0 Apr 28 09:42 ns
-rw-r--r--    1 0         0              0 Apr 28 09:42 oom_adj
-r--r--r--    1 0         0              0 Apr 28 09:42 oom_score
-rw-r--r--    1 0         0              0 Apr 28 09:42 oom_score_adj
-r--------    1 0         0              0 Apr 28 09:42 pagemap
-r--------    1 0         0              0 Apr 28 09:42 personality
lrwxrwxrwx    1 0         0              0 Apr 28 09:42 root -> /
-r--r--r--    1 0         0              0 Apr 28 09:42 smaps
-r--------    1 0         0              0 Apr 28 09:42 stack
-r--r--r--    1 0         0              0 Apr 28 09:42 stat
-r--r--r--    1 0         0              0 Apr 28 09:42 statm
-r--r--r--    1 0         0              0 Apr 28 09:42 status
-r--------    1 0         0              0 Apr 28 09:42 syscall
dr-xr-xr-x    3 0         0              0 Apr 28 09:42 task
-r--r--r--    1 0         0              0 Apr 28 09:42 wchan
```

處理程序常見的資訊如下。

- attr：提供安全相關的屬性。
- cgroup：處理程序所屬的控制組。
- cmdline：命令列參數。
- environ：環境變數值。
- fd：一個包含所有檔案描述符號的目錄。
- mem：處理程序的記憶體利用情況。
- stat：處理程序狀態。
- status：處理程序當前狀態，以讀取的方式顯示。
- cwd：當前工作目錄的連結。
- exe：指向處理程序的命令執行檔案。
- maps：記憶體映射資訊。
- statm：處理程序的記憶體使用資訊。
- root：連結處理程序的 root 目錄。
- oom_adj、oom_score、oom_score_adj：用於 OOM killer。

12.2.2 sys 檔案系統

既然有了 proc 目錄，為什麼還要 sys 目錄呢？

其實在 Linux 核心的開發階段，很多核心模組會在 proc 目錄中亂增加節點和目錄，導致 proc 目錄中的內容顯得雜亂無章。另外，Linux 2.5 在開發期間設計了一套統一的裝置驅動模型，從而誕生了 sys 這個新的虛擬檔案系統。

這套新的裝置模型是為了對電腦上的所有裝置統一地進行表示和操作，包括裝置本身和裝置之間的連接關係。這套模型建立在對 PCI 和 USB 的匯流排列舉過程的分析之上，這兩種匯流排類型能代表當前系統中的大多數裝置類型。比如在常見的 PC 中，CPU 能直接控制的是 PCI 匯流排裝置，而 USB 匯流排裝置是具體的 PCI 裝置，外部 USB 裝置（比如 USB 滑鼠等）則連線 USB 匯流排裝置；當電腦執行暫停的操作時，Linux 核心應該以「外部 USB 裝置→ USB 匯流排裝置→ PCI 匯流排裝置」的順序通知每一個裝置將電源暫停；執行恢復時則以相反的順序進行通知；如果不按此順序，則有的裝置得不到正確的電源狀態變遷的通知，將無法正常執行。sysfs 是在 Linux 統一裝置模型的過程中產生的副產品。

現在很多子系統、裝置驅動程式已經將 sysfs 作為與使用者空間互動的介面。

在 QEMU 虛擬機器上執行的 ARM32 Linux 中的 sys 檔案系統如下。

```
/sys # ls
block      class      devices      fs        module
bus        dev        firmware     kernel    power
```

sys 檔案系統的幾個主要目錄及功能描述如表 12.2 所示。

⬇ 表 12.2 sys 檔案系統的幾個主要目錄及功能描述

目　　錄	描　　述
block	描述當前系統中所有的區塊裝置
class	根據裝置功能分類的裝置模型
devices	描述系統中所有的裝置，裝置可根據類型來分層

目　錄	描　述
fs	描述系統中所有的檔案系統
module	描述系統中所有的模組
bus	將系統中所有的裝置連接到某個匯流排
dev	維護按字元裝置和區塊裝置的主次號碼連接到真實裝置的符號連接檔案
firmware	與系統載入軔體相關的一些介面
kernel	核心可調參數
power	與電源管理相關的可調參數

因此，系統的整體資訊可透過 procfs 來獲取，裝置模型相關資訊可透過 sysfs 來獲取。

12.2.3 debugfs 檔案系統

debugfs 是一種用來偵錯核心的記憶體檔案系統，核心開發者可以透過 debugfs 和使用者空間交換資料，有點類似於前文提到的 procfs 和 sysfs。 debugfs 檔案系統並不是儲存在磁碟上，而是建立在記憶體中。

進行核心偵錯時使用的最原始的偵錯手段是增加輸出敘述，但是有時我們 需要在執行中修改某些核心的資料，這時 printk() 就顯得無能為力了。一 種可行的辦法就是修改核心程式並編譯，然後重新執行，但這種辦法低效 並且在有些場景下系統還不能重新啟動。為此，可使用臨時的檔案系統把 關心的資料映射到使用者空間。之前核心實現的 procfs 和 sysfs 可以達到 這個目的，但 procfs 是為了反映系統以及處理程序的狀態資訊，而 sysfs 用於 Linux 裝置驅動模型，因此把私有的偵錯資訊加入這兩個虛擬檔案系 統不太合適。於是核心又增加了一個虛擬檔案系統，也就是 debugfs。

debugfs 一般會掛載到 /sys/kernel/debug 目錄，可以透過 mount 命令來實 現。

```
# mount -t debugfs none /sys/kernel/debug
```

12.2.4 實驗 12-3：使用 procfs

1. 實驗目的

（1）寫一個核心模組，在 /proc 中創建名為 "test" 的目錄。

（2）在 test 目錄下創建兩個節點，分別是 "read" 和 "write" 節點。從 "read" 節點中可以讀取核心模組的某個全域變數的值，透過往 "write" 節點中寫入資料可以修改某個全域變數的值。

2. 實驗詳解

procfs 檔案系統提供了一些常用的 API 函數，這些 API 函數定義在 fs/proc/internal.h 檔案中。

proc_mkdir() 函數可以在 parent 父目錄中創建一個名為 name 的目錄，如果將 parent 指定為 NULL，就在 /proc 根目錄下創建一個目錄。

```
struct proc_dir_entry *proc_mkdir(const char *name,
    struct proc_dir_entry *parent)
```

proc_create() 函數會創建一個新的檔案節點。

```
struct proc_dir_entry *proc_create(
    const char *name, umode_t mode, struct proc_dir_entry *parent,
    const struct file_operations *proc_fops)
```

其中，name 是節點的名稱；mode 是節點的存取權限，以 UGO 的模式表示；parent 則指向父處理程序的 proc_dir_entry 物件；proc_fops 指向檔案的操作函數。

比如，misc 驅動在初始化時就創建了一個名為 "misc" 的檔案。

```
<driver/char/misc.c>

static int __init misc_init(void)
{
    int err;
#ifdef CONFIG_PROC_FS
    proc_create("misc", 0, NULL, &misc_proc_fops);
```

```
#endif
...
}
```

proc_fops 會指向 misc 檔案的操作函數集，比如在 misc 驅動中會定義 misc_proc_fops 操作函數集，裡面有 open、read、llseek、release 等檔案操作函數。

```
static const struct file_operations misc_proc_fops = {
    .owner   = THIS_MODULE,
    .open    = misc_seq_open,
    .read    = seq_read,
    .llseek  = seq_lseek,
    .release = seq_release,
};
```

下面讀取 /proc/misc 檔案的相關資訊，這裡列出了系統中有關 misc 裝置的資訊。

```
/proc # cat misc
 59 ubi_ctrl
 60 memory_bandwidth
 61 network_throughput
 62 network_latency
 63 cpu_dma_latency
  1 psaux
183 hw_random
```

讀者可以參照 Linux 核心中的例子來完成本實驗。

12.2.5 實驗 12-4：使用 sysfs

1. 實驗目的

（1）寫一個核心模組，在 /sys/ 目錄下創建一個名為 "test" 的目錄。

（2）在 test 目錄下創建兩個節點，分別是 "read" 和 "write" 節點。從 "read" 節點中可以讀取核心模組的某個全域變數的值，透過往 "write" 節點中寫入資料可以修改某個全域變數的值。

2. 實驗詳解

下面介紹本實驗會用到的一些 API 函數。

kobject_create_and_add() 函數會動態生成 kobject 資料結構,然後將其註冊到 sysfs 檔案系統中。其中,name 就是要創建的檔案或目錄的名稱;parent 指向父目錄的 kobject 資料結構,若 parent 為 NULL,則說明 /sys 目錄就是父目錄。

```
struct kobject *kobject_create_and_add(const char *name, struct kobject *parent)
```

sysfs_create_group() 函數有兩個參數,對於第一個參數,在 kobj 目錄下創建一個屬性集合,並且顯示該屬性集合中的檔案。

```
static inline int sysfs_create_group(struct kobject *kobj,
                    const struct attribute_group *grp)
```

第二個參數描述的是一組屬性類型。attribute_group 資料結構的定義如下。

```
<include/linux/sysfs.h>

struct attribute_group {
    const char              *name;
    umode_t                 (*is_visible)(struct kobject *,
                             struct attribute *, int);
    struct attribute        **attrs;
    struct bin_attribute    **bin_attrs;
};
```

其中,attribute 資料結構用於描述檔案的屬性。

下面以 /sys/kernel/ 目錄下的檔案為例來說明它們是如何建立的。

```
/sys/kernel # ls -l
total 0
drwx------    17 0         0              0 Jan  1  1970 debug
-r--r--r--     1 0         0           4096 Apr 29 07:08 fscaps
-r--r--r--     1 0         0           4096 Apr 29 07:08 kexec_crash_loaded
-rw-r--r--     1 0         0           4096 Apr 29 07:08 kexec_crash_size
-r--r--r--     1 0         0           4096 Apr 29 07:08 kexec_loaded
drwxr-xr-x     2 0         0              0 Apr 29 07:08 mm
-r--r--r--     1 0         0             36 Apr 29 07:08 notes
```

```
-rw-r--r--     1 0          0             4096 Apr 29 07:08 profiling
-rw-r--r--     1 0          0             4096 Apr 29 07:08 rcu_expedited
drwxr-xr-x    70 0          0                0 Apr 29 07:08 slab
-rw-r--r--     1 0          0             4096 Apr 29 07:08 uevent_helper
-r--r--r--     1 0          0             4096 Apr 29 07:08 uevent_seqnum
-r--r--r--     1 0          0             4096 Apr 29 07:08 vmcoreinfo
```

/sys/kernel 目錄建立在核心原始程式碼的 kernel/ksysfs.c 檔案中。

```
static int __init ksysfs_init(void)
{
    kernel_kobj = kobject_create_and_add("kernel", NULL);
    ...
    error = sysfs_create_group(kernel_kobj, &kernel_attr_group);
    return 0;
}
```

首先，這裡的 kobject_create_and_add() 會在 /sys 目錄下建立一個名為
"kernel" 的目錄，然後 sysfs_create_group() 函數會在 kernel 目錄下創建一
些屬性集合。

```
static struct attribute * kernel_attrs[] = {
    &fscaps_attr.attr,
    &uevent_seqnum_attr.attr,
&profiling_attr.attr,
    NULL
};

static struct attribute_group kernel_attr_group = {
    .attrs = kernel_attrs,
};
```

以 profiling 檔案為例，這裡實現了 profiling_show() 和 profiling_store() 兩
個函數，它們分別對應讀取操作和寫入操作。

```
static ssize_t profiling_show(struct kobject *kobj,
                struct kobj_attribute *attr, char *buf)
{
    return sprintf(buf, "%d\n", prof_on);
}
static ssize_t profiling_store(struct kobject *kobj,
                struct kobj_attribute *attr,
                const char *buf, size_t count)
{
```

```
    int ret;

    profile_setup((char *)buf);
    ret = profile_init();
    return count;
}
KERNEL_ATTR_RW(profiling);
```

其中，KERNEL_ATTR_RW 巨集的定義如下。

```
#define KERNEL_ATTR_RO(_name) \
static struct kobj_attribute _name##_attr = __ATTR_RO(_name)

#define KERNEL_ATTR_RW(_name) \
static struct kobj_attribute _name##_attr = \
    __ATTR(_name, 0644, _name##_show, _name##_store)
```

Linux 核心原始程式碼裡還有很多裝置驅動的例子，讀者可以參考這些例子來完成本實驗。

12.2.6 實驗 12-5：使用 debugfs

1. 實驗目的

（1）寫一個核心模組，在 debugfs 檔案系統中創建一個名為 "test" 的目錄。

（2）在 test 目錄下創建兩個節點，分別是 "read" 和 "write" 節點。從 "read" 節點中可以讀取核心模組的某個全域變數的值，透過向 "write" 節點中寫入資料可以修改某個全域變數的值。

2. 實驗詳解

debugfs 檔案系統中有不少 API 函數可以使用，它們定義在 include/linux/debugfs.h 標頭檔中。

```
struct dentry *debugfs_create_dir(const char *name,
                    struct dentry *parent)

void debugfs_remove(struct dentry *dentry)

struct dentry *debugfs_create_blob(const char *name, umode_t mode,
```

```
                struct dentry *parent,
                struct debugfs_blob_wrapper *blob)

struct dentry *debugfs_create_file(const char *name, umode_t mode,
                struct dentry *parent, void *data,
                const struct file_operations *fops)
```

12.3 ftrace

ftrace 最早出現在 Linux 2.6.27 版本中，不僅設計目標簡單，而且基於靜態程式插樁技術，不需要使用者透過額外的程式設計就能定義 trace 行為。靜態程式插樁技術比較可靠，不會因為使用者的不當使用而導致核心崩潰。ftrace 這一名字由 function trace 而來，可利用 gcc 編譯器的 profile 特性在所有函數入口處增加一段插樁（stub）程式，ftrace 則透過多載這段程式來實現 trace 功能。gcc 編譯器的 "-pg" 選項會在每個函數入口處加入 mcount 的呼叫程式，原本 mcount 有 libc 實現，因為核心不會連結 libc 函數庫，所以 ftrace 編寫了自己的 mcount stub 函數。

在使用 ftrace 之前，需要確保核心編譯了設定選項。

```
CONFIG_FTRACE=y
CONFIG_HAVE_FUNCTION_TRACER=y
CONFIG_HAVE_FUNCTION_GRAPH_TRACER=y
CONFIG_HAVE_DYNAMIC_FTRACE=y
CONFIG_FUNCTION_TRACER=y
CONFIG_IRQSOFF_TRACER=y
CONFIG_SCHED_TRACER=y
CONFIG_ENABLE_DEFAULT_TRACERS=y
CONFIG_FTRACE_SYSCALLS=y
CONFIG_PREEMPT_TRACER=y
```

ftrace 的相關設定選項比較多，針對不同的追蹤器有各自對應的設定選項。ftrace 透過 debugfs 檔案系統向使用者空間提供存取介面，因此需要在系統啟動時掛載 debugfs。可以修改系統的 /etc/fstab 檔案或手動掛載。

```
mount  -t  debugfs  debugfs  /sys/kernel/debug
```

/sys/kernel/debug/trace 目 錄 的 提 供 了 各 種 追 蹤 器（tracer） 和 事 件
（event），一些常用的選項如下。

- available_tracers：列出當前系統支援的追蹤器。
- available_events：列出當前系統支援的事件。
- current_tracer：設定和顯示當前正在使用的追蹤器。使用 echo 命令可以把追蹤器的名字寫入 current_tracer 檔案，從而切換不同的追蹤器。預設為 nop，表示不執行任何追蹤操作。
- trace：讀取追蹤資訊。可透過 cat 命令查看 ftrace 記錄下來的追蹤資訊。
- tracing_on：用於開始或暫停追蹤。
- trace_options：設定 ftrace 的一些相關選項。

ftrace 當前包含多個追蹤器，可方便使用者追蹤不同類型的資訊，例如處理程序的睡眠和喚醒、先佔延遲的資訊等。透過查看 available_tracers 可以知道當前系統支援哪些追蹤器，如果系統支援的追蹤器中沒有使用者想要的，那就必須在設定核心時打開，然後重新編譯核心。ftrace 常用的追蹤器如表 12.3 所示。

⬇ 表 12.3 ftrace 常用的追蹤器

ftrace 常用的追蹤器	說　明
nop	不追蹤任何資訊。將 nop 寫入 current_tracer 檔案可以清空之前收集到的追蹤資訊
function	追蹤核心函數執行情況
function_graph	可以顯示類似於 C 語言的函數呼叫關係圖，比較直觀
hwlat	追蹤硬體相關的延遲時間
blk	追蹤區塊裝置的函數
mmiotrace	追蹤記憶體映射 I/O 操作
wakeup	追蹤普通優先順序的處理程序從獲得排程到被喚醒的最長延遲時間
wakeup_rt	追蹤 RT 類型的任務從獲得排程到被喚醒的最長延遲時間
irqsoff	追蹤關閉中斷資訊，並記錄關閉的最大時長
preemptoff	追蹤關閉禁止先佔資訊，並記錄關閉的最大時長

12.3.1 irqsoff 追蹤器

當中斷關閉（俗稱關中斷）後，CPU 就不能回應其他的事件。如果這時有一個滑鼠中斷，那麼在下一次開中斷時才能回應這個滑鼠中斷，這段延遲稱為中斷延遲。向 current_tracer 檔案寫入 irqsoff 字串即可打開 irqsoff 來追蹤中斷延遲。

```
# cd /sys/kernel/debug/tracing/
# echo 0 > options/function-trace //關閉function-trace可以減少一些延遲
# echo irqsoff > current_tracer
# echo 1 > tracing_on
  [...]   //停頓一會兒
# echo 0 > tracing_on
# cat trace
```

下面是 irqsoff 追蹤的結果。

```
# tracer: irqsoff
#
# irqsoff latency trace v1.1.5 on 5.0.0
# --------------------------------------------------------------------
# latency: 259 µs, #4/4, CPU#2 | (M:preempt VP:0, KP:0, SP:0 HP:0 #P:4)
#    -----------------
#    | task: ps-6143 (uid:0 nice:0 policy:0 rt_prio:0)
#    -----------------
#  => started at: __lock_task_sighand
#  => ended at:   _raw_spin_unlock_irqrestore
#
#
#                  _------=> CPU#
#                 / _-----=> irqs-off
#                | / _----=> need-resched
#                || / _---=> hardirq/softirq
#                ||| / _--=> preempt-depth
#                |||| /     delay
# cmd     pid    ||||| time  |   caller
#    \   /       |||||  \    |   /
     ps-6143    2d...   0µs!: trace_hardirqs_off <-__lock_task_sighand
     ps-6143    2d..1 259µs+: trace_hardirqs_on <-_raw_spin_unlock_irqrestore
     ps-6143    2d..1 263µs+: time_hardirqs_on <-_raw_spin_unlock_irqrestore
     ps-6143    2d..1 306µs : <stack trace>
```

```
=> trace_hardirqs_on_caller
=> trace_hardirqs_on
=> _raw_spin_unlock_irqrestore
=> do_task_stat
=> proc_tgid_stat
=> proc_single_show
=> seq_read
=> vfs_read
=> sys_read
=> system_call_fastpath
```

根據檔案的開頭可知，當前追蹤器為 irqsoff，當前追蹤器的版本資訊為 v1.1.5，執行的核心版本為 5.0.0，當前最大的中斷延遲是 259μs，追蹤項目和總共追蹤項目均為 4 個（#4/4）。另外，VP、KP、SP、HP 暫時沒用，#P:4 表示當前系統可用的 CPU 一共有 4 個，task: ps-6143 表示當前發生中斷延遲的處理程序是 PID 為 6143 的處理程序，名稱為 ps。

started at 和 ended at 顯示發生中斷的開始函數和結束函數分別為 __lock_task_sighand 與 _raw_spin_unlock_irqrestore。接下來的 ftrace 資訊表示的內容分別如下。

■ cmd：處理程序的名字為 "ps"。

■ pid：處理程序的 ID。

■ CPU#：表示處理程序執行在哪個 CPU 上。

■ irqs-off：這裡設定為 "d"，表示中斷已經關閉。

■ need_resched：可以設定為以下值。

- "N"：表示處理程序設定了 TIF_NEED_RESCHED 和 PREEMPT_NEED_RESCHED 標示位元，說明需要被排程。

- "n"：表示處理程序僅設定了 TIF_NEED_RESCHED 標示位元。

- "p"：表示處理程序僅設定了 PREEMPT_NEED_RESCHED 標示位元。

- "."：表示不需要排程。

■ hardirq/softirq：可以設定為以下值。

- "H"：表示在一次軟體中斷中發生了硬體中斷。

- "h"：表示硬體中斷發生。

- "s"：表示軟體中斷發生。
- "."：表示沒有中斷發生。

- preempt-depth：表示先佔關閉的巢狀結構層級。
- time：表示時間戳記。如果打開了 latency-format 選項，表示時間從開始追蹤算起，這是相對時間，以方便開發者觀察，否則使用系統絕對時間。
- delay：用一些特殊符號來表示延遲時間，以方便開發者觀察。
  - "$"：表示大於 1s。
  - "@"：表示大於 100ms。
  - "*"：表示大於 10ms。
  - "#"：表示大於 1000µs。
  - "!"：表示大於 100µs。
  - "+"：表示大於 10µs。

最後需要說明的是，檔案最開始顯示中斷延遲為 259µs，但是在 <stack trace> 裡顯示為 306µs，這是因為在記錄最大延遲資訊時需要花費一些時間。

12.3.2 function 追蹤器

function 追蹤器會記錄當前系統執行過程中的所有函數。如果只想追蹤某個處理程序，可以使用 set_ftrace_pid。

```
# cd /sys/kernel/debug/tracing/
# cat set_ftrace_pid
no pid
# echo 3111 > set_ftrace_pid    //追蹤PID為3111的處理程序
# cat set_ftrace_pid
3111
# echo function > current_tracer
# echo 1 > tracing_on
# usleep 1
# echo 0 > tracing_on
# cat trace
```

ftrace 還支援一種更為直觀的追蹤器，名為 function_graph，使用方法和 function 追蹤器類似。

```
# tracer: function_graph
#
# CPU  DURATION              FUNCTION CALLS
# |     | |                  |   |   |   |

 0)                  |  sys_open() {
 0)                  |    do_sys_open() {
 0)                  |      getname() {
 0)                  |        kmem_cache_alloc() {
 0)   1.382 µs       |          __might_sleep();
 0)   2.478 µs       |        }
 0)                  |        strncpy_from_user() {
 0)                  |          might_fault() {
 0)   1.389 µs       |            __might_sleep();
 0)   2.553 µs       |          }
 0)   3.807 µs       |        }
 0)   7.876 µs       |      }
 0)                  |      alloc_fd() {
 0)   0.668 µs       |        _spin_lock();
 0)   0.570 µs       |        expand_files();
 0)   0.586 µs       |        _spin_unlock();
```

12.3.3 動態 ftrace

只要在設定核心時打開 CONFIG_DYNAMIC_FTRACE 選項，就可以支援動態 ftrace 功能。set_ftrace_filter 和 set_ftrace_notrace 這兩個檔案可以配對使用，其中，前者設定要追蹤的函數，後者指定不要追蹤的函數。在實際偵錯過程中，我們通常會被 ftrace 提供的大量資訊淹沒，因此動態過濾的方法非常有用。available_filter_functions 檔案可以列出當前系統支援的所有函數，假如現在我們只想關注 sys_nanosleep() 和 hrtimer_interrupt() 這兩個函數。

```
# cd /sys/kernel/debug/tracing/
# echo sys_nanosleep hrtimer_interrupt > set_ftrace_filter
# echo function > current_tracer
# echo 1 > tracing_on
```

```
# usleep 1
# echo 0 > tracing_on
# cat trace
```

抓取的資料如下。

```
# tracer: function
#
# entries-in-buffer/entries-written: 5/5   #P:4
#
#                              _-----=> irqs-off
#                             / _----=> need-resched
#                            | / _---=> hardirq/softirq
#                            || / _--=> preempt-depth
#                            ||| /    delay
#       TASK-PID   CPU#      ||||    TIMESTAMP  FUNCTION
#          | |       |       ||||       |         |
        usleep-2665  [001] ....  4186.475355: sys_nanosleep <-system_call_
fastpath
        <idle>-0     [001] d.h1  4186.475409: hrtimer_interrupt <-smp_apic_
timer_interrupt
        usleep-2665  [001] d.h1  4186.475426: hrtimer_interrupt <-smp_apic_
timer_interrupt
        <idle>-0     [003] d.h1  4186.475426: hrtimer_interrupt <-smp_apic_
timer_interrupt
        <idle>-0     [002] d.h1  4186.475427: hrtimer_interrupt <-smp_apic_
timer_interrupt
```

此外，篩檢程式還支持以下萬用字元。

- <match>*：匹配所有以 match 開頭的函數。
- *<match>：匹配所有以 match 結尾的函數。
- *<match>*：匹配所有包含 match 的函數。

如果要追蹤所有以 hrtimer 開頭的函數，可以使用 "echo 'hrtimer_*' > set_ftrace_filter"。另外，還有兩個非常有用的運算符號："
>" 表示會覆蓋篩檢程式裡的內容；">>" 表示新增加的函數會增加到篩檢程式中，但不會覆蓋。

```
# echo sys_nanosleep > set_ftrace_filter //往篩檢程式中增加sys_nanosleep()函數
# cat set_ftrace_filter                  //查看篩檢程式裡的內容
```

```
sys_nanosleep

# echo 'hrtimer_*' >> set_ftrace_filter //再在篩檢程式中增加以hrtimer_開頭的函數
# cat set_ftrace_filter
hrtimer_run_queues
hrtimer_run_pending
hrtimer_init
hrtimer_cancel
hrtimer_try_to_cancel
hrtimer_forward
hrtimer_start
hrtimer_reprogram
hrtimer_force_reprogram
hrtimer_get_next_event
hrtimer_interrupt
sys_nanosleep
hrtimer_nanosleep
hrtimer_wakeup
hrtimer_get_remaining
hrtimer_get_res
hrtimer_init_sleeper

# echo '*preempt*' '*lock*' > set_ftrace_notrace //表示不追蹤包含preempt和
                                                //lock的函數

# echo > set_ftrace_filter              //向篩檢程式中輸入空字元表示清空篩檢程式
# cat set_ftrace_filter
```

12.3.4 事件追蹤

ftrace 裡的追蹤機制主要有兩種，分別是函數和追蹤點。前者屬於簡單操作，後者可以視為 Linux 核心中的預留位置函數，核心子系統的開發者通常喜歡利用追蹤點進行偵錯。tracepoint 可以輸出開發者想要的參數、區域變數等資訊。追蹤點的位置比較固定，一般都是由核心開發者增加的，可以視為傳統 C 語言程式中的 #if DEBUG 部分。如果在執行時期沒有開啟 DEBUG，那麼不佔用任何系統負擔。

在閱讀核心程式時你經常會遇到以 "trace_" 開頭的函數，例如 CFS 裡的 update_curr() 函數。

```
0 static void update_curr(struct cfs_rq *cfs_rq)
1 {
2    ...
3    curr->vruntime += calc_delta_fair(delta_exec, curr);
4    update_min_vruntime(cfs_rq);
5
6    if (entity_is_task(curr)) {
7        struct task_struct *curtask = task_of(curr);
8        trace_sched_stat_runtime(curtask, delta_exec, curr->vruntime);
9    }
10   ...
11}
```

update_curr() 函數使用了 sched_stat_runtime 這個 tracepoint，我們可以在 available_events 檔案中找到，把想要追蹤的事件增加到 set_event 檔案中即可，set_event 檔案同樣支持萬用字元。

```
# cd /sys/kernel/debug/tracing
# cat available_events | grep sched_stat_runtime //查詢系統是否支援這個追蹤點
sched:sched_stat_runtime

# echo sched:sched_stat_runtime > set_event        //追蹤這個事件
# echo 1 > tracing_on
# cat trace

#echo sched:* > set_event            //支持萬用字元，追蹤所有以sched開頭的事件
#echo *:* > set_event                //追蹤系統中的所有事件
```

事件追蹤還支援另一個強大的功能：可以設定追蹤條件，做到更精細化的設定。每個追蹤點都定義了 format，其中又定義了這個追蹤點支持的域。

```
# cd /sys/kernel/debug/tracing/events/sched/sched_stat_runtime
# cat format
name: sched_stat_runtime
ID: 208
format:
    field:unsigned short common_type; offset:0; size:2;  signed:0;
    field:unsigned char common_flags; offset:2; size:1;  signed:0;
    field:unsigned char common_preempt_count; offset:3; size:1;  signed:0;
    field:int common_pid; offset:4; size:4;  signed:1;

    field:char comm[16];  offset:8; size:16; signed:0;
```

```
   field:pid_t pid;    offset:24;   size:4;  signed:1;
   field:u64 runtime;   offset:32;   size:8;  signed:0;
   field:u64 vruntime;   offset:40;   size:8;  signed:0;

print fmt: "comm=%s pid=%d runtime=%Lu [ns] vruntime=%Lu [ns]", REC->comm,
REC->pid, (unsigned long long)REC->runtime, (unsigned long long)REC->vruntime
#
```

例如 sched_stat_runtime 這個追蹤點支持 8 個域，前 4 個是通用域，後 4 個是該追蹤點支持的域，comm 是字串域，其他是數字域。

可類似於 C 語言運算式那樣對事件進行過濾，對於數字域支援 ==、!=、<、<=、>、>=、& 運算符號，對於字串域支援 ==、!=、~ 運算符號。

舉例來說，可以只追蹤處理程序名稱以 "sh" 開頭的所有處理程序的 sched_stat_runtime 事件。

```
# cd events/sched/sched_stat_runtime/
# echo 'comm ~ "sh*"' > filter       //追蹤所有處理程序名稱以sh開頭的處理程序
# echo 'pid == 725' > filter       //追蹤PID為725的處理程序
```

追蹤結果如下。

```
/sys/kernel/debug/tracing # cat trace
# tracer: nop
#
# entries-in-buffer/entries-written: 15/15    #P:1
#
#                              _-----=> irqs-off
#                             / _----=> need-resched
#                            | / _---=> hardirq/softirq
#                            || / _--=> preempt-depth
#                            ||| /     delay
#          TASK-PID   CPU#  ||||     TIMESTAMP  FUNCTION
#             | |       |   ||||        |        |
            sh-629    [000] d.h3 62903.615712: sched_stat_runtime: comm=sh
pid=629 runtime=5109959 [ns] vruntime=756435462536 [ns]
            sh-629    [000] d.s4 62903.616127: sched_stat_runtime: comm=sh
pid=629 runtime=441291 [ns] vruntime=756435903827 [ns]
            sh-629    [000] d..3 62903.617084: sched_stat_runtime: comm=sh
pid=629 runtime=404250 [ns] vruntime=756436308077 [ns]
            sh-629    [000] d.h3 62904.285573: sched_stat_runtime: comm=sh
```

```
pid=629 runtime=1351667 [ns] vruntime=756437659744 [ns]
            sh-629    [000] d..3 62904.288308: sched_stat_runtime: comm=sh
pid=629
```

12.3.5　實驗 12-6：使用 ftrace

1. 實驗目的

學習如何使用 ftrace 的常用追蹤器。

2. 實驗要求

讀者可以使用本章介紹的 ftrace 的常用追蹤器來追蹤某個核心模組的執行狀況，比如追蹤 CFS 的執行機制。

12.3.6　實驗 12-7：增加新的追蹤點

1. 實驗目的

（1）學習如何在核心程式中增加追蹤點。

（2）在 CFS 的核心函數 update_curr() 中增加追蹤點，從而觀察 cfs_rq 就緒佇列中 min_ vruntime 成員的變化情況。

2. 實驗詳解

核心的各個子系統目前已經有大量的追蹤點，如果覺得這些追蹤點還不能滿足需求，可以自己手動增加追蹤點，這在實際工作中也是很常用的技巧。

同樣以 CFS中的核心函數 update_curr() 為例，現在增加追蹤點來觀察 cfs_rq 就緒佇列中 min_vruntime 成員的變化情況。首先，需要在 include/trace/events/sched.h 標頭檔中增加名為 sched_stat_minvruntime 的追蹤點。

```
[include/trace/events/sched.h]

0  TRACE_EVENT(sched_stat_minvruntime,
1
2    TP_PROTO(struct task_struct *tsk, u64 minvruntime),
```

```
3
4    TP_ARGS(tsk, minvruntime),
5
6    TP_STRUCT__entry(
7        __array( char,     comm,        TASK_COMM_LEN)
8        __field( pid_t,    pid      )
9        __field( u64,      vruntime)
10   ),
11
12   TP_fast_assign(
13       memcpy(__entry->comm, tsk->comm, TASK_COMM_LEN);
14       __entry->pid         = tsk->pid;
15       __entry->vruntime    = minvruntime;
16   ),
17
18   TP_printk("comm=%s pid=%d vruntime=%Lu [ns]",
19           __entry->comm, __entry->pid,
20           (unsigned long long)__entry->vruntime)
21);
```

為了方便增加追蹤點，核心定義了 TRACE_EVENT 巨集，只需要按要求使用這個巨集即可。TRACE_EVENT 巨集的定義如下。

```
#define TRACE_EVENT(name, proto, args, struct, assign, print)\
    DECLARE_TRACE(name, PARAMS(proto), PARAMS(args))
```

- name：表示追蹤點的名字，如上面第 0 行程式中的 sched_stat_minvruntime。
- proto：表示追蹤點呼叫的原型，如上面第 2 行程式中，追蹤點的原型是 trace_sched_ stat_minvruntime(tsk, minvruntime)。
- args：表示參數。
- struct：定義追蹤器內部使用的 __entry 資料結構。
- assign：把參數複製到 __entry 資料結構中。
- print：定義輸出的格式。

下面把 trace_sched_stat_minvruntime() 增加到 update_curr() 函數裡。

```
0 static void update_curr(struct cfs_rq *cfs_rq)
1 {
2    ...
```

```
3    curr->vruntime += calc_delta_fair(delta_exec, curr);
4    update_min_vruntime(cfs_rq);
5
6    if (entity_is_task(curr)) {
7        struct task_struct *curtask = task_of(curr);
8        trace_sched_stat_runtime(curtask, delta_exec, curr->vruntime);
9        trace_sched_stat_minvruntime(curtask, cfs_rq->min_vruntime);
10   }
11   ...
12}
```

重新編譯核心並在 QEMU 虛擬機器上執行，看看 sys 節點中是否已經有
剛才增加的追蹤點。

```
#cd /sys/kernel/debug/tracing/events/sched/sched_stat_minvruntime
# ls
enable    filter  format    id       trigger
# cat format
name: sched_stat_minvruntime
ID: 208
format:
    field:unsigned short common_type; offset:0; size:2; signed:0;
    field:unsigned char common_flags; offset:2; size:1; signed:0;
    field:unsigned char common_preempt_count; offset:3; size:1; signed:0;
    field:int common_pid; offset:4; size:4; signed:1;

    field:char comm[16]; offset:8; size:16; signed:0;
    field:pid_t pid; offset:24; size:4; signed:1;
    field:u64 vruntime; offset:32; size:8; signed:0;

print fmt: "comm=%s pid=%d vruntime=%Lu [ns]", REC->comm, REC->pid, (unsigned
long long)REC->vruntime
/sys/kernel/debug/tracing/events/sched/sched_stat_minvruntime #
```

上述資訊顯示追蹤點增加成功，以下是 sched_stat_minvruntime 的抓取資
訊。

```
# cat trace
# tracer: nop
#
# entries-in-buffer/entries-written: 247/247   #P:1
#
```

```
#                          _-----=> irqs-off
#                         / _----=> need-resched
#                        | / _---=> hardirq/softirq
#                        || / _--=> preempt-depth
#                        ||| /     delay
#        TASK-PID   CPU#  ||||   TIMESTAMP  FUNCTION
#          | |       |    ||||      |          |
        sh-629    [000] d..3  27.307974: sched_stat_minvruntime: comm= sh
pid=629 vruntime=2120013310 [ns]
    rcu_preempt-7    [000] d..3   27.309178: sched_stat_minvruntime: comm=
rcu_preempt pid=7 vruntime=2120013310 [ns]
    rcu_preempt-7    [000] d..3   27.319042: sched_stat_minvruntime: comm=
rcu_preempt pid=7 vruntime=2120013310 [ns]
    rcu_preempt-7    [000] d..3   27.329015: sched_stat_minvruntime: comm=
rcu_preempt pid=7 vruntime=2120013310 [ns]
    kworker/0:1-284    [000] d..3   27.359015: sched_stat_minvruntime: comm=
kworker/0:1 pid=284 vruntime=2120013310 [ns]
    kworker/0:1-284    [000] d..3   27.399005: sched_stat_minvruntime: comm=
kworker/0:1 pid=284 vruntime=2120013310 [ns]
    kworker/0:1-284    [000] d..3   27.599034: sched_stat_minvruntime: comm=
kworker/0:1 pid=284 vruntime=2120013310 [ns]
```

核心還提供了一個追蹤點的例子，在 samples/trace_events/ 目錄中，讀者可以自行研究。其中除了使用 TRACE_EVENT() 巨集來定義普通的追蹤點外，還可以使用 TRACE_EVENT_ CONDITION() 巨集來定義帶條件的追蹤點。如果要定義多個格式相同的追蹤點，DECLARE_ EVENT_ CLASS() 巨集可以幫助減少程式量。

[arch/arm64/configs/rlk_defconfig]

```
- # CONFIG_SAMPLES is not set
+ CONFIG_SAMPLES=y
+ CONFIG_SAMPLE_TRACE_EVENTS=m
```

增 加 CONFIG_SAMPLES 和 CONFIG_SAMPLE_TRACE_EVENTS，然後重新編譯核心。將編譯好的核心模組 trace-events-sample.ko 複製到 QEMU 的最小檔案系統中，執行 QEMU 虛擬機器。下面是抓取的資料。

```
/sys/kernel/debug/tracing # cat trace
# tracer: nop
```

```
#
# entries-in-buffer/entries-written: 45/45    #P:1
#
#                                _-----=> irqs-off
#                               / _-----=> need-resched
#                              | / _----=> hardirq/softirq
#                              || / _---=> preempt-depth
#                              ||| /     delay
#          TASK-PID    CPU#    ||||    TIMESTAMP  FUNCTION
#           | |         |      ||||       |          |
    event-sample-636    [000] ...1    53.029398: foo_bar: foo hello 41 {0x1}
    Snoopy (000000ff)
    event-sample-636    [000] ...1    53.030180: foo_with_template_simple:
    foo HELLO 41
    event-sample-636    [000] ...1    53.030284: foo_with_template_print: bar
    I have to be different 41
    event-sample-fn-640 [000] ...1    53.759157: foo_bar_with_fn: foo Look
    at me 0
    event-sample-fn-640 [000] ...1    53.759285: foo_with_template_fn: foo
    Look at me too 0
    event-sample-fn-641 [000] ...1    53.759365: foo_bar_with_fn: foo Look
    at me 0
    event-sample-fn-641 [000] ...1    53.759373: foo_with_template_fn: foo
    Look at me too 0
```

12.3.7 實驗 12-8：使用示蹤標示

1. 實驗目的

學習如何使用示蹤標示（trace marker）來追蹤應用程式。

2. 實驗詳解

我們有時使需要追蹤使用者程式和核心空間的執行情況，示蹤標示可以很方便地追蹤使用者程式。trace_marker 是一個檔案節點，它允許使用者程式寫入字串。ftrace 會記錄寫入動作的時間戳記。

下面是一個簡單實用的示蹤標示例子。

[trace_marker_test.c]

```
0 #include <stdlib.h>
```

```
1 #include <stdio.h>
2 #include <string.h>
3 #include <time.h>
4 #include <sys/types.h>
5 #include <sys/stat.h>
6 #include <fcntl.h>
7 #include <sys/time.h>
8 #include <linux/unistd.h>
9 #include <stdarg.h>
10 #include <unistd.h>
11 #include <ctype.h>
12
13 static int mark_fd = -1;
14 static __thread char buff[BUFSIZ+1];
15
16 static void setup_ftrace_marker(void)
17 {
18    struct stat st;
19    char *files[] = {
20         "/sys/kernel/debug/tracing/trace_marker",
21         "/debug/tracing/trace_marker",
22         "/debugfs/tracing/trace_marker",
23    };
24    int ret;
25    int i;
26
27    for (i = 0; i < (sizeof(files) / sizeof(char *)); i++) {
28         ret = stat(files[i], &st);
29         if (ret >= 0)
30              goto found;
31    }
32    /* todo, check mounts system */
33    printf("canot found the sys tracing\n");
34    return;
35 found:
36    mark_fd = open(files[i], O_WRONLY);
37 }
38
39 static void ftrace_write(const char *fmt, ...)
40 {
41    va_list ap;
42    int n;
43
```

```
44   if (mark_fd < 0)
45       return;
46
47   va_start(ap, fmt);
48   n = vsnprintf(buff, BUFSIZ, fmt, ap);
49   va_end(ap);
50
51   write(mark_fd, buff, n);
52 }
53
54 int main()
55 {
56   int count = 0;
57   setup_ftrace_marker();
58   ftrace_write("figo start program\n");
59   while (1) {
60       usleep(100*1000);
61       count++;
62       ftrace_write("figo count=%d\n", count);
63   }
64 }
```

在 Ubuntu Linux 下編譯，然後執行 ftrace 來捕捉示蹤標示資訊。

```
# cd /sys/kernel/debug/tracing/
# echo nop > current_tracer     //設定function追蹤器不能捕捉到示蹤標示
# echo 1 > tracing_on           //打開ftrace才能捕捉到示蹤標示
# ./trace_marker_test           //執行trace_marker_test測試程式
[…]                             //停頓一小會兒
# echo 0 > tracing_on
# cat trace
```

下面是 trace_marker_test 測試程式寫入 ftrace 的資訊。

```
root@figo-OptiPlex-9020:/sys/kernel/debug/tracing# cat trace
# tracer: nop
#
# nop latency trace v1.1.5 on 4.0.0
# --------------------------------------------------------------------
# latency: 0 µs, #136/136, CPU#1 | (M:desktop VP:0, KP:0, SP:0 HP:0 #P:4)
#    -----------------
#    | task: -0 (uid:0 nice:0 policy:0 rt_prio:0)
#    -----------------
#
```

```
#                  _------=> CPU#
#                 / _-----=> irqs-off
#                | / _----=> need-resched
#                || / _---=> hardirq/softirq
#                ||| / _--=> preempt-depth
#                |||| /     delay
#  cmd     pid   ||||| time  |  caller
#    \    /      ||||| \   |  /
   <...>-15686   1...1 7322484µs!: tracing_mark_write: figo start program
   <...>-15686   1...1 7422324µs!: tracing_mark_write: figo count=1
   <...>-15686   1...1 7522186µs!: tracing_mark_write: figo count=2
   <...>-15686   1...1 7622052µs!: tracing_mark_write: figo count=3
[…]
```

讀者可以在捕捉示蹤標示時打開其他一些示蹤事件，例如排程方面的事件，這樣可以觀察使用者程式在兩個示蹤標示之間的核心空間中發生了什麼事情。Android 系統利用示蹤標示功能實現了 Trace 類別，Java 程式設計師可以方便地捕捉程式資訊到 ftrace 中，然後利用 Android 提供的 Systrace 工具進行資料的擷取和分析。

```
[Android/system/core/include/cutils/trace.h]

#define ATRACE_BEGIN(name) atrace_begin(ATRACE_TAG, name)
static inline void atrace_begin(uint64_t tag, const char* name)
{
    if (CC_UNLIKELY(atrace_is_tag_enabled(tag))) {
        char buf[ATRACE_MESSAGE_LENGTH];
        size_t len;

        len = snprintf(buf, ATRACE_MESSAGE_LENGTH, "B|%d|%s", getpid(), name);
        write(atrace_marker_fd, buf, len);
    }
}


#define ATRACE_END() atrace_end(ATRACE_TAG)
static inline void atrace_end(uint64_t tag)
{
    if (CC_UNLIKELY(atrace_is_tag_enabled(tag))) {
        char c = 'E';
        write(atrace_marker_fd, &c, 1);
    }
```

```
}
```

```
[Android/system/core/libcutils/trace.c]

static void atrace_init_once()
{
    atrace_marker_fd = open("/sys/kernel/debug/tracing/trace_marker", O_WRONLY);
    if (atrace_marker_fd == -1) {
        goto done;
    }
    atrace_enabled_tags = atrace_get_property();
done:
    android_atomic_release_store(1, &atrace_is_ready);
}
```

因此，在 Java 和 C/C++ 程式中，利用 atrace 和 Trace 類別提供的介面可以很方便地增加資訊到 ftrace 中。

12.3.8 實驗 12-9：使用 kernelshark 分析資料

1. 實驗目的

學會使用 trace-cmd 和 kernelshark 工具來抓取和分析 ftrace 資料。

2. 實驗詳解

前面介紹了 ftrace 的常用方法。有些人希望有一些圖形化的工具，trace-cmd 和 kernelshark 工具就是為此而生。

首先在 Ubuntu linux 系統上安裝 trace-cmd 和 kernelshark 工具。

```
#sudo apt-get install trace-cmd kernelshark
```

trace-cmd 的使用方式遵循 reset → record → stop → report 模式，要用 record 命令收集資料，請按 Ctrl+C 組合鍵以停止收集動作，並在目前的目錄下生成 trace.dat 檔案。然後使用 trace-cmd report 解析 trace.dat 檔案，這是文字形式的；kernelshark 是圖形化的，更方便開發者觀察和分析資料。

```
rlk@:~/work/test1$ trace-cmd record -h
trace-cmd version 1.0.3
```

```
usage:
 trace-cmd record [-v][-e event [-f filter]][-p plugin][-F][-d][-o file] \
          [-s usecs][-O option ][-l func][-g func][-n func] \
          [-P pid][-N host:port][-t][-r prio][-b size][command ...]
         -e run command with event enabled
         -f filter for previous -e event
         -p run command with plugin enabled
         -F filter only on the given process
         -P trace the given pid like -F for the command
         -l filter function name
         -g set graph function
         -n do not trace function
         -v will negate all -e after it (disable those events)
         -d disable function tracer when running
         -o data output file [default trace.dat]
         -O option to enable (or disable)
         -r real time priority to run the capture threads
         -s sleep interval between recording (in usecs) [default: 1000]
         -N host:port to connect to (see listen)
         -t used with -N, forces use of tcp in live trace
         -b change kernel buffersize (in kilobytes per CPU)
```

常用的參數如下。

- -p plugin：指定追蹤器。可以透過 trace-cmd list 來獲取系統支援的追蹤器，常見的追蹤器有 function_graph、function、nop 等。
- –e event：指定追蹤事件。
- –f filter：指定篩檢程式，這個參數必須緊接著 "-e" 參數。
- –P pid：指定處理程序以進行追蹤。
- –l func：指定追蹤的函數，可以是一個或多個函數。
- –n func：指定不追蹤某個函數。

以追蹤系統處理程序切換的情況為例。

```
#trace-cmd record -e 'sched_wakeup*' -e sched_switch -e 'sched_migrate*'
#kernelshark trace.dat
```

透過 kernelshark 可以圖形化地查看需要的資訊，效果直觀且方便，如圖 12.2 所示。

圖 12.2 kernelshark 工具的介面

選擇功能表列中的 Plots → CPUs 選項，可以指定要觀察的 CPU。選擇 Plots → Tasks，可以指定要觀察的處理程序。如圖 12.3 所示，指定要觀察的是 PID 為 8228 的處理程序，這個處理程序的名字為 "trace-cmd"。

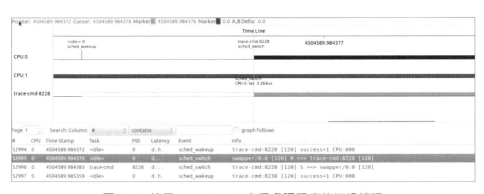

圖 12.3 使用 kernelshark 查看處理程序的切換情況

在時間戳記 4504589.984372 中，trace-cmd:8228 處理程序在 CPU0 中被喚醒，發生了 sched_wakeup 事件。在下一個時間戳記中，該處理程序被排程器排程執行，可在 sched_switch 事件中捕捉到這一資訊。

12.4 分析 Oops 錯誤

12.4.1 Oops 錯誤介紹

在編寫驅動或核心模組時，常常會顯性或隱式地對指標進行非法設定值或使用不正確的指標，導致核心發生 Oops 錯誤。Oops 表示核心發生了致命錯誤。當核心檢測到致命錯誤時，就會把當前暫存器的值、函數堆疊的內容、函數呼叫關係等資訊輸出出來，以便開發人員定位問題。舉例來說，當處理器在核心空間中存取非法指標時，因為虛擬位址到物理位址的映射關係沒有建立，從而觸發缺頁中斷。因為在缺頁中斷中位址是非法的，所以核心無法正確地為位址建立映射關係，因此核心觸發了 Oops 錯誤。

下面透過實驗來講解如何分析 Oops 錯誤。

12.4.2 實驗 12-10：分析 Oops 錯誤

1. 實驗目的

寫一個簡單的核心模組，並且人為編造空指標存取錯誤以引發 Oops 錯誤。

2. 實驗詳解

下面寫一個簡單的核心模組來驗證如何分析核心 Oops 錯誤。

```
[oops_test.c]

#include <linux/kernel.h>
#include <linux/module.h>
#include <linux/init.h>

static void create_oops(void)
{
    *(int *)0 = 0;   //人為編造空指標存取錯誤
}

static int __init my_oops_init(void)
{
    printk("oops module init\n");
```

```
    create_oops();
    return 0;
}

static void __exit my_oops_exit(void)
{
    printk("goodbye\n");
}

module_init(my_oops_init);
module_exit(my_oops_exit);
MODULE_LICENSE("GPL");
```

把 oops_test.c 檔案編譯成核心模組。

```
BASEINCLUDE ?= /lib/modules/$(shell uname -r)/build
oops-objs := oops_test.o

obj-m   :=   oops.o
all :
    $(MAKE) -C $(BASEINCLUDE) SUBDIRS=$(PWD) modules;

clean:
    $(MAKE) -C $(BASEINCLUDE) SUBDIRS=$(PWD) clean;
    rm -f *.ko;
```

在 QEMU 上編譯並載入上述核心模組。

```
root@benshushu: oops_test# insmod oops.ko
[  301.409060] oops module init
[  301.410313] Unable to handle kernel NULL pointer dereference at virtual
               address 0000000000000000
[  301.411145] Mem abort info:
[  301.411551]   ESR = 0x96000044
[  301.412105]   Exception class = DABT (current EL), IL = 32 bits
[  301.413535]   SET = 0, FnV = 0
[  301.413954]   EA = 0, S1PTW = 0
[  301.414404] Data abort info:
[  301.414792]   ISV = 0, ISS = 0x00000044
[  301.415256]   CM = 0, WnR = 1
[  301.416995] user pgtable: 4k pages, 48-bit VAs, pgdp = 00000000c8c3b9bc
[  301.418260] [0000000000000000] pgd=0000000000000000
[  301.419559] Internal error: Oops: 96000044 [#1] SMP
```

```
[  301.420485] Modules linked in: oops(POE+)
[  301.421806] CPU: 1 PID: 907 Comm: insmod Kdump: loaded Tainted: P OE 5.0.0+ #4
[  301.422985] Hardware name: linux,dummy-virt (DT)
[  301.423733] pstate: 60000005 (nZCv daif -PAN -UAO)
[  301.425089] pc : create_oops+0x14/0x24 [oops]
[  301.425740] lr : my_oops_init+0x20/0x1000 [oops]
[  301.426265] sp : ffff8000233f75e0
[  301.426759] x29: ffff8000233f75e0 x28: ffff800023370000
[  301.427366] x27: 0000000000000000 x26: 0000000000000000
[  301.427971] x25: 0000000056000000 x24: 0000000000000015
[  301.428704] x23: 0000000040001000 x22: 0000ffffa7384fc4
[  301.429293] x21: 00000000ffffffff x20: 0000800018af4000
[  301.429888] x19: 0000000000000000 x18: 0000000000000000
[  301.430454] x17: 0000000000000000 x16: 0000000000000000
[  301.431029] x15: 5400160b13131717 x14: 0000000000000000
[  301.431596] x13: 0000000000000000 x12: 0000000000000020
[  301.432240] x11: 0101010101010101 x10: 7f7f7f7f7f7f7f7f
[  301.432925] x9 : 0000000000000000 x8 : ffff000012d0e7b4
[  301.433488] x7 : ffff000010276f60 x6 : 0000000000000000
[  301.434062] x5 : 0000000000000080 x4 : ffff80002a809a08
[  301.437944] x3 : ffff80002a809a08 x2 : 8b3a82b84c3ddd00
[  301.438691] x1 : 0000000000000000 x0 : 0000000000000000
[  301.439428] Process insmod (pid: 907, stack limit = 0x00000000f39a4b44)
[  301.440492] Call trace:
[  301.441068]  create_oops+0x14/0x24 [oops]
[  301.441622]  my_oops_init+0x20/0x1000 [oops]
[  301.442770]  do_one_initcall+0x5d4/0xd30
[  301.443364]  do_init_module+0xb8/0x2fc
[  301.443858]  load_module+0xa94/0xd94
[  301.444328]  __se_sys_finit_module+0x14c/0x180
[  301.444986]  __arm64_sys_finit_module+0x44/0x4c
[  301.445637]  __invoke_syscall+0x28/0x30
[  301.446129]  invoke_syscall+0xa8/0xdc
[  301.446588]  el0_svc_common+0x120/0x220
[  301.447146]  el0_svc_handler+0x3b0/0x3dc
[  301.447668]  el0_svc+0x8/0xc
[  301.449011] Code: 910003fd aa1e03e0 d503201f d2800000 (b900001f)
```

PC 指標指向出錯的位址，另外 "Call trace" 也展示了出錯時程式的呼叫
關係。首先觀察出錯資訊 create_oops+0x14/0x24，其中，0x14 表示指令
指標在 create_oops() 函數的第 0x14 位元組處，create_oops() 函數共佔用
0x24 位元組。

繼續分析這個問題，假設兩種情況：一是有出錯模組的原始程式碼，二是沒有原始程式碼。在某些實際工作場景中，可能需要偵錯和分析沒有原始程式碼的 Oops 錯誤。

先看有原始程式碼的情況，通常在編譯時增加到符號資訊表中。在 Makefile 中增加以下敘述，並重新編譯核心模組。

```
KBUILD_CFLAGS +=-g
```

下面用兩種方法來分析。

首先，使用 objdump 工具反組譯。

```
$ aarch64-linux-gnu-objdump -Sd oops.o //使用ARM版本的objdump工具

0000000000000000 <create_oops>:
   0:   a9bf7bfd        stp     x29, x30, [sp, #-16]!
   4:   910003fd        mov     x29, sp
   8:   aa1e03e0        mov     x0, x30
   c:   94000000        bl      0 <_mcount>
  10:   d2800000        mov     x0, #0x0                        // #0
  14:   b900001f        str     wzr, [x0]
  18:   d503201f        nop
  1c:   a8c17bfd        ldp     x29, x30, [sp], #16
  20:   d65f03c0        ret
```

透過反組譯工具 objdump 可以看到出錯函數 create_oops() 的組合語言情況，第 0x10 ～ 0x14 位元組的指令用於把 0 設定值給 x0 暫存器，然後往 x0 暫存器裡寫入 0。wzr 是一種特殊暫存器，值為 0，所以這裡發生了寫入空指標錯誤。

然後，使用 gdb 工具。為了快捷地定位到出錯的具體位置，使用 gdb 中的 "list" 指令加上出錯函數和偏移量即可。

```
$ aarch64-linux-gnu-gdb oops.o

(gdb) list *create_oops+0x14
0x14 is in create_oops (/mnt/rlk_senior/chapter_6/oops_test/oops_test.c:7).
2       #include <linux/module.h>
3       #include <linux/init.h>
```

```
4
5       static void create_oops(void)
6       {
7               *(int *)0 = 0;
8       }
9
10      static int __init my_oops_init(void)
11      {
(gdb)
```

如果出錯的是核心函數,那麼可以使用 vmlinux 檔案。

下面來看沒有原始程式碼的情況。對於沒有編譯符號表的二進位檔案,可以使用 objdump 工具來轉儲組合語言程式碼,例如使用 "aarch64-linux-gnu-objdump -d oops.o" 命令來轉儲 oops.o 檔案。核心提供了一個非常好用的指令稿,可以快速定位問題,該指令稿位於 Linux 核心原始程式碼目錄的 scripts/decodecode 資料夾中。我們首先把出錯記錄檔保存到一個 .txt 檔案中。

```
$ export ARCH=arm64
$ export CROSS_COMPILE=aarch64-linux-gnu-
$ ./scripts/decodecode < oops.txt
Code: 910003fd aa1e03e0 d503201f d2800000 (b900001f)
All code
========
   0:   910003fd        mov     x29, sp
   4:   aa1e03e0        mov     x0, x30
   8:   d503201f        nop
   c:   d2800000        mov     x0, #0x0                  // #0
  10:*  b900001f        str     wzr, [x0]            <-- trapping instruction

Code starting with the faulting instruction
===========================================
   0:   b900001f        str     wzr, [x0]
```

decodecode 指令稿會把出錯的 Oops 記錄檔資訊轉換成直觀有用的組合語言程式碼,並且告知具體是哪個組合語言敘述出錯了,這對於分析沒有原始程式碼的 Oops 錯誤非常有用。

12.5 perf 性能分析工具

在進行系統性能最佳化時通常有兩個階段：一個是性能剖析（performance profiling），另一個是性能最佳化。性能剖析的目標就是尋找性能瓶頸，尋找引發性能問題的根源。在性能剖析階段，需要借助一些性能分析工具，比如 Intel Vtune 或 perf 等工具。

perf 是一款 Linux 性能分析工具，內建在 Linux 核心的 Linux 性能分析框架中，利用了硬體計數單元（比如 CPU、性能監控單元）和軟體計數（比如軟體計數器以及追蹤點等）。

在 Ubuntu Linux 20.04 系統中安裝 perf 工具的命令如下。

```
rlk@ubuntu:~$ sudo apt install linux-tools-common

rlk@ubuntu:~$ sudo apt install linux-tools-5.4.0-21-generic   #perf工具和核心
                                                              #版本相關
```

在 QEMU 虛擬機器上安裝 perf 工具的方法如下。

```
<Linux主機>

$ cd runninglinuxkernel_5.0/tools/perf
$ export ARCH=arm64
$ export CROSS_COMPILE=aarch64-linux-gnu-
$ make
$ cp perf ../../kmodules
```

把編譯好的 perf 程式複製到 QEMU + Debian 虛擬平台中，並把 perf 工具複製到 /usr/ local/bin/ 目錄下。

```
<QEMU虛擬機器>

$ cp /mnt /perf  /usr/local/bin/
$ perf
```

在 QEMU 虛擬機器的終端中直接輸入 perf 命令就可以看到二級命令，這些 perf 二級命令如表 12.4 所示。

▼ 表 12.4　perf 二級命令

perf 二級命令	描　述
list	查看當前系統支援的性能事件
bench	perf 中內建的跑分程式，包括記憶體管理和排程器的跑分程式
test	對系統進行健全性測試
stat	對全域性能進行統計
record	收集取樣資訊，並記錄在資料檔案中
report	讀取 perf record 擷取的資料檔案，並列出熱點分析結果
top	可以即時查看當前系統處理程序函數的佔用率情況
kmem	對 slab 子系統進行性能分析
kvm	對 kvm 進行性能分析
lock	對鎖的爭用進行分析
mem	分析記憶體性能
sched	分析核心排程器的性能
trace	記錄系統呼叫軌跡
timechart	視覺化工具

12.5.1　perf list 命令

perf list 命令可以顯示系統中支援的事件類型，主要的事件可以分為 3 類。

- hardware 事件：由 PMU 硬體單元產生的事件，比如 L1 快取命中等。
- software 事件：由核心產生的事件，比如處理程序切換等。
- tracepoint 事件：由核心靜態追蹤點觸發的事件。

```
benshushu:~# perf list

List of pre-defined events (to be used in -e):

  cpu-cycles OR cycles                         [Hardware event]

  alignment-faults                             [Software event]
  bpf-output                                   [Software event]
  context-switches OR cs                       [Software event]
  cpu-clock                                    [Software event]
  cpu-migrations OR migrations                 [Software event]
  dummy                                        [Software event]
  emulation-faults                             [Software event]
```

```
major-faults                                    [Software event]
minor-faults                                    [Software event]
page-faults OR faults                           [Software event]
task-clock                                      [Software event]

armv8_pmuv3/cpu_cycles/                         [Kernel PMU event]
armv8_pmuv3/sw_incr/                            [Kernel PMU event]
```

12.5.2 利用 perf 擷取資料

perf record 命令可以用來收集取樣資訊，並且把資訊寫入資料檔案，隨後可以透過 perf report 工具對資料檔案進行分析。

perf record 命令有不少參數，常用的參數如表 12.5 所示。

⬇ 表 12.5 perf record 命令常用的參數

參　數	描　　述
-e	選擇事件，可以是硬體事件，也可以是軟體事件
-a	進行全系統範圍的資料獲取
-p	透過指定處理程序的 ID 來擷取特定處理程序的資料
-o	指定要寫入擷取資料的資料檔案
-g	啟動函數呼叫關係圖功能
-C	只擷取某個 CPU 的資料

常見的例子如下。

擷取執行app程式時的資料
```
# perf record -e cpu-clock ./app
```

擷取執行app程式時哪些系統呼叫最頻繁
```
# perf record -e raw_syscalls:sys_enter ./app
```

perf report 命令用來解析 perf record 產生的資料，並列出分析結果。perf report 命令常用的參數如表 12.6 所示。

⬇ 表 12.6 perf report 命令常用的參數

參　數	描　　述
-i	匯入的資料檔案的名稱，預設為 perf.data
-g	生成函數呼叫關係圖
--sort	分類統計資訊，比如 pid、comm、cpu 等

常見的例子如下。

```
# perf report -i perf.data
# Overhead  Command  Shared Object        Symbol
# ........  .......  .................    .....................
#
    62.21%  test     test                 [.] 0x0000000000000728
    23.39%  test     test                 [.] 0x0000000000000770
     6.68%  test     test                 [.] 0x000000000000074c
     4.63%  test     test                 [.] 0x000000000000076c
     1.80%  test     test                 [.] 0x0000000000000740
     0.77%  test     test                 [.] 0x000000000000071c
     0.26%  test     [kernel.kallsyms]    [k] try_module_get
     0.26%  test     ld-2.29.so           [.] 0x0000000000013ca0
```

12.5.3 perf stat

當我們拿到性能最佳化任務時,最好採用自頂向下的策略。先整體看看程式執行時期各種統計事件的整理資料,再針對某些方向深入細節,而不要立即深入細節,否則會一葉障目。

如果程式因為計算量太大,多數時間在使用 CPU 進行計算,所以執行速度慢,則這類程式叫作 CPU Bound 型程式;如果程式因為過多的 I/O,CPU 使用率應該不高,所以執行速度慢,則這類程式叫作 I/O Bound 型程式。這兩類程式的最佳化是不同的。

perf stat 命令可透過概括、精簡的方式提供被偵錯工具的整體執行情況和整理資料。perf stat 命令常用的參數如表 12.7 所示。

⬇ 表 12.7 perf stat 命令常用的參數

參　　數	描　　述
-a	顯示所有 CPU 的統計資訊
-c	顯示指定 CPU 的統計資訊
-e	指定要顯示的事件
-p	指定要顯示的處理程序的 ID

例子如下。

```
# perf stat
^C
 Performance counter stats for 'system wide':

      21188.382806      cpu-clock (msec)          #    3.999 CPUs utilized
               425      context-switches          #    0.020 K/sec
                 3      cpu-migrations            #    0.000 K/sec
                 0      page-faults               #    0.000 K/sec
   <not supported>      cycles
   <not supported>      instructions
   <not supported>      branches
   <not supported>      branch-misses

       5.298811655 seconds time elapsed
```

- cpu-clock：任務真正佔用的處理器時間，單位為毫秒。
- context-switches：上下文的切換次數。
- cpu-migrations[1]：程式在執行過程中發生的處理器遷移次數。
- page-faults[2]：缺頁異常的次數。
- cycles：消耗的處理器週期數。
- instructions：執行的指令數。
- branches：遇到的分支指令數。
- branch-misses：預測錯誤的分支指令數。

12.5.4 perf top

當有明確的最佳化目標或物件時，可以使用 perf stat 命令。但有些時候，你會發現系統性能無端下降。此時需要使用諸如 top 之類的命令，以列出所有值得懷疑的處理程序，從中快速定位問題和縮小範圍。

---

1 發生上下文切換時不一定會發生 CPU 遷移，而發生 CPU 遷移時肯定會發生上下文切換。發生上下文切換有可能只是把上下文從當前 CPU 中換出，排程器下一次還是會將處理程序安排在這個 CPU 上執行。

2 如果應用程式請求的頁面尚未建立、請求的頁面不在記憶體中或者請求的頁面雖然在記憶體中，但物理位址和虛擬位址的映射關係尚未建立，都會觸發一次缺頁異常。另外，TLB 不命中、頁面存取權限不匹配等情況也會觸發缺頁異常。

perf top 命令類似於 Linux 核心中的 top 命令,可以即分時析系統的性能瓶頸。perf top 命令常用的參數如表 12.8 所示。

⬇ 表 12.8 perf top 命令常用的參數

參　數	描　述
-e	指定要分析的性能事件
-p	僅分析目標處理程序
-k	指定有號表資訊的核心映射路徑
-K	不顯示核心或核心模組的符號
-U	不顯示屬於使用者態程式的符號
-g	顯示函數呼叫關係圖

比如,可使用 sudo perf top 命令來查看當前系統中哪個核心函數佔用 CPU 比較多,如圖 12.4 所示。

```
#sudo perf top --call-graph graph -U
```

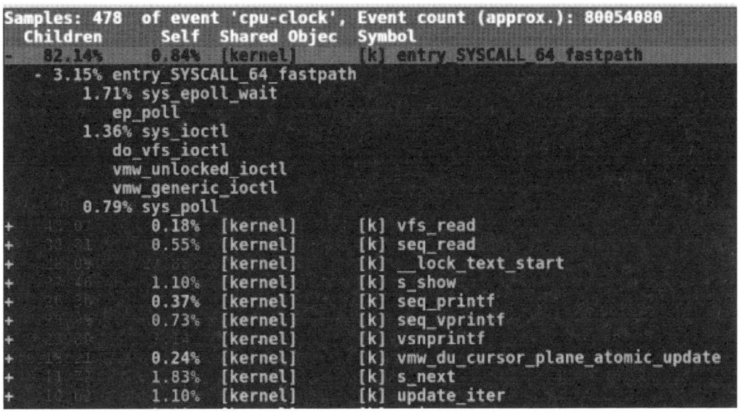

圖 12.4 sudo perf top 命令的執行結果

另外,也可以只查看某個處理程序的情況,比如現在系統處理程序 xorg 的 ID 是 1150,如圖 12.5 所示。

```
#sudo perf top --call-graph graph -p 1150 -K
```

```
Samples: 415  of event 'cpu-clock', Event count (approx.): 30292835
  Children      Self  Shared Object           Symbol
-   39.86%    39.86%  libpixman-1.so.0.33.6   [.] sse2_blt.part.0
     sse2_blt.part.0
+   12.24%    12.24%  libpixman-1.so.0.33.6   [.] sse2_composite_over_8888_8888
+    4.93%     4.93%  libpixman-1.so.0.33.6   [.] sse2_fill
+    3.30%     0.00%  [unknown]               [.] 0000000000000000
+    2.97%     2.97%  libpixman-1.so.0.33.6   [.] pixman_region_selfcheck
+    2.79%     2.79%  libpixman-1.so.0.33.6   [.] sse2_composite_over_n_8888_8888_ca
     2.62%     2.62%  Xorg                    [.] xf86ScreenToScrn
+    2.00%     2.00%  libc-2.23.so            [.] _int_malloc
+    1.70%     1.70%  libpixman-1.so.0.33.6   [.] pixman_image_set_component_alpha
     1.65%     0.00%  [unknown]               [.] 0x0000000000000148
+    1.58%     1.58%  libc-2.23.so            [.] _int_free
+    1.26%     1.26%  Xorg                    [.] 0x000000000010a139
```

圖 12.5 查看 xorg 系統處理程序的情況

12.5.5 實驗 12-11：使用 perf 工具進行性能分析

1. 實驗目的

學習如何使用 perf 工具來進行性能分析。

2. 實驗詳解

具體步驟如下。

（1）寫一個包含 for 迴圈的測試程式。

```
//test.c
#include <stdio.h>
#include <stdlib.h>

void foo()
{
    int i,j;
    for(i=0; i< 10; i++)
        j+=2;
}
int main(void)
{
    for(;;)
        foo();
    return 0;
}
```

使用以下命令進行編譯。

```
$ gcc -o test -O0 test.c
```

（2）使用 perf stat 命令進行分析。

（3）使用 perf top 命令進行分析。

（4）使用 perf record 和 report 命令進行分析。

12.5.6　實驗 12-12：擷取 **perf** 資料以生成火焰圖

1. 實驗目的

學會用 perf 擷取的資料生成火焰圖，並進行性能分析。本實驗可在 Ubuntu Linux 20.04 主機上進行。

2. 實驗詳解

火焰圖是性能工程師 Brendang Gregg 開發的開放原始碼專案。

下面基於實驗 12-11 介紹如何利用 perf 擷取的資料生成一幅火焰圖。

首先，使用 perf record 命令收集測試程式的資料。

```
$sudo perf record -e cpu-clock -g ./test1
$sudo chmod 777 perf.data
```

然後，使用 perf script 命令對 perf 資料進行解析。

```
# perf script > out.perf
```

接下來，對 perf.unfold 中的符號進行折疊。

```
# cd FlameGraph   #進入FlameGraph目錄
# ./stackcollapse-perf.pl out.perf > out.folded
```

最後，生成火焰圖，如圖 12.6 所示。

```
# ./flamegraph.pl out.folded > kernel.svg
```

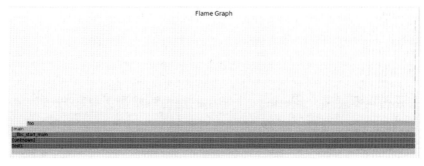

圖 12.6　生成的火焰圖

12.6 記憶體檢測

作者曾經有一次比較慘痛的經歷。在某個專案中，有一個非常難以複現的漏洞，複現機率不到 1/1000，並且要執行很長時間才能複現，要複現的現象就是系統會莫名其妙地當機，並且每次當機的記錄檔都不一樣。面對這樣難纏的漏洞，研發團隊浪費了好長時間，使用了各種模擬器和偵錯方法，舉例來說，備份發生當機的機器的全部記憶體並和正常機器的記憶體進行比較，發現有個地方的記憶體被改寫了。然後，尋找 System.map 和原始程式碼，最後發現這個難纏的漏洞來自一個比較低級的錯誤，即在某些情況下發生了越界存取並且越界改寫了某個變數，從而導致系統莫名其妙地當機。

Linux 核心和驅動程式都是使用 C 語言編寫的。C 語言提供了強大的功能和性能，特別是靈活的指標和記憶體存取，但也存在一些問題。如果編寫的程式剛好引用了空指標，而這又被核心的虛擬記憶體機制捕捉到，那麼就會產生 Oops 錯誤。可是核心的虛擬記憶體機制無法判斷一些記憶體錯誤是否正確，例如非法修改了記憶體資訊，特別是在某些特殊情況下偷偷地修改記憶體資訊，這些都是隱憂，就像定時炸彈一樣，隨時可能導致系統當機或當機重新啟動，這在重要的工業控制領域會出現嚴重的事故。

一般的記憶體存取錯誤如下。

- 越界存取。
- 存取已經釋放的記憶體。
- 重複釋放。
- 記憶體洩漏。
- 堆疊溢位。

本節主要透過實驗來介紹 Linux 中常用的記憶體檢測工具和方法。

12.6.1　實驗 12-13：使用 slub_debug 檢查記憶體洩漏

1. 實驗目的

學會使用 slub_debug 來檢查記憶體洩漏。

2. 實驗詳解

在 Linux 核心中，小區塊記憶體的分配會大量使用 slab/slub 分配器。slab/slub 分配器提供了一個用於記憶體檢測的小功能，可方便在產品開發階段進行記憶體檢查。記憶體存取中比較容易出現錯誤的地方如下。

- 存取已經釋放的記憶體。
- 越界存取。
- 釋放已經釋放過的記憶體。

1）設定和編譯核心

首先，需要重新設定核心選項，打開 CONFIG_SLUB 和 CONFIG_SLUB_DEBUG_ON 這兩個選項。

```
<arch/arm64/configs/rlk_defconfig>

# CONFIG_SLAB is not set
CONFIG_SLUB=y
CONFIG_SLUB_DEBUG_ON=y
CONFIG_SLUB_STATS=y
```

在修改了上述設定檔之後，需要重新編譯核心和更新 root 檔案系統。

```
$./run_rlk_arm64.sh build_kernel
$ sudo ./run_rlk_arm64.sh update_rootfs
```

2）增加 slub_debug 選項

修改 run_rlk_arm64.sh 檔案，在 QEMU 虛擬機器的命令列中增加 slub_debug 選項。

```
<修改run_rlk_arm64.sh檔案>

-append "noinintrd root=/dev/vda rootfstype=ext4 rw crashkernel=256M
loglevel=8 slub_debug=UFPZ" \
```

3）編譯 slabinfo 工具

下面在 linux-5.4 核心的 tools/vm 目錄下編譯 slabinfo 工具。可首先把 slabinfo.c 檔案複製到 QEMU 虛擬機器中，然後進行編譯。

在 Linux 主機上輸入以下命令。

```
$ cd runninglinuxkernel_5.0/
$ cp tools/vm/slabinfo.c  kmodules
```

執行 QEMU 虛擬機器。

```
$ ./run_rlk_arm64.sh run
```

在 QEMU 虛擬機器中編譯 slabinfo 工具。

```
# cd /mnt
# gcc slabinfo.c -o slabinfo
```

4）編寫 slub 以測試核心模組

slub_test.c 檔案用來模擬一次越界存取的場景，原本分配了 32 位元組，但是 memset() 要越界寫入 200 位元組。

```
<slub_test.c>

#include <linux/kernel.h>
#include <linux/module.h>
#include <linux/init.h>
#include <linux/slab.h>

static char *buf;

static void create_slub_error(void)
{
    buf = kmalloc(32, GFP_KERNEL);
    if (buf) {
        memset(buf, 0x55, 200); <= 這裡發生了越界存取
    }
}
static int __init my_test_init(void)
{
    printk("figo: my module init\n");
    create_slub_error();
```

```
        return 0;
}
static void __exit my_test_exit(void)
{
        printk("goodbye\n");
        kfree(buf);


}
MODULE_LICENSE("GPL");
module_init(my_test_init);
module_exit(my_test_exit);
```

把 slub_test.c 檔案編譯成核心模組。

```
BASEINCLUDE ?= /lib/modules/$(shell uname -r)/build
slub-objs := slub_test.o

obj-m       :=    slub.o
all :
    $(MAKE) -C $(BASEINCLUDE) SUBDIRS=$(PWD) modules;

clean:
    $(MAKE) -C $(BASEINCLUDE) SUBDIRS=$(PWD) clean;
    rm -f *.ko;
```

在 QEMU 虛擬機器中直接編譯核心模組。

```
# cd slub_test
# make
```

下面是在 QEMU 虛擬機器中載入 slub.ko 模組並執行 slabinfo 後的結果。

```
benshushu:slub_test_1# insmod slub1.ko
benshushu:slub_test_1# /mnt/slabinfo -v
[  532.017930] =============================================================
[  532.019438] BUG kmalloc-128 (Tainted: G    B     OE   ): Redzone overwritten
[  532.020586] ---------------
[  532.020586]
[  532.026549] INFO: 0x00000000ca053aa1-0x000000006aabf585. First byte 0x55
                 instead of 0xcc
[  532.031515] INFO: Allocated in create_slub_error+0x30/0x78 [slub1] age=2591
                 cpu=0 pid=1319
[  532.034785]    __slab_alloc+0x68/0xa8
[  532.035401]    __kmalloc+0x508/0xe00
```

```
[  532.036066]    create_slub_error+0x30/0x78 [slub1]
[  532.037239]    0xffff00000977a020
[  532.037954]    do_one_initcall+0x430/0x9f0
[  532.038669]    do_init_module+0xb8/0x2f8
[  532.039548]    load_module+0x8e0/0xbc0
[  532.040102]    __se_sys_finit_module+0x14c/0x180
[  532.040780]    __arm64_sys_finit_module+0x44/0x4c
[  532.041725]    __invoke_syscall+0x28/0x30
[  532.042450]    invoke_syscall+0xa8/0xdc
[  532.043049]    el0_svc_common+0xf8/0x1d4
[  532.043495]    el0_svc_handler+0x3bc/0x3e8
[  532.044012]    el0_svc+0x8/0xc
[  532.044529] INFO: Slab 0x00000000b9b3e7be objects=12 used=8
                    fp=0x00000000dee784f0 flags=0xffff00000010201
[  532.046978] INFO: Object 0x00000000a4e7765b @offset=3968
                    fp=0x00000000fa7e1195
[  532.046978]
[  532.049610] Redzone 00000000ca16bb03: cc cc cc cc cc cc cc cc cc cc cc cc
                    cc cc cc cc  ................
[  532.052392] Redzone 00000000cd7b9cc5: cc cc cc cc cc cc cc cc cc cc cc cc
                    cc cc cc cc  ................
[  532.096970] CPU: 0 PID: 1321 Comm: slabinfo Kdump: loaded Tainted: G    B
                    OE    5.0.0+ #30
[  532.098759] Hardware name: linux,dummy-virt (DT)
```

上述 slabinfo 資訊顯示這是 Redzone overwritten 錯誤，記憶體越界存取了。

下面來看另一種錯誤類型，修改 slub_test.c 檔案中的 create_slub_error() 函數，如下所示。

```
static void create_slub_error(void)
{
    buf = kmalloc(32, GFP_KERNEL);
    if (buf) {
        memset(buf, 0x55, 32);
        kfree(buf);
        printk("ben:double free test\n");
        kfree(buf);    <= 這裡重複釋放了記憶體
    }
}
```

這是一個重複釋放記憶體的例子，下面是執行該例後的 slub 資訊。該例中的錯誤很明顯，所以不需要執行 slabinfo 就能馬上捕捉到錯誤。

```
/ # insmod slub2.ko
[  458.699358] ben:double free test
[  458.699899] =====================================
[  458.701327] BUG kmalloc-128 (Tainted: G    B      OE   ): Object already free
[  458.701826] -------------------------------------
[  458.701826]
[  458.705403] INFO: Allocated in create_slub_error+0x30/0xa4 [slub2] age=0
               cpu=0 pid=2387
[  458.707102]   __slab_alloc+0x68/0xa8
[  458.707535]   __kmalloc+0x508/0xe00
[  458.707955]   create_slub_error+0x30/0xa4 [slub2]
[  458.708638]   my_test_init+0x20/0x1000 [slub2]
[  458.709017]   do_one_initcall+0x430/0x9f0
[  458.709371]   do_init_module+0xb8/0x2f8
[  458.709815]   load_module+0x8e0/0xbc0
[  458.710422]   __se_sys_finit_module+0x14c/0x180
[  458.711027]   __arm64_sys_finit_module+0x44/0x4c
[  458.711906]   __invoke_syscall+0x28/0x30
[  458.712675]   invoke_syscall+0xa8/0xdc
[  458.713048]   el0_svc_common+0xf8/0x1d4
[  458.713391]   el0_svc_handler+0x3bc/0x3e8
[  458.713718]   el0_svc+0x8/0xc
[  458.714302] INFO: Freed in create_slub_error+0x7c/0xa4 [slub2] age=0 cpu=0
               pid=2387
[  458.714887]   kfree+0xc78/0xcb0
[  458.715341]   create_slub_error+0x7c/0xa4 [slub2]
[  458.715742]   my_test_init+0x20/0x1000 [slub2]
[  458.716329]   do_one_initcall+0x430/0x9f0
[  458.716873]   do_init_module+0xb8/0x2f8
[  458.717374]   load_module+0x8e0/0xbc0
[  458.717852]   __se_sys_finit_module+0x14c/0x180
[  458.718773]   __arm64_sys_finit_module+0x44/0x4c
[  458.719406]   __invoke_syscall+0x28/0x30
[  458.720067]   invoke_syscall+0xa8/0xdc
[  458.720590]   el0_svc_common+0xf8/0x1d4
[  458.721352]   el0_svc_handler+0x3bc/0x3e8
[  458.722204]   el0_svc+0x8/0xc
[  458.725671] INFO: Slab 0x000000009ec8f655 objects=12 used=10
               fp=0x00000000a9b52c42 flags=0xffff00000010201
[  458.727754] INFO: Object 0x00000000a9b52c42 @offset=5888
               fp=0x0000000098b2014f
```

這是很典型的重複釋放記憶體的例子，錯誤顯而易見，可是在實際的工程專案中沒有這麼簡單，因為有些記憶體存取錯誤隱藏在一層又一層的函數呼叫中或經過多層的指標引用。

下面是另外一種比較典型的記憶體存取錯誤，即存取已經釋放的記憶體。

```
static void create_slub_error(void)
{
    buf = kmalloc(32, GFP_KERNEL);
    if (buf) {
        kfree(buf);
        printk("ben:access free memory\n");
        memset(buf, 0x55, 32);   <=存取了已經釋放的記憶體
    }
}
```

下面是這種記憶體存取錯誤的 slub 資訊。

```
/ # insmod slub3.ko
[  808.574242] ben:access free memory
[  808.575512] pick_next_task: prev insmod
[  808.594218] =============================
[  808.596275] BUG kmalloc-128 (Tainted: G    B    OE   ): Poison overwritten
[  808.597314] -------------------------
[  808.597314]
[  808.600221] INFO: 0x00000000a5cf0659-0x0000000040c3b4f5. First byte 0x55
                instead of 0x6b
[  808.603196] INFO: Allocated in create_slub_error+0x30/0x94 [slub3] age=5
                cpu=0 pid=4437
[  808.605024]    __slab_alloc+0x68/0xa8
[  808.605598]    __kmalloc+0x508/0xe00
[  808.606026]    create_slub_error+0x30/0x94 [slub3]
[  808.606972]    my_test_init+0x20/0x1000 [slub3]
[  808.607660]    do_one_initcall+0x430/0x9f0
[  808.608106]    do_init_module+0xb8/0x2f8
[  808.608562]    load_module+0x8e0/0xbc0
[  808.609061]    __se_sys_finit_module+0x14c/0x180
[  808.609682]    __arm64_sys_finit_module+0x44/0x4c
[  808.610444]    __invoke_syscall+0x28/0x30
[  808.610940]    invoke_syscall+0xa8/0xdc
[  808.611500]    el0_svc_common+0xf8/0x1d4
[  808.612035]    el0_svc_handler+0x3bc/0x3e8
```

```
[  808.612554]    el0_svc+0x8/0xc
[  808.613036] INFO: Freed in create_slub_error+0x64/0x94 [slub3] age=5 cpu=0
                   pid=4437
[  808.613813]    kfree+0xc78/0xcb0
[  808.614198]    create_slub_error+0x64/0x94 [slub3]
[  808.614685]    my_test_init+0x20/0x1000 [slub3]
[  808.615109]    do_one_initcall+0x430/0x9f0
[  808.615405]    do_init_module+0xb8/0x2f8
[  808.615723]    load_module+0x8e0/0xbc0
[  808.616179]    __se_sys_finit_module+0x14c/0x180
[  808.616518]    __arm64_sys_finit_module+0x44/0x4c
[  808.617117]    __invoke_syscall+0x28/0x30
[  808.617388]    invoke_syscall+0xa8/0xdc
[  808.617691]    el0_svc_common+0xf8/0x1d4
[  808.618084]    el0_svc_handler+0x3bc/0x3e8
[  808.618361]    el0_svc+0x8/0xc
[  808.618961] INFO: Slab 0x00000000394af5b4 objects=12 used=12 fp=0x
                   (null) flags=0xffff00000010200
[  808.620032] INFO: Object 0x00000000a5cf0659 @offset=3968
                   fp=0x000000001b754450
```

這種錯誤類型在 slub 中稱為 Poison overwritten，即存取已經釋放的記憶體。如果產品中有記憶體存取錯誤，比如上述介紹的幾種記憶體存取錯誤，那麼將存在隱憂，就像埋在產品中的一顆定時炸彈，也許使用者在使用幾天或幾個月後就會莫名其妙地當機，因此在產品開發階段需要對記憶體做嚴格檢測。

12.6.2 實驗 12-14：使用 kmemleak 檢查記憶體洩漏

1. 實驗目的

學會使用 kmemleak 檢查記憶體洩漏。

2. 實驗詳解

kmemleak 是核心提供的一種記憶體洩漏檢測工具，它會啟動一個核心執行緒來掃描記憶體，並輸出新發現的未引用物件的數量。kmemleak 有誤報的可能性，但它給開發者提供了觀察記憶體的路徑和角度。要使用 kmemleak 功能，你必須在設定核心時打開以下選項。

```
[arch/arm64/configs/rlk_defconfig]

CONFIG_HAVE_DEBUG_KMEMLEAK=y
CONFIG_DEBUG_KMEMLEAK=y
CONFIG_DEBUG_KMEMLEAK_DEFAULT_OFF=y
CONFIG_DEBUG_KMEMLEAK_MEM_POOL_SIZE=16000
```

另外，還要重新編譯核心以及更新檔案系統。

```
$ ./run_rlk_arm64.sh build_kernel
$ sudo  ./run_rlk_arm64.sh update_rootfs
```

下面參照 slub_test.c 檔案寫一個記憶體洩漏的小例子。create_kmemleak() 函數分別使用 kmalloc 和 vmalloc 分配記憶體，但一直不釋放。

```
[kmemleak_test.c]

static void create_kmemleak(void)
{
      buf = kmalloc(120, GFP_KERNEL);
      buf = vmalloc(4096);
}
```

編譯核心模組。修改 run_rlk_arm64.sh 指令檔，增加 "kmemleak=on" 到核心啟動參數中，如圖 12.7 所示。

```
diff --git a/run_kylin_arm64.sh b/run_kylin_arm64.sh
index cb34cb506..4328e0c75 100755
--- a/run_kylin_arm64.sh
+++ b/run_kylin_arm64.sh
@@ -125,7 +125,7 @@ build_rootfs(){
 run_qemu_system(){
                qemu-system-aarch64 -m 1024 -cpu cortex-a57 -M virt,gic_version=3,its=on,iommu=smmuv3\
                        -nographic $SMP -kernel arch/arm64/boot/Image \
-                       -append "noinintrd sched_debug root=/dev/vda rootfstype=ext4 rw crashkernel=256M loglevel=8" \
+                       -append "noinintrd sched_debug root=/dev/vda rootfstype=ext4 rw crashkernel=256M loglevel=8 kmemleak=on" \
                        -drive if=none,file=$rootfs_image,id=hd0 \
                        -device virtio-blk-device,drive=hd0 \
                        --fsdev local,id=kmod_dev,path=./kmodules,security_model=none \
```

圖 12.7 修改核心啟動參數

啟動 QEMU 虛擬機器。

```
$ ./run_rlk_arm64.sh run

[…]
# echo scan > /sys/kernel/debug/kmemleak    <=向kmemleak寫入scan命令以開始掃描
# insmod kmemleak_test.ko   <=載入kmemleak_test.ko模組
```

[…]　　　<=等待一會兒
kmemleak: 2 new suspected memory leaks (see /sys/kernel/debug/kmemleak)
<=目標出現,發現兩個可疑物件
cat /sys/kernel/debug/kmemleak <= 查看

下面是兩個可疑物件的相關資訊。

```
root@ubuntu:kmemleak_test# cat /sys/kernel/debug/kmemleak
unreferenced object 0xffff000023d7ce80 (size 128):
  comm "insmod", pid 550, jiffies 4295075896 (age 89.140s)
  hex dump (first 32 bytes):
    80 ce d7 23 00 00 ff ff 00 d0 fc 12 00 80 ff ff  ...#............
    00 20 03 00 00 00 00 00 02 00 00 00 00 00 00 00  . ..............
  backtrace:
    [<0000000016e41e5b>] kmemleak_alloc+0xcc/0xd8
    [<00000000fd2aac80>] kmemleak_alloc_recursive+0x40/0x4c
    [<00000000fb4a95db>] slab_post_alloc_hook+0xb0/0xf4
    [<00000000900bfdc3>] __kmalloc+0x3a8/0x434
    [<00000000631a83dd>] create_kmemleak+0x2c/0x78 [kmemleak_test]
    [<0000000089ce5379>] 0xffff800009195020
    [<0000000004a5e115>] do_one_initcall+0x60/0x164
    [<00000000fe7ba703>] do_init_module+0xb4/0x318
    [<0000000098152fce>] load_module+0x49c/0x634
    [<000000001166fb29>] __do_sys_finit_module+0x128/0x15c
    [<000000004005f5b2>] __se_sys_finit_module+0x40/0x50
    [<000000002d9ebc09>] __arm64_sys_finit_module+0x44/0x4c
    [<00000000a9c1b3d5>] __invoke_syscall+0x28/0x30
    [<00000000da896826>] invoke_syscall+0x88/0xbc
    [<00000000adb801ab>] el0_svc_common+0xc4/0x144
    [<0000000055808a6e>] el0_svc_handler+0x3c/0x48
  unreferenced object 0xffff800010059000 (size 4096):
    comm "insmod", pid 550, jiffies 4295075897 (age 89.140s)
  hex dump (first 32 bytes):
    80 23 00 00 00 00 00 00 f5 00 00 00 01 00 00 00  .#..............
    30 00 00 00 00 00 00 00 40 d7 fc 12 00 80 ff ff  0.......@.......
  backtrace:
    [<00000000193c5143>] kmemleak_vmalloc+0xa0/0xc4
    [<00000000e9299dc2>] __vmalloc_node_range+0xf4/0x130
    [<0000000044911302>] __vmalloc_node+0x68/0x74
    [<00000000e4b2eae3>] __vmalloc_node_flags+0x60/0x6c
```

```
[<000000007b9834e2>] vmalloc+0x28/0x30
[<000000001cd344dd>] create_kmemleak+0x44/0x78 [kmemleak_test]
[<0000000089ce5379>] 0xffff800009195020
[<0000000004a5e115>] do_one_initcall+0x60/0x164
[<00000000fe7ba703>] do_init_module+0xb4/0x318
[<0000000098152fce>] load_module+0x49c/0x634
[<000000001166fb29>] __do_sys_finit_module+0x128/0x15c
[<000000004005f5b2>] __se_sys_finit_module+0x40/0x50
[<000000002d9ebc09>] __arm64_sys_finit_module+0x44/0x4c
[<00000000a9c1b3d5>] __invoke_syscall+0x28/0x30
[<00000000da896826>] invoke_syscall+0x88/0xbc
[<00000000adb801ab>] el0_svc_common+0xc4/0x144
```

kmemleak 會提示記憶體洩漏可疑物件的具體堆疊呼叫資訊（例如 create_
kmemleak+0x2c/ 0x78 表示在 create_kmemleak() 函數的第 0x2c 位元組
處）以及可疑物件的大小、使用哪個分配函數等。注意，kmemleak 機制
的反應沒有 kasan 機制那麼靈敏和迅速，讀者可以透過實驗來比較兩者的
差異，在實際專案中擇優選用。

12.6.3　實驗 12-15：使用 kasan 檢查記憶體洩漏

1. 實驗目的

學會使用 kasan 檢查記憶體洩漏。

2. 實驗詳解

kasan（kernel address santizer）在 Linux 4.0 中被合併到官方 Linux，是一
款用於動態檢測記憶體錯誤的工具，可以檢查記憶體越界存取和使用已經
釋放的記憶體等。Linux 核心在早期曾提供一個類似的工具 kmemcheck，
kasan 相比 kmemcheck 的檢測速度更快。要使用 kasan，你必須打開
CONFIG_KASAN 等選項。

```
<arch/arm64/configs/rlk_defconfig>

CONFIG_HAVE_ARCH_KASAN=y
CONFIG_KASAN=y
CONFIG_KASAN_OUTLINE=y
CONFIG_TEST_KASAN=m
```

在修改了設定檔後，你還需要重新編譯核心並且更新檔案系統。

```
$ ./run_rlk_arm64.sh build_kernel
$ sudo ./run_rlk_arm64.sh update_rootfs
```

kasan 模組提供了一個測試程式，位於 lib/test_kasan.c 檔案中，其中定義了以下記憶體存取錯誤類型。

- 存取已經釋放的記憶體（use-after-free）。
- 重複釋放記憶體。
- 越界存取（out-of-bounds）。

其中，越界存取最常見，而且情況比較複雜。test_kasan.c 檔案抽象歸納了幾種常見的越界存取類型。

（1）右側陣列越界存取。

```
static noinline void __init kmalloc_oob_right(void)
{
    char *ptr;
    size_t size = 123;

    pr_info("out-of-bounds to right\n");
    ptr = kmalloc(size, GFP_KERNEL);

    ptr[size] = 'x';
    kfree(ptr);
}
```

（2）左側陣列越界存取。

```
static noinline void __init kmalloc_oob_left(void)
{
    char *ptr;
    size_t size = 15;

    pr_info("out-of-bounds to left\n");
    ptr = kmalloc(size, GFP_KERNEL);
    *ptr = *(ptr - 1);
    kfree(ptr);
}
```

（3）krealloc 擴大後越界存取。

```
static noinline void __init kmalloc_oob_krealloc_more(void)
{
    char *ptr1, *ptr2;
    size_t size1 = 17;
    size_t size2 = 19;

    pr_info("out-of-bounds after krealloc more\n");
    ptr1 = kmalloc(size1, GFP_KERNEL);
    ptr2 = krealloc(ptr1, size2, GFP_KERNEL);
    if (!ptr1 || !ptr2) {
        pr_err("Allocation failed\n");
        kfree(ptr1);
        return;
    }

    ptr2[size2] = 'x';
    kfree(ptr2);
}
```

（4）全域變數越界存取。

```
static char global_array[10];

static noinline void __init kasan_global_oob(void)
{
    volatile int i = 3;
    char *p = &global_array[ARRAY_SIZE(global_array) + i];

    pr_info("out-of-bounds global variable\n");
    *(volatile char *)p;
}
```

（5）堆疊越界存取。

```
static noinline void __init kasan_stack_oob(void)
{
    char stack_array[10];
    volatile int i = 0;
    char *p = &stack_array[ARRAY_SIZE(stack_array) + i];

    pr_info("out-of-bounds on stack\n");
    *(volatile char *)p;
}
```

以上幾種越界存取都會導致嚴重的問題。

下面寫一個簡單的例子來測試 kasan。

```
<一個測試kasan的例子>
#include <linux/kernel.h>
#include <linux/module.h>
#include <linux/init.h>
#include <linux/slab.h>

static char *buf;

static void create_slub_error(void)
{
    buf = kmalloc(32, GFP_KERNEL);
    if (buf) {
        memset(buf, 0x55, 80);
    }
    kfree(buf);
}

static int __init my_test_init(void)
{
    printk("benshushu: my module init\n");
    create_slub_error();
    return 0;
}
static void __exit my_test_exit(void)
{
    printk("goodbye\n");
}
MODULE_LICENSE("GPL");
module_init(my_test_init);
module_exit(my_test_exit);
```

在編譯成核心模組後，載入核心模組。kasan 很快捕捉到以下記錄檔資訊。

```
root@ubuntu:slub_test_1# insmod slub1.ko
[  630.255782] ==================================================================
[  630.266547] BUG: KASAN: slab-out-of-bounds in create_slub_error+0x68/0x84
               [slub1]
[  630.267795] Write of size 80 at addr ffff00001ee50600 by task insmod/838
[  630.268708]
[  630.279192]
[  630.279888] Allocated by task 838:
[  630.283959]
[  630.284432] Freed by task 0:
```

```
[  630.290695]
[  630.291191] The buggy address belongs to the object at ffff00001ee50600
[  630.291191]  which belongs to the cache kmalloc-128 of size 128
[  630.292683] The buggy address is located 0 bytes inside of
[  630.292683]  128-byte region [ffff00001ee50600, ffff00001ee50680)
[  630.294930] The buggy address belongs to the page:
[  630.297998]
[  630.298489] Memory state around the buggy address:
[  630.299879]  ffff00001ee50500: 00 00 00 fc fc fc fc fc fc fc fc fc fc fc fc fc
[  630.301325]  ffff00001ee50580: fc fc fc fc fc fc fc fc fc fc fc fc fc fc fc fc
[  630.303783] >ffff00001ee50600: 00 00 00 00 fc fc fc fc fc fc fc fc fc fc fc fc
[  630.304848]                                 ^
[  630.305615]  ffff00001ee50680: fc fc fc fc fc fc fc fc fc fc fc fc fc fc fc fc
[  630.306724]  ffff00001ee50700: 00 00 00 fc fc fc fc fc fc fc fc fc fc fc fc fc
[  630.308106] ==================================================================
root@ubuntu:slub_test_1#
```

kasan 提示這是越界存取錯誤（slab-out-of-bounds），並顯示了出錯的函數名稱和出錯位置，從而為開發者修復問題提供便捷。

kasan 的整體效率比 slub_debug 要高得多，並且支援的記憶體錯誤存取類型更多。缺點是 kasan 需要比較新的核心（直到 Linux 4.4 核心才支持 ARM64 版本的 kasan）和 GCC（GCC-4.9.2 以上版本）。

12.6.4 實驗 12-16：使用 valgrind 檢查記憶體洩漏

1. 實驗目的

學會如何使用 valgrind 工具來檢測應用程式的記憶體洩漏情況。

2. 實驗詳解

valgrind 是 Linux 提供的上一套基於模擬技術的程式偵錯和分析工具，可以用來檢測記憶體洩漏和記憶體越界等，valgrind 內建了很多功能。

- memcheck：檢查程式中的記憶體問題，如記憶體洩漏、越界存取、非法指標等。
- callgrind：檢測程式碼是否覆蓋以及分析程式性能。
- cachegrind：分析 CPU 的快取命中率、遺失率，用於程式最佳化。

- helgrind：用於檢查多執行緒程式的競爭狀態條件。
- massif：堆疊分析器，指示程式中使用了多少堆疊記憶體。

本實驗採用 memcheck 來檢查應用程式的記憶體洩漏情況，下面人為製造一個用於記憶體洩漏的測試程式。

```c
#include <stdio.h>

void test(void)
{
    int *buf =(int *)malloc(10 * sizeof(int));
    buf[10] = 0x55;
}

int main(){
    test();
    return 0;
}
```

編譯這個測試程式。

```
$ gcc -g -O0 valgrind_test.c -o valgrind_test
```

使用 valgrind 進行檢查。

```
benshushu@ubuntu:~/work$ valgrind --leak-check=yes ./valgrind_test
==4160== Memcheck, a memory error detector
==4160== Copyright (C) 2002-2015, and GNU GPL'd, by Julian Seward et al.
==4160== Using Valgrind-3.11.0 and LibVEX; rerun with -h for copyright info
==4160== Command: ./valgrind_test
==4160==
==4160== Invalid write of size 4
==4160==    at 0x400544: test (valgrind_test.c:6)
==4160==    by 0x400555: main (valgrind_test.c:10)
==4160==  Address 0x5204068 is 0 bytes after a block of size 40 alloc'd
==4160==    at 0x4C2DB8F: malloc (in
                         /usr/lib/valgrind/vgpreload_memcheck-amd64-linux.so)
==4160==    by 0x400537: test (valgrind_test.c:5)
==4160==    by 0x400555: main (valgrind_test.c:10)
==4160==
==4160==
==4160== HEAP SUMMARY:
```

```
==4160==     in use at exit: 40 bytes in 1 blocks
==4160==   total heap usage: 1 allocs, 0 frees, 40 bytes allocated
==4160==
==4160== 40 bytes in 1 blocks are definitely lost in loss record 1 of 1
==4160==    at 0x4C2DB8F: malloc (in
                          /usr/lib/valgrind/vgpreload_memcheck-amd64-linux.so)
==4160==    by 0x400537: test (valgrind_test.c:5)
==4160==    by 0x400555: main (valgrind_test.c:10)
==4160==
==4160== LEAK SUMMARY:
==4160==    definitely lost: 40 bytes in 1 blocks
==4160==    indirectly lost: 0 bytes in 0 blocks
==4160==      possibly lost: 0 bytes in 0 blocks
==4160==    still reachable: 0 bytes in 0 blocks
==4160==         suppressed: 0 bytes in 0 blocks
==4160==
==4160== For counts of detected and suppressed errors, rerun with: -v
==4160== ERROR SUMMARY: 2 errors from 2 contexts (suppressed: 0 from 0)
```

可以看到，valgrind 找到兩個錯誤：

- 第 6 行程式存在無效的寫入資料，即越界存取。
- 發生了記憶體洩漏，分配的 40 位元組記憶體沒有釋放。

12.7 使用 kdump 解決當機問題

Linux 核心是採用巨核心架構設計的，這種架構的優點是效率高，但也存在致命缺陷──核心的細微錯誤就可能導致系統崩潰。Linux 核心發展到 Linux 5.4 版本已經有了 28 年，其間程式品質已經有了顯著改進，但是依然不能保證 Linux 核心在實際應用中不會出現當機、螢幕關閉等問題。一方面，Linux 核心引入了大量新的外接裝置驅動程式，這些新增的程式或許還沒有經過嚴格的測試；另一方面，很多產品會採用自己編寫的驅動程式或核心模組，這給 Linux 系統帶來了隱憂。如果我們在實際產品開發中或在線上伺服器中遇到當機、螢幕關閉的問題，那麼如何快速定位原因和解決問題呢？

12.7.1 kdump 介紹

早在 2005 年，Linux 核心社區就開始設計名為 kdump 的核心轉儲工具。
kdump 的核心實現基於 kexec，kexec 的全稱是 kernel execution，非常類
似於 Linux 核心中的 exec 系統呼叫。kexec 可以快速啟動新的核心，並且
跳過 BIOS 或 bootloader 等啟動程式的初始化階段。這個特性可以讓系統
上崩潰時快速切換到備份的核心，這樣第一個核心的記憶體就獲得了保
留。在第二個核心中，可以對第一個核心產生的崩潰資料進行繼續分析。
這裡説的第一個核心通常稱為生產核心（production kernel），是產品或線
上伺服器主要執行的核心；第二個核心稱為捕捉核心（capture kernel），
當生產核心崩潰時就會快速切換到捕捉核心進行資訊的收集和轉儲，如圖
12.8 所示。

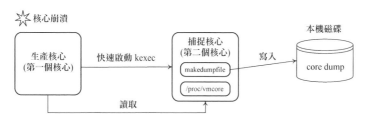

圖 12.8 kdump 的工作原理

crash 工具是由紅帽工程師開發的，可以和 kdump 搭配使用來分析核心
轉儲檔案。kdump 的工作流程並不複雜。kdump 會在記憶體中保留一塊
區域，這塊區域用來存放捕捉核心。當生產核心在執行過程中遇到崩潰
等情況時，kdump 會透過 kexec 機制自動啟動到捕捉核心，這時會繞過
BIOS，以免破壞第一個核心的記憶體，然後把生產核心的完整資訊（包
括 CPU 暫存器、堆疊資料等）轉儲到指定檔案中。接著，使用 crash 工具
分析這個轉儲檔案，就可以快速定位當機問題了。

在使用 kdump + crash 工具之前，讀者需要弄清楚它們的適用範圍。

- 適用人員：伺服器的管理人員（Linux 運行維護人員）、採用 Linux 核
  心作為作業系統的嵌入式產品的開發人員。
- 適用物件：Linux 物理機器或 Linux 虛擬機器。

■ 適用場景：kdump 主要用來分析系統當機螢幕關閉、無回應（unresponsive）等問題，比如 SSH、序列埠、滑鼠鍵盤無回應等。讀者需要注意的是，有一類當機情況 kdump 無能為力，比如因硬體錯誤導致 CPU 崩潰。也就是說，系統不能正常地熱重新啟動，只能透過重新關閉和開啟電源才能啟動，這種情況下 kdump 就不適用了。因為 kdump 需要在系統崩潰的時候快速啟動到捕捉核心，但前提條件就是系統能暖開機，並且記憶體中的內容不會遺失。

12.7.2 實驗 12-17：架設 ARM64 的 kdump 實驗環境

1. 實驗目的

學會使用 QEMU 平台架設 kdump 實驗環境。

2. 實驗詳解

由於 ARM 處理器在個人電腦以及伺服器領域還沒有得到廣泛應用，因此要架設可用的 kdump 實驗環境並不容易。另外，ARM 公司只是一家賣智慧財產權和晶片設計授權的公司，並不賣實際的晶片，因此我們在市面上看到的 ARM64 晶片都是各家晶片公司生產的，另外也沒有 x86_64 處理器規範。市面上流行的樹莓派 3B+ 採用的是博通公司生產的 ARM64 架構的處理器，但是在支持 kdump 方面做得不夠好，還不能直接拿來作為 kdump 的實驗平台。

本節基於實驗 1-3 架設的 QEMU + ARM64 實驗平台，在此基礎上建構可用的 kdump 環境，步驟如下。

（1）架設 QEMU + ARM64 實驗平台。在 QEMU + ARM64 實驗平台中，我們已經設定了 kdump 服務。

（2）在 QEMU 虛擬機器中檢查 kdump 服務是否開啟。第一次執行 QEMU + Debian 實驗平台時需要稍等幾分鐘，因為在 QEMU 虛擬機器中啟動 kdump 服務比較慢，圖 12.9 顯示 kdump 啟動成功。可使用 kdump-config show 命令查看 kdump 服務是否正常執行，如圖 12.10 所示，當

"current state" 顯示為 "ready to kdump" 時表示 kdump 服務已經啟動成功。

```
root@ubuntu:~# [  383.975615] kdump-tools[226]: * Creating symlink /var/lib/kdump/initrd.img
[  384.770586] kdump-tools[226]: * Invalid symlink : /var/lib/kdump/vmlinuz
[  384.777904] kdump-tools[226]: * Creating symlink /var/lib/kdump/vmlinuz
[  389.522855] kdump-tools[226]: * loaded kdump kernel

root@ubuntu:~#
```

圖 12.9 啟動 kdump 服務

```
benshushu:~# kdump-config show
DUMP_MODE:        kdump
USE_KDUMP:        1
KDUMP_SYSCTL:     kernel.panic_on_oops=1
KDUMP_COREDIR:    /var/crash
crashkernel addr: 0x6fe00000
   /var/lib/kdump/vmlinuz: symbolic link to /boot/vmlinuz-5.0.0+
kdump initrd:
   /var/lib/kdump/initrd.img: symbolic link to /var/lib/kdump/initrd.img-5.0.0+
current state:    ready to kdump

kexec command: .
   /sbin/kexec -p --command-line="noinintrd sched_debug root=/dev/vda rootfstype=ext4 rw loglevel=8
 nr_cpus=1 systemd.unit=kdump-tools.service" --initrd=/var/lib/kdump/initrd.img /var/lib/kdump/vml
inuz
benshushu:~#
```

圖 12.10 檢查 kdump 服務

（3）使用以下命令簡單、快速地完成測試實驗。

```
# echo 1 > /proc/sys/kernel/sysrq ; echo c > /proc/sysrq-trigger
```

（4）上述命令會觸發 kdump，輸出 "Starting Crashdump kernel…"，然後呼叫捕捉核心，如圖 12.11 所示。

```
benshushu:~# echo 1 > /proc/sys/kernel/sysrq ; echo c > /proc/sysrq-trigger
[  178.777498] sysrq: SysRq : Trigger a crash
[  178.779690] Kernel panic - not syncing: sysrq triggered crash
[  178.781347] CPU: 0 PID: 551 Comm: bash Kdump: loaded Not tainted 5.0.0+ #3
[  178.782258] Hardware name: linux,dummy-virt (DT)
[  178.784168] Call trace:
[  178.786464]  dump_backtrace+0x0/0x528
[  178.787577]  show_stack+0x24/0x30
[  178.787965]  dump_stack+0x20/0x2c
[  178.788238]  dump_stack+0x25c/0x388
[  178.788485]  panic+0x364/0x5b4
[  178.788719]  sysrq_handle_reboot+0x0/0x30
[  178.789034]  __handle_sysrq+0xcc/0x1d0
[  178.789315]  write_sysrq_trigger+0x150/0x15c
[  178.789622]  proc_reg_write+0x3d8/0x418
[  178.790038]  __vfs_write+0x54/0x90
[  178.790415]  vfs_write+0x16c/0x2f4
[  178.790707]  ksys_write+0xb4/0x164
[  178.791124]  __se_sys_write+0x48/0x58
[  178.791867]  __arm64_sys_write+0x40/0x48
[  178.792211]  __invoke_syscall+0x24/0x2c
[  178.793136]  invoke_syscall+0xa4/0xd8
[  178.794319]  el0_svc_common+0x100/0x1e4
[  178.794721]  el0_svc_handler+0x418/0x444
[  178.795290]  el0_svc+0x8/0xc
[  178.798554] SMP: stopping secondary CPUs
[  178.804536] Starting crashdump kernel...
[  178.806650] Bye!
```

圖 12.11 觸發 kdump

（5）進入捕捉核心之後，會呼叫 makedumpfile 進行核心資訊的轉儲。轉儲完之後，自動重新啟動到生產核心，如圖 12.12 所示。

```
         Starting Kernel crash dump capture service...
[  353.206970] kdump-tools[185]: Starting kdump-tools:
[  353.543464] kdump-tools[191]: Starting kdump-tools:
[  354.063426] kdump-tools[191]: * running makedumpfile -c -d 31 /proc/vmcore /var/crash/2020040
Copying data                                : [100.0 %] /             eta: 0s  : [  0.0 %] \
```

圖 12.12 kdump 轉儲

（6）在 QEMU 虛擬機器中，啟動 crash 工具進行分析。進入 /var/crash/ 目錄。轉儲的目錄是以日期命名的。使用 crash 命令載入核心轉儲檔案。另外，帶偵錯符號資訊的 vmlinux 檔案在 /usr/src/linux 目錄裡。

```
root@benshushu:/var/crash# ls
202004060946   kexec_cmd

root@benshushu:/var/crash/202004060946# crash dump.202004060946 /usr/src/
linux/vmlinux

KERNEL: /usr/src/linux/vmlinux
    DUMPFILE: dump.202004060946  [PARTIAL DUMP]
        CPUS: 4
        DATE: Mon Apr  6 09:45:04 2020
      UPTIME: 2135039823346 days, 00:16:37
LOAD AVERAGE: 2.46, 1.69, 0.68
       TASKS: 84
    NODENAME: ubuntu
     RELEASE: 5.4.0+
     VERSION: #18 SMP Mon Apr 6 02:37:49 PDT 2020
     MACHINE: aarch64   (unknown Mhz)
      MEMORY: 1 GB
       PANIC: "Kernel panic - not syncing: sysrq triggered crash"
         PID: 538
     COMMAND: "bash"
        TASK: ffff0000261fd580  [THREAD_INFO: ffff0000261fd580]
         CPU: 2
       STATE: TASK_RUNNING (PANIC)

crash>
```

12.7.3 實驗 12-18：分析一個簡單的當機案例

1. 實驗目的

學會使用 kdump 和 crash 工具分析簡單的當機案例。

2. 實驗詳解

本實驗是在 QEMU + ARM64 平台上完成的，具體步驟如下。

（1）編寫一個核心模組進行測試。

```
<測試例子>

include <linux/kernel.h>
#include <linux/module.h>
#include <linux/init.h>
#include <linux/mm_types.h>
#include <linux/slab.h>

struct mydev_priv {
    char name[64];
    int i;
};

int create_oops(struct vm_area_struct *vma, struct mydev_priv *priv)
{
    unsigned long flags;

    flags = vma->vm_flags;
    printk("flags=0x%lx, name=%s\n", flags, priv->name);

    return 0;
}

int __init my_oops_init(void)
{
    int ret;
    struct vm_area_struct *vma = NULL;
    struct mydev_priv priv;

    vma = kmalloc(sizeof (*vma), GFP_KERNEL);
    if (!vma)
        return -ENOMEM;

    kfree(vma);
```

```
    vma = NULL;

    smp_mb();

    memcpy(priv.name, "benshushu", sizeof("benshushu"));
    priv.i = 10;

    ret = create_oops(vma, &priv);

    return 0;
}

void __exit my_oops_exit(void)
{
    printk("goodbye\n");
}

module_init(my_oops_init);
module_exit(my_oops_exit);
MODULE_LICENSE("GPL");
```

我們在 create_oops() 函數裡引用了一個空指標來讀取 vma->vm_flags 成員的值，這樣必然會引起空指標錯誤。我們希望透過這個例子來學習如何使用 kdump 和 crash 工具分析和定位問題。

（2）編寫一個 Makefile。

```
BASEINCLUDE ?= /lib/modules/$(shell uname -r)/build
oops-objs := oops_test.o
KBUILD_CFLAGS +=-g

obj-m    :=    oops.o
all :
    $(MAKE) -C $(BASEINCLUDE) M=$(PWD) modules;

clean:
    $(MAKE) -C $(BASEINCLUDE) M=$(PWD) clean;
    rm -f *.ko;
```

（3）輸入 make 命令，編譯成核心模組。

```
$ make
```

（4）載入核心模組。

```
$ sudo insmod oops.ko
```

（5）載入 oops.ko 核心模組之後，系統會觸發 Oops 錯誤並且重新啟動捕捉核心以進行偵錯資訊的轉儲。轉儲完之後，系統會自動重新啟動生產核心。

（6）啟動 crash 工具進行偵錯。核心的 crash 資訊會轉儲到 /var/crash/ 目錄下，並且會以崩潰的時間創建目錄。

```
root@ubuntu:crash $ ls
202004061112   kexec_cmd
```

使用以下命令啟動 crash 工具。

```
root@ubuntu:202004061112# crash dump.202004061112 /usr/src/linux/vmlinux

KERNEL: /usr/src/linux/vmlinux
    DUMPFILE: dump.202004061112   [PARTIAL DUMP]
        CPUS: 4
        DATE: Mon Apr  6 11:11:45 2020
      UPTIME: 01:35:28
LOAD AVERAGE: 0.00, 0.03, 0.05
       TASKS: 75
    NODENAME: ubuntu
     RELEASE: 5.4.0+
     VERSION: #18 SMP Mon Apr 6 02:37:49 PDT 2020
     MACHINE: aarch64   (unknown Mhz)
      MEMORY: 1 GB
       PANIC: "Unable to handle kernel NULL pointer dereference at virtual
address 0000000000000050"
         PID: 853
     COMMAND: "insmod"
        TASK: ffff80009a46aac0  [THREAD_INFO: ffff80009a46aac0]
         CPU: 0
       STATE: TASK_RUNNING (PANIC)
crash>
```

從上面的記錄檔可以看到，這裡發生錯誤的原因是 "BUG: unable to handle kernel NULL pointer dereference at 0000000000000050"，即由於引用了空指標而導致了錯誤。

（7）使用 bt 命令查看函數呼叫關係，如圖 12.13 所示。

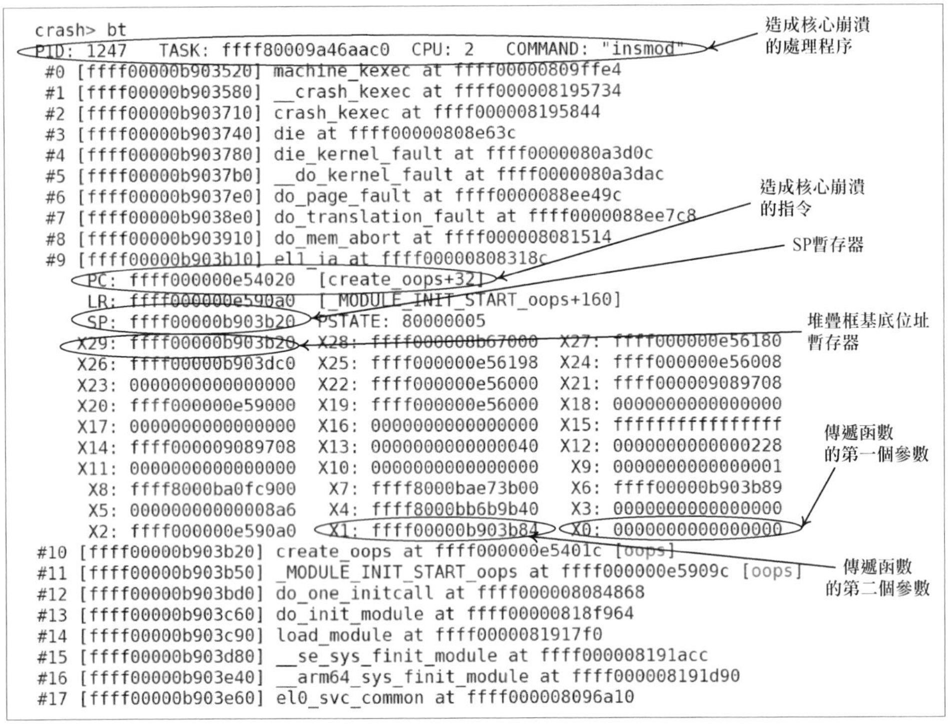

```
crash> bt                                                              造成核心崩潰
PID: 1247   TASK: ffff80009a46aac0  CPU: 2  COMMAND: "insmod"          的處理程序
 #0 [ffff00000b903520] machine_kexec at ffff00000809ffe4
 #1 [ffff00000b903580] __crash_kexec at ffff000008195734
 #2 [ffff00000b903710] crash_kexec at ffff000008195844
 #3 [ffff00000b903740] die at ffff00000808e63c
 #4 [ffff00000b903780] die_kernel_fault at ffff0000080a3d0c                造成核心崩潰
 #5 [ffff00000b9037b0] __do_kernel_fault at ffff0000080a3dac              的指令
 #6 [ffff00000b9037e0] do_page_fault at ffff0000088ee49c
 #7 [ffff00000b9038e0] do_translation_fault at ffff0000088ee7c8           SP暫存器
 #8 [ffff00000b903910] do_mem_abort at ffff000008081514
 #9 [ffff00000b903b10] el1_ia at ffff00000808318c
    PC: ffff000000e54020 [create_oops+32]
    LR: ffff000000e590a0 [_MODULE_INIT_START_oops+160]
    SP: ffff00000b903b20  PSTATE: 80000005                                 堆疊框基底位址
    X29: ffff00000b903b20  X28: ffff000008b67000  X27: ffff000000e56180    暫存器
    X26: ffff00000b903dc0  X25: ffff000000e56198  X24: ffff000000e56008
    X23: 0000000000000000  X22: ffff000000e56000  X21: ffff000009089708
    X20: ffff000000e59000  X19: ffff000000e56000  X18: 0000000000000000
    X17: 0000000000000000  X16: 0000000000000000  X15: ffffffffffffffff
    X14: ffff000009089708  X13: 0000000000000040  X12: 0000000000000228    傳遞函數
    X11: 0000000000000000  X10: 0000000000000000   X9: 0000000000000001    的第一個參數
     X8: ffff8000ba0fc900   X7: ffff8000bae73b00   X6: ffff00000b903b89
     X5: 00000000000008a6   X4: ffff8000bb6b9b40   X3: 0000000000000000
     X2: ffff000000e590a0   X1: ffff00000b903b84   X0: 0000000000000000
#10 [ffff00000b903b20] create_oops at ffff000000e5401c [oops]
#11 [ffff00000b903b50] _MODULE_INIT_START_oops at ffff000000e5909c [oops]  傳遞函數
#12 [ffff00000b903bd0] do_one_initcall at ffff000008084868               的第二個參數
#13 [ffff00000b903c60] do_init_module at ffff00000818f964
#14 [ffff00000b903c90] load_module at ffff0000081917f0
#15 [ffff00000b903d80] __se_sys_finit_module at ffff000008191acc
#16 [ffff00000b903e40] __arm64_sys_finit_module at ffff000008191d90
#17 [ffff00000b903e60] el0_svc_common at ffff000008096a10
```

圖 12.13 ARM64 架構下的函數呼叫關係

（8）使用 mod 命令載入有號資訊的核心模組。

```
crash> mod -s oops /mnt/rlk_basic/chapter_11/lab17/01_oops/oops.ko
     MODULE       NAME    SIZE   OBJECT FILE
ffff000000e56000  oops   16384  /mnt/rlk_basic/chapter_11/lab17/01_oops/oops.ko
crash>
```

（9）反組譯 PC 暫存器指向的地方，也就是核心崩潰發生的地方。

```
crash> dis -l ffff000000e54020
0xffff000000e54020 <create_oops+32>:    ldr    x0, [x0,#80]
crash>
```

以下組合語言程式碼中的 80 表示的是基於 x0 暫存器的偏移量。

```
crash> struct -o vm_area_struct
struct vm_area_struct {
[0] unsigned long vm_start;
...
```

```
[80] unsigned long vm_flags;
     struct {
         struct rb_node rb;
         unsigned long rb_subtree_last;
[88] } shared;
```

因此,這句組合語言程式碼就不難瞭解了,表示存取 vma->vm_flags,然後把值存放到 x0 暫存器中。那麼 x0 暫存器的值是多少呢?由 ARM64 架構的函數參數呼叫規則可知,x0 暫存器傳遞的是函數的第一個參數,因此發生崩潰時 x0 暫存器的值為 0x0。

```
crash> struct vm_area_struct 0x0
struct: invalid kernel virtual address: 0x0
crash>
```

12.8 性能和測試

12.8.1 性能和測試概述

在實際產品開發過程中,性能和功耗往往是一對矛盾體,需要在它們之間做一些取捨。很多公司有專門的團隊從事性能和功耗的最佳化,性能和功耗在很多公司內部簡稱為 PnP(Performance and Power)。如何在產品的開發週期中保證性能和功耗這兩個指標不會有大的倒退呢?這是專案管理面臨的一項挑戰。從技術的角度看,我們需要針對產品特性提出很多細化的性能指標和功耗指標,這可以稱為 KPI(Key Performance Indicator)。以傳統的將 Linux 作為核心的產品來說,性能指標可以包括 CPU 性能、GPU 性能、I/O 性能、網路性能等,功耗指標包括待機功耗、待機電流、MP3 播放時長、視訊觀看時長等指標。測量功耗需要涉及很多硬體裝置,因此本章不再説明。

常見的 Linux 性能測試工具如表 12.9 所示。

▼ 表 12.9 常見的 Linux 性能測試工具

工　具	描　述
kernel-selftests	核心原始程式碼目錄附帶的測試程式
perf-bench	perf 工具附帶的測試程式，包含對記憶體、排程等的測試
phoronix-test-suit	綜合性能測試程式
sysbench	綜合性能測試套件，包含對 CPU、記憶體、多執行緒等的測試
unixbench	綜合性能測試套件，UNIX 系統的一套傳統的測試程式
pmbench	用來測試記憶體性能的工具
iozone	用來測試檔案系統性能的工具
AIM7	一套來自 UNIX 系統的測試系統底層性能的工具
iperf	用來測試網路性能的工具
linpack	用來測試 CPU 的浮點運算的性能
vm-scalability	用來測試 Linux 核心記憶體管理模組的擴充性
glbenchmark	用來測試 GPU 性能
GFXbenchmark	用來測試 GPU 性能
DBENCH	用來測試 I/O 性能

12.8.2 eBPF 介紹

BPF 的全稱為 Berkeley Packet Filter，是 UNIX 系統中資料連結層的一種原始介面，提供原始鏈路層封包的收發。因此，BPF 還是一種用於過濾網路封包的架構。BPF 在 1997 年被引入 Linux 核心，稱為封包過濾機制，又稱為 LSF（Linux Socket Fliter）。

到了 Linux 3.15，一套全新的 BPF 被增加到 Linux 核心中，稱為 eBPF（extended BPF）。相比傳統的 BPF，eBPF 支援很多激動人心的功能，比如核心追蹤、應用性能最佳化和監控、流量控制等，另外在介面設計和便利性方面有了很大提升。

eBPF 在本質上是一種核心程式注入技術，大致步驟如下。

（1）核心實現 eBPF 虛擬機器。

（2）在使用者態借助使用 C 語言等高階語言編寫的程式，透過 LLVM 編譯器編譯成 BPF 目的碼。

（3）在使用者態透過呼叫 bpf() 介面把 BPF 目的碼注入核心。

（4）核心透過 JIT 編譯器把 BPF 目的碼轉為本地指令碼。

（5）核心提供一系列鉤子來執行 BPF 程式。

（6）核心態和使用者態使用一套名為 map 的機制進行通訊。

使用 eBPF 的好處在於，可以在不修改核心程式的情況下靈活修改核心處理策略，比如在進行系統追蹤和性能最佳化及偵錯時，可以很方便地修改核心的實現和對某些功能進行追蹤及定位。我們之前的 SystemTap 也能實現類似的功能，只不過實現原理不太一樣。SystemTap 是將指令稿敘述翻譯成 C 敘述，最後編譯成核心模組並且載入核心模組。將控制碼以 Kprobe 鉤子的方式掛到核心上，當某個事件發生時，對應鉤子上的控制碼就會被執行。執行完之後，再把鉤子從核心上取下，移除模組。

12.8.3　BCC 介紹

在使用者態可以使用 C 語言呼叫 eBPF 提供的介面，Linux 核心的 samples/bpf 目錄下有不少例子值得大家參考。但是，使用 C 語言來對 eBPF 進行程式設計有點麻煩，後來 Brendan Gregg 設計了一套名為 BCC （BPF Compiler Collection）的工具。BCC 是一個 Python 函數庫，它對 eBPF 應用層介面進行了封裝，並且擁有自動完成編譯、解析 ELF、載入 BPF 程式區塊以及創建 map 等基本功能，大大減輕了程式設計人員的工作。

可使用以下命令在 QEMU + ARM64 平台上安裝 BCC[3]。

```
rlk:~# apt install bpfcc-tools
```

BCC 整合了一系列的性能追蹤和檢測工具，包括用於記憶體管理、排程器、檔案系統、區塊裝置層、網路層、應用層的性能追蹤工具，如圖 12.14 所示。

3　在 QEMU + ARM64 平台上執行 BCC 會比較慢，讀者需要耐心等待，也可以直接在 Ubuntu Linux 主機上執行 BCC。

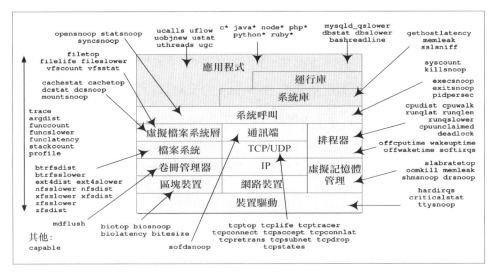

圖 12.14 BCC 工具集

BCC 工具安裝在 /usr/sbin 目錄下，它們都是以 bpfcc 結尾的可執行的
Python 指令稿。以 cpudist-bpfcc 為例，它會取樣和統計一段時間內處理
程序在 CPU 上執行的時間，並以柱狀圖的形式顯示出來，如圖 12.15 所
示。

```
benshushu:tracing# cpudist-bpfcc
Tracing on-CPU time... Hit Ctrl-C to end.
^C
     usecs          : count    distribution
        0 -> 1       : 0        |                                        |
        2 -> 3       : 0        |                                        |
        4 -> 7       : 0        |                                        |
        8 -> 15      : 0        |                                        |
       16 -> 31      : 0        |                                        |
       32 -> 63      : 0        |                                        |
       64 -> 127     : 0        |                                        |
      128 -> 255     : 0        |                                        |
      256 -> 511     : 1        |**                                      |
      512 -> 1023    : 1        |**                                      |
     1024 -> 2047    : 2        |****                                    |
     2048 -> 4095    : 2        |****                                    |
     4096 -> 8191    : 12       |**************************              |
     8192 -> 16383   : 18       |****************************************|
    16384 -> 32767   : 2        |****                                    |
    32768 -> 65535   : 3        |******                                  |
    65536 -> 131071  : 1        |**                                      |
   131072 -> 262143  : 2        |****                                    |
   262144 -> 524287  : 2        |****                                    |
   524288 -> 1048575 : 10       |**********************                  |
  1048576 -> 2097151 : 12       |**************************              |
  2097152 -> 4194303 : 4        |********                                |
benshushu:tracing# ^C
```

圖 12.15 cpudist-bpfcc 的輸出結果

12.8.4 實驗 12-19：執行 BCC 工具進行性能測試

1. 實驗目的

學習如何使用 BCC 工具對 Linux 系統進行性能評估和分析，以便以後運用到實際工作中。

2. 實驗要求

寫一個 BCC 指令稿來統計處理程序切換資訊，可以在 finish_task_switch() 函數中創建一個鉤子來監聽和統計處理程序切換的次數。

統計結果如下。

```
# python3 task_switch.py
task_switch[    10->    0]=3
task_switch[   797->    0]=100
task_switch[   567->    0]=1
...
```

第一行表示 PID 為 10 的處理程序切換到 PID 為 0 的處理程序的次數為 3，第二行表示 PID 為 797 的處理程序切換到 PID 為 0 的處理程序的次數為 100。

12.8 性能和測試

13 開放原始碼社區

開放原始碼軟體（Free Software）自 20 世紀 80 年代誕生以來，就像星星之火，今天已經成為軟體開發產業的中堅力量。2018 年，微軟收購了開放原始碼軟體託管平台 GitHub，這讓開放原始碼軟體變得越來越重要。本章介紹開放原始碼軟體的歷史、Linux 核心社區的發展、參與開放原始碼軟體的必要性以及如何參與開放原始碼軟體。

13.1 什麼是開放原始碼社區

13.1.1 開放原始碼軟體的發展歷史

20 世紀 60 年代，IBM 等一些大公司開發的軟體是免費提供的，並且提供原始程式碼，因為那時候它們主要以賣電腦硬體為主要收入。隨著後來硬體價格不斷降價，銷售硬體的利潤變小了，IBM 等廠商開始嘗試單獨銷售軟體。

1983 年，Richard Stallman 發起了 GNU（GUN's Not UNIX）專案，目標是開發出一款開放原始碼且自由的類似於 UNIX 的作業系統。GNU 專案的創立標誌著自由軟體運動的開始。Richard 畢業於哈佛大學，是麻省理工學院人工智慧實驗室的一名軟體工程師。他開發了多種影響深遠的軟體，其中包括著名的程式編輯器 Emacs。Richard 對一些公司試圖以專利軟體取代實驗室中的免費自由軟體感到氣憤，於是發表了著名的《GNU 宣言》，表示要創造一套完全免費且自由相容 UNIX 的作業系統。1985 年 10 月，Richard 又創立了自由軟體基金會（Free Software Foundation, FSF）。1989 年，Richard 起草了廣為使用的 GNU 通用公共協定證書（General Public License，GPL）。GNU 計畫中除了最關鍵的 Hurd 作業系統核心之外，其他大部分軟體已經實現。

1991 年，芬蘭大學生 Linus Torvalds 在 386SX 相容微型機上學習了 Minux 作業系統的原始程式碼，隨後開始著手開發類似 UNIX 於的作業系統，這就是 Linux 的雛形。1991 年 10 月 5 日，Linus Torvalds 在 comp.os.minix 新聞群組中發佈新聞，正式對外宣告 Linux 核心誕生。自此，開放原始碼軟體變得一發不可收拾。在後來的 20 多年裡，Linux 核心作為作業系統領域中的霸主，極大地帶動了其他開放原始碼軟體的發展。

13.1.2 Linux 基金會

2000 年，開放原始碼軟體發展實驗室（Open Source Development Labs）和自由標準組織（Free Standards Group）聯合成立了 Linux 基金會。Linux 基金會是一個非營利性的聯盟，旨在協調和推動 Linux 系統的發展。近幾年，越來越多的企業也開始加入 Linux 基金會的大家庭。目前，Linux 基金會旗下的開放原始碼軟體已由原來的 Linux 核心延伸到其他領域的開放原始碼專案，如 Intel 公司捐贈的用於嵌入式系統的虛擬化軟體 ACRN、SDN 方面的 OpenDayLight、容器方面的 Open Container Initiative、網路加速方面的 DPDK 等。

13.1.3 開放原始碼協定

開放原始碼社區裡一直存在各種各樣的開放原始碼協定（也稱為開放原始碼許可證），其中廣泛使用的有以下 3 個──GPL 協定、BSD 協定和 Apache 協定。

1. GPL 協定

GPL 協定是在 1989 年發佈的，目的是防止阻礙自由軟體的行為。這些行為主要表現在兩方面：一是軟體發行者只發佈軟體的二進位檔案而不發佈原始程式碼，二是軟體發行者要在軟體許可證中加入限制條款。所以，對於採用 GPL 協定的軟體，如果發佈可執行的二進位碼，就必須同時發佈原始程式碼。

GPL 協定提出了和版權（copyright）完全相反的概念（copyleft）。GPL 協定的核心是公共許可證，也就是説，遵循 GPL 的軟體是公共的，不存在版權問題。

GPL 協定的另一個特點就是「傳染性」，也就是説，如果在一個軟體中使用了 GPL 協定的程式，那麼這個軟體也必須採用 GPL，也就是必須開放原始碼。

1991 年，GPL 協定有了第二個版本，也就是 GPL v2。這一版本協定最大的特點是，如果一個軟體採用了部分的 GPL 相關的軟體，那麼這個軟體從整體上就必須採用 GPL 協定，並且這個軟體的作者不能附加額外的限制。

2005 年，Richard 開始修訂 GPL 協定的第三版，也就是 GPL v3。這個版本和 GPL v2 最大的區別是增加了很多條款。下面是 GPL v2 和 GPL v3 的主要區別。

- 任何公司或實體以 GPL v3 發佈軟體後，就必須永遠以 GPL v3 發佈軟體，並且原專利擁有者在任何時候不具備收取專利費的權利。
- 專利報復條款。禁止發佈軟體的公司或實體向被許可人發起專利訴訟。
- Tivo 化。Tivo 化是指某些裝置不允許修改裝置上安裝的 GPL 軟體，一旦使用者對軟體進行修改，這些裝置就會自動關閉。目前很多消費類電子產品整合了 GPL 軟體，生產商為了保護裝置的可靠性和商業機密，往往不允許使用者對軟體進行修改，但是 GPL v3 否決了這些行為。

2. BSD 協定

BSD（Berkeley Software Distribution）協定也是自由軟體中使用廣泛的許可證之一。BSD 協定給了使用者很大的自由度，使用者可以自由使用、修改原始程式碼，也可以將修改後軟體的作為開放原始碼或專用軟體再發佈，BSD 協定相比 GPL 協定寬鬆很多。

BSD 協定允許商業公司基於使用 BSD 協定的軟體進行延伸開發和銷售，而且也沒有強制要求公開修改後的原始程式碼，但是有以下幾個要求。

- 如果要公佈原始程式碼，那麼引用了 BSD 協定的程式部分也必須包含 BSD 協定。
- 如果發佈的是二進位形式，那麼在軟體的版權宣告中必須包含引用部分的 BSD 協定。
- 不可以使用開放原始碼的作者或單位的名字以及引用的軟體名做市場推廣。

3. Apache 協定

Apache 協定是非營利開放原始碼組織 Apache 制定和採用的協定。Apache 協定和 BSD 協定類似，同樣鼓勵程式共用和尊重原作者的著作權，同樣允許修改程式和再發佈（可以是開放原始碼軟體或商務軟體）。Apache 協定也對商業應用友善，使用者可以在需要時修改程式來滿足需要並作為開放原始碼或商業產品進行發佈和銷售。

常見的開放原始碼協定的主要差異如圖 13.1 所示。

很多讀者對開放原始碼協定，特別是對 GPL 協定有不少誤解，比如開放原始碼軟體就一定要免費。雖然開放原始碼軟體在英文中稱為 free software，但這裡的 free 不是免費的意思，而是自由的意思。很多開放原始碼軟體公司基於開放原始碼軟體提供了企業版或收費版，如 Red Hat 公司的 Red Hat Enterprise Linux 發行版本，雖然可以免費獲得，但同時提供加值的收費諮詢服務。開放原始碼協定只是保護軟體的自由，強調的是開放原始碼，與錢和商業無關。因此，如果你使用和修改了 GPL 軟體，那麼你的軟體也必須開放原始碼；不然就不能使用 GPL 軟體，但是這與你是否把這些軟體用於商業用途和 GPL 協定沒有關係。

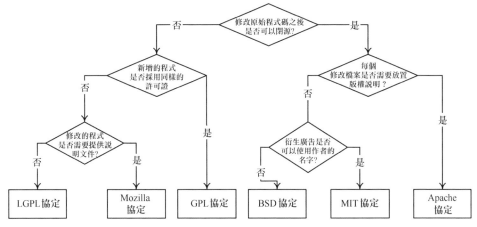

圖 13.1 常見的開放原始碼協定的主要差異

13.1.4 Linux 核心社區

從 1991 年 Linux 核心的第一個版本發佈至今（2020 年）已經有 29 年，從作為學生的業餘專案發展到作業系統領域的霸主，Linux 核心的發展速度驚人。

Linux 核心從最早的不到 1 萬行程式，截至 2017 年就已經遠超 2400 萬行程式，程式增長的曲線如圖 13.2 所示。

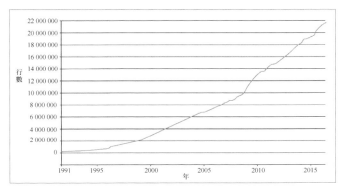

圖 13.2 Linux 核心中程式增長的曲線

Linux 核心從最早的一名開發者，到了 2017 年有 1000 多名活躍的開發者，全球有 200 多家公司參與，具體如表 13.1 所示。

⬇ 表 13.1 參與 Linux 核心開發的人數和公司數量

核 心 版 本	開 發 人 數	參與公司數量
4.8	1597	262
4.9	1729	270
4.10	1680	273
4.11	1741	268
4.12	1821	274
4.13	1681	225

目前，有越來越多的科技公司參與到 Linux 核心社區的開發和建設中。

Linus Torvalds 組織開發的軟體版本管理工具 git 讓開放原始碼運動越來越流行。2008 年，針對以 git 作為軟體版本管理工具的開放原始碼和私有軟體專案託管平台 GitHub 上線。10 年後，GitHub 被微軟以 76 億美金收購，由此可見開放原始碼運動的價值。

13.2 參與開放原始碼社區

13.2.1 參與開放原始碼專案的好處

從前面的內容可以知道，開放原始碼專案必須把原始程式碼公開，而且不少公司高薪聘請開發人員專門維護開放原始碼專案。為什麼有些公司願意投入人力和物力去搞開放原始碼專案呢？

- 獲取競爭優勢以及提升品牌形象。很多企業參與開放原始碼專案是為了在某個開放原始碼專案中獲得更大的發言權，這樣有利於提升在某個領域的品牌形象，如不少晶片公司研發的最新晶片都會第一時間提交更新到 Linux 核心社區，讓 Linux 核心第一時間支持這些最新的科技。
- 降低開發成本。很多企業把原來內部開發的一些專案變成開放原始碼專案，這樣就能接觸到更多的開發者群眾。開放原始碼專案由原來內部的研發團隊參與，變成了全世界的開發者都可以參與。許多不同產業、不同背景的開發者可以從不同角度貢獻程式，這會讓專案變得更好。

■ 提升程式品質。很多成功的開放原始碼專案的程式品質是非常高的，透過開放原始碼，許多開發者可以互相協助，一起提升程式品質。

除了企業之外，還有很多開放原始碼同好參與開放原始碼專案。在 Linux 核心的處理程序排程器領域，曾經有一位著名的開放原始碼同好名叫 Con Kolivas，他是一名麻醉師，利用業餘時間對 Linux 核心的處理程序排程器進行了創新性的修改。Con Kolivas 一直關注 Linux 在桌上型電腦中的表現，並提出了 SD 公平排程演算法。這種演算法雖然沒有被 Linux 核心社區接受，但是後來的 CFS 採用了他的一些設計靈感。後來 Con Kolivas 提出了 BFS，得到 Android 社區的一致好評。參與開放原始碼社區會使個人得到全方位的提升。

■ 提升綜合開發能力。參與開放原始碼專案可以不斷獲取經驗，促進自己持續學習新知識，進一步豐富知識結構。很多開發者把注意力集中在功能實現上，忽略了程式品質和程式規範，而成熟的開放原始碼社區都有嚴格的程式規範，這無疑訓練了讀者的程式編寫能力。另外，成熟的開放原始碼社區專家許多，參與其中能學習到很多方面的東西。

■ 提高英文能力。成熟的開放原始碼專案以英文為主要交流語言。

■ 觸發工作激情。參與開放原始碼專案是一種樂趣，當你的更新被社區接受時，就能體會到一種成就感。

■ 獲取更多的工作機會。國內外的許多公司都參與開放原始碼專案，在開放原始碼社區中活躍的讀者更容易得到知名科技公司的青睞。

13.2.2 如何參與開放原始碼專案

開放原始碼軟體已經改變了整個電腦產業。最近火熱的 RISC-V 社區正在推動開放原始碼硬體的發展，因此參與開放原始碼專案成為一種潮流。不少讀者對參與開放原始碼專案有一些顧慮，比如害怕自己能力不行，沒有足夠的時間，抑或不知道自己適合什麼專案。

其實參與開放原始碼專案不僅包含開發和貢獻程式，還包括編寫文件、測試、宣傳等工作，因此讀者可以打消能力不足的顧慮。開放原始碼社區裡有許多好的開放原始碼專案，不僅包括 Linux 核心，還包括 Java、雲端運算等領域，甚至包括其他產業的專業軟體，如 3D 繪圖軟體 Blender。讀者可以選擇一個自己感興趣的開放原始碼軟體，從而開啟開放原始碼旅途。

下面列出參與成熟的開放原始碼專案的一些建議。

（1）訂閱郵寄清單。

大部分成熟的開放原始碼專案是透過郵寄清單來溝通的。Linux 核心作為成熟的開放原始碼專案，擁有一個核心的郵寄清單，叫作核心郵寄清單（Linux Kernel Mailing List，LKML），它是核心開發者進行發佈、討論和技術辯論的主場地。有興趣的讀者可以訂閱這個郵寄清單，訂閱辦法如下。

```
subscribe linux-kernel <your@email.com>
```

LKML 具有綜合性，包含核心所有的模組，每天會有幾百封郵件。如果讀者對 Linux 核心的某個模組感興趣，那麼可以訂閱這個模組的郵寄清單，如圖 13.3 所示。

圖 13.3　Linux 核心支持的郵寄清單

（2）加入 IRC 頻道。

許多開放原始碼專案會採用 IRC 作為開發者之間的聊天工具。

（3）關注缺陷管理系統。

許多開放原始碼專案會採用 Bugzilla 作為缺陷管理系統。讀者可以關注這些缺陷管理系統，從中學習甚至嘗試修復一些缺陷。

（4）嘗試提交一些能夠簡單缺陷修復的更新。

成熟的開放原始碼專案也會有程式不符合規範或編譯時出現警告等問題，讀者可以嘗試從這些小問題入手參與開放原始碼專案。

（5）參與完善文件。

（6）參與開放原始碼活動。

開放原始碼專案除了比較成熟的，還有許多新晉的，它們大多集中在 GitHub 上。讀者參與的方式可能和 Linux 核心社區不太一樣，因為在 GitHub 等平台上，最流行的是 "Fork + Pull" 模式。

13.3 實驗 13-1：使用 cppcheck 檢查程式

1. 實驗目的

學會使用程式缺陷靜態檢測工具完善程式品質。

2. 實驗詳解

cppcheck 是 C/C++ 的程式缺陷靜態檢測工具，不僅可以檢測程式中的語法錯誤，還可以檢測出編譯器檢查不出來的缺陷類型，從而幫助程式設計師提升程式品質。

cppcheck 支援的檢測功能如下。

- 野指標。
- 整數變數溢位。
- 無效的移位運算元。
- 無效轉換。
- 無效地使用 STL 函數庫。
- 記憶體洩漏。

■ 程式格式錯誤以及性能原因檢查。

cppcheck 的安裝方法如下。

```
$sudo apt install cppcheck
```

cppcheck 的使用方法如下。

```
cppcheck 選項　檔案或目錄
```

預設情況下只顯示錯誤訊息，可以透過 "--enable" 命令來啟動更多檢查。

```
--enable=warning        #打開警告訊息
--enable=performance    #打開性能訊息
--enable=information    #打開資訊訊息
--enable=all            #打開所有訊息
```

13.4　實驗 13-2：提交第一個 Linux 核心更新

1. 實驗目的

熟悉為 Linux 核心社區提交更新的基本流程。

2. 實驗詳解

為 Linux 核心社區提交第一個更新涉及三方面的問題：一是如何發現核心的缺陷，二是如何製作更新，三是如何發送更新。

1）如何發現核心的缺陷。

作為一名新手，訂閱 LKML 和下載 Linus 的 git 倉庫是必備功課。

```
$ git clone git://git.kernel.org/pub/scm/linux/kernel/git/torvalds/linux.git
```

接下來開始為 Linux 核心程式尋找錯誤或缺陷，新手可以從以下幾個方面入手。

■ 尋找編譯警告。Linux 核心支持許多的 CPU 架構以及多個版本的 GCC 編譯器，通常會在某些情況下出現一些編譯警告等資訊。這些編譯警告是新手製作更新的好地方。

- 編碼規範。讀者可以仔細閱讀核心原始程式碼，包括註釋、文件等，經常會有單字拼字錯誤、對齊不規範、程式格式不符合社區要求、程式不夠簡練等問題。這種問題也是新手入門的好地方。
- 其他人新提交的更新集或 staging 原始程式碼。Linux 核心每次合併視窗時會合併大量的新特性，這些新進入的程式還沒有經過社區的重複驗證，常常有一些簡單的錯誤，讀者可以仔細閱讀並發現裡面可以製作成更新的地方。另外，staging 原始程式碼是一些沒有經過充分測試的新增驅動模組，這些模組也是新手發掘更新的好地方。

2）如何製作更新。

當我們發現核心的錯誤或缺陷時，下一步就是著手製作更新了。製作更新需要用到的工具是 git，步驟如下。

（1）基於 Linux 核心主倉庫最新的主分支創建以下新的分支。

```
$git checkout -b "my-fix"
```

（2）修改檔案。重要的是進行測試，包括編譯測試、單元測試和功能測試等。

（3）生成新的提交。

```
$ git add .
$ git commit -s
```

"-s" 命令會在所提交資訊的尾端按照提交者的名字加上 "Signed-off-by" 資訊。下面以一個例子說明如何寫出提交合格的資訊。

```
1    commit ffeb13aab68e2d0082cbb147dc765beb092f83f4
2    Author: Felipe Balbi <balbi@ti.com>
3    Date:   Wed Apr 8 11:45:42 2015 -0500
4
5        dmaengine: cppi41: add missing bitfields
6
7        Add missing directions, residue_granularity,
8        srd_addr_widths and dst_addr_widths bitfields.
9
10       Without those we will see a kernel WARN()
```

```
11          when loading musb on am335x devices.
12
13          Signed-off-by: Felipe Balbi <balbi@ti.com>
14          Signed-off-by: Vinod Koul <vinod.koul@intel.com>
```

第 1 行表示提交的 ID，這是 git 工具自動生成的。

第 2 行表示提交的作者。

第 3 行表示提交生成的日期。

第 5 行表示對所做修改的簡短描述。這一行以子系統、驅動或架構的名字為字首，然後是一句簡短的描述。

第 7 ～ 11 行表示本次提交的詳細描述。

（4）生成更新。可使用 git format-patch 命令生成更新。

```
$git format-patch -1   #生成更新
```

（5）對更新進行程式格式檢查。

Linux 核心有一套程式規範，所有提交到核心社區的更新都必須遵守。Linux 核心原始程式碼整合了一個指令稿工具，它可以幫助我們檢查更新是否符合程式規範。

```
$./scripts/checkpatch.pl   your_fix.patch
```

3）如何發送更新。

推薦使用 git send-email 工具發送更新到核心社區。下面首先安裝 git send-email 工具。

```
$ sudo apt-get install git-email
```

然後，設定 send-email 工具。修改 ~/.gitconfig 檔案，增加以下設定。

```
<~/.gitconfig>

[sendemail]
        smtpencryption = tls
        smtpserver = smtp.126.com
        smtpuser = figo1802@126.com
        smtpserverport = 25
```

在發送更新之前，我們需要知道更新應該發給哪些審稿人。雖然可以直接發送更新到 LKML 郵寄清單中，但是有可能審稿更新的關鍵人物會錯失更新。因此，最好將更新發送給修改的所屬子系統的維護者。可以使用 get_maintainer.pl 來獲取這些維護者的名字和電子郵件位址。

```
$ ./scripts/get_maintainer.pl your_fix.patch
```

最後，可以使用以下命令來發送更新。

```
$ git send-email --to "tglx@linutronix.de" --to "xxx@redhat.com" --cc "linux-kernel@vger.kernel.org" 0001-your-fix-patch.patch
```

這樣更新就被發送到核心社區了，現在你需要做的就是耐心等待社區開發者的回饋。如果有社區開發者給你提了意見或回饋，你應該積極回應，並根據意見進行修改，然後發送第二版的更新，直到社區維護者接受你的更新為止。

13.5 實驗 13-3：管理和提交多個更新組成的更新集

1. 實驗目的

學會如何管理和提交多個更新組成的更新集。

2. 實驗詳解

如果讀者訂閱了 Linux 核心社區的郵寄清單，就會發現有一些更新集有幾個甚至幾十個更新，而且會不斷地發送新的版本。圖 13.4 所示是一個關於 Specultative page faults 的更新集，作者是 Laurent Dufour，該更新集由 24 個更新組成，目前已經更新到第 9 個版本。

讀者通常會有以下疑問。

- 這些更新集是如何生成的呢？
- 當製作新版本的更新集時，如何基於最新的 Linux 分支進行？

■ 面對龐大的更新集，如果社區對裡面的幾個更新有修改意見，那該如何製作新版的更新集呢？

當開發某個功能或新特性時，要修改的檔案和程式很多，因此需要把這些內容分割成多個功能單一的小更新，然後用這些小更新組成一個大的更新集。

	主題		通信者		日期
	[PATCH v9 00/24] Speculative page faults		Laurent Dufour		3/14/2018 1:59 AM
	[PATCH v9 01/24] mm: Introduce CONFIG_SPECULATIVE_PAGE_FAULT		Laurent Dufour		3/14/2018 1:59 AM
	[PATCH v9 02/24] x86/mm: Define CONFIG_SPECULATIVE_PAGE_FAULT		Laurent Dufour		3/14/2018 1:59 AM
	[PATCH v9 03/24] powerpc/mm: Define CONFIG_SPECULATIVE_PAGE_FAULT		Laurent Dufour		3/14/2018 1:59 AM
	[PATCH v9 04/24] mm: Prepare for FAULT_FLAG_SPECULATIVE		Laurent Dufour		3/14/2018 1:59 AM
	[PATCH v9 05/24] mm: Introduce pte_spinlock for FAULT_FLAG_SPECULATIVE		Laurent Dufour		3/14/2018 1:59 AM
	[PATCH v9 06/24] mm: make pte_unmap_same compatible with SPF		Laurent Dufour		3/14/2018 1:59 AM
	[PATCH v9 07/24] mm: VMA sequence count		Laurent Dufour		3/14/2018 1:59 AM
	[PATCH v9 08/24] mm: Protect VMA modifications using VMA sequence count		Laurent Dufour		3/14/2018 1:59 AM
	[PATCH v9 10/24] mm: Protect SPF handler against anon_vma changes		Laurent Dufour		3/14/2018 1:59 AM
	[PATCH v9 11/24] mm: Cache some VMA fields in the vm_fault structure		Laurent Dufour		3/14/2018 1:59 AM
	[PATCH v9 12/24] mm/migrate: Pass vm_fault pointer to migrate_misplaced_page()		Laurent Dufour		3/14/2018 1:59 AM
	[PATCH v9 13/24] mm: Introduce __lru_cache_add_active_or_unevictable		Laurent Dufour		3/14/2018 1:59 AM
	[PATCH v9 14/24] mm: Introduce __maybe_mkwrite()		Laurent Dufour		3/14/2018 1:59 AM
	[PATCH v9 15/24] mm: Introduce __vm_normal_page()		Laurent Dufour		3/14/2018 1:59 AM
	[PATCH v9 16/24] mm: Introduce __page_add_new_anon_rmap()		Laurent Dufour		3/14/2018 1:59 AM
	[PATCH v9 17/24] mm: Protect mm_rb tree with a rwlock		Laurent Dufour		3/14/2018 1:59 AM
	[PATCH v9 18/24] mm: Provide speculative fault infrastructure		Laurent Dufour		3/14/2018 1:59 AM
	[PATCH v9 19/24] mm: Adding speculative page fault failure trace events		Laurent Dufour		3/14/2018 1:59 AM
	[PATCH v9 20/24] perf: Add a speculative page fault sw event		Laurent Dufour		3/14/2018 1:59 AM
	[PATCH v9 21/24] perf tools: Add support for the SPF perf event		Laurent Dufour		3/14/2018 1:59 AM
	[PATCH v9 22/24] mm: Speculative page fault handler return VMA		Laurent Dufour		3/14/2018 1:59 AM
	[PATCH v9 23/24] x86/mm: Add speculative pagefault handling		Laurent Dufour		3/14/2018 1:59 AM
	[PATCH v9 24/24] powerpc/mm: Add speculative page fault		Laurent Dufour		3/14/2018 1:59 AM

圖 13.4　Speculative page faults 更新集

1）從 v0 分支開始修改

首先基於最新的 Linux 核心主分支建立以下名為 my_feature_v0 的分支（下面簡稱 v0 分支）。

```
$ git checkout -b "my_feature_v0"
```

在 v0 分支上進行開發並驗證新功能。你可以關注功能的實現和完善，但不要忘記進行單元測試。

2）合理分割 v0 分支形成 v1 分支

當 v0 分支中的程式已經完成功能開發和驗證之後，可以創建 v1 分支。

```
$ git checkout -b "my_feature_v1"
```

在 v1 分支裡，我們需要對程式進行合理的分割，也就是一個更新只描述某個修改。切記不要把多個不相關的修改放在一個更新裡，否則社區的維護者很難對程式進行審稿。

3）發送更新集到社區

下面使用 git format-patch 命令生成更新集。

```
$ git format-patch -<patch number> --subject-prefix="PATCH v1" --cover-letter
 -o <patch-folder>
```

- patch-number：根據更新數目生成更新集。
- subject-prefix：更新集以 "PATCH v1" 為字首。
- cover-letter：生成一個整體描述用的更新，裡面包含這個更新集修改的檔案以及修改的行數等資訊。另外，還需要增加對這個更新的整體概述。
- patch-folder：可以把更新集生成到目錄裡，以方便管理。

接下來，使用 checkpatch.pl 指令稿對更新集進行程式規範檢查。

最後，使用 git send-email 發送 v1 版本的更新集。我們要做的就是靜待社區列出的回饋意見，並積極參與討論。

4）創建 v2 分支並變基到最新的主分支

假設社區裡有不少開發者提出了修改意見，你就可以開始著手修改和發送 v2 版本的更新集了。由於距離 v1 更新集的發佈已經有一段時間了，可能過去了幾周甚至一兩個月時間，因此 Linux 核心 git 倉庫的主分支可能已經發生了變化，此時 v2 更新集必須基於最新的 Linux 核心主分支。

首先，基於 v1 分支創建 v2 分支。

```
$ git checkout -b "my_feature_v2"
```

然後，更新 Linux 核心的主分支到最新狀態。

```
$git checkout master
$git pull
```

最後，把 v2 分支變基到最新的主分支。

```
$git checkout my_feature_v2
$git rebase master
```

我們在第 2 章已經學習過 git rebase 命令，它會讓 v2 分支上的最新修改基於主分支。如果變基時發生了衝突，我們需要手動修改衝突。變基衝突的修改涉及以下幾個步驟。

（1）修改衝突檔案，例如 xx.c 檔案。
（2）透過 git add 增加衝突檔案，例如 git add xx.c。
（3）執行命令 git rebase --continue。
（4）在 v2 分支上根據社區列出的回饋進行修改。

我們可以使用 git rebase 命令對更新進行逐一修改。假設更新集只有 3 個小更新，可以透過以下命令進行修改。

```
$ git rebase -i HEAD~3   #對3個更新進行修改
```

當執行 git rebase -i HEAD~3 命令之後，就會對最新的 3 個更新進行修改，如圖 13.5 所示。我們可以選擇以下命令對更新做進一步修訂。

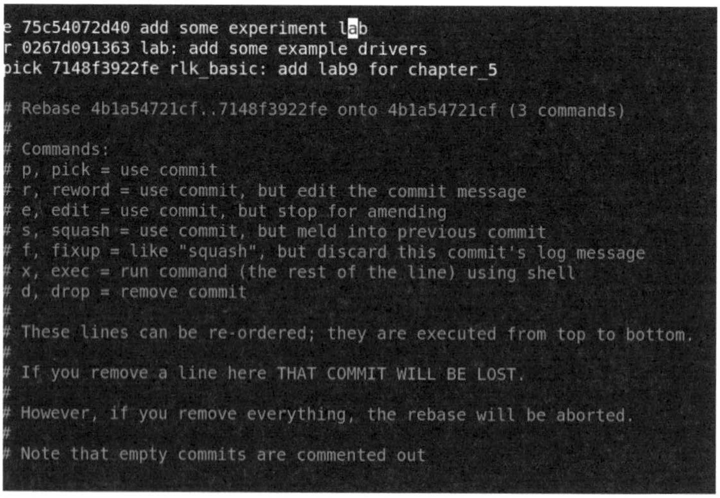

```
e 75c54072d40 add some experiment lab
r 0267d091363 lab: add some example drivers
pick 7148f3922fe rlk_basic: add lab9 for chapter_5

# Rebase 4b1a54721cf..7148f3922fe onto 4b1a54721cf (3 commands)
#
# Commands:
# p, pick = use commit
# r, reword = use commit, but edit the commit message
# e, edit = use commit, but stop for amending
# s, squash = use commit, but meld into previous commit
# f, fixup = like "squash", but discard this commit's log message
# x, exec = run command (the rest of the line) using shell
# d, drop = remove commit
#
# These lines can be re-ordered; they are executed from top to bottom.
#
# If you remove a line here THAT COMMIT WILL BE LOST.
#
# However, if you remove everything, the rebase will be aborted.
#
# Note that empty commits are commented out
```

圖 13.5 使用 git rebase 命令修改更新

- p：使用這個提交，不進行任何修改。

- r：僅修改提交的資訊，如更新的說明等。社區裡如果有人同意這個更新，那麼通常會在更新上加入 "Acked-by" 或 "Reviewed-by" 簽章資訊，並把這些重要資訊增加到更新的提交資訊裡。
- e：修改這個提交的程式。
- s：合併到前一個提交。
- f：合併到前一個提交，但是會捨棄這個提交的資訊。
- d：刪除這個提交。

我們對第三個更新進行了程式修改（選擇 e 命令），對第二個更新進行了更新資訊修改（選擇 r 命令），保存檔案之後，我們會自動停在第三個更新裡，如圖 13.6 所示。

```
ben@ubuntu:~/work/runninglinuxkernel_4.0$ git rebase --continue
Successfully rebased and updated refs/heads/rlk_basic.
ben@ubuntu:~/work/runninglinuxkernel_4.0$
ben@ubuntu:~/work/runninglinuxkernel_4.0$
ben@ubuntu:~/work/runninglinuxkernel_4.0$
ben@ubuntu:~/work/runninglinuxkernel_4.0$ git rebase -i HEAD~3
Stopped at 9b1cc00dcff...  add some experiment lab
You can amend the commit now, with

  git commit --amend

Once you are satisfied with your changes, run

  git rebase --continue
ben@ubuntu:~/work/runninglinuxkernel_4.0$
```

圖 13.6 執行 git rebase 命令後的效果

接下來動手修改社區提出的回饋意見。當修改完之後，可以透過以下命令完成變基工作。

```
$ git add xxx   #增加修改過的檔案
$ git commit -amend
$ git rebase --continue
```

這樣就完成了一個更新的變基工作。當同時需要修改多個更新時，可以自動重複執行上述命令，直到變基結束，如圖 13.7 所示。

```
ben@ubuntu:~/work/runninglinuxkernel_4.0$ git rebase --continue
Successfully rebased and updated refs/heads/rlk_basic.
ben@ubuntu:~/work/runninglinuxkernel_4.0$
```

圖 13.7 變基結束

當對更新集的修改完成之後，我們就可以生成和發送 v2 版本的更新集到社區了。給 Linux 核心社區發送更新是一件需要耐心和毅力的事情，一個大的更新集很可能發送了好幾版也沒有被接受，但是不要放棄，一定要堅持到底。最近有一個例子，Red Hat 工程師 Glisse 從 2014 年開始就往社區發送異質記憶體管理（Heterogeneous Memory Management，HMM）的更新集，一直發到 v25 版本才被社區接受，前後花費了三年多時間。

14 檔案系統

處理程序在執行時期可以儲存一些私有資料和資訊,但是當處理程序終止時,這些資訊就會隨之捨棄。對很多應用程式來說,這些資料是需要儲存和檢索的。所以,對作業系統來說,需要把處理程序產生的資料保存下來。磁碟是一種用來儲存資料的媒體。我們可以把磁碟當作固定大小區塊(通常稱為磁區)的線性序列,可以隨機讀寫某個區塊的資料。但是,作為作業系統,需要解決以下幾個問題。

- 如何在磁碟中尋找資訊?
- 如何知道哪些區塊是空閒的?
- 如何管理空閒區塊?比如分配空閒區塊和釋放空閒區塊。

如果作業系統僅把磁碟當作儲存用的線性序列,那麼上述幾個問題是很難得到高效解決的。為此,作業系統使用以下新的抽象(檔案)來解決這個問題。就像作業系統使用處理程序這個概念來抽象描述處理器、使用處理程序位址空間這個概念來抽象描述記憶體一樣,檔案用來抽象描述磁碟等存放裝置。處理程序、處理程序位址空間以及檔案是作業系統的 3 個非常重要的抽象。

檔案是對資訊儲存單元的抽象,由處理程序創建和銷毀。檔案之間是相對獨立的,每個檔案可以看作位址空間,只不過是相對於磁碟等存放裝置的位址空間，而處理程序位址空間是相對於記憶體裝置的抽象。管理檔案的系統則稱為檔案系統。

14.1 檔案系統的基本概念

在本節，我們從使用者的角度來看看檔案系統的表現形式，比如檔案是由什麼組成的、檔案如何命名、檔案系統的目錄結構、檔案屬性以及檔案系統支援哪些操作等。

14.1.1 檔案

檔案系統中有兩個非常重要的概念：一個是檔案，另一個是目錄。檔案可以看作線性的位元組陣列，每位元組都可以讀取或寫入。從另一個角度看，檔案提供給使用者在磁碟上儲存資訊和方便讀寫的方法，使用者不需要關心檔案的內容儲存在磁碟的哪個位置以及磁碟具體的工作模式和參數等資訊。使用者只需要打開檔案，直接讀寫即可。

1. 檔案的命名

檔案的命名規則在許多作業系統中不完全一致，大部分支援使用數字和字母組成的字串來命名。在有些作業系統中還允許使用特殊字元來命名。

許多作業系統支援將檔案名稱用句點分成兩部分，句點前面的表示主檔案名稱，句點後面的表示檔案的副檔名，這也是作業系統用來標記檔案格式的一種機制。例如 mytest.c 檔案，句點後面的部分表示檔案的屬性，".c" 表示是 C 語言檔案。

2. 檔案類型

檔案系統一般包含以下幾種檔案類型。

- 普通檔案：包含使用者資訊的常見檔案。
- 目錄檔案：用於管理檔案系統結構的系統檔案，目錄可以看作檔案的一種。

■ 特殊檔案：Linux 系統支援多種特殊檔案，比如裝置檔案、sysfs 節點、procfs 節點等。

普通檔案一般又分成文字檔和二進位檔案。文字檔由多行正文組成，每一行以分行符號或確認符號結束。文字檔通常用於顯示和輸出，可以用檔案編輯器編輯；而二進位檔案通常有一定的格式，使用對應的程式才能解析檔案格式，比如 ELF 檔案。

3. 檔案屬性

除了有檔案名稱和資料之外，作業系統還會保存和檔案相關的資訊，比如檔案創建的日期和時間、檔案大小、創建者等一系列資訊，這些附加的資訊又稱為檔案屬性或中繼資料（metadata）。

在 Linux 系統裡可以使用 stat 工具來查看檔案的屬性。

```
rlk@ubuntu:~$ touch file
rlk@ubuntu:~$ stat file
  File: file
  Size: 0          Blocks: 0          IO Block: 4096    regular empty file
Device: 805h/2053d   Inode: 8127110     Links: 1
Access: (0644/-rw-r--r--)  Uid: ( 1000/   rlk)  Gid: ( 1000/   rlk)
Access: 2020-04-08 01:03:25.133006693 -0700
Modify: 2020-04-08 01:03:25.133006693 -0700
Change: 2020-04-08 01:03:25.133006693 -0700
 Birth: -
rlk@ubuntu:~$
```

4. 檔案操作

使用檔案是為了方便儲存和檢索。對於儲存和檢索，大部分檔案系統都提供了對應的檔案操作方法。

在 Linux 系統中可以使用 open() 函數來創建檔案。傳遞 O_CREAT 標示給 open() 函數便可創建新檔案。舉例來說，下面的命令會創建一個名為 "mytest" 的檔案，並且能夠以讀取寫入的方式打開。

```
int fd = open("mytest", O_CREAT | O_RDWR);
```

open() 函數的返回值是一個檔案控制代碼（file handler），又稱為檔案描述符號（file descriptor）。檔案控制代碼是一個整數，是每個處理程序私有的，用於存取檔案。當檔案被打開之後，我們就可以使用檔案控制代碼來對檔案進行讀寫等操作。

在 Linux 中可使用 open() 函數打開檔案。

在 Linux 中可使用 close() 函數關閉檔案。

在 Linux 中可使用 read() 函數讀取檔案中的資料。read() 函數的原型如下。

```
#include <unistd.h>

ssize_t read(int fd, void *buf, size_t count);
```

其中，fd 為要打開檔案的檔案控制代碼；buf 為使用者空間的快取空間，用於接收資料；count 表示這次讀取操作希望讀取多少位元組。read() 函數會返回成功讀取了多少位元組的資料。

write() 函數的原型如下。

```
#include <unistd.h>

ssize_t write(int fd, const void *buf, size_t count);
```

其中，fd 為要打開檔案的檔案控制代碼；buf 為使用者空間的快取空間，裡面儲存了準備寫入的資料；count 表示這次寫入操作希望寫入多少位元組。write() 函數會返回成功寫入了多少位元組的資料。

檔案讀寫支援兩種模式：一是順序讀寫，二是隨機讀寫。所謂順序讀寫，指的是從檔案開始位置讀寫，中間不允許跳過內容。順序讀寫缺乏靈活性，有時候我們需要讀取或寫入檔案的指定位置，這就是隨機讀寫。隨機讀寫指的是可以從檔案中的任意位置非順序地讀寫內容。在 Linux 系統中，我們使用 lseek() 函數來實現檔案的定位。lseek() 函數的原型如下。

```
#include <sys/types.h>
#include <unistd.h>

off_t lseek(int fd, off_t offset, int whence);
```

其中，fd 為要打開檔案的檔案控制代碼；offset 是偏移量，用於將檔案偏移量定位到特定位置；whence 用來指定搜索方式。

處理程序在執行時期常常需要讀取檔案的屬性。在 Linux 核心中可以使用 stat() 函數來獲取檔案的相關屬性。

```
#include <sys/types.h>
#include <sys/stat.h>
#include <unistd.h>

int stat(const char *pathname, struct stat *statbuf);
```

其中，pathname 表示檔案的路徑，statbuf 表示檔案屬性的 stat 資料結構。

使用者有時候需要修改檔案名稱。在 Linux 系統中可以使用 rename() 函數來修改檔案名稱。

```
#include <stdio.h>

int rename(const char *oldpath, const char *newpath);
```

在 Linux 中可以使用 rm 命令來刪除檔案或錄，這在內部是透過呼叫 unlink() 函數來實現的。

```
#include <unistd.h>

int unlink(const char *pathname);
```

14.1.2 目錄

目錄用於記錄檔案的位置，目錄裡面通常包括一組檔案或其他一些子目錄等。在很多作業系統中，目錄本身也是檔案。目錄由目錄項組成，目錄項包含目前的目錄中所有檔案的相關資訊。在打開檔案時，作業系統需要根據使用者提供的路徑名稱來尋找對應的目錄項。

很多作業系統都支援層次結構的目錄系統。目錄層次結構從根目錄開始，根目錄通常標記為 "/"，往下延伸，像一棵倒過來的樹，所以稱為樹結構目錄，如圖 14.1 所示。

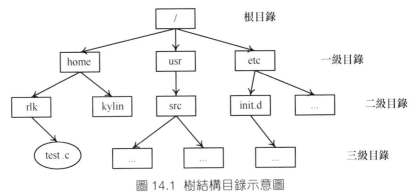

圖 14.1 樹結構目錄示意圖

使用樹結構目錄組織檔案系統目錄時,有兩種方式可以用來指明目錄或檔案的路徑。

- 絕對路徑:從根目錄到檔案的路徑。舉例來說,/usr/src/linux/vmlinux 表示根目錄有子目錄 usr,而子目錄 usr 又有子目錄 src,src 子目錄又有一個名為 linux 的子目錄,在 linux 子目錄中有一個名為 vmlinux 的檔案。
- 相對路徑:不從根目錄開始,而是以工作目錄(比如 /home 目錄)或目前的目錄為起點。

樹結構目錄中通常有兩個特殊的目錄項——"." 和 ".."。其中,"." 表示目前的目錄,而 ".." 指的是父目錄。

目錄和檔案一樣,也需要提供一組對應的目錄操作方法,常見的目錄操作方法如下。

- 創建目錄。
- 刪除目錄。
- 打開目錄。
- 關閉目錄。
- 讀取目錄。
- 修改目錄名稱。
- 建立目錄連結。

14.2 檔案系統的基本概念和知識

本節將介紹檔案系統實現的一些基本概念和知識，包括檔案和目錄是怎麼儲存的，磁碟空間是如何管理的等問題。我們可以從兩個方面來思考：一是檔案系統的佈局，即檔案系統會使用哪些資料結構來組織和描述資料與中繼資料，它們在磁碟中是如何佈局的；二是對於作業系統對檔案系統發出的讀寫操作，檔案系統如何做出回應，以及如何在磁碟中高效率地管理空閒區塊。本節以 ext2 檔案系統為例來介紹檔案系統的佈局。

14.2.1 檔案系統的佈局

檔案系統通常安裝在磁碟上，一顆磁碟可以分成多個分區。每個分區可以安裝不同類型的檔案系統，比如 ext2、ext4 以及 swap 檔案系統等。通常一顆磁碟可以分成 3 部分，如圖 14.2 所示。

- MBR：第 0 號磁區為主啟動記錄區（Master Boot Record，MBR），用來啟動電腦。
- 分區表：分區表記錄了這顆磁碟的每個分區的起始和結束位址。
- 分區：一個磁碟可以分成多個分區，但是只有一個分區被標記為使用中的磁碟分割。

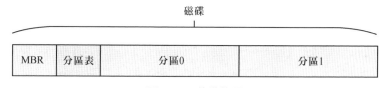

圖 14.2 磁碟佈局

電腦在啟動時，BIOS 會讀取並執行 MBR 程式。MBR 程式讀取使用中的磁碟分割的啟動區並執行。啟動區的程式會載入和啟動使用中的磁碟分割的作業系統。

接下來，我們以使用中的磁碟分割為研究物件。磁碟的最小讀寫單位是磁區，傳統機械硬碟的磁區有 512 位元組，而現在固態硬碟支援 4KB 大小的磁區,我們在檔案系統中把最小讀寫單位稱為區塊(block)。在本小節中,我們假設有一個很小的分區,區塊的大小為 4KB,一共有 64 個空閒區塊,如圖 14.3 所示。

64 個空閒區塊

圖 14.3 迷你型的空閒分區

我們知道檔案系統主要是為了儲存使用者資料。但是為了管理使用者資料,我們需要付出一些管理成本,比如每個檔案包含哪些資料區塊、檔案的大小、所有者、存取權限、創建時間、修改時間等資訊,這些資訊在檔案系統裡稱為中繼資料(metadata)。為了管理這些中繼資料,我們需要抽象出一種資料結構來描述它們,也就是 inode,inode 是索引節點(index node)的意思。inode 是 UNIX 開發期間使用的名詞,後來大多數檔案系統都借鏡了這個名詞。通常檔案系統會設定一個包含一組索引節點的 inode 陣列,每個檔案或目錄都對應一個索引節點,每個索引節點有一個編號(我們稱為 inumber),用來索引這個 inode 陣列。

下面使用 dd 命令來創建這個迷你型的空閒分區。

```
rlk@ubuntu:~/rlk$ dd if=/dev/zero of=test.img bs=4K count=64
64+0 records in
64+0 records out
262144 bytes (262 kB, 256 KiB) copied, 0.00069285 s, 378 MB/s
rlk@ubuntu:~/rlk$
```

然後使用 mkfs.ext2 命令來格式化這個分區,此時會創建 ext2 檔案系統。

```
rlk@ubuntu:~/rlk$ mkfs.ext2 test.img
mke2fs 1.45.5 (07-Jan-2020)
Discarding device blocks: done
Creating filesystem with 64 4k blocks and 32 inodes

Allocating group tables: done
Writing inode tables: done
Writing superblocks and filesystem accounting information: done
```

格式化完成之後，使用 dumpe2fs 命令來查看 ext2 檔案系統的分區佈局情況。

```
rlk@ubuntu:~$ dumpe2fs test.img
dumpe2fs 1.45.5 (07-Jan-2020)
Filesystem UUID:          840b66d7-ea06-4b3f-b3cb-963f9aaea8ae
Filesystem magic number:  0xEF53
Filesystem revision #:    1 (dynamic)
Filesystem features:      ext_attr resize_inode dir_index filetype sparse_super
                          large_file
Filesystem flags:         signed_directory_hash
Default mount options:    user_xattr acl
Filesystem state:         clean
Filesystem OS type:       Linux
Inode count:              32
Block count:              64
Reserved block count:     3
Free blocks:              53
Free inodes:              21
First block:              0
Block size:               4096
Fragment size:            4096
Blocks per group:         32768
Fragments per group:      32768
Inodes per group:         32
Inode blocks per group:   1
Filesystem created:       Wed Apr  8 20:05:29 2020
Reserved blocks uid:      0 (user root)
Reserved blocks gid:      0 (group root)
First inode:              11
Inode size:               128
Default directory hash:   half_md4
Directory Hash Seed:      a3d48c64-3c8f-4b72-ad2b-27e9c6812477

Group 0: (Blocks 0-63)
  Primary superblock at 0, Group descriptors at 1-1
  Block bitmap at 2 (+2)
  Inode bitmap at 3 (+3)
  Inode table at 4-4 (+4)
  53 free blocks, 21 free inodes, 2 directories
  Free blocks: 11-63
  Free inodes: 12-32
rlk@ubuntu:~$
```

從上述記錄檔可以知道這個迷你型的空閒分區的以下資訊。

- 它一共有 64 個資料區塊。
- 每個資料區塊的大小為 4096 位元組。
- 最多支援 32 個 inode。
- 空閒的 inode 有 21 個。
- 空閒的資料區塊有 53 個。
- 預留的資料區塊有 3 個。
- 每一組（group）可以有 32768 個空閒區塊。

ext2 檔案系統還把分區分成了組。這個迷你型的空閒分區裡只有一個組。這個組包含了非常重要的檔案系統佈局資訊，如圖 14.4 所示。

- 超級區塊（superblock）在第 0 個區塊。
- 組描述符號在第 1 個區塊。
- 區塊點陣圖在第 2 個區塊。
- inode 點陣圖在第 3 個區塊。
- inode 表在第 4 ～ 7 個區塊，一共佔用 4 個區塊。
- 第 8 ～ 10 個區塊為預留的區塊。
- 第 11 ～ 63 個區塊為空閒的資料區塊，可組成資料區。

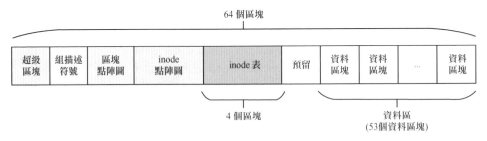

圖 14.4　ext2 檔案系統佈局示意圖

inode 用來描述目錄或檔案。在 ext2 檔案系統裡，可使用 struct ext2_inode_info 資料結構來描述 inode。

```
<fs/ext2/ext2.h>

struct ext2_inode_info {
    __le32  i_data[15];
    __u32   i_flags;
    __u32   i_faddr;
    __u8    i_frag_no;
    __u8    i_frag_size;
    ...
};
```

- i_data：指向檔案資料區塊的指標。
- i_flags：檔案標示。
- i_faddr：碎片位址。
- i_frag_no：碎片編號。
- i_frag_size：碎片長度。

inode 表是陣列，陣列的成員是 struct ext2_inode_info。我們可以透過 inode 編號來找到 inode。

可使用點陣圖的方式來管理 inode，當對應的位元為 0 時，說明 inode 是空閒的；當為 1 時，表示正在使用。

還可使用點陣圖的方式來管理資料區塊。當對應的位元為 0 時，說明資料區塊為空閒的；當為 1 時，表示正在使用。

組描述符號用來反映分區中各個組的狀態，比如組裡資料區塊和 inode 的數量等。在 ext2 檔案系統中，可使用 struct ext2_group_desc 來描述組。

```
struct ext2_group_desc
{
    __le32  bg_block_bitmap;
    __le32  bg_inode_bitmap;
    __le32  bg_inode_table;
    __le16  bg_free_blocks_count;
    __le16  bg_free_inodes_count;
    __le16  bg_used_dirs_count;
    __le16  bg_pad;
    __le32  bg_reserved[3];
};
```

- bg_block_bitmap：表示區塊點陣圖所在區塊號。
- bg_inode_bitmap：表示 inode 點陣圖所在區塊號。
- bg_inode_table：表示 inode 表所在區塊號。
- bg_free_blocks_count：表示空閒區塊的數量。
- bg_free_inodes_count：表示空閒 inode 的數量。
- bg_used_dirs_count：表示目錄的數量。

超級區塊是檔案系統的核心資料結構，其中保存了檔案系統所有的特性資料，包括空閒區塊以及已使用區塊的數量、區塊長度、檔案系統當前狀態、inode 數量等資訊。作業系統在掛載檔案系統時，首先要從磁碟中讀取超級區塊的內容。在 ext2 檔案系統中，可使用 struct ext2_super_ block 資料結構來描述超級區塊。

```
<fs/ext2/ext2.h>

struct ext2_super_block {
    __le32 s_inodes_count;          /* Inodes count */
    __le32 s_blocks_count;          /* Blocks count */
    __le32 s_r_blocks_count;        /* Reserved blocks count */
    __le32 s_free_blocks_count;     /* Free blocks count */
    __le32 s_free_inodes_count;     /* Free inodes count */
    __le32 s_first_data_block;      /* First Data Block */
    __le32 s_log_block_size;        /* Block size */
    __le32 s_log_frag_size;         /* Fragment size */
    __le32 s_blocks_per_group;      /* # Blocks per group */
    __le32 s_frags_per_group;       /* # Fragments per group */
    __le32 s_inodes_per_group;      /* # Inodes per group */
    __le32 s_mtime;                 /* Mount time */
    __le32 s_wtime;                 /* Write time */
    __le16 s_mnt_count;             /* Mount count */
    __le16 s_magic;                 /* Magic signature */
    __le16 s_state;                 /* File system state */
    __le16 s_errors;                /* Behaviour when detecting errors */
    __le32 s_lastcheck;             /* time of last check */
    __le32 s_checkinterval;         /* max. time between checks */
    __le32 s_creator_os;            /* OS */
    __le32 s_rev_level;             /* Revision level */
    ...
}
```

- s_inodes_count：表示 inode 的數量。
- s_blocks_count：表示區塊的總數量。
- s_r_blocks_count：表示預留的區塊的數量。
- s_free_blocks_count：表示空閒區塊的數量。
- s_free_inodes_count：表示空閒 inode 的數量。
- s_first_data_block：表示第一個資料區塊的編號。
- s_log_block_size：區塊的大小。
- s_log_frag_size：碎片長度。
- s_blocks_per_group：每個組包含的區塊的數量。
- s_frags_per_group：每個組包含的碎片的數量。
- s_inodes_per_group：每個組包含的 inode 的數量。
- s_mtime：掛載時間。
- s_wtime：寫入時間。
- s_mnt_count：掛載次數。
- s_magic：魔術參數，用來標記檔案系統類型。
- s_state：檔案系統狀態。
- s_errors：檢查到錯誤的次數。
- s_lastcheck：上一次檢查時間。
- s_checkinterval：兩次檢查允許的最長時間間隔。
- s_creator_os：創建這一檔案系統的作業系統。
- s_rev_level：修訂號。

14.2.2 索引資料區塊

檔案系統的重要任務就是分配和索引資料區塊（磁區），以及確定資料區塊的位置。ext2 檔案系統為此採用了一種比較簡單和有效的方法。inode 有一個或多個直接指標，每個指標指向屬於檔案的資料區塊。當檔案比較大時，可以採用多級間接指標的方式來索引。在 ext2 檔案系統中，inode 有 12 個直接指標，可以直接指向 12 個資料區塊，如圖 14.5 所示。

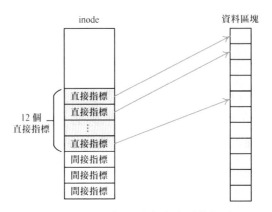

圖 14.5 ext2 檔案系統中的直接指標索引

為了支援更大的檔案，ext2 檔案系統引入了間接指標技術，不再直接指向使用者資料區塊，而是指向一個用作指標引用的區塊，這個區塊並沒有用來存放使用者資料，而是儲存指標。假設一個區塊的大小是 4KB，每個指標是 4 位元組，那麼這個區塊相當於新增了 1024 個指標。總之，檔案長度最大為（12 + 1024）× 4 KB = 4144 KB，其中 12 表示 inode 的 12 個直接指標，如圖 14.6 所示。

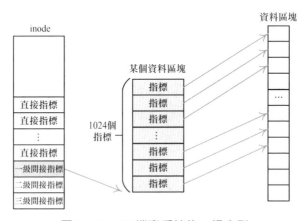

圖 14.6 ext2 檔案系統的一級索引

當需要索引更大的檔案時，ext2 檔案系統還提供了一個二級間接指標，該指標指向一個包含指標引用的資料區塊，這個資料區塊中的每一個指標又指向另一個包含指標引用的資料區塊，這樣就實現了二級索引，如圖 14.7

所示。這種方式非常類似於處理器 MMU 中的二級頁表。那麼這種二級索引方式最多可以支援多大的檔案呢？

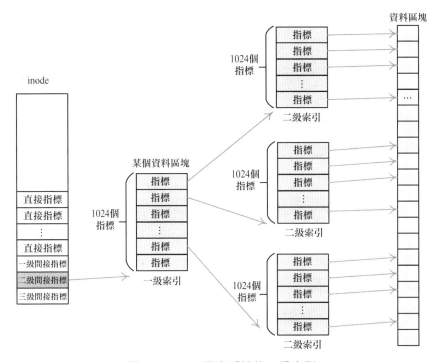

圖 14.7　ext2 檔案系統的二級索引

在計算二級索引最大能支援多大的檔案時，需要把前面提到的 12 個直接指標索引和一級索引考慮進去。在 ext2 檔案系統中只有當直接指標索引和一級索引都用完了，才會考慮二級索引。因此，計算公式為（12 + 1024 + 1024 × 1024）× 4 KB，最後計算結果約是 4GB。

ext2 檔案系統還支援三級索引，因而能支援更大的檔案。不過，許多研究表明，大部分時間作業系統裡儲存的檔案是小檔案。

14.2.3　管理空閒區塊

空閒空間的管理是檔案系統重要的一環，檔案系統必須透過某種方式來記錄哪些區塊是空閒的，哪些區塊是正在使用的。使用點陣圖的方式是最簡單和有效的。當創建新的檔案時，可首先分配一個 inode，然後檔案系統會搜索區塊點陣圖以尋找空閒區塊，並把空閒區塊分配給這個 inode。在 ext2 檔案系統中，可使用 ext2_get_block() 來查詢和分配空閒區塊。

```
<fs/ext2/inode.c>

int ext2_get_block(struct inode *inode, sector_t iblock,
        struct buffer_head *bh_result, int create)
```

其中，inode 指的是檔案的 inode，iblock 表示當前區塊是檔案中的第幾個區塊，bh_result 是區塊層（block layer）的快取，ext2_get_block() 函數會分配空閒區塊和 bh 快取並建立兩者的映射關係，create 表示是否分配新的區塊。

ext4 等現代檔案系統採用二元樹來緊湊地表示哪些區塊是空閒的，這比直接使用點陣圖的方式更高效。

14.2.4　快取記憶體

每次打開一個檔案時，檔案系統都需要從根目錄開始尋找，讀取根目錄的 inode 的內容和目錄項內容，然後進行查詢。若這個檔案的路徑很長，那麼檔案系統需要大量的讀取磁碟的動作。舉例來說，處理程序 A 讀取 "/home/rlk/runninglinuxkernel_ 5.0/vmlinux"，處理程序 B 讀取 "/home/rlk/runninglinuxkernel_ 5.0/init/main.c"，這兩個處理程序都讀取了相同路徑的 inode 節點內容和目錄項內容，導致重複讀取磁碟的內容，造成大量的磁碟 I/O 操作。

為了解決這個問題，現代作業系統採用了緩衝區快取技術。在記憶體中建立快取，從而同時解決記憶體和磁碟存取速度不匹配的問題。Linux 系統維護了頁面快取（page cache）以及緩衝區快取。在通用區塊層（generic block layer）中可以把這兩個快取整數合在一起，完成磁區、頁面快取的統一結合，如圖 14.8 所示。

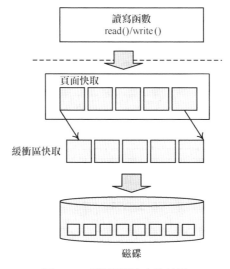

圖 14.8 檔案系統中的快取

系統在存取 inode、dentry 目錄項以及使用者資料時，會首先檢查存取的
資料是否在快取中。如果在快取中，那麼直接從快取記憶體中得到資料，
從而避免一次磁碟存取，提高系統性能。如果在快取中沒有找到對應的資
料，那麼會從磁碟中把要存取的資料讀取快取，以便下次可以重複使用。
Linux 系統通常會快取 inode、dentry 目錄項以及使用者資料。

- inode 和 dentry 目錄項：採用雜湊表（Hash Table）的方式加速快取的
  尋找。
- 使用者資料：快取到頁面快取中，頁面快取可採用基數樹（radix tree）
  來管理。

14.3 虛擬檔案系統層

一般來說同一個作業系統會使用多種不同的檔案系統，比如 root 檔案使用
ext4、home 目錄使用 xfs，同時掛載了 FAT32 格式的隨身碟以及透過網路
檔案系統存取網路的電腦。所以，大多數現代作業系統使用虛擬檔案系統
（Virtual File System，VFS）來嘗試將多種檔案系統統一成一種有序的結

構，並使用同一套操作介面操作。虛擬檔案系統抽象了所有檔案系統共有的部分，並把這部分實現為一個通用的層，這一層稱為虛擬檔案系統層，如圖 14.9 所示。

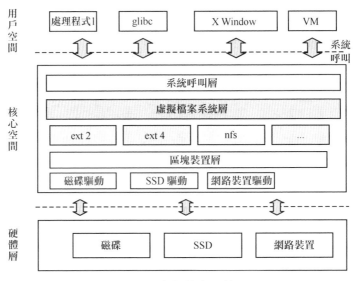

圖 14.9 虛擬檔案系統層

VFS 提供了一種通用的檔案系統模型，囊括了大部分檔案系統常用的功能集和行為介面規範。VFS 提供了上下兩層的抽象，對上提供使用者態程式設計介面，比如使用者只需要在使用者程式中呼叫 open() 函數來打開檔案，例如呼叫 read() 或 write() 函數來讀寫檔案，而不需要了解檔案系統內部的實現細節。

```
int fd = open("/home/rlk/test.c", O_RDWR);
int ret = read(fd, buffer, len);
```

上面的 read() 函數會從 /home/rlk/test.c 檔案中讀取 len 位元組的內容到緩衝區中。以上操作在 Linux 核心中的實現過程如下。

首先，透過執行 sys_read() 系統呼叫陷入核心中，sys_read() 函數會透過 fd 來尋找是哪個檔案。

然後，呼叫所在檔案系統提供的讀取方法來執行讀取操作。

最終，會呼叫檔案系統實現的讀取操作，從磁碟中讀取資料區塊的內容，並透過虛擬檔案系統層把資料返回使用者空間的緩衝區中，如圖 14.10 所示。

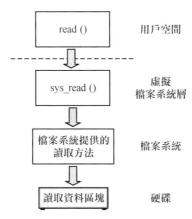

圖 14.10 read() 函數的呼叫路徑

VFS 採用 C 語言來實現物件導向的思想，並透過資料結構和一組操作方法集的函數指標的方式來實現物件的抽象和描述。VFS 主要抽象了以下 4 類物件。

- 檔案物件，代表處理程序打開的檔案實例。可使用 file 資料結構來描述檔案物件，其中內嵌了 file_operations 的一組操作方法集，裡面包括對已打開檔案的操作方法，比如 read()、write() 等。
- 超級區塊物件，代表掛載完成的檔案系統。可使用 super_block 資料結構來描述超級區塊物件，其中內嵌了 super_operations 資料結構的一組操作方法。
- inode 物件，代表具體檔案。可使用 inode 資料結構來描述 inode 物件，其中內嵌了 inode_operations 資料結構的一組操作方法，裡面包括針對特定檔案的操作方法，比如 rename() 等。
- 目錄項物件，代表目錄項。可使用 dentry 資料結構來描述目錄項物件，其中內嵌了 dentry_operations 資料結構的一組操作方法，裡面包括對特定目錄項的操作方法，比如 d_init() 等。

1. 檔案物件

從使用者程式設計的角度看，我們將直接面對檔案、檔案控制代碼以及一組檔案相關的操作函數，比如 open()、read()、write() 等。我們不關心檔案系統的 inode 儲存在什麼地方，也不關心資料區塊儲存在什麼地方。VFS 對使用者程式設計提供了抽象，也就是檔案物件。檔案物件表示已經打開的檔案在記憶體中的描述，由 open() 系統呼叫創建並由 close() 系統呼叫銷毀。在 Linux 核心中，可使用 file 資料結構來描述檔案物件，file 資料結構定義在 include/linux/fs.h 標頭檔裡。

```
<include/linux/fs.h>

struct file {
    struct path       f_path;
    struct inode      *f_inode;
    const struct file_operations *f_op;
    atomic_long_t     f_count;
    unsigned int      f_flags;
    fmode_t           f_mode;
    loff_t            f_pos;
    struct address_space*f_mapping;
    ...
} ;
```

主要的成員如下。

- f_path：表示檔案的路徑。
- f_inode：檔案對應的 inode。
- f_op：檔案對應的操作方法集。
- f_count：檔案使用的計數。
- f_flags：檔案打開時指定的標示位元。
- f_mode：檔案的存取模式。
- f_pos：檔案當前的偏移量。
- f_mapping：頁快取物件。

file 資料結構中的 f_op 成員實現了一組和檔案相關的操作方法集，它們可使用一組函數指標來實現。

```
<include/linux/fs.h>

struct file_operations {
    struct module *owner;
    loff_t (*llseek) (struct file *, loff_t, int);
    ssize_t (*read) (struct file *, char __user *, size_t, loff_t *);
    ssize_t (*write) (struct file *, const char __user *, size_t, loff_t *);
    __poll_t (*poll) (struct file *, struct poll_table_struct *);
    long (*unlocked_ioctl) (struct file *, unsigned int, unsigned long);
    long (*compat_ioctl) (struct file *, unsigned int, unsigned long);
    int (*mmap) (struct file *, struct vm_area_struct *);
    unsigned long mmap_supported_flags;
    int (*open) (struct inode *, struct file *);
    int (*release) (struct inode *, struct file *);
    int (*fsync) (struct file *, loff_t, loff_t, int datasync);
        ...
};
```

常見的方法如下。

- owner：表示檔案的所有者。
- llseek：用來更新檔案的偏移量指標。
- read：用來從檔案中讀取資料。
- write：用來把資料寫入檔案。
- poll：用來查詢裝置是否可以立即讀寫，主要用於阻塞型 I/O 操作。
- unlocked_ioctl 和 compat_ioctl：用來提供與裝置相關的控制命令的實現。
- mmap：用來將裝置記憶體映射到處理程序的虛擬位址空間。
- open：用來打開裝置。
- release：用來關閉裝置。
- fsync：用於頁面快取和磁碟的一種同步機制。

2. 超級區塊物件

Linux 核心的 VFS 採用 super_block 資料結構來描述超級區塊物件，super_block 資料結構定義在 include/ linux/fs.h 標頭檔裡。

```
<include/linux/fs.h>

struct super_block {
```

```
    unsigned long    s_blocksize;
    loff_t           s_maxbytes;
    struct file_system_type*s_type;
    const struct super_operations *s_op;
    unsigned long    s_flags;
    unsigned long    s_magic;
    struct dentry    *s_root;
    int              s_count;
    struct block_device *s_bdev;
    fmode_t          s_mode;
    ...
};
```

常用的成員如下。

- s_blocksize：區塊的大小。
- s_maxbytes：檔案大小的上限。
- s_type：檔案系統類型。
- s_op：超級區塊物件中定義的一組操作方法集。
- s_flags：掛載標示位元。
- s_magic：掛載時的魔術參數。
- s_root：掛載點。
- s_count：超級區塊引用計數。
- s_bdev：檔案系統對應的區塊裝置。
- s_fs_info：檔案系統相關的資訊。
- s_mode：掛載許可權。

super_block 資料結構中的 s_op 成員實現了一組和超級區塊相關的操作方法集，它們可使用一組函數指標來實現。

```
<include/linux/fs.h>

struct super_operations {
    struct inode *(*alloc_inode)(struct super_block *sb);
    void (*destroy_inode)(struct inode *);
    void (*dirty_inode) (struct inode *, int flags);
    int (*write_inode) (struct inode *, struct writeback_control *wbc);
    int (*drop_inode) (struct inode *);
```

```
    void (*evict_inode) (struct inode *);
    void (*put_super) (struct super_block *);
    int (*sync_fs)(struct super_block *sb, int wait);
    int (*statfs) (struct dentry *, struct kstatfs *);
    int (*remount_fs) (struct super_block *, int *, char *);
    void (*umount_begin) (struct super_block *);
      ...
};
```

常見的方法如下。

- alloc_inode：用來創建和初始化新的 inode 物件。
- destroy_inode：用來釋放 inode 物件。
- dirty_inode：用來標記 inode 為髒節點。
- write_inode：用於將指定的 inode 寫入磁碟。
- drop_inode：當 inode 的引用計數為 0 時會釋放 inode。
- put_super：在移除檔案系統時由 VFS 呼叫，用來釋放超級區塊。
- sync_fs：用於同步檔案系統。
- statfs：用於獲取檔案系統中的狀態。
- remount_fs：用於重新安裝檔案系統。
- umount_begin：用於中斷安裝操作。

3. inode 物件

inode 物件引用檔案或目錄所需要的全部資訊。inode 物件可由 inode 資料結構來描述，inode 資料結構定義在 include/linux/fs.h 標頭檔裡。

```
<include/linux/fs.h>

struct inode {
    umode_t              i_mode;
    kuid_t               i_uid;
    kgid_t               i_gid;
    unsigned int         i_flags;
    const struct inode_operations *i_op;
    struct super_block   *i_sb;
    struct address_space *i_mapping;
    unsigned long        i_ino;
    dev_t                i_rdev;
```

```
    loff_t            i_size;
    struct timespec64 i_atime;
    struct timespec64 i_mtime;
    struct timespec64 i_ctime;
    unsigned short    i_bytes;
    blkcnt_t          i_blocks;
    unsigned long     i_state;
    ...
};
```

主要的成員如下。

- i_mode：存取權限。
- i_uid：使用者的 id。
- i_gid：使用組的 id。
- i_flags：檔案系統相關的標示位元。
- i_op：inode 物件中定義的一組操作方法集。
- i_sb：inode 物件對應的超級區塊。
- i_mapping：inode 物件對應的頁快取位址空間。
- i_ino：inode 物件對應的編號。
- i_size：檔案大小。
- i_atime：最後存取時間。
- i_mtime：最後修改時間。
- i_ctime：最後改變時間。
- i_bytes：使用的位元組數。
- i_blocks：檔案的區塊數。
- i_state：inode 對應的狀態。

inode 中的 i_op 成員實現了一組和 inode 相關的操作方法集，它們可使用一組函數指標來實現。

```
<include/linux/fs.h>

struct inode_operations {
    struct dentry * (*lookup) (struct inode *,struct dentry *, unsigned int);
    int (*create) (struct inode *,struct dentry *, umode_t, bool);
```

```
    int (*link) (struct dentry *,struct inode *,struct dentry *);
    int (*unlink) (struct inode *,struct dentry *);
    int (*symlink) (struct inode *,struct dentry *,const char *);
    int (*mkdir) (struct inode *,struct dentry *,umode_t);
    int (*rmdir) (struct inode *,struct dentry *);
    int (*rename) (struct inode *, struct dentry *,
          struct inode *, struct dentry *, unsigned int);
    ...
};
```

常見的方法如下。

- lookup：在目錄項中尋找 inode。
- create：創建新的 inode。
- link：創建硬連接。
- unlink：從目錄中刪除指定的 inode 物件。
- symlink：創建符號連接。
- mkdir：創建目錄。
- rmdir：刪除目錄。
- rename：用來移動檔案。

14.4 檔案系統的一致性

檔案系統的另外一個目標是實現資料的一致性。在操作檔案的過程中，如果發生了系統斷電或系統崩潰，如何保證資料不會被破壞？也就是保證資料的完整性和一致性。下面舉一個簡單的例子，假設 mytest.c 檔案的大小為 4KB，在這個檔案的尾端追加寫入 4KB 資料，已知磁區的大小為 4KB。下面是實現上述操作的 C 語言程式片段。

```
int fd = open("mytest.c", O_RDWR | O_APPEND);
ret = write(fd, buffer, 4096);
```

以 14.2.1 節中提到的只有 64 個區塊的迷你型分區為例，在追加寫入之前已經為 mytest.c 檔案分配了一個 inode，比如圖 14.11 中的 inode1，inode1 位於 inode 表裡，同時在 inode 點陣圖中也設定了對應的位元。mytest.c

檔案在資料區裡也已經分配了一個區塊,名為 Data1,同時在區塊點陣圖中也做了對應的設定。

當我們呼叫 write() 函數以追加寫入時需要執行以下步驟。

(1)在資料區中找到一個空閒區塊,比如圖 14.11 中的 Data2 資料區塊。

(2)更新區塊點陣圖中對應的位元。

(3)更新 mytest.c 檔案的 inode,讓它的第二個直接指標指向 Data2 資料區塊。

(4)把使用者資料寫入 Data2 資料區塊。

上述 4 個步驟需要更新 3 個區塊,分別是更新 inode 表、更新區塊點陣圖以及更新 Data2 資料區塊,如圖 14.11 所示。

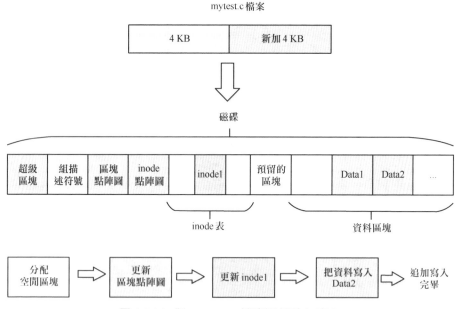

圖 14.11 對 mytest.c 檔案進行追加寫入

在不斷電或不崩潰的系統中,只要上述 3 個寫入動作完成即可。但是在這 3 個寫入動作完成之前,如果發生了斷電或系統崩潰,那麼 write() 函數執行的寫入操作將導致檔案系統處於不一致的狀態。

- 假設在更新區塊點陣圖後發生系統崩潰，此時區塊點陣圖示記 Data2 資料區塊已經分配完畢，但是沒有用 inode 進行引用，導致檔案系統處於不一致性狀態。這種情況會導致空間洩漏，因為 Data2 資料區塊永遠沒有人使用。

- 假設在更新 inode1 後發生了系統崩潰，那麼使用者資料沒有寫入 Data2 資料區塊，此時，檔案系統的中繼資料是一致的，因為 inode1 有指標指向 Data2 資料區塊，但是此時的 Data2 資料區塊不是使用者想要的資料，是垃圾資料。從使用者角度看，資料發生了錯誤。

目前業界常見的解決檔案系統一致性問題的辦法是使用記錄檔系統，比如 ext4、xfs 檔案系統。記錄檔系統借鏡了資料庫管理系統裡的預先寫入記錄檔（write-ahead logging）的方法。

記錄檔系統的基本想法是在寫入磁碟之前，先準備記錄檔項，以描述將要完成的動作，再把記錄檔項寫入記錄檔區域。在記錄檔寫完之後才能執行真正的寫入磁碟操作，如更新 inode 表、更新區塊點陣圖以及更新 Data2 資料區塊。如果出現前文所述的系統崩潰情況，那麼系統可以在重新啟動之後透過檢查記錄檔來查看是否有未完成的操作。如果有，就重新執行所有未完成的操作，這樣可以保證系統的一致性。

在本節的例子中，我們希望把追加寫入的動作寫入記錄檔。寫入記錄檔可以視為一項交易（transaction），寫入記錄檔交易需要有開始寫入記錄檔的標示、寫入完成的標示以及交易識別符號（Transaction IDentifier，TID）。

寫入記錄檔的過程分成 4 個階段。

（1）寫入記錄檔。把交易的內容寫入記錄檔區域，如圖 14.12 所示，涉及的動作包括開始寫入記錄檔、分配空閒區塊、更新區塊點陣圖、更新 inode1 以及把資料寫入 Data2 等。

開始寫記錄檔 tid=1	分配空閒區塊	更新 區塊點陣圖	更新 inode 1	把資料寫入 Data 2	完成 寫入記錄檔 tid=1	⇨

圖 14.12 寫入記錄檔

（2）提交記錄檔。寫入交易完成標示，完成寫入記錄檔這一動作，此時交易被認為已經提交（committed）。

（3）增加檢查點。將需要更新的內容（包括中繼資料和普通資料）真正更新到磁碟裡。在本例中，需要更新 inode 表、更新區塊點陣圖以及更新 Data2。

（4）釋放記錄檔。把交易標記為空閒，稍後會釋放與交易相關的記錄檔。

在上述過程中，如果在步驟（2）完成之前發生了系統崩潰，我們將認為這是一次無效的記錄檔更新過程，可跳過這些無效的記錄檔。有些讀者認為此時資料發生了遺失，新追加的資料並沒有寫入 mytest.c 檔案，但是檔案系統確實保證了內容的完整性和一致性。如果在步驟（2）完成之後在步驟（3）完成之前發生了系統崩潰，那麼檔案系統可以在下一次重新啟動時進入修復流程。修復流程會掃描記錄檔，尋找已經提交但是還沒有執行的交易，檔案系統會嘗試按照交易的要求把中繼資料和普通資料寫入磁碟，從而達到修復的效果。

上述過程會將中繼資料和普通資料都記錄到記錄檔中，這種模式稱為資料記錄檔（data journaling），缺點是增加了大量的磁碟 I/O 負載，使得檔案系統的效率大大降低。另一種常用的方式是把中繼資料寫入記錄檔，這種模式稱為中繼資料記錄檔（metadate journaling）或有序記錄檔（order journaling），這樣可以降低磁碟 I/O 負載，提高檔案系統的效率。在中繼資料記錄檔模式下，由於記錄檔裡沒有記錄資料，因此在寫入記錄檔之前需要先把資料寫入磁碟，再寫入記錄檔資訊。

14.5 一次寫入磁碟的全過程

本節分析一次寫入磁碟的操作在 Linux 核心中執行的大致過程。下面是寫入磁碟的 C 語言程式片段，我們希望把使用者資料寫入 mytest.c 檔案。

```
int fd = open("mytest.c", O_RDWR);
ret = write(fd, buffer, 4096);
```

下面是 write() 函數在核心態的執行過程,如圖 14.13 所示,我們假設不考慮寫入記錄檔的情況。

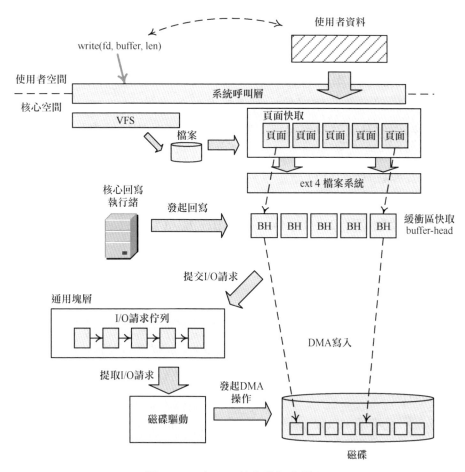

圖 14.13　寫入函數的執行全過程

（1）　在使用者空間呼叫 write() 函數,透過系統呼叫層陷入核心空間。在系統呼叫層進入 sys_write() 函數。

（2）　進入虛擬檔案系統層,透過 fd 檔案控制代碼找到 file 資料結構。

（3）　在檔案對應的頁面快取基數樹中尋找是否有已經快取的頁面。如果沒有找到,就建立對應的頁面快取,並增加到檔案對應的頁面快取基數樹中。

（4） 根據磁區的大小，分配 BH（buffer_head）佇列，這些 BH 指向頁面快取中的頁面。

（5） 透過檔案系統的 get_block() 介面函數分配磁碟的區塊號。

（6） 把使用者空間資料複製到頁面快取中的頁面裡。

（7） 標記頁面快取和 buffer_head 為髒，將檔案對應的 inode 也增加到標記為髒的鏈結串列中。

（8） 系統的回寫執行緒開始回寫無效資料到磁碟。從標記為髒的 inode 中取標記為髒的頁面快取，創建 BIO 物件（BIO 代表來自檔案系統的請求，包含這次請求的所有資訊），並且提交到通用區塊層中，通用區塊層有一個 I/O 請求佇列。

（9） 磁碟驅動從通用區塊層中提取 I/O 請求。

（10）磁碟驅動發起 DMA 操作，把 buffer_head 資料透過 DMA 方式寫入磁碟。

14.6 檔案系統實驗

14.6.1 實驗 14-1：查看檔案系統

1. 實驗目的

熟悉檔案系統中的 inode、區塊號等概念。

2. 實驗要求

使用 dd 命令創建磁碟檔案 file.img 並格式化為 ext2 檔案系統，然後透過 mout 命令掛載到 Linux 主機檔案系統。

（1）查看檔案系統的資訊，比如資料區塊的數量、資料區塊的大小、inode 個數、空閒資料區塊的數量等資訊，並畫出檔案系統的佈局圖。

（2）在檔案系統中創建檔案 a.txt，寫入一些資料。查看 a.txt 檔案的 inode 編號，統計 a.txt 檔案佔用了哪幾個資料區塊。

（3）使用 dd 或 hexdump 命令匯出 file.img 磁碟檔案的二進位資料並且分析超級區塊。讀者可以對照 Linux 核心中的 ext2_super_block 資料結構來分析磁碟檔案的二進位資料。

14.6.2 實驗 14-2：刪除檔案內容

1. 實驗目的

熟悉檔案系統中的 inode、區塊號等概念。

2. 實驗要求

在實驗 14-1 的基礎上刪除 a.txt 檔案開頭的幾位元組資料，然後呼叫 sync 命令來同步磁碟。

（1）分析 a.txt 檔案使用的磁碟資料區塊是否發生了變化。

（2）畫出上述過程在檔案系統中的流程圖。

14.6.3 實驗 14-3：區塊裝置

1. 實驗目的

了解 Linux 核心中區塊裝置機制的實現。

2. 實驗要求

（1）寫一個簡單的 ramdisk 裝置驅動，並使用 ext2 檔案系統的格式化工具進行格式化。

（2）在 ramdisk 裝置驅動中，實現 HDIO_GETGEO 的 ioctl 命令，讀出 ramdisk 的 hd_ geometry 參數，查看有多少磁頭、多少個磁柱、多少個磁區等資訊。然後寫一個簡單的使用者空間的測試程式來讀取 hd_geometry 參數。

14.6.4 實驗 14-4：動手寫一個簡單的檔案系統

1. 實驗目的

學習 Linux 核心檔案系統的實現。

2. 實驗要求

寫一個簡單的檔案系統，要求這個檔案系統的儲存媒體基於記憶體。

15

虛擬化與雲端運算

虛擬化（virtualization）技術是目前最流行且熱門的電腦技術之一，它能為企業節省硬體開支，提供靈活性，同時也是雲端運算的基礎。

虛擬化技術身為資源管理技術，能對電腦的各種物理資源（比如 CPU、記憶體、I/O 裝置等）進行抽象組合並分配給多個虛擬機器。虛擬化技術根據不同的物件類型可以細分為以下 3 類。

- 平台虛擬化（platform virtualization）：針對電腦和作業系統的虛擬化，例如 KVM 等。
- 資源虛擬化（resource virtualization）：針對特定系統資源的虛擬化，包括記憶體、記憶體、網路資源等，例如容器技術。
- 應用程式虛擬化（application virtualization）：包括模擬、模擬、解釋技術等，如 Java 虛擬機器。

本章重點介紹平台虛擬化和資源虛擬化以及雲端運算方面的內容。

15.1 虛擬化技術

本節介紹的虛擬化技術主要指的是平台虛擬化技術。虛擬化的主要思想是利用虛擬化監控程序（Virtual Machine Monitor，VMM）在同一物理硬體上創建多個虛擬機器，這些虛擬機器在執行時期就像真實的物理機器一樣。虛擬化監控程序又稱為虛擬機器管理程式（hypervisor）。

本節主要介紹虛擬化技術的發展歷史、常見的虛擬化技術和虛擬化軟體以及虛擬化的實現原理等方面內容。

15.1.1 虛擬化技術的發展歷史

在 20 世紀 60 年代，科學家就已經開始探索虛擬化技術了。1974 年，吉羅德 · J. 波佩克（Gerald J. Popek）和羅伯特 · P. 戈德堡（Robert P. Goldberg）在論文 "Formal Requirements for Virtualizable Third Generation Architectures" 中提出了實現虛擬化的 3 個必要的要素。

- 資源控制（resource control）。VMM 必須能夠管理所有的系統資源。
- 相等性（equivalence）。客戶端裝置的執行行為與在裸機上一致。
- 效率性（efficiency）。客戶端裝置執行的程式不受 VMM 的干涉。

上述三個要素是判斷一台電腦能否實現虛擬化的充分必要條件。x86 架構在實現虛擬化的過程中遇到了一些挑戰，特別是不能滿足上述第二個條件。電腦架構裡包含兩種指令。

- 敏感指令：操作某些特權資源的指令，比如存取、修改虛擬機器模式或機器狀態的指令。
- 特權指令：具有特殊許可權的指令。這類指令只用於作業系統或其他系統軟體，一般不直接提供給使用者使用。

吉羅德 · J · 波佩克和羅伯特 · P · 戈德堡的論文中提到，要實現虛擬化，就必須保證敏感指令是特權指令的子集。也就是說，使用者態要想執行一些不應該在使用者態執行的指令，就必須自陷（trap）到特權模式。在

x86 架構中，有不少敏感指令在使用者態執行時或在使用者態讀取敏感狀態時不能自陷到特權模式，比如在使用者態可以讀取程式碼片段選擇符號以判斷自身執行在使用者態還是核心態，這會讓客戶端裝置發現自己執行在使用者態，從而做出錯誤的判斷。為了解決這個問題，早期的虛擬化軟體使用了二進位翻譯技術，VMM 在執行過程中會動態地把原來有問題的指令替換成安全的指令，並模擬原有指令的功能。

到了 2005 年，Intel 開始在 CPU 中引入硬體虛擬化技術，這項技術稱為 VT（virtualization technology）。VT 的基本思想是創建可以執行虛擬機器的容器。在啟動了 VT 的 CPU 裡有兩種操作模式──根（VMX root）模式和非根（VMX non-root）模式。這兩種操作模式都支援 Ring 0 ～ Ring 3 這 4 個特權等級別，因此虛擬機器管理程式和虛擬機器都可以自由選擇它們期望的執行等級。

■ 根模式是提供給 VMM 使用的，在這種模式下可以呼叫 VMX 指令集，由 VMM 用以創建和管理虛擬機器。

■ 非根模式就是虛擬機器執行的模式，這種模式不支援 VMX 指令集。

上述兩種模式可以自由切換（見圖 15.1）。

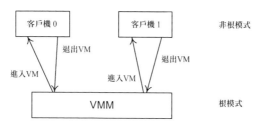

圖 15.1 根模式與非根模式的切換

■ 進入 VM（VM entry）：虛擬機器管理程式可以透過顯性地呼叫 VMLAUNCH 或 VMRESUME 指令切換到非根模式，硬體將自動載入客戶端裝置的上下文，於是客戶端裝置獲得執行。

■ 退出 VM（VM exit）：客戶端裝置在執行過程中遇到需要虛擬機器管理程式處理的事件，例如外部中斷或缺頁異常，或遇到主動呼叫

VMCALL 指令（與系統呼叫類似）的情況，於是 CPU 自動暫停客戶端裝置，切換到根模式，恢復虛擬機器管理程式的執行。

在虛擬化技術的發展過程中，還出現過一種名為半虛擬化（paravirtualization）的技術。與全虛擬化技術不一樣的是，半虛擬化技術透過提供一組虛擬化呼叫（hypercall），讓客戶端裝置呼叫虛擬化呼叫介面來向 VMM 發送請求，比如修改頁表等。因為半虛擬化技術需要客戶端裝置和 VMM 協作工作，所以客戶端裝置系統一般透過一定的訂製和修改來實現。目前，常見的採用半虛擬化技術的軟體為 Xen。全虛擬化和半虛擬化的區別如圖 15.2 所示。

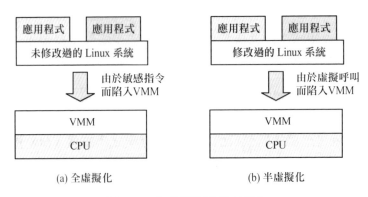

圖 15.2 全虛擬化和半虛擬化

15.1.2 虛擬機器管理程式的分類

在吉羅德‧J‧波佩克和羅伯特‧P‧戈德堡的論文裡，虛擬機器管理程式可以分成以下兩類，如圖 15.3 所示。

- 第一類虛擬機器管理程式就像小型作業系統，目的就是管理所有的虛擬機器，常見的虛擬化軟體有 Xen、ACRN 等。
- 第二類虛擬機器管理程式依賴於 Windows、Linux 等作業系統來分配和管理排程資源，常見的虛擬化軟體有 VMware Player、KVM 以及 Virtual Box 等。

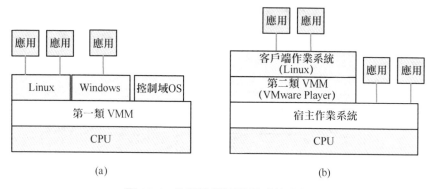

圖 15.3 虛擬機器管理程式的分類

15.1.3 記憶體虛擬化

除了 CPU 虛擬化，記憶體虛擬化也是很重要的。在沒有硬體支援的記憶體虛擬化系統中，一般採用影子頁表（Shadow Page）的方式來實現。在記憶體虛擬化中，存在以下 4 種位址。

- GVA（Guest Virtual Address）：客戶端裝置虛擬位址。
- GPA（Guest Physical Address）：客戶端裝置物理位址。
- HVA（Host Virtual Address）：宿主機虛擬位址。
- HPA（Host Physical Address）：宿主機物理位址。

對客戶端裝置的應用程式來說，存取具體的物理位址需要兩次頁表轉換，即 GVA 到 GPA 以及從 GPA 到 HPA。當硬體不提供支援記憶體虛擬化的擴充（例如 EPT 技術）時，硬體只有頁表基址暫存器（例如 x86 架構下的 CR3 或 ARM 架構下的 TTBR），硬體無法感知此時是從 GVA 到 GPA 的轉換還是從 GPA 到 HPA 的轉換，因為硬體只能完成一級頁表轉換。因此，VMM 為每個客戶端裝置創建了一個影子頁表，從而一步完成從 GVA 到 HPA 的轉換，如圖 15.4 所示。

頁表儲存在記憶體中，客戶端裝置修改頁表項的內容相當於修改記憶體的內容，這當中不會涉及敏感指令，因此也不會自陷入 VMM 中。為了捕捉客戶端裝置修改頁表的行為，VMM 在創建影子頁表時會把頁表項設定為唯讀屬性。這樣，當客戶端裝置修改客戶端裝置頁表時就會觸發缺頁異常，從而陷入 VMM 中，然後由 VMM 負責修改影子頁表和客戶端裝置用到的頁表。

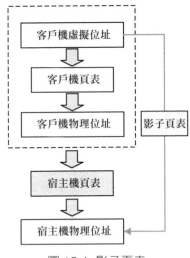

圖 15.4 影子頁表

影子頁表由於引入額外的缺頁異常導致性能低下，為此，Intel 實現了一種硬體記憶體虛擬化技術——擴充頁表（Extended Page Table，EPT）技術。有了 EPT 技術，就可以由硬體來處理虛擬化引發的額外頁表操作，而無須觸發缺頁異常來自陷到 VMM 中，從而降低負擔。

15.1.4 I/O 虛擬化

虛擬機器除了存取 CPU 和記憶體，還需要存取一些 I/O 裝置，比如磁碟、滑鼠、鍵盤、輸出機等。如何把外接裝置傳遞給虛擬機器？通常有以下幾種做法。

- 軟體模擬裝置。以磁碟為例，虛擬機器管理程式可以在實際的磁碟上創建一個檔案或一塊區域來模擬虛擬磁碟，並把它傳遞給客戶端裝置。
- 裝置透傳（Device Pass Through）。虛擬機器管理程式把物理裝置直接分配給特定的虛擬機器。

■ SR-IOV（Single Root I/O Virtualization）技術。裝置透傳的方式效率很高，但是可伸縮性很差。如果系統只有一台 FPGA 加速裝置，那就只能把這台裝置傳給一個虛擬機器，當多個虛擬機器都需要 FPGA 加速裝置時，裝置透傳的方式就顯得無能為力了。支援 SR-IOV 技術的裝置可以為每個使用這台裝置的虛擬機器提供獨立的位址空間、中斷和 DMA 等。SR-IOV 提供兩種裝置存取方式。

- PF（Physical Function）：提供完整的功能，包括對裝置的設定，通常在宿主機上存取 PF 裝置。
- VF（Virtual Function）：提供基本的功能，但是不提供設定選項，但是可以把 VF 裝置傳遞給虛擬機器。

舉例來說，一片支援 SR-IOV 技術的智慧網路卡，除了有一台 PF 裝置外，還可以創建多台 VF 裝置，這些 VF 裝置都能實現網路卡的基本功能，而且每台 VF 裝置都能供虛擬機器使用。

在裝置虛擬化中還有一個問題需要考慮，即 DMA。在把一台裝置傳遞給虛擬機器後，客戶端裝置的作業系統通常不知道要存取的宿主機的實體記憶體位址，也不知道客戶端裝置物理位址和宿主機物理位址的轉換關係。如果發起惡意的 DMA 操作，就有可能破壞或改寫宿主機的記憶體，導致錯誤發生。為了解決這個問題，人們引入了 IOMMU。IOMMU 類似於 CPU 中的 MMU，只不過 IOMMU 用來將裝置存取的虛擬位址轉換成物理位址。因此，在虛擬機器場景下，IOMMU 能夠根據客戶端裝置物理位址和宿主機物理位址的轉換表來重新建立映射，從而避免虛擬機器的外接裝置在進行 DMA 時影響到虛擬機器以外的記憶體，這個過程稱為 DMA 重映射。

IOMMU 的另外一個好處是實現了裝置隔離，從而保證裝置可以直接存取分配到的虛擬機器記憶體空間而不影響其他虛擬機器的完整性，這有點類似於 MMU 能防止處理程序的錯誤記憶體存取而不會影響其他處理程序。

15.2 容器技術

隨著虛擬化技術的應用和廣泛部署，大部分應用業務可以執行在虛擬機器上。但是我們發現，虛擬化技術有兩個比較明顯的缺點：一是虛擬化管理程式和虛擬機器本身的資源消耗依然比較大，二是虛擬機器仍然是一個個獨立的作業系統，對很多類型的業務應用來說，它顯得太笨重，因為在實際的生產開發環境裡，我們更關注部署業務應用而非完整的作業系統。於是，科學家開始思考是否可以共用和重複使用底層多餘的作業系統。這就像容器或沙盒，業務應用在部署完之後可以很方便地遷移到另外的機器上，而不需要遷移整套作業系統和依賴環境。容器類似於貨運碼頭上的貨櫃，把貨物打包放在貨櫃裡，就可以輕而易舉地把貨物從一個碼頭運送到另一個碼頭，而不需要遷移整個碼頭。因此，容器技術詮釋了貨櫃這一概念——存放貨物並透過貨輪運輸到各個不同的碼頭，而碼頭不需要關心貨櫃裡載入了什麼貨物。

Linux 核心開發人員早在 2008 年就開始了對 Linux 容器（Linux Container，LXC）技術的研究，這是一種輕量級的虛擬化技術，主要透過 CGroup 和命名空間（namespace）機制來實現資源隔離。

CGroups 機制是 Linux 核心提供的基於處理程序組的資源管理框架，可以為特定的處理程序組限定可使用的資源。

命名空間是 Linux 核心用來隔離核心資源的方式。透過命名空間可以讓一些處理程序只能看到與自己相關的一部分資源，而另外一些處理程序也只能看到與它們自己相關的資源，這兩組處理程序根本就感覺不到對方的存在。

Linux 容器技術相比傳統的虛擬化技術的區別如圖 15.5 所示。另外，Linux 容器技術還有以下優勢。

- 與宿主機使用同一個核心，性能損耗小。
- 不需要指令級模擬。

- 可避免進入和退出 VM 時產生的消耗。
- 和宿主機共用資源。

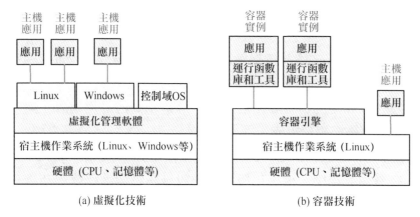

(a) 虛擬化技術　　　　　　(b) 容器技術

圖 15.5　虛擬化技術與容器技術的比較

2013 年，Docker 公司基於 Linux 容器技術開發了 Docker，Docker 是開放原始碼的應用容器引擎，開發者可以打包應用和依賴函數庫到可移植的映像檔中，然後發佈到任何流行的 Linux 發行版本。目前 Docker 也支援在 Windows 和 Mac 系統中執行，只不過在底層是基於虛擬化技術來建構一個 Linux 系統，而 Docker 容器就運作在這個 Linux 系統中。圖 15.6 完美詮釋了容器技術中的貨櫃理念。

圖 15.6　容器技術中的貨櫃理念

使用 Docker 部署服務有以下好處。

- 一次建構，多次發表，跨平台，部署方便。用 Docker 打包的映像檔實現了和作業系統的解耦，一次打包，可到處執行。類似於貨櫃的「一次裝箱，多次運輸」，Docker 映像檔可以做到「一次建構，多次發表」。當涉及應用程式多備份部署或應用程式遷移時，更能表現 Docker 的價值。

■ 輕量化，尤其是性能高，省資源。比起傳統的虛擬化技術更接近物理機的性能，系統負擔大大降低，資源使用率高。

■ 隔離性好。Docker 能夠確保應用和資源被充分隔離，並且確保每個容器都有自己的與其他容器隔離的資源。

■ 細粒度。輕和小的特性非常匹配對資源訴求高的應用場景，與現在流行的微服務技術相輔相成。

■ 標準化部署。Docker 提供了可重複使用的開發、建構、測試和生產環境。在整個流程中，標準化服務基礎設施讓每個團隊成員能夠在相同的生產環境中工作，大大減少了修復錯誤的時間，讓他們能將更多的精力放在功能的開發上。

■ 相容性。相容性表示 Docker 映像檔無論在哪台伺服器或筆記型電腦上都是一樣的。對開發者來說，這表示在環境設定、程式偵錯等方面花費更少的時間。相容性同樣表示生產基礎設施更加可靠且更易於維護。

15.3 雲端運算

隨著虛擬化技術和容器技術的發展，雲端運算慢慢改變了我們的生活方式。我們會把照片儲存在雲端，使用線上辦公軟體（如 Microsoft Office、永中優雲等）來寫入文件，使用網路硬碟來儲存資料等。「雲端」實際上是一種提供資源服務的網路，使用者可以透過雲端進行計算或儲存資料，並隨選進行彈性付費，就像現在的電廠集中供電，我們隨選購電一樣。因此，雲端運算就相當於把網路頻寬、儲存空間和計算等資源集中起來作為商品，透過自動化管理的方式提供給租戶。

在雲端運算裡通常包含以下幾個角色。

■ 雲端租戶。雲端租戶可以是公司或個人，他們向雲端服務提供商提出需求，並購買服務，這些需求可以是雲端空間、雲端虛擬主機、資料庫服務、雲端儲存等。

- 雲端應用程式開發者。雲端應用程式開發者負責開發和創建雲端運算加值業務應用，雲端運算加值業務可以託管給雲端服務提供商或雲端租戶，比如有的企業提供類似 GitHub 的服務、有的企業提供雲端上教學服務等。
- 雲端服務提供商。雲端服務提供商向雲端租戶提供雲端服務，並保證承諾的服務品質，圖 15.7 是國內某雲端服務提供商提供的雲端服務。
- 雲基礎裝置提供商。雲基礎裝置提供商提供各種物理裝置，包括伺服器、存放裝置、網路裝置、機房等。

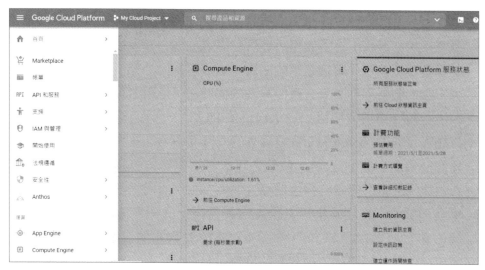

圖 15.7 Google 雲端服務提供商提供的雲端服務

雲端運算對企業 IT 架構的發展也產生了深刻影響。企業 IT 架構從傳統非雲端架構向雲端架構演進，大概經歷以下幾個發展階段。

- 傳統 IT 架構：以硬體資源為中心的 IT 架構。
- 雲端運算 1.0 階段：使用虛擬化技術的雲端運算。透過虛擬化技術把企業 IT 應用與底層基礎設施分離，在虛擬機器上執行應用實例和執行環境，透過虛擬機器叢集排程軟體在多個伺服器上進行排程，實現資源的高效利用。

- 雲端運算 2.0 階段：針對基礎設施雲端租戶和雲端使用者提供資源服務和管理的自動化。
- 雲端運算 3.0 階段：針對企業 IT 應用程式開發者及管理維護者提供分散式的無伺服器（serverless）服務。無伺服器不代表不需要伺服器，而是開發者不用過多考慮伺服器的問題。運算資源作為服務而非伺服器的概念出現了。

常見的雲端服務模型包括基礎架構即服務（Infrastructure as a Service，IaaS）、平台即服務（Platform as a Service，PaaS）和軟體即服務（Software as a Service，SaaS）三種。

- 基礎架構即服務：為雲端租戶提供基礎設施能力類型的一種雲端服務。這種雲端服務位於雲端運算的底層，提供基本的計算、儲存及網路等能力。雲端服務提供商擁有數以萬計的伺服器，使用者可以透過網際網路來「租用」這些伺服器以滿足自己的 IT 需求。透過採用這種方式，可以在滿足非 IT 企業對 IT 資源需求的同時而不用花費大量資金購置伺服器和雇用更多的 IT 人員，使他們可以將主要精力放在主業上，而且可以根據業務量的需求，彈性地擴大或縮小租用的伺服器規模。
- 平台即服務：為雲端租戶提供平台能力類型的一種雲端服務。這種雲端服務位於雲端運算的中間層，主要針對軟體開發者或軟體開發廠商，提供基於網際網路的軟體開發測試平台。
- 軟體即服務：為雲端租戶提供應用能力類型的一種雲端服務。比如中小企業需要 ERP 服務，這樣企業就不必花費巨額資金購買軟體的使用權，也不必花費資金建構機房和雇用人員，更不用考慮機器折舊和軟體升級維護等問題。

15.3.1 雲端編排

前文提到在雲端運算的產業鏈裡有雲端服務提供商，當雲端租戶需要購買雲端服務時，例如購買雲端主機，就可到雲端服務提供商的購買網站上填寫購買需求，比如雲端主機的 CPU 型號及核心、記憶體大小、公網頻

寬、作業系統等資訊。圖 15.8 是某雲端服務提供商在提供雲端主機時的
需求確認清單。

圖 15.8 需求確認清單

當雲端服務提供商收到購買需求之後，大概需要做以下事情。

（1）等待批准。

（2）購買硬體。

（3）安裝作業系統。

（4）連接並設定網路。

（5）獲取 IP 位址。

（6）分配儲存。

（7）設定安全性。

（8）部署資料庫。

（9）連接後端系統。

（10）將應用程式部署到伺服器上（可選）。

上述煩瑣的步驟在雲端服務提供商的系統裡是全自動化完成的，而且由雲端編排系統自動完成，常見的雲端編排系統有 OpenStack、Kubernetes 等。

雲端編排指的是在雲端環境中部署服務時實現了點對點的自動化，包括伺服器、中介軟體及服務的安排、協調和管理的自動化，有助加速 IT 服務的發表，同時降低運行維護成本。雲端編排可用於管理雲基礎架構，後者用於向雲端租戶提供和分配需要的雲端資源，比如創建虛擬機器、分配儲存容量、管理網路資源以及授予雲端軟體存取權限。透過使用合適的編排機制，使用者可在伺服器或任何雲端平台上部署和開始使用服務。

雲端編排包括以下 3 方面內容。

- 資源編排，負責分配資源。
- 負載編排，負責在資源之間共用工作負載。
- 服務編排，負責將服務部署在伺服器或雲端環境中。

15.3.2 OpenStack 介紹

OpenStack 是開放原始碼的雲端運算管理平台，由一系列開放原始碼軟體專案小組合而成。OpenStack 自發佈以來在私有雲、公有雲等很多領域獲得了廣泛應用。OpenStack 是用來建構雲端運算的框架，可與虛擬化技術結合，整合和管理各種硬體裝置，並承載各類上層應用和服務，最終組成完整的雲端運算系統。為了實現資源連線和抽象功能，OpenStack 在底層整合並呼叫了虛擬化軟體，從而實現對伺服器運算資源的池化。我們通常使用 KVM 虛擬化技術把一台伺服器虛擬成多個虛擬機器，OpenStack 負責記錄和維護資源的使用狀態。舉例來說，系統中一共有多少台伺服器，每台伺服器都有哪些可用的資源，比如運算資源、儲存資源等，已經向使用者分配了多少資源，還有多少空閒資源。在此基礎上，OpenStack 根據使用者提出的資源需求以及資源池的狀態，呼叫 libvirt 函數庫並向 KVM 下發各種命令，比如創建、刪除、啟動、關閉虛擬機器等。可見，OpenStack 類似於雲端運算中的控制中樞，而虛擬化技術是 OpenStack 實現資源時依賴的核心手段。

15.3.3 Kubernetes 介紹

前文提到，以 Docker 為代表的容器技術讓雲端運算得到更廣泛應用，但是 Docker 在容器編排、排程和管理方面比較欠缺。為此，Google 公司在 2014 年啟動了 Kubernetes（簡稱 k8s）這一開放原始碼專案，用於管理雲端平台中多個主機上的容器化應用的編排，讓部署容器化的應用簡單並且高效。因此，Kubernetes 不僅是容器叢集管理系統，而且是開放原始碼平台，可以實現容器叢集的自動化部署、自動伸縮容、自動維護等功能。

15.4 實驗

15.4.1 實驗 15-1：製作 Docker 映像檔並發佈

1. 實驗目的

熟悉如何製作 Docker 映像檔並發佈到 Docker 市場[1]，以供其他人部署和使用。

2. 實驗詳解

讀者可以製作 Ubuntu Linux 20.04 Docker 映像檔，其中包含本書的實驗環境，比如設定 Vim、aarch64 的 GCC 工具鏈、Eclipse 偵錯環境等，並且把製作的上述 Docker 映像檔發佈到 Docker 市場以供其他讀者部署和使用。

15.4.2 實驗 15-2：部署 Kubernetes 服務

1. 實驗目的

熟悉如何在本地部署 Kubernetes 服務。

---

1 這裏指的是 registry，比如 Docker 公司的 dockhub 倉庫。

2. 實驗詳解

讀者可以在本地部署 Kubernetes 服務。具體做法是使用 VMware Player 創建兩個虛擬機器，這兩個虛擬機器使用的都是 Ubuntu Linux 20.04 系統，把其中一個虛擬機器當作 Kubernetes 的控制節點（master），而把另一個虛擬機器當作計算節點。

讀者可以透過實驗熟悉如何安裝和部署 Kubernetes，熟悉 Kubernetes 中的叢集、節點、容器集（pod）、服務等概念。

16

綜合能力訓練：
動手寫一個小 OS

學習作業系統最有效且最具有挑戰性的訓練是從零開始動手寫一個小 OS（作業系統）。目前很多國內外知名大學的「作業系統」課程中的實驗與動手寫一個小 OS 相關，比如麻省理工學院的作業系統課程採用 xv6 系統來做實驗。xv6 是在 x86 處理器上重新實現的 UNIX 第 6 版系統，用於教學目的。清華大學的作業系統課程也採用了類似的想法，即基於 xv6 的設計思想，透過實驗一步一步完善一個小 OS——ucore OS。xv6 和 ucore OS 實驗都採用類似於英文考試中克漏字的方式來啟動大家實現和完善一個小 OS。

動手寫一個小 OS 會讓我們對電腦底層技術有更深的瞭解，我們對作業系統中核心功能（比如系統啟動、記憶體管理、處理程序管理等）的瞭解也會更深刻。本章介紹了 24 小實驗來啟動讀者在樹莓派上從零開始實現一個小 OS，我們把這個 OS 命名為 BenOS。

本章需要準備的實驗裝置如下。

- 硬體開發平台：樹莓派 3B 或樹莓派 4B。
- 軟體模擬平台：QEMU 4.2。
- 處理器架構：ARMv8 架構（aarch64）。
- 開發主機：Ubuntu Linux 20.04。
- MicroSD 卡一張以及讀卡機。

- USB 轉序列埠線一根。
- J-Link 模擬器（可選 [1]）。

本章用到的晶片手冊如下。

- 《ARM Architecture Reference Manual, ARMv8, for ARMv8-A architecture profile》的 v8.4 版本。
- 《BCM2837 ARM Peripherals》的 v2.1 版本，用於樹莓派 3B。
- BCM2711 晶片手冊《BCM2711 ARM Peripherals》的 v1 版本，用於樹莓派 4B。

本章的實驗按照難易程度分成 3 個階段。

- 入門動手篇。一般讀者在完成相對容易的 5 個實驗之後，將對 ARM64 架構、作業系統啟動、中斷和處理程序管理有初步的認識。
- 進階挑戰篇。對作業系統有濃厚興趣以及學有餘力的讀者可以完成進階篇的 12 個實驗。這 12 個實驗涉及作業系統最核心的功能，比如實體記憶體管理、虛擬記憶體管理、缺頁異常處理、處理程序管理以及處理程序排程等。
- 高手完善篇。對作業系統有執著追求的讀者可以繼續完成高手篇的實驗，從而一步一步完成一個有一定使用價值的小 OS。

本章的所有實驗為開放性實驗，讀者可以根據實際情況選做部分或全部實驗。

16.1 實驗準備

16.1.1 開發流程

我們的開發平台有兩個。

- 軟體模擬平台：QEMU 虛擬機器。

---

1 J-Link 模擬器需要另外買，登入 SEGGER 公司官網以了解詳情。

■ 硬體開發平台：樹莓派 3B 或樹莓派 4B。

QEMU 虛擬機器可以模擬樹莓派絕大部分的硬體工具[2]，另外使用 QEMU 內建的 GDB 偵錯功能可以很方便地偵錯和定位問題。我們建議的開發流程如下。

（1）在 Ubuntu 主機上編寫實驗程式，然後編譯程式。
（2）在 QEMU 虛擬機器上偵錯並執行程式。
（3）將程式載入到樹莓派上執行（可選）。

如果讀者手頭沒有樹莓派，那麼可以在 QEMU 虛擬機器上完成本章的所有實驗。

16.1.2 設定序列埠線

要在樹莓派上執行 BenOS 實驗程式，我們需要一根 USB 轉序列埠線，這樣在系統啟動時便可透過序列埠輸出資訊來協助偵錯。讀者可從網路商店購買 USB 轉序列埠線，圖 16.1 所示是某個廠商售賣的一款 USB 轉序列埠線。序列埠一般有 3 根線。另外，序列埠還有一根額外的電源線（可選）。

圖 16.1 USB 轉序列埠線

■ 電源線（紅色[3]）：5V 或 3.3V 電源線（可選）。
■ 地線（黑色）。
■ 接收線（白色）：序列埠的接收線 RXD。
■ 發送線（綠色）：序列埠的發送線 TXD。

---

2 截至 2020 年 4 月，QEMU 5.0 還不支持樹莓派 4B。讀者要想在 QEMU 虛擬機器上模擬樹莓派 4B，就需要做更新，然後重新編譯。本書搭配的實驗平臺的 VMware 鏡像中會提供支援樹莓派 4B 的 QEMU 程式。
3 對於上述顏色，可能每個廠商不太一樣，讀者需要認真閱讀廠商的說明文件。

樹莓派支持包含 40 個 GPIO 接腳的擴充介面，這些擴充介面的定義如圖 16.2 所示。根據擴充介面的定義，我們需要把序列埠的三根線連接到擴充介面，如圖 16.3 所示。

- 地線：連接到第 6 個接腳。
- RXD 線：連接到第 8 個接腳。
- TXD 線：連接到第 10 個接腳。

樹莓派擴充介面的定義

接腳	名稱			名稱	接腳
01	3.3v DC Power	⊙	⊙	DC Power 5v	02
03	GPIO02 (SDA1 , I²C)	⊙	⊙	DC Power 5v	04
05	GPIO03 (SCL1 , I²C)	⊙	●	Ground	06
07	GPIO04 (GPIO_GCLK)	⊙	●	(TXD0) GPIO14	08
09	Ground	●	●	(RXD0) GPIO15	10
11	GPIO17 (GPIO_GEN0)	⊙	⊙	(GPIO_GEN1) GPIO18	12
13	GPIO27 (GPIO_GEN2)	⊙	●	Ground	14
15	GPIO22 (GPIO_GEN3)	⊙	⊙	(GPIO_GEN4) GPIO23	16
17	3.3v DC Power	⊙	⊙	(GPIO_GEN5) GPIO24	18
19	GPIO10 (SPI_MOSI)	⊙	●	Ground	20
21	GPIO09 (SPI_MISO)	⊙	⊙	(GPIO_GEN6) GPIO25	22
23	GPIO11 (SPI_CLK)	⊙	⊙	(SPI_CE0_N) GPIO08	24
25	Ground	●	⊙	(SPI_CE1_N) GPIO07	26
27	ID_SD (I²C ID EEPROM)	⊙	⊙	(I²C ID EEPROM) ID_SC	28
29	GPIO05	⊙	●	Ground	30
31	GPIO06	⊙	⊙	GPIO12	32
33	GPIO13	⊙	●	Ground	34
35	GPIO19	⊙	⊙	GPIO16	36
37	GPIO26	⊙	⊙	GPIO20	38
39	Ground	●	⊙	GPIO21	40

接腳1　接腳2

接腳39　接腳40

圖 16.2　樹莓派擴充介面的定義

圖 16.3　將序列埠連接到樹莓派擴充介面

讀者可以參照實驗 1-3，在 MicroSD 卡上安裝支援樹莓派的作業系統（比如優麒麟 Linux 20.04），然後打開序列埠軟體，查看是否有資訊輸出。在 Windows 10 作業系統中，你需要在裝置管理員裡查看序列埠號，如圖 16.4 所示。你還需要在 Windows 10 作業系統中安裝用於 USB 轉序列埠的驅動。

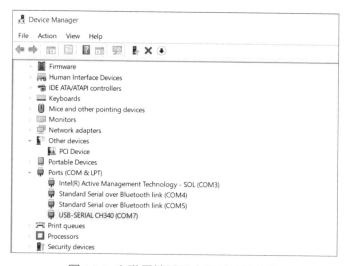

圖 16.4　在裝置管理員中查看序列埠號

插入 MicroSD 卡到樹莓派，接上 USB 電源，在序列埠終端軟體（如 PuTTY 或 MobaXterm 等）中查看是否有輸出，如圖 16.5 所示。

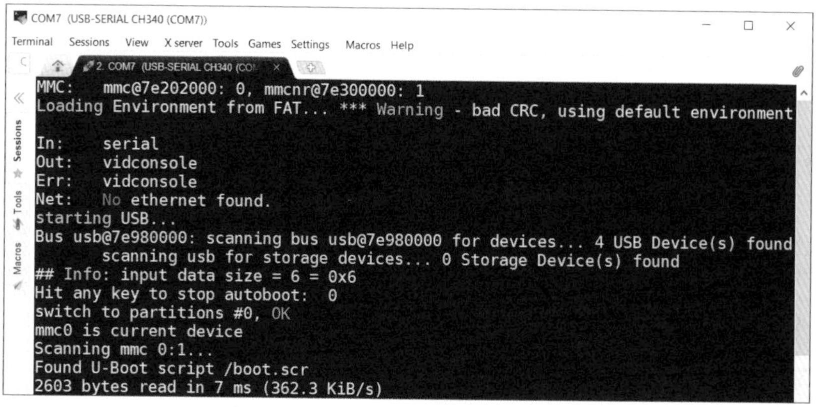

圖 16.5　在序列埠終端軟體中查看是否有輸出

16.1.3 暫存器位址

樹莓派 3B 採用的博通 BCM2837 晶片透過記憶體映射的方式來存取所有的片內外接裝置。外接裝置的暫存器位址空間為 0x3F000000 ～ 0x3FFFFFFF。

樹莓派 4B 採用的是博通 BCM2711 晶片，BCM2711 晶片在 BCM2837 晶片的基礎上做了以下改進。

- CPU 核心：使用性能更好的 Cortex-A72。採用 4 核心 CPU 的設計，最高頻率可以達到 1.5 GHz。
- L1 快取：包括 32KB 資料快取，48KB 指令快取。
- L2 快取：大小為 1 MB。
- GPU：採用 VideoCore VI 核心，最高主頻可以達到 500 MHz。
- 記憶體：包括 1 ～ 4GB LPDDR4。
- USB：支持 USB 3.0。

BCM2711 晶片支援兩種位址模式。

- 低位址模式：外接裝置的暫存器位址空間為 0xFC000000 ～ 0xFF7FFFFF，通常外接裝置的暫存器基底位址為 0xFE000000。
- 35 位元全位址模式：可以支援更大的位址空間。在這種位址模式下，外接裝置的暫存器位址空間為 0x47c000000 ～ 0x47FFFFFFF。

樹莓派 4B 預設情況下使用低位址模式。

16.2 入門動手篇

16.2.1 實驗 16-1：輸出 "Welcome BenOS!"

1. 實驗目的

（1）了解和熟悉 ARM64 組合語言。

（2）了解和熟悉如何使用 QEMU 和 GDB 偵錯裸機程式。

2. 實驗要求

（1）編寫一個裸機程式並在 QEMU 模擬器中執行，輸出 "Welcome BenOS!"
字串。

（2）在樹莓派上執行編譯好的裸機程式。

3. 實驗詳解

由於我們寫的是裸機程式，因此需要手動編寫 Makefile 和連結指令稿。

對於任何一種可執行程式，不論是 .elf 還是 .exe 檔案，都是由程式
（.text）段、資料（.data）段、未初始化資料（.bss）段等段組織的。連結
指令稿最終會把大量編譯好的二進位檔案（.o 檔案）綜合生成為二進位可
執行檔，也就是把所有二進位檔案整合到一個大檔案中。這個大檔案由整
體的 .text/.data/.bss 段描述。下面是本實驗中的連結檔案，名為 link.ld。

```
1    SECTIONS
2    {
3        . = 0x0;
4        .text.boot : { *(.text.boot) }
5        .text : { *(.text) }
6        .rodata : { *(.rodata) }
7        .data : { *(.data) }
8        . = ALIGN(0x8);
9        bss_begin = .;
10       .bss : { *(.bss*) }
11       bss_end = .;
12   }
```

在第 1 行中，SECTIONS 是 LS（Linker Script）語法中的關鍵命令，用
來描述輸出檔案的記憶體分配。SECTIONS 命令告訴連結檔案如何把輸
入檔案的段映射到輸出檔案的各個段，如何將輸入段合為輸出段，以及如
何把輸出段放入程式位址空間（VMA）和處理程序位址空間（LMA）。
SECTIONS 命令格式如下。

```
SECTIONS
{
  sections-command
```

```
    sections-command
    ...
}
```

sections-command 有 4 種。

- ENTRY 命令。
- 符號設定陳述式。
- 輸出段的描述（output section description）。
- 段的疊加描述（overlay description）。

在第 3 行中，"." 非常關鍵，它代表位置計數（Location Counter，LC），這裡把 .text 段的連結位址被設定為 0x0，這裡連結位址指的是載入位址（load address）。

在第 4 行中，輸出檔案的 .text.boot 段內容由所有輸入檔案（其中的 "*" 可瞭解為所有的 .o 檔案，也就是二進位檔案）的 .text.boot 段組成。

在第 5 行中，輸出檔案的 .text 段內容由所有輸入檔案（其中的 "*" 可瞭解為所有的 .o 檔案，也就是二進位檔案）的 .text 段組成。

在第 6 行中，輸出檔案的 .rodata 段由所有輸入檔案的 .rodata 段組成。

在第 7 行中，輸出檔案的 .data 段由所有輸入檔案的 .data 段組成。

在第 8 行中，設定為按 8 個位元組對齊。

在第 9 ～ 11 行中，定義了一個 .bss 段。

因此，上述連結檔案定義了以下幾個段。

- .text.boot 段：啟動首先要執行的程式。
- .text 段：程式碼片段。
- .rodata 段：只讀取資料段。
- .data 段：資料段。
- .bss 段：包含初始化的或初始化為 0 的全域變數和靜態變數。

下面開始編寫啟動用的組合語言程式碼，將程式保存為 boot.S 檔案。

```
1   #include "mm.h"
2
3   .section ".text.boot"
4
5   .globl _start
6   _start:
7       mrs x0, mpidr_el1
8       and x0, x0,#0xFF
9       cbz x0, master
10      b   proc_hang
11
12  proc_hang:
13      b   proc_hang
14
15  master:
16      adr x0, bss_begin
17      adr x1, bss_end
18      sub x1, x1, x0
19      bl  memzero
20
21      mov sp, #LOW_MEMORY
22      bl  start_kernel
23      b   proc_hang
```

啟動用的組合語言程式碼不長，下面簡要分析上述程式。

在第 3 行中，把 boot.S 檔案編譯連結到 .text.boot 段中。我們可以在連結檔案 link.ld 中把 .text.boot 段連結到這個可執行檔的開頭，這樣當程式執行時將從這個段開始執行。

在第 5 行中，_start 為程式的進入點。

在第 7 行中，由於樹莓派有 4 個 CPU 核心，但是本實驗的裸機程式不希望 4 個 CPU 核心都執行起來，我們只想讓第一個 CPU 核心執行起來。mpidr_el1 暫存器是表示處理器核心的編號[4]。

在第 8 行中，and 指令為與操作。

4　詳見《ARM Architecture Reference Manual, for ARMv8-A architecture profile, v8.4》的 D12.2.86 節。

第 9 行，cbz 為比較並跳躍指令。如果 x0 暫存器的值為 0，則跳躍到 master 標籤處。若 x0 暫存器的值為 0，表示第 1 個 CPU 核心。其他 CPU 核心則跳躍到 proc_hang 標籤處。

在第 12 和 13 行，proc_hang 標籤這裡出現了無窮迴圈。

在第 15 行，對於 master 標籤，只有第一個 CPU 核心才能執行到這裡。

在第 16 ～ 19 行，初始化 .bss 段。

在第 21 行中，設定 sp 堆疊指標，這裡指向記憶體的 4MB 位址處。樹莓派至少有 1GB 記憶體，我們這個裸機程式用不到那麼大的記憶體。

在第 22 行中，跳躍到 C 語言的 start_kernel 函數接下來需要跳躍到 C 語言的 start_kernel 函數，這裡最重要的一步是設定 C 語言執行環境，即堆疊。

總之，上述組合語言程式碼還是比較簡單的，我們只做了 3 件事情。

- 只讓第一個 CPU 核心執行，讓其他 CPU 核心進入無窮迴圈。
- 初始化 .bss 段。
- 設定堆疊，跳躍到 C 語言入口。

接下來編寫 C 語言的 start_kernel 函數。本實驗的目的是輸出一筆歡迎敘述，因而這個函數的實現比較簡單。將程式保存為 kernel.c 檔案。

```c
#include "mini_uart.h"

void start_kernel(void)
{
    uart_init();
    uart_send_string("Welcome BenOS!\r\n");

    while (1) {
        uart_send(uart_recv());
    }
}
```

上述程式很簡單，主要操作是初始化序列埠和往序列埠裡輸出歡迎敘述。

接下來實現一些簡單的序列埠驅動程式。樹莓派有兩個序列埠裝置。

- PL011 序列埠，在 BCM2837 晶片手冊中簡稱 UART0，是一種全功能的序列埠裝置。
- Mini 序列埠，在 BCM2837 晶片手冊中簡稱 UART1。

本實驗使用 PL011 序列埠裝置。PL011 序列埠裝置比較簡單，不支持流量控制（flow control），在高速傳輸過程中還有可能封包遺失。

BCM2837 晶片裡有不少片內外接裝置重複使用相同的 GPIO 介面，這稱為 GPIO 可選功能設定（GPIO Alternative Function）。GPIO14 和 GPIO15 可以重複使用 UART0 和 UART1 序列埠的 TXD 接腳和 RXD 接腳，如表 16.1 所示。關於 GPIO 可選功能設定的詳細介紹，讀者可以查閱 BCM2837 晶片手冊的 6.2 節。在使用 PL011 序列埠之前，我們需要透過程式設計來啟動 TXD0 和 RXD0 接腳。

▼ 表 16.1　GPIO 可選功能設定

GPIO	電位	可選項 0	可選項 1	可選項 2	可選項 3	可選項 4	可選項 5
GPIO0	高	SDA0	SA5	—	—	—	—
GPIO1	高	SCL0	SA4	—	—	—	—
GPIO14	低	TXD0	SD6	—	—	—	TXD1
GPIO15	低	RXD0	—	—	—	—	RXD1

BCM2837 晶片提供了 GFPSELn 暫存器用來設定 GPIO 可選功能設定，其中 GPFSEL0 用來設定 GPIO0 ～ GPIO9，而 GPFSEL1 用來設定 GPIO10 ～ GPIO19，依此類推。其中，每個 GPIO 使用 3 位元來表示不同的含義。

- 000：表示 GPIO 設定為輸入
- 001：表示 GPIO 設定為輸出。
- 100：表示 GPIO 設定為可選項 0。
- 101：表示 GPIO 設定為可選項 1。
- 110：表示 GPIO 設定為可選項 2。
- 111：表示 GPIO 設定為可選項 3。

- 011：表示 GPIO 設定為可選項 4。
- 010：表示 GPIO 設定為可選項 5。

首先在 include/asm/base.h 標頭檔中加入樹莓派暫存器的基底位址。

```
#ifndef _P_BASE_H
#define _P_BASE_H

#ifdef CONFIG_BOARD_PI3B
#define PBASE 0x3F000000
#else
#define PBASE 0xFE000000
#endif

#endif  /*_P_BASE_H */
```

下面是 PL011 序列埠的初始化程式。

```
void uart_init ( void )
{
    unsigned int selector;

    selector = readl(GPFSEL1); selector &= ~(7<<12);
    /* 為GPIO14設定可選項0*/
    selector |= 4<<12;
    selector &= ~(7<<15);
    /* 為GPIO15設定可選項0 */
    selector |= 4<<15;
    writel(selector, GPFSEL1);
```

上述程式把 GPIO14 和 GPIO15 設定為可選項 0，也就是用作 PL011 序列埠的 RXD0 和 TXD0 接腳。

```
    writel(0, GPPUD);
    delay(150);
    writel((1<<14)|(1<<15), GPPUDCLK0);
    delay(150);
    writel(0, GPPUDCLK0);
```

通常 GPIO 接腳有 3 個狀態——上拉（pull-up）、下拉（pull-down）以及連接（connect）。連接狀態指的是既不上拉也不下拉，僅連接。上述程式已把 GPIO14 和 GPIO15 設定為連接狀態。

下列程式用來初始化 PL011 序列埠。

```
/* 暫時關閉序列埠 */
writel(0, U_CR_REG);

/* 設定串列傳輸速率 */
writel(26, U_IBRD_REG);
writel(3, U_FBRD_REG);

/* 啟動FIFO */
writel((1<<4) | (3<<5), U_LCRH_REG);

/* 隱藏中斷 */
writel(0, U_IMSC_REG);
/* 啟動序列埠，打開收發功能 */
writel(1 | (1<<8) | (1<<9), U_CR_REG);
```

接下來實現以下幾個函數以收發字串。

```
void uart_send(char c)
{
    while (readl(U_FR_REG) & (1<<5))
        ;

    writel(c, U_DATA_REG);
}

char uart_recv(void)
{
    while (readl(U_FR_REG) & (1<<4))
        ;

    return(readl(U_DATA_REG) & 0xFF);
}
```

uart_send() 和 uart_recv() 函數分別用於在 while 迴圈中判斷是否有資料需要發送與接收，這裡只需要判斷 U_FR_REG 暫存器的對應位元即可。

接下來，編寫 Makefile 檔案。

```
board ?= rpi3

ARMGNU ?= aarch64-linux-gnu
```

```
ifeq ($(board), rpi3)
COPS += -DCONFIG_BOARD_PI3B
QEMU_FLAGS  += -machine raspi3
else ifeq ($(board), rpi4)
COPS += -DCONFIG_BOARD_PI4B
QEMU_FLAGS  += -machine raspi4
endif

COPS += -g -Wall -nostdlib -nostdinc -Iinclude
ASMOPS = -g -Iinclude

BUILD_DIR = build
SRC_DIR = src

all : benos.bin

clean :
    rm -rf $(BUILD_DIR) *.bin

$(BUILD_DIR)/%_c.o: $(SRC_DIR)/%.c
    mkdir -p $(@D)
    $(ARMGNU)-gcc $(COPS) -MMD -c $< -o $@

$(BUILD_DIR)/%_s.o: $(SRC_DIR)/%.S
    $(ARMGNU)-gcc $(ASMOPS) -MMD -c $< -o $@

C_FILES = $(wildcard $(SRC_DIR)/*.c)
ASM_FILES = $(wildcard $(SRC_DIR)/*.S)
OBJ_FILES = $(C_FILES:$(SRC_DIR)/%.c=$(BUILD_DIR)/%_c.o)
OBJ_FILES += $(ASM_FILES:$(SRC_DIR)/%.S=$(BUILD_DIR)/%_s.o)

DEP_FILES = $(OBJ_FILES:%.o=%.d)
-include $(DEP_FILES)

benos.bin: $(SRC_DIR)/linker.ld $(OBJ_FILES)
    $(ARMGNU)-ld -T $(SRC_DIR)/linker.ld -o $(BUILD_DIR)/benos.elf  $(OBJ_FILES)
    $(ARMGNU)-objcopy $(BUILD_DIR)/benos.elf -O binary benos.bin

QEMU_FLAGS  += -nographic

run:
    qemu-system-aarch64 $(QEMU_FLAGS) -kernel benos.bin
```

```
debug:
    qemu-system-aarch64 $(QEMU_FLAGS) -kernel benos.bin -S -s
```

board 用來選擇板子，目前支持樹莓派 3 和樹莓派 4。

ARMGNU 用來指定編譯器，這裡使用 aarch64-linux-gnu-gcc。

COPS 和 ASMOPS 用來在編譯 C 語言和組合語言時指定編譯選項。

- -g：表示編譯時加入偵錯符號表等資訊。
- -Wall：打開所有警告資訊。
- -nostdlib：表示不連接系統的標準開機檔案和標準函數庫檔案，只把指定的檔案傳遞給連接器。這個選項常用於編譯核心、bootloader 等程式，它們不需要標準開機檔案和標準函數庫檔案。
- -nostdinc：表示不包含 C 語言的標準函數庫的標頭檔。

上述檔案最終會被編譯連結成名為 kernel8.elf 的 .elf 檔案，這個 .elf 檔案包含了偵錯資訊，最後使用 objcopy 命令把 .elf 檔案轉為可執行的二進位檔案。

在 Linux 主機上使用 make 命令編譯檔案。在編譯之前可以選擇需要編譯的板子類型。舉例來說，要編譯在樹莓派 3 上執行的程式，可使用以下命令。

```
$ export board=rpi3
$ make
```

要編譯在樹莓派 4 上執行的程式，可使用以下命令。

```
$ export board=rpi4
$ make
```

在放到樹莓派之前，可以使用 QEMU 虛擬機器來模擬樹莓派以執行我們的裸機程式，可直接輸入 "make run" 命令。

```
$ make run
qemu-system-aarch64 -machine raspi3 -nographic -kernel benos.bin
Welcome BenOS!
```

也可輸入以下命令。

```
$ qemu-system-aarch64 -machine raspi3 -nographic -kernel benos.bin
```

如果讀者想用 QEMU 虛擬機器模擬樹莓派 4B，那麼需要打上樹莓派 4B
的更新並且重新編譯 QEMU 虛擬機器。

要在樹莓派上執行剛才編譯的裸機程式，需要準備一張格式化好的
MicroSD 卡。

- 使用 MBR 分區表。
- 格式化 boot 分區為 FAT32 檔案系統。

參照實驗 3-1 中介紹的方法燒錄 MicroSD 卡，這樣就可以得到格式化好的
boot 分區和燒錄的樹莓派韌體。讀者也可以使用 Linux 主機上的分區工具
（比如 GParted）來格式化 MicroSD 卡，把樹莓派韌體複製到這個 FAT32
分區裡，其中包括以下幾個檔案。

- bootcode.bin：啟動程式。樹莓派重置通電時，CPU 處於重定模式，
  由 GPU 負責啟動系統。GPU 首先會啟動固化在晶片內部的韌體
  （BootROM 程式），讀取 MicroSD 卡中的 bootcode.bin 檔案，並載入和
  執行 bootcode.bin 中的啟動程式。樹莓派 4B 已經把 bootcode.bin 啟動
  程式固化到 BootROM 裡。
- start4.elf：樹莓派 4 上的 GPU 韌體。bootcode.bin 啟動程式檢索
  MicroSD 卡中的 GPU 韌體，載入韌體並啟動 GPU。
- start.elf：樹莓派 3 上的 GPU 韌體。
- config.txt：設定檔。GPU 啟動後讀取 config.txt 設定檔，讀取 Linux 核
  心映射（比如 kernel8.img 等）以及核心執行參數等，然後把核心映
  射載入到共用記憶體中並啟動 CPU，CPU 結束重定模式後開始執行
  Linux 核心。

把 benos.bin 檔案複製到 MicroSD 卡的 boot 分區，修改裡面的 config.txt
檔案。

```
<config.txt檔案>

[pi4]
kernel=benos.bin
max_framebuffers=2

[pi3]
kernel=benos.bin

[all]
arm_64bit=1

enable_uart=1

kernel_old=1
disable_commandline_tags=1
```

插入 MicroSD 卡到樹莓派，連接 USB 電源線，使用 Windows 端的序列埠軟體可以看到輸出，如圖 16.6 所示。

圖 16.6 輸出歡迎敘述

16.2.2 使用 GDB + QEMU 偵錯 BenOS

我們可以使用 QEMU 和 GDB 工具來單步偵錯裸機程式。

本節以實驗 16-1 為例，在終端啟動 QEMU 虛擬機器的 gdbserver。

```
$ qemu-system-aarch64 -machine raspi3 -serial null -serial mon:stdio
-nographic -kernel benos.bin -S -s
```

在另一個終端輸入以下命令來啟動 GDB。

```
$ gdb-multiarch --tui build/benos.elf
```

在 GDB 命令列中輸入以下命令。

```
(gdb) set architecture aarch64
(gdb) target remote localhost:1234
(gdb) b _start
 Breakpoint 1 at 0x0: file src/boot.S, line 7.
(gdb) c
```

此時，可以使用 GDB 命令來進行單步偵錯，如圖 16.7 所示。

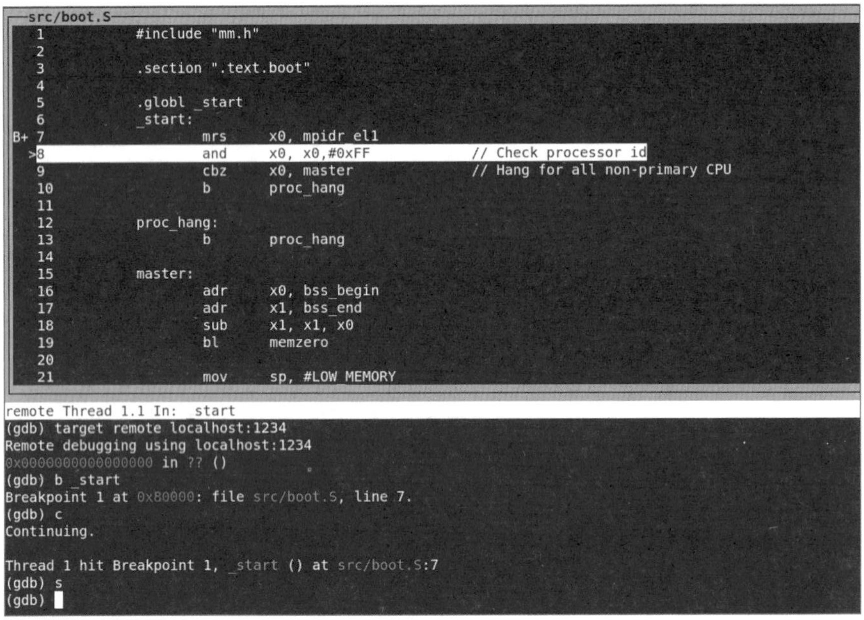

圖 16.7 使用 GDB 偵錯裸機程式

16.2.3 使用 J-Link 模擬器偵錯樹莓派

16.2.2 節介紹了如何使用 GDB+QEMU 的方式來偵錯 BenOS，這是透過 QEMU 虛擬機器裡內建的 gdbserver 來實現的，但只能偵錯使用 QEMU 虛擬機器執行的程式。如果需要偵錯在硬體板子上執行的程式，例如把 BenOS 放到樹莓派上執行，那麼 GDB+QEMU 這種方式就顯得無能為力了。如果我們編寫的程式在 QEMU 虛擬機器上能執行，而在實際的開發板上無法執行，那就只能借助硬體模擬器來偵錯和定位問題。

硬體模擬器指的是使用模擬頭完全取代目標板（例如樹莓派）上的 CPU，透過完全模擬目標開發板上的晶片行為，提供更加深入的偵錯功能。目前流行的硬體模擬器是 JTAG 模擬器，如圖 16.8 所示。JTAG（Joint Test Action Group）是一種國際標準測試協定，主要用於晶片內部測試。JTAG 模擬器透過現有的 JTAG 邊界掃描口與 CPU 進行通訊，實現對 CPU 和外接裝置的偵錯功能。

圖 16.8 J-Link 模擬器

目前市面上支援 ARM 晶片偵錯的模擬器主要有 ARM 公司的 DSTREAM 模擬器、德國 Lauterbach 公司的 Trace32 模擬器以及 SEGGER 公司的 J-Link 模擬器。本節介紹如何使用 J-Link 模擬器[5]偵錯樹莓派。

1. 硬體連線

為了在樹莓派上使用 J-Link 模擬器，首先需要把 J-Link 模擬器的 JTAG 介面連接到樹莓派的擴充板。樹莓派的擴充介面已經內建了 JTAG 介面。我們可以使用杜邦線來連接。

J-Link 模擬器提供 20 接腳的 JTAG 介面，如圖 16.9 所示。

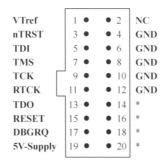

圖 16.9 J-Link 模擬器的 JTAG 介面

---

5 J-Link 模擬器需要額外購買，讀者可以登入 SEGGER 公司官網以了解詳情。

JTAG 介面接腳的說明如表 16.2 所示。

↓ 表 16.2 JTAG 介面接腳的說明

接腳號	名　稱	類　型	說　　明
1	VTref	輸入	目的機的參考電壓
2	NC	懸空	懸空接腳
3	nTRST	輸出	重置訊號
5	TDI	輸出	JTAG 資料訊號，從 JTAG 輸出資料到目標 CPU
7	TMS	輸出	JTAG 模式設定
9	TCK	輸出	JTAG 時鐘訊號
11	RTCK	輸入	從目標 CPU 回饋回來的時鐘訊號
13	TDO	輸入	從目標 CPU 回饋回來的資料訊號
15	RESET	輸入輸出	目標 CPU 的重置訊號
17	DBGRQ	懸空	保留
19	5V-Supply	輸出	輸出 5V 電壓

樹莓派與 J-Link 模擬器的連接需要 8 根線，如表 16.3 所示。讀者可以參考圖 16.2 和圖 16.9 來仔細連接線路。

↓ 表 16.3 樹莓派與 J-Link 模擬器的連接

JTAG 介面	樹莓派接腳號	樹莓派接腳名稱
TRST	15	GPIO22
RTCK	16	GPIO23
TDO	18	GPIO24
TCK	22	GPIO25
TDI	37	GPIO26
TMS	13	GPIO27
VTref	01	3.3v
GND	39	GND

2. 複製樹莓派軔體到 MicroSD 卡

在實驗 16-1 的基礎上，複製 loop.bin 程式到 MicroSD 卡。另外，還需要修改 config.txt 設定檔，打開樹莓派對 JTAG 介面的支援。

完整的 config.txt 檔案如下。

```
# BenOS for JLINK debug

[pi4]
kernel=loop.bin

[pi3]
kernel=loop.bin

[all]
arm_64bit=1
enable_uart=1
uart_2ndstage=1

enable_jtag_gpio=1
gpio=22-27=a4
init_uart_clock=48000000
init_uart_baud=115200
```

- uart_2ndstage=1：打開韌體的偵錯記錄檔。
- enable_jtag_gpio =1：表示啟動 JTAG 介面。
- gpio=22-27=a4：表示 GPIO22 ～ GPIO27 使用可選功能設定 4。
- init_uart_clock=48000000：設定序列埠的時鐘。
- init_uart_baud=115200：設定序列埠的串列傳輸速率。

複製完之後，把 Micro SD 卡插入樹莓派中，接上電源。

3. 下載和安裝 OpenOCD 軟體

OpenOCD（Open On-Chip Debugger，開放原始碼片上偵錯器）是一款開放原始碼的偵錯軟體。OpenOCD 提供針對嵌入式裝置的偵錯、系統程式設計和邊界掃描功能。OpenOCD 需要使用硬體模擬器來配合完成偵錯，例如 J-Link 模擬器等。OpenOCD 內建了 GDB server 模組，可以透過 GDB 命令來偵錯硬體。

透過 git clone 命令下載 OpenOCD 軟體[6]。

---

6 本書搭配的實驗平台 Vmware 鏡像安裝了 OpenOCD 軟體。

安裝以下依賴套件。

```
$ sudo apt install make libtool pkg-config autoconf automake texinfo
```

編譯和安裝。

```
$ cd openocd
$ ./ bootstrap
$ ./configure
$ make
$ sudo make install
```

另外，也可以從 xPack OpenOCD 專案中下載編譯好的二進位檔案。

4. 連接 J-Link 模擬器

為了使用 openocd 命令連接 J-Link 模擬器，需要指定設定檔。OpenOCD 的安裝套件裡內建了 jlink.cfg 檔案，該檔案保存在 /usr/local/share/openocd/scripts/interface/ 目錄下。jlink.cfg 設定檔比較簡單，可透過 "adapter" 命令連接 J-Link 模擬器。

```
<jlink.conf設定檔>
# SEGGER J-Link

adapter driver jlink
```

下面透過 openocd 命令來連接 J-Link 模擬器，可使用 "-f" 選項來指定設定檔。

```
$ openocd -f jlink.cfg

Open On-Chip Debugger 0.10.0+dev-01266-gd8ac0086-dirty (2020-05-30-17:23)
Licensed under GNU GPL v2
For bug reports, read
    http://openocd.org/doc/doxygen/bugs.html
Info : Listening on port 6666 for tcl connections
Info : Listening on port 4444 for telnet connections
Info : J-Link V11 compiled Jan  7 2020 16:52:13
Info : Hardware version: 11.00
Info : VTarget = 3.341 V
```

從上述記錄檔可以看到，OpenOCD 已經檢測到 J-Link 模擬器，版本為 V11。

5. 連接樹莓派

接下來需要使用 J-Link 模擬器連接樹莓派，這裡需要描述樹莓派的設定檔 raspi4. cfg。樹莓派的這一設定檔的主要內容如下。

```
<raspi4.cfg設定檔>
set _CHIPNAME bcm2711
set _DAP_TAPID 0x4ba00477

adapter speed 1000

transport select jtag
reset_config trst_and_srst

telnet_port 4444

# create tap
jtag newtap auto0 tap -irlen 4 -expected-id $_DAP_TAPID

# create dap
dap create auto0.dap -chain-position auto0.tap

set CTIBASE {0x80420000 0x80520000 0x80620000 0x80720000}
set DBGBASE {0x80410000 0x80510000 0x80610000 0x80710000}

set _cores 4

set _TARGETNAME $_CHIPNAME.a72
set _CTINAME $_CHIPNAME.cti
set _smp_command ""

for {set _core 0} {$_core < $_cores} { incr _core} {
    cti create $_CTINAME.$_core -dap auto0.dap -ap-num 0 -ctibase [lindex
$CTIBASE $_core]

    set _command "target create ${_TARGETNAME}.$_core aarch64 \
                  -dap auto0.dap  -dbgbase [lindex $DBGBASE $_core] \
                  -coreid $_core -cti $_CTINAME.$_core"
    if {$_core != 0} {
        set _smp_command "$_smp_command $_TARGETNAME.$_core"
    } else {
        set _smp_command "target smp $_TARGETNAME.$_core"
    }
```

```
    eval $_command
}

eval $_smp_command
targets $_TARGETNAME.0
```

使用以下命令連接樹莓派,結果如圖 16.10 所示。

```
$ openocd -f jlink.cfg -f raspi4.cfg
```

```
kylin@ubuntu:~/rlk/jlink/jlink_benos$ openocd -f jlink.cfg -f raspi4.cfg
Open On-Chip Debugger 0.10.0+dev-01266-gd8ac0086-dirty (2020-05-30-17:23)
Licensed under GNU GPL v2
For bug reports, read
        http://openocd.org/doc/doxygen/bugs.html
Info : Listening on port 6666 for tcl connections
Info : Listening on port 4444 for telnet connections
Info : J-Link V11 compiled Jan  7 2020 16:52:13
Info : Hardware version: 11.00
Info : VTarget = 3.341 V
Info : clock speed 1000 kHz
Info : JTAG tap: auto0.tap tap/device found: 0x4ba00477 (mfg: 0x23b (ARM Ltd.), part: 0xba00, ver: 0x4)
Info : bcm2711.a72.0: hardware has 6 breakpoints, 4 watchpoints
Info : bcm2711.a72.1: hardware has 6 breakpoints, 4 watchpoints
Info : bcm2711.a72.2: hardware has 6 breakpoints, 4 watchpoints
Info : bcm2711.a72.3: hardware has 6 breakpoints, 4 watchpoints
Info : starting gdb server for bcm2711.a72.0 on 3333
Info : Listening on port 3333 for gdb connections
```

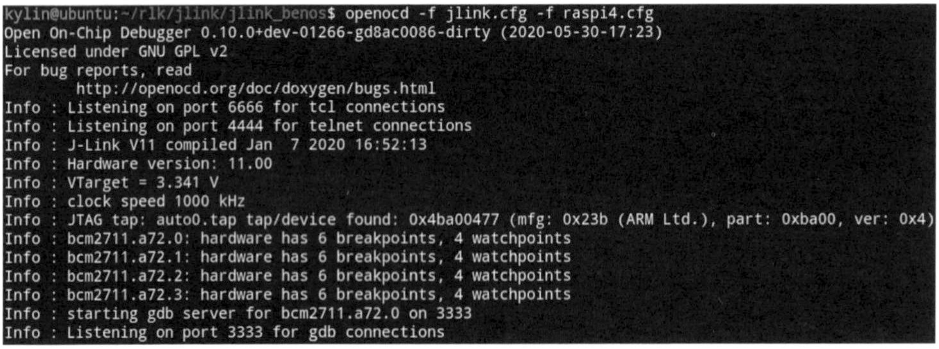

圖 16.10 使用 J-Link 模擬器連接樹莓派

如圖 16.10 所示,OpenOCD 已經成功連接 J-Link 模擬器,並且找到了樹莓派的主晶片 BCM2711。OpenOCD 開啟了幾個服務,其中 Telnet 服務的通訊埠編號為 4444,GDB 服務的通訊埠編號為 3333。

6. 登入 Telnet 服務

在 Linux 主機中新建終端,輸入以下命令以登入 OpenOCD 的 Telnet 服務。

```
$ telnet localhost 4444
Trying 127.0.0.1...
Connected to localhost.
Escape character is '^]'.
Open On-Chip Debugger
>
```

在 Telnet 服務的提示符號下輸入 "halt" 命令以暫停樹莓派的 CPU，等待偵錯請求。

```
> halt
bcm2711.a72.0 cluster 0 core 0 multi core
bcm2711.a72.1 cluster 0 core 1 multi core
target halted in AArch64 state due to debug-request, current mode: EL2H
cpsr: 0x000003c9 pc: 0x78
MMU: disabled, D-Cache: disabled, I-Cache: disabled
bcm2711.a72.2 cluster 0 core 2 multi core
target halted in AArch64 state due to debug-request, current mode: EL2H
cpsr: 0x000003c9 pc: 0x78
MMU: disabled, D-Cache: disabled, I-Cache: disabled
bcm2711.a72.3 cluster 0 core 3 multi core
target halted in AArch64 state due to debug-request, current mode: EL2H
cpsr: 0x000003c9 pc: 0x78
MMU: disabled, D-Cache: disabled, I-Cache: disabled
target halted in AArch64 state due to debug-request, current mode: EL2H
cpsr: 0x000003c9 pc: 0x80000
MMU: disabled, D-Cache: disabled, I-Cache: disabled
>
```

接下來，使用 load_image 命令載入 BenOS 可執行程式，這裡把 benos.bin 載入到記憶體的 0x0 位址處，因為在實驗 16-1 中，我們把連結位址設定成了 0x0。如果連結指令稿中設定的連結位址為 0x80000，那麼這裡的載入位址也要設定為 0x80000。

```
> load_image /home/kylin/rlk/lab01/benos.bin 0x0
936 bytes written at address 0x00000000
downloaded 936 bytes in 0.101610s (8.996 KiB/s)
```

下面使用 step 命令讓樹莓派的 CPU 停在連結位址（此時的連結位址為 0x0）處，等待使用者輸入命令。

```
> step 0x0
target halted in AArch64 state due to single-step, current mode: EL2H
cpsr: 0x000003c9 pc: 0x4
MMU: disabled, D-Cache: disabled, I-Cache: disabled
```

7. 使用 GDB 進行偵錯

現在可以使用 GDB 偵錯程式了。首先使用 gdb-multiarch 命令啟動 GDB，並且使用通訊埠編號 333 連接 OpenOCD 的 GDB 服務。

```
$ gdb-multiarch --tui build/benos.elf
```

```
(gdb) target remote localhost:3333    <=連接OpenOCD的GDB服務
```

當 連 接 成 功 之 後，我 們 可 以 看 到 GDB 停 在 BenOS 程 式 的 進 入 點（_ start），如圖 16.11 所示。

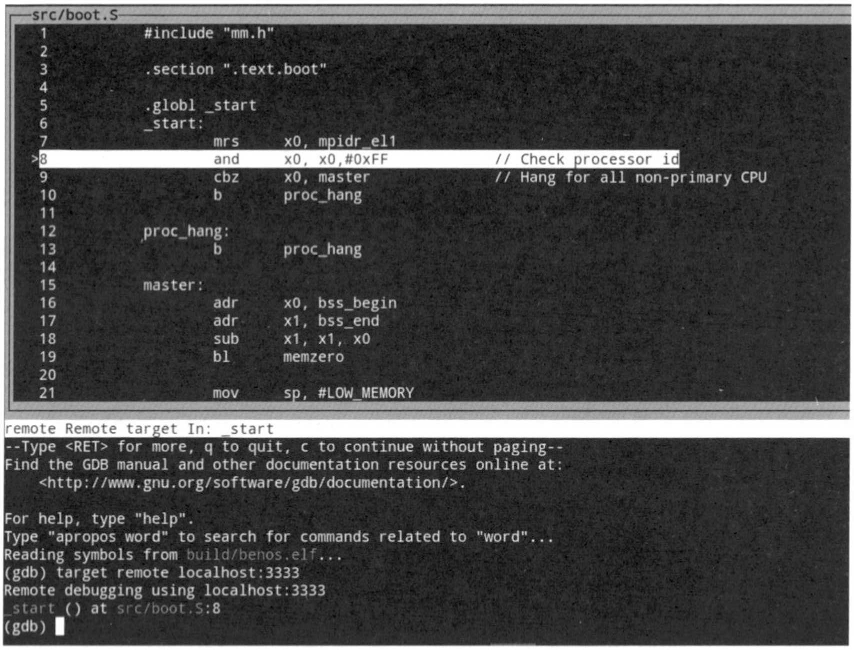

圖 16.11 連接 OpenOCD 的 GDB 服務

此時，我們可以使用 GDB 的 step 命令單步偵錯工具，也可以使用 info reg 命令查看樹莓派上的 CPU 暫存器的值。

使用 layout reg 命令打開 GDB 的暫存器視窗，這樣就可以很方便地查看暫存器的值。如圖 16.12 所示，當單步執行完第 16 行的組合語言敘述後，暫存器視窗中馬上顯示了 x0 暫存器的值。

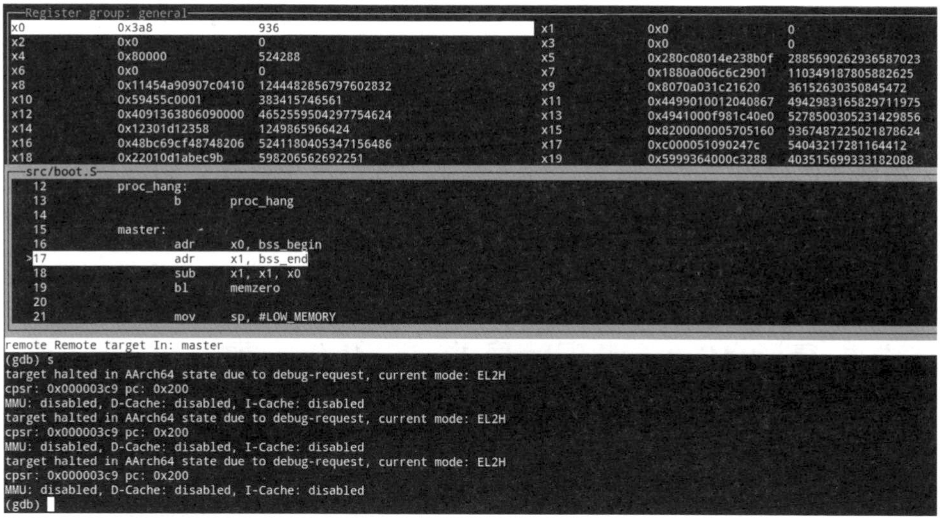

```
┌─Register group: general──────────────────────────────────────────────────────────────────┐
│x0          0x3a8           936                   x1          0x0           0                │
│x2          0x0             0                     x3          0x0           0                │
│x4          0x80000         524288                x5          0x280c08014e238b0f  2885690262936587023│
│x6          0x0             0                     x7          0x1880a006c6c2901   110349187805882625 │
│x8          0x11454a90907c0410  1244482856797602832  x9       0x8070a031c21620    36152630350845472  │
│x10         0x59455c0001     383415746561          x11         0x4499001012040867  4942983165829711975│
│x12         0x4091363806090000  4652559504297754624  x13      0x4941000f981c40e0  5278500305231429856│
│x14         0x12301d12358     1249865966424          x15        0x8200000005705160  9367487225021878624│
│x16         0x48bc69cf48748206  5241180405347156486  x17      0xc000051090247c    540432172811664412 │
│x18         0x22010d1abec9b   598206562692251          x19        0x5999364000c3288   4035156993331820 88│
├─src/boot.S─────────────────────────────────────────────────────────────────────────────────┤
│   12                                                                                          │
│   13      proc_hang:                                                                          │
│   14              b           proc_hang                                                       │
│   15                                                                                          │
│   16      master:         ^                                                                   │
│  >17              adr         x0, bss_begin                                                    │
│   18              adr         x1, bss_end                                                      │
│   19              sub         x1, x1, x0                                                       │
│   20              bl          memzero                                                          │
│   21                                                                                          │
│           mov         sp, #LOW_MEMORY                                                          │
├──────────────────────────────────────────────────────────────────────────────────────────────┤
│remote Remote target In: master                                                                 │
│(gdb) s                                                                                          │
│target halted in AArch64 state due to debug-request, current mode: EL2H                          │
│cpsr: 0x000003c9 pc: 0x200                                                                        │
│MMU: disabled, D-Cache: disabled, I-Cache: disabled                                              │
│target halted in AArch64 state due to debug-request, current mode: EL2H                          │
│cpsr: 0x000003c9 pc: 0x200                                                                        │
│MMU: disabled, D-Cache: disabled, I-Cache: disabled                                              │
│target halted in AArch64 state due to debug-request, current mode: EL2H                          │
│cpsr: 0x000003c9 pc: 0x200                                                                        │
│MMU: disabled, D-Cache: disabled, I-Cache: disabled                                              │
│(gdb)                                                                                            │
└──────────────────────────────────────────────────────────────────────────────────────────────┘
```

圖 16.12　單步偵錯和查看暫存器的值

16.2.4　實驗 16-2：切換異常等級

1. 實驗目的

（1）了解和熟悉 ARM64 組合語言。

（2）了解和熟悉 ARM64 的異常等級。

2. 實驗要求

（1）在實驗 16-1 的基礎上輸出當前的異常等級。

（2）在跳躍到 C 語言之前切換異常等級到 EL1。

3. 實驗提示

aarch64 架構支援 4 種異常等級。

- EL0：使用者特權，用於執行普通的使用者程式。
- EL1：系統特權，通常用於執行作業系統。
- EL2：執行虛擬化擴充的虛擬監控程序（hypervisor）。
- EL3：執行安全世界中的安全監控器（secure monitor）。

由於 ARM64 處理器通電重置時執行在 EL3 下，因此本實驗要求在 boot.S 中把處理器的異常等級切換到 EL1。

如果讀者使用 QEMU 虛擬機器來執行裸機程式，那麼根據 ARM64 Linux 啟動規範中的約定，處理器在進入核心之前的異常等級是 EL2 或 EL1，這和在樹莓派上執行略有不同，需要讀者在 boot.s 中針對 EL3 和 EL2 分別處理。

16.2.5 實驗 16-3：實現簡易的 printk() 函數

1. 實驗目的

了解 printk() 函數的實現。

2. 實驗要求

我們在實驗 16-1 中實現了序列埠輸出，本實驗將實現 printk() 函數以格式化輸出。

16.2.6 實驗 16-4：中斷

1. 實驗目的

（1）了解和熟悉 ARM64 組合語言。

（2）了解和熟悉 ARM64 的異常等級處理。

（3）了解和熟悉 ARM64 的中斷處理流程。

（4）了解和熟悉樹莓派中系統計時器（system timer）的用法。

2. 實驗要求

（1）在 boot.s 中實現對 ARM64 異常向量表的支持。

（2）將樹莓派中的系統計時器作為中斷來源，編寫中斷處理常式，每當有計時器中斷到來時輸出 "Timer interrupt occured"。

3. 實驗提示

1）關於異常向量

當中斷發生時，CPU 核心感知到異常發生，硬體會自動做以下一些事情[7]。

- 處理器的狀態保存在對應的異常等級的 SPSR_ELx 中。
- 返回位址保存在對應的異常等級的 ELR_ELx 中。
- PSTATE 暫存器裡的 DAIF 域被設定為 1，這相當於把偵錯異常、系統錯誤（SError）、IRQ 以及 FIQ 都關閉了。PSTATE 暫存器是 ARMv8 中新增的暫存器。
- 如果是同步異常，那麼究竟是什麼原因導致的呢？具體原因要看 ESR_ELx。
- 設定堆疊指標，指向對應異常等級下的堆疊。
- 遷移處理器等級到對應的異常等級，然後跳躍到異常向量表裡執行。

上面是 ARM 處理器檢測到 IRQ 後自動做的事情，軟體需要做的事情則從中斷向量表開始。

讀者可以參考 3.5.4 節關於 ARM64 異常向量表的介紹。另外，讀者可以參考 Linux 核心中關於異常向量表處理的組合語言程式碼，比如 Linux 核心中的 arch/arm64/kernel/entry.S 檔案。

當異常發生時，CPU 會根據異常向量表跳躍到對應的記錄。異常向量表中存放了對應異常處理的跳躍函數。舉例來說，對於 IRQ，通常有兩種情況。

- IRQ 出現在核心態，也就是 CPU 正在 EL1 下執行時發生了外接裝置中斷。
- IRQ 出現在使用者態，也就是 CPU 正在 EL0 下執行時發生了外接裝置中斷。

7　見《ARM Architecture Reference Manual, ARMv8, for ARMv8-A architecture profile》v8.4 版本的 D.1.10 節。

我們以第一種情況為例，當 IRQ 出現在核心態時，CPU 會根據異常向量表跳躍到對應的記錄，比如跳躍到 el1_irq 函數（以 Linux 核心為例）。el1_irq 函數會保存對應的中斷上下文，然後 CPU 跳躍到具體中斷的處理函數中。因此，本實驗的困難就是異常向量表的處理以及如何保存中斷上下文。

2）系統計時器

樹莓派中的 BCM2837 晶片提供了系統計時器，系統計時器提供了 4 個 32 位元的計時器通道以及一個 64 位元的計數器。每個計時器通道提供了輸出比較暫存器（output compare register），用來和計數器進行比較。當計數器到達輸出比較暫存器的閾值時就會觸發計時器中斷，之後軟體會在插斷服務常式中重新設定新的值到輸出比較暫存器。讀者可以參考 BCM2837 晶片手冊的第 12 章內容。

3）BCM2837 中斷控制器

BCM2837 晶片支援的中斷來源主要來自 ARM 處理器和 GPU 處理器。對 ARM 處理器來說，可以讀取 3 種類型的中斷。

- 來自 ARM 側的外接裝置中斷。
- 來自 GPU 側的外接裝置中斷。
- 特殊的事件中斷。

由於支援的外接裝置中斷不多，BCM2837 晶片並沒有採用複雜和流行的 GIC 中斷控制器，而是採用簡單的查詢暫存器（pending register）的方式。BCM2837 晶片提供了 IRQ 等待暫存器（IRQ Pending Register）、IRQ 啟動暫存器（IRQ Enable Register）以及 IRQ 關閉暫存器（IRQ Disable Register）。讀者可以參考 BCM2837 晶片手冊的第 7 章內容。

16.2.7　實驗 16-5：創建處理程序

1. 實驗目的

（1）了解處理程序控制區塊的設計與實現。

（2）了解處理程序的創建 / 執行過程。

2. 實驗要求

實現 fork 函數以創建一個處理程序，該處理程序一直輸出數字 "12345"。

3. 實驗提示

（1）設計處理程序控制區塊。

（2）為處理程序控制區塊分配資源。

（3）設計和實現 fork 函數。

（4）為新處理程序分配堆疊空間。

（5）看看新創建的處理程序是如何執行的。

16.3 進階挑戰篇

進階挑戰篇適合學有餘力的讀者，進階篇包含 12 個實驗。進階挑戰篇包含處理程序管理和記憶體管理的核心內容。由於進階挑戰篇已經超出本書的討論範圍，因此這裡僅列出實驗大綱。

- 實驗 16-6：處理程序排程實驗。
- 實驗 16-7：讓處理程序執行在使用者態。
- 實驗 16-8：增加系統呼叫。
- 實驗 16-9：實現一個簡單的實體記憶體分頁分配器。
- 實驗 16-10：實現一個簡單的小區塊記憶體分配器。
- 實驗 16-11：建立恒等映射頁表。
- 實驗 16-12：實現簡單的虛擬記憶體管理。
- 實驗 16-13：實現缺頁異常機制。
- 實驗 16-14：實現 panic 功能和輸出函數呼叫堆疊。
- 實驗 16-15：實現使用者空間的記憶體分配函數。
- 實驗 16-16：寫入時複製功能的實現。
- 實驗 16-17：處理程序生命週期的管理。

16.4　高手完善篇

高手完善篇適合對作業系統有執著追求的讀者，涉及存放裝置、虛擬檔案系統、ext2 檔案系統以及 shell 介面設計。高手完善篇一共有 7 個實驗，有興趣的讀者可以自行完成。由於高手完善篇已經超出本書的討論範圍，因此這裡也僅列出實驗大綱。

- 實驗 16-18：號誌。
- 實驗 16-19：中斷機制。
- 實驗 16-20：編寫 SD 卡的驅動。
- 實驗 16-21：設計和實現虛擬檔案系統層。
- 實驗 16-22：實現 ext2 檔案系統。
- 實驗 16-23：實現 execv 系統呼叫。
- 實驗 16-24：實現簡單的 shell 介面。

Note

Note